高等院校化学实验新体系系列教材

化学测量实验

莫春生　苗碗根　何金兰　庄国雄　编

化学工业出版社

·北京·

《化学测量实验》是“高等院校化学实验新体系系列教材”之一。主要由组成与结构分析实验、物理化学性质测试实验和化工过程基本参数测量实验等部分构成。全书共安排54个实验，分属8章：光谱分析实验、色谱分析实验、化学热力学测量实验、化学动力学测量实验、电分析与电化学测量实验、表面和胶体化学测量实验、物质结构测量实验及化工过程基本参数测量实验。另外，除适当介绍误差知识及数据处理方法外，还介绍了该课程涉及的主要测量技术，包括热化学测量技术、压力测量与真空技术、电化学测量技术、光谱仪性能参数测量、色谱仪性能参数测量、表面与胶体化学测量技术和流量测量技术。

本书可作为化学、应用化学、化工、材料、制药、生物技术、环境等专业的教材，也可供相关人员参考。

图书在版编目（CIP）数据

化学测量实验/莫春生等编. —北京：化学工业出版社，2011.8（2024.8重印）
高等院校化学实验新体系系列教材
ISBN 978-7-122-11815-8

Ⅰ.化… Ⅱ.莫… Ⅲ.化学实验-高等学校-教材 Ⅳ.O6-3

中国版本图书馆CIP数据核字（2011）第138146号

责任编辑：杜进祥　　文字编辑：张　赛
责任校对：战河红　　装帧设计：刘丽华

出版发行：化学工业出版社（北京市东城区青年湖南街13号　邮政编码100011）
印　　装：北京天宇星印刷厂
787mm×1092mm　1/16　印张16¼　字数421千字　2024年8月北京第1版第5次印刷

购书咨询：010-64518888　　售后服务：010-64518899
网　　址：http://www.cip.com.cn
凡购买本书，如有缺损质量问题，本社销售中心负责调换。

定　　价：35.00元

前　言

为适应社会发展和经济建设对多元化人才的需求，自20世纪80年代中期始，国内各高校相继进行了化学实验教学体系的革新。经过多年探索，我国重点高校普遍建立了“基础实验-中级实验-综合实验-创新实验-毕业论文”一条龙的实验教学新体系。进入21世纪，随着办学条件的全面改善，我校开展了广东省高等教育教学改革工程项目“化学实验课程体系改革和实验内容创新研究”，在建设化学实验教学中心过程中，构建“一体化、多层次、开放式”的化学实验教学新体系，将原分科设课的四大化学实验重组为“化学基础实验”、“化学合成实验”、“化学测量实验”、“综合化学实验”，并在教学实践的基础上编写了系列教材。

“物理化学实验”、“仪器分析实验”的共同特点是，应用物理学的原理和方法，借助数学工具，运用现代分析测试手段测定物质运动过程中物理参数的变化来研究物质组成、结构及化学变化的一般规律。“化工基础实验”中的化工过程参数测量实验，也是综合运用数学、物理及工程学等知识，把复杂的化工生产过程分解为简单的单元操作（动量传递、热量传递和质量传递）来进行分析和研究，而一般理科院校特别是师范院校化学及相关专业的“化工基础实验”教学内容和分配的学时不多，并不单独设课。基于以上考虑，适当借鉴国内外部分高校化学实验内容的组合，本书试图通过科学、合理的分类把分科设置的“物理化学实验”、“仪器分析实验”、“化工基础实验”三者有机地融为一体，凸现数学、物理及仪器方法在化学测量中的作用。

本书在编排时作如下几点考虑：

1. 由于化学实验教学独立设课，故对实验原理的叙述兼顾简明扼要和独立完整两方面，以利学生预习时正确理解。

2. 由于分析仪器的发展与应用迅速、普遍，本书将光学类仪器和色谱类仪器的主要性能参数的测定，作为实验技术进行专业教学，以利提高学生的实际应用能力。

3. 在实验内容的选取上，以基本知识和各种测量训练为主，兼顾实验内容更新，把适于转化为教学内容的科研成果编写成实验，以期拓展学生视野。

4. 利用化学实验教学中心的优质资源，把现代分析测试仪器应用于本科教学，以期增强学生的知识应用能力。

诚如傅鹰先生所言，编书如造园。繁花绿草，林木葱郁，亭台楼阁，小桥流水等景致，在A园恰到好处，移至B园则可能弄巧成拙，编写教材也大抵如此。把传统分块的实验内容重组，捏合的痕迹显而易见。本书在内容编排上虽自成一体，合理与否尤其是效果尚需通过教学实践检验，本书的编写当是化学实验教学改革的一种尝试。

本书在编写过程中参考了不少国内外化学实验教材和化学文献资料，在此对相应作者表示衷心感谢！

参加本书编写的有莫春生、苗碗根、何金兰、庄国雄、许丽梅、李志果。徐旭耀、彭元怀、周小平等提供了部分资料，全书由莫春生统稿。

由于编者水平所限，书中不当之处在所难免，敬请读者指正。

编　者

2011年5月

目　　录

1 绪 论

1.1 化学测量实验的目的要求

1.1.1 课程学习目的

化学测量实验是学生在完成基本操作技能训练、性质鉴定、合成制备、化学分析等实验内容后的一门独立的化学实验课程，主要由组成与结构分析实验、物理化学性质测试实验和化工过程基本参数测量实验等部分构成。化学测量实验应用物理学的原理和方法，借助数学工具，运用现代分析测试手段，通过实验测定物质运动过程中的物理参数来研究物质组成、结构、化学变化的一般规律以及化工生产过程中的单元操作。通过化学测量实验课程的学习，使学生了解和掌握运用物理学的原理和方法研究化学问题的途径，加深对物理化学分析方法原理的理解，掌握基本测试方法、先进的分析技术和典型仪器的使用；了解化工单元操作设备的基本原理及物理参数的测定，学会实验设计；培养正确记录实验现象和数据、正确处理和分析实验结果的能力，为后续更高层次实验课程的学习及毕业论文（设计）训练奠定基础。

1.1.2 课程学习基本要求

（1）实验预习　化学测量实验与其他基础化学实验的不同之处在于：①每个实验都有理论依据；②实验装置比较复杂，使用各种分析仪器，有些是结构复杂的精密贵重仪器；③多步操作，需严格控制实验条件，影响测量结果的因素较多；④需要对大量实验数据进行分析、处理或进行图谱解析。因此，要求实验前进行认真预习。

预习的主要内容包括：①准备一本预习报告（实验记录）本。②了解实验目的，透彻理解实验原理，借助示意图及文字说明初步了解实验装置，实验需用的仪器（结构及使用方法），特别要熟记注意事项。③熟记实验步骤。④参考教材，自行设计实验数据记录表格。⑤在以上基础上写出预习报告。预习报告要求用自己的语言简洁指明实验目的、实验原理（列出计算公式）、所用试剂和仪器、简明实验步骤、必要的实验装置图、数据记录表格、注意事项、疑难问题等，切忌照抄实验教材。预习时若需查找有关文献资料、数据手册等，也应一一详细列出。

经过充分预习和根据预习报告，应能不再依赖教材完成整个实验操作。

（2）实验操作　实验前首先检查仪器、试剂及其他实验用品是否符合实验要求，做好实验的各项准备工作，然后按照要求安装调试实验设备，进行实验。

在实验操作过程中，要严格控制实验条件，仔细观察和分析实验现象，客观、正确地记录原始数据（原始数据还包括实验日期、室温、大气压、实验条件、仪器型号与精度、试剂名称与级别、溶液浓度等）。原始数据不能用铅笔记录，更不能涂改。

实验中发现异常情况或遇到故障应及时排除，实验者本人不能排除时，立即报告指导教师或实验技术人员，及时采取措施。

实验结束后要整理和清洁实验所用仪器、试剂和其他用品，经实验指导教师审查实验数据、验收实验仪器和用品，并在原始数据记录本上签字后方能离开实验室。

(3) 实验报告　实验报告的内容包括：实验目的、简明原理及装置、仪器和试剂、实验步骤、实验数据及处理（列出原始数据、计算公式、计算示例、作出必要的图形）、实验结果或结论、分析和讨论、参考资料。

实验完成后，在尽可能短的时间内安排专门时间完成实验报告。写实验报告时要不厌其烦，耐心计算、规范作图，重点放在对实验数据的处理和实验结果的分析讨论上。

实验结果讨论部分包括：对实验现象的分析和解释、实验结果的误差及误差来源分析、实验后的体会等。实验结果的讨论是报告的重要部分，此环节锻炼学生分析、思考、归纳及综合运用所学知识解决问题的能力，学会发现或提出问题，然后能自圆其说，给予科学合理的解释。不要以简单地回答思考题来代替对实验结果的讨论。一份没有讨论的实验报告是一份不合格的报告。

一份好的实验报告应该符合实验目的明确、原理清楚、数据准确、图表合理、美观、结果正确、分析透彻、讨论深入、结构完整、语言表达准确、简洁等，具备科学性和可读性。

可参考学士学位论文格式，把化学测量实验报告写成科学小论文。

(4) 小论文格式　科学论文虽无统一格式，但有其特定的写作内容，其构成常包括以下部分：标题、作者、单位、中英文摘要及关键词、前言、正文、致谢、参考文献、附录等。

① 标题　标题即论文题目，要求高度概括而又准确反映论文的中心内容。它是论文的总纲，是读者判断是否阅读全文的依据，也是进行文献检索的主要依据。论文标题冗长则概括性不强，太短则难以准确反映文章中心内容。系列文章则可以排序加副标题。

② 作者及单位　署名作者只限于那些选定研究课题、制定研究方案、直接参加全部或主要研究工作，对论文做出主要贡献并了解论文报告的全部内容，能对论文内容负责的相关人员。工作单位写于作者名下。

③ 中英文摘要及关键词　撰写摘要的目的是让读者一目了然本文研究什么问题。用何种方法手段、得出怎样的结果、结果的意义何在等。它是对论文内容不加注解和评论的概括性陈述，是论文的高度浓缩，一般在全文完成后提炼出来。摘要的篇幅以几十个字至300字为宜。中文论文需要英文摘要（Abstract）时，不要生硬的把中文摘要字句一一对应地翻译成英文，在用词、语法及句法等方面应符合英语表达习惯。如中文的主动语态在科技英语中常用被动语态等。

④ 关键词　将论文中起关键作用、最能说明问题、代表论文内容特征的或最有意义的词遴选出来作为关键词，便于检索。可选3～8个关键词。

⑤ 前言　前言又叫引言、导言、序言等，也可不加标题，它是论文主体部分的开端。一般包括以下内容。

a. 研究背景和目的　说明从事该项研究的理由。研究目的与背景密不可分，便于读者领会作者的思路，从而准确把握文章的实质。

b. 文献综述　相关领域里前人工作的小结，包括已研究的问题、取得的成果、存在的不足，或未涉及的研究领域等。文献综述的结论是论文研究背景和目的的有力佐证。

c. 研究内容概述　包括研究所涉及的范围、拟采用的研究方法或途径、所取得成果的适用范围、研究意义等。

前言部分贵在言简意赅，条理清晰。

⑥ 正文部分　论文的正文是核心部分，根据文章内容和作者意图的不同而无规定格式。对于以化学实验为研究手段的论文或技术报告，一般包括以下几部分。

a. 药品与试剂　详细列出实验用所有化学药品和试剂的名称、规格、生产单位、溶液浓度等，若自己合成或纯化，需说明必要细节。

b. 仪器/设备/装置　实验所用仪器，或设备，或装置的名称、型号、生产单位、装置图等。

c. 实验方法和过程　说明实验所采用的是什么方法，实验过程如何。测定物理化学参数时，说明实验原理、计算公式等。使用多种方法手段时必须一一说明。

d. 实验结果与讨论　以文字、表格、图形、数学方程式等不同形式列出实验结果。实验结果不是原始实验数据的简单罗列，需对实验数据进行整理和处理。讨论部分是指对实验结果从理论（机理）上进行解释，阐明自己的新发现或新见解。

这部分内容是论文的重点，是结论产生的基础。写作这部分内容时应注意以下几个问题。

实验数据处理过程必须实事求是，不可随意取舍，更不能先入为主，伪造数据。对于离群值，要运用误差理论进行检验，决定取舍，或反复验证，判明是工作失误、意外现象、还是事情本来就是如此。

精心制作图、表。图要能直观地表达变量间的相互关系；表要易于显示数据的变化规律及各参数的相关性。还要把图、表设计得美观。

对实验结果的分析必须以事实为基础，以理论为依据。

e. 结论　结论是论文在实验结果及理论分析基础上作出的最后判断，是研究工作的结晶，反映研究成果的水平。提炼结论时也必须以实验结果为依据，不可随意外推，妄下结论。

⑦ 致谢　感谢除作者之外的所有对论文有贡献的人员或机构，包括指导过论文写作的专家、学者、提供文献资料者、帮助进行分析测试的实验技术人员、图表制作人员、提供研究经费的机构或单位等，以示尊重。

⑧ 参考文献　参考文献反映论文作者在完成整个论文过程中对前人工作的借鉴情况。一般而言，前言部分所列文献与研究主题密切相关；实验方法部分，常引用文献中述及的方法或作者采用的方法与文献方法进行比较；在讨论部分，理论根据的出处、自己的结果与他人研究结果的比较等都需要引用文献。按被引用的顺序对所引用的文献进行编号。如果论文投刊发表，需按照刊物的具体要求编排文献的著录格式。

作者在阅读文献时，应记下有用文献的详细信息，包括作者、题名、刊物名（书名等）、出版年、卷号（期号）、起止页码、有用信息等。只有作者亲自阅读的文献才能作为引用的参考文献。

⑨ 附录　对于某些数量较大的重要原始数据或完整的理论依据、进行大篇幅的数学物理方程推导、其他有参考价值的资料，不便于或刊物不允许作为正文内容，可以附录形式作为对正文的补充，放在论文最后。附录不是必需的。

1.2 实验室安全

化学实验室的安全隐患主要有爆炸、着火、中毒、灼伤、割伤、触电、辐射等。只要实验操作人员具有全面的专业知识、高尚的道德情操、良好的工作作风、强烈的安全意识，规范操作，基本上可以杜绝由于无知、粗心大意等主观因素造成的诸如用电不慎、使用化学试剂不当、高温高压失控、错误操作仪器设备等安全事故。先行化学实验课中已对化学实验室中的安全防护进行了反复强调，每一个化学实验工作者必须牢记的是，无论何时何地进行化学实验，都应把安全放在首位！本节结合化学测量实验的特点有选择性的介绍安全用电及气体钢瓶使用的有关知识。

1.2.1 用电安全

化学测量实验用电较多，特别要注意安全用电。表1-1给出50Hz交流电在不同电流强度时通过人体产生的反应情况。

表1-1 不同电流强度时的人体反应

电流强度/mA	1～10	10～25	25～100	100以上
人体反应	麻木感	肌肉强烈收缩	呼吸困难,甚至停止呼吸	心脏心室纤维性颤动,死亡

(1) 保护接地和保护接零 在正常情况下电器设备的金属外壳不导电，但设备内部的某些绝缘材料若损坏，金属外壳就会导电。当人体接触到带电的金属外壳或带电的导线时，会有电流流过人体。带电体电压越高，通过人体的电流越大，对人体的伤害也越大。当大于10mA的交流电或大于50mA的直流电通过人体时，就可能危及生命安全。我国规定36V(50Hz)的交流电是安全电压。超过安全电压的用电就必须注意用电安全，防止触电事故。为防止发生触电事故，要经常检查实验室用的电器设备是否漏电、用电导线有无裸露和电器设备是否有保护接地或保护接零措施。

① 设备漏电测试 检查带电设备是否漏电，使用试电笔最为方便。它是一种测试导线和电器设备是否漏电的常用电工工具，由笔端金属体、电阻、氖管、弹簧和笔尾金属体组成。大多数将笔尖做成改锥形式。若把试电笔尖端金属体与带电体接触，笔尾金属端与人的手部接触，氖管就会发光，而人体并无不适感。氖管发光说明被测物带电。这样，可及时发现设备是否漏电。试电笔在使用前应在带电的导线上预测，检查是否正常。

用试电笔检查漏电，只是定性检查，判断漏电程度必须使用其他仪表检测。不能用试电笔去试高压电。使用高压电源应有专门的防护措施。

② 保护接地 保护接地是用一根足够粗的导线，一端接在设备的金属外壳上，另一端接在接地体上（专门埋在地下的金属体），设备外壳通过导线与大地连为一体。一旦发生漏电，电流通过接地导线流入大地，降低外壳对地电压。当人体触及带电的外壳时，人体相当于接地电阻的一条并联支路，由于人体电阻远远大于接地电阻，所以通过人体的电流很小，避免了触电事故。

③ 保护接零 保护接零是把电器设备的金属外壳接到供电线路体系中的中性线上，而不需专设接地线与大地相连。这样，当电器设备因绝缘损坏而碰壳时，相线（即火线）、电器设备的金属外壳和中性线就形成一个“单相短路”的电路。由于中性线电阻很小，短路电流很大，会使保护开关动作或使电路保护熔断丝断开，切断电源，消除触电危险。

在采用保护措施时，必须注意不允许在同一体系上把一部分设备接零，另一部分用电设备接地。

(2) 实验室用电的导线选择 实验室用电或实验流程中的电路配线，设计者要提出导线规格。导线选择不当会在用电过程造成危险。导线种类很多，不同导线和不同配线条件下都有安全截流值规定，可在有关手册中查到。

合理配线的同时还应注意保护熔断丝选配恰当，不能过大也不应过小。过大失去保护作用，过小则在正常负荷下会熔断而影响工作。

(3) 实验室安全用电规则

① 实验前先了解室内总电闸和分电闸的位置，以便出现事故时及时切断电源。

② 电器设备维修时必须停电作业。

③ 带金属外壳的电器设备都应该保护接零，定期检查是否连接良好。

④ 导线的接头应紧密牢固。接触电阻要小。裸露的接头部分必须用绝缘胶布包好或用绝缘管套好。

⑤ 所有电器设备在带电时不能用湿布擦拭，其上更不能有水滴。不用湿手接触带电体。

⑥ 严禁私自加粗保险丝或用铜、铝丝代替。熔断保险丝后，一定要查找原因，消除隐患，再换上新保险丝。

⑦ 电热设备不能直接放在实验台上使用，必须用隔热材料架垫，以防着火。

⑧ 发生停电时必须先切断所有电闸，防止人员离开后，再供电使电器设备在无人监管下运行。

⑨ 室内若有氢气、煤气等易燃易爆气体，应避免产生电火花。继电器工作时、电器接触点接触不良时及开关电闸时易产生电火花，要特别小心。

⑩ 如遇电线起火，立即切断电源，用沙或二氧化碳、四氯化碳灭火器灭火，禁止用水或泡沫灭火器等导电液体灭火。

⑪ 离开实验室前，切断室内总电源。

(4) 电器仪表的安全使用

① 使用前先了解电器仪表要求使用的电源是交流电还是直流电，是三相电还是单相电以及电压的大小（如 380V、220V、6V）。须弄清电器功率是否符合要求及直流电器仪表的正、负极。

② 仪表量程应大于待测量。待测量大小不明时，应从最大量程开始测量。

③ 实验前要检查线路连接是否正确，经教师检查同意后方可接通电源。

④ 在使用过程中如发现异常，如不正常声响、局部温度升高或嗅到焦味，应立即切断电源，并报告教师进行检查。

1.2.2 气体钢瓶的安全使用

化学测量实验另一类需要引起特别注意的是各种高压气体。这些气体被贮存在高压钢瓶（气瓶）中。高压钢瓶是一种贮存各种压缩气体或液化气体的高压容器。钢瓶容积一般为40～60L，最高工作压力为 15MPa，最低也在 0.6MPa 以上。瓶内压力很高，贮存的气体有些又是有毒的或易燃易爆的，故使用前一定要掌握钢瓶构造和使用方法。

钢瓶主要由筒体和瓶阀构成，附件包括保护瓶阀的安全帽、开启瓶阀的手轮、使运输过程减少震动的橡皮圈、减压阀和压力表。

各类钢瓶的表面都应涂上一定颜色的油漆，目的不仅是防锈，主要是能从颜色上迅速辨别钢瓶中气体的种类。常用的各类钢瓶的颜色及其标识如表 1-2 所示。

表 1 2 常用各类气体钢瓶的颜色及其标识

气体种类	工作压力/MPa	水压试验压力/MPa	钢瓶颜色	文字	文字颜色	阀门出口螺纹
氧	15	22.5	浅蓝色	氧	黑色	正扣
氢	15	22.5	暗绿色	氢	红色	反扣
氮	15	22.5	黑色	氮	黄色	正扣
氦	15	22.5	棕色	氦	白色	正扣

续表

气体种类	工作压力/MPa	水压试验压力/MPa	钢瓶颜色	文字	文字颜色	阀门出口螺纹
压缩空气	15	22.5	黑色	压缩空气	白色	正扣
二氧化碳	12.5(液)	19	黑色	二氧化碳	黄色	正扣
氨	3(液)	6	黄色	氨	黑色	正扣
氯	3(液)	6	草绿色	氯	白色	正扣
乙炔	3(液)	6	白色	乙炔	红色	反扣
二氧化硫	0.6(液)	1.2	黑色	二氧化硫	白色	正扣

(1) 高压气体钢瓶的安全使用

① 钢瓶应放在阴凉，远离电源、热源（如阳光、暖气、炉火等）的地方，并加以固定。可燃性气体钢瓶必须与氧气钢瓶分开存放。

② 搬运钢瓶时要戴上瓶帽、橡皮腰圈。要轻拿轻放，不要在地上滚动，避免撞击和摔倒。

③ 高压钢瓶必须要安装好减压阀后方可使用。一般，可燃性气体钢瓶上阀门的螺纹为反扣的（如氢、乙炔），不燃性或助燃性气瓶（如 N_2、O_2）为正丝。各种减压阀绝不能混用。

④ 开、闭气阀时，操作人员应避开瓶口方向，站在侧面，缓慢操作，防止万一阀门或压力表冲出伤人。

⑤ 氧气瓶的瓶嘴、减压阀都严禁沾污油脂。在开启氧气瓶时还应特别注意手上、工具上不能有油脂，扳手上的油应用酒精洗去，待干后再使用，以防燃烧和爆炸。

⑥ 氧气瓶与氢气瓶严禁在同一实验室内使用。

⑦ 钢瓶内气体不能完全用尽，应保持在 0.05MPa 表压以上的残留压力，以防重新灌气时发生危险。

⑧ 钢瓶须定期送交检验，合格钢瓶才能充气使用。

(2) 气体减压阀的构造及正确使用　气体钢瓶充气后，压力可达 15MPa，使用时必须用气体减压阀。氧气钢瓶的构造如图 1-1 所示，减压阀工作原理如图 1-2 所示。当顺时针方

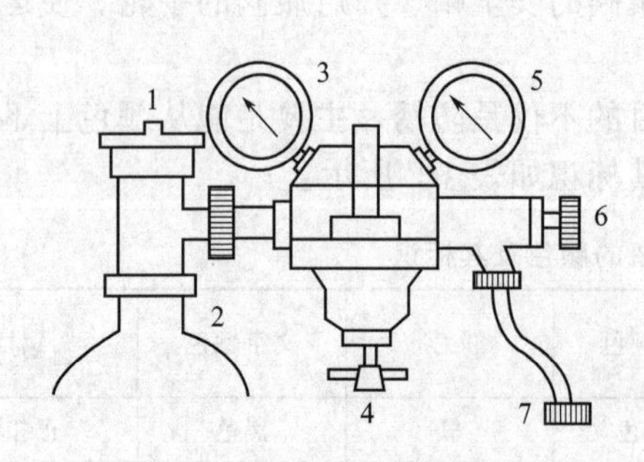

图 1-1　氧气钢瓶构造示意图

1—钢瓶总阀门；2—氧气表与钢瓶连接螺旋；3—总压力表；4—调压阀门；5—分压力表；6—供气阀门；7—接氧弹进气口螺旋

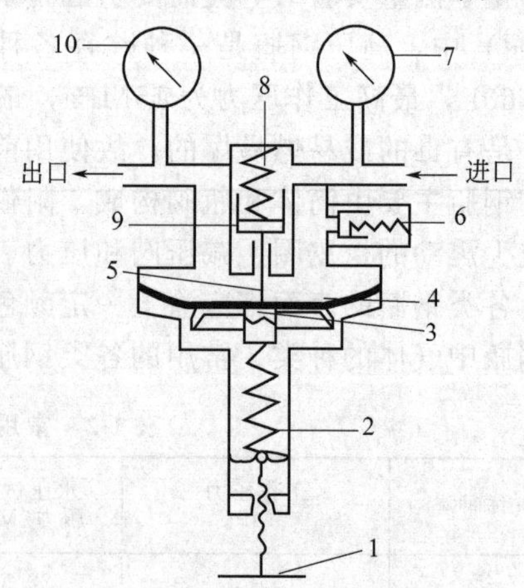

图 1-2　减压阀工作原理示意图

1—手柄；2—主弹簧；3—弹簧垫块；4—薄膜；5—顶杆；6—安全阀；7—高压表；8—压缩弹簧；9—活门；10—低压表

向旋转手柄 1 时，压缩主弹簧 2，作用力通过弹簧垫块 3、薄膜 4 和顶杆 5 使活门 9 打开，这时进口的高压气体（其压力由高压表 7 指示）由高压室经活门调节减压后进入低压室（其压力由低压表 10 指示）。当达到所需压力时，停止转动手柄，开启供气阀，将气体输到受气系统。

停止用气时，逆时针旋松手柄 1，使主弹簧 2 恢复原状，活门 9 由压缩弹簧 8 的作用而密闭。当调节压力超过一定允许值或减压阀出故障时，安全阀 6 会自动开启排气。

安装减压阀时，应先确定尺寸规格是否与钢瓶和工作系统的接头相符，用手拧满螺纹后，再用扳手上紧，防止漏气。若有漏气应再旋紧螺纹或更换皮垫。

在打开钢瓶总阀门 1 之前（参见图 1-1），首先必须仔细检查调压阀门 4 是否已关好（手柄松开是关）。切不能在调压阀门 4 处在开放状态（手柄顶紧是开）时，突然打开钢瓶总阀门 1，否则会出事故。只有当手柄松开（处于关闭状态）时，才能开启钢瓶总阀门 1，然后再慢慢打开调压阀门。

停止使用时，应先关钢瓶总阀门 1，到压力表下降到零时，再关调压阀门 4（即松开手柄）。

2 实验测量误差

2.1 误差分类

实验测量值与被测物的真值之差称为误差。真值不可知，现代科学测量中，把使用校正过的仪器经多次测量得到的算术平均值或文献手册中的公认值近似作为真值。严格意义上，所有科学测量均存在误差。根据误差性质将其分为三类：随机误差、系统误差和过失误差。随机误差：其数值的大小和方向有规律，是无法克服的，一般增加测量次数可以使之减小。系统误差：某一特定因素引起的，增加测量次数不可以使之减小，但改变方法可以消除，这是一类不允许存在的误差，必须加以校正。过失误差：无规律可循，但必须消除。

2.1.1 随机误差

相同条件下，多次重复测量同一物理量，每次结果的误差时正时负，误差的绝对值时大时小，且正、负、大、小出现的几率相等，这类误差称为随机误差（不确定误差）。随机误差是客观存在。不论使用多么完善的仪器，选择多么恰当的方法，操作多么严谨，随机误差总是在一定限度内存在。增加测量次数可以减少随机误差，但不能使随机误差消失。随机误差的大小和符号服从正态分布，其函数形式为：

$$\varphi(x)=\frac{1}{\sigma\sqrt{2\pi}}\mathrm{e}^{-\frac{(x-\mu)^2}{2\sigma^2}} \tag{2-1}$$

式中，μ 为正态分布的均值，在不存在系统误差时，它就是真值，它表示测量值的集中趋势；x 为分布总体中随机抽取的样本值，从总体中随机抽取 n 个值 x_1，x_2，x_3，…，x_n 称为样本，n 则称为样本容量；σ 为正态分布的标准差，它表示样本值的离散特征；e 为自然对数的底，e=2.718。

为了简单起见，将 $\mu=0$，$\sigma=1$ 的正态分布称为标准正态分布，记为 N(0,1)。显然，均值 μ 和标准差 σ 是正态分布的两个基本参数，当确定了 μ 和 σ，正态分布就确定了。

标准正态分布的密度函数曲线如图 2-1。正态分布的密度函数曲线关于直线 $x=\mu$ 对称。$\varphi(x)$ 永远取正值。在标准正态分布中，当 $\sigma=1$时，$\varphi(x)=\frac{1}{\sqrt{2\pi}}\approx0.4$；当 $\sigma=0.5$ 时，$\varphi(x)=\frac{1}{0.5\sqrt{2\pi}}\approx0.8$；从图中可知，$\sigma$ 值愈大，曲线的最高点愈低，曲线就平缓，表明测定值愈分散，测定的精密度愈差。反之，σ 值愈小，测定值愈集中，测定的精密度愈好。用正态分布函数来描述测量数据中的随机误差非常合适。当不存在系统误差时，在大量

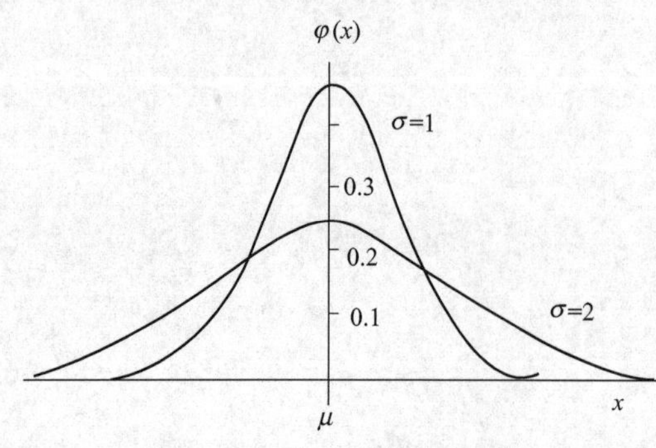

图 2-1　正态分布的密度函数

的测定中，多数测定值都集中在平均值附近，而且，正、负误差出现的概率几乎相等，特别大或者特别小的误差出现的概率都特别小，这种概率特别小的情况在统计学上称为“小概率事件”。正常情况下这种“小概率事件”是不可能发生的。系统误差的检验、异常值的剔除及方差分析等都是建立在“小概率事件”是否发生的基础上。

2.1.2 系统误差

在相同条件下，对同一物理量进行多次测量，结果总是恒偏大或恒偏小，改变条件，测量误差按一确定规律变化，把此种误差称为系统误差（或恒定误差、确定误差）。存在系统误差的主要原因如下。

（1）仪器误差　由于仪器结构上的缺陷引起，如刻度不准等。仪器误差通过检定后校准的方法改正。

（2）试剂误差　主要由试剂不纯引起，如蒸馏水中含有微量杂质等。通过纯化试剂或使用要求纯度的试剂予以改正。

（3）个人误差　由操作者的个人习惯或特点引起，如读数时总是把头偏向一边、对颜色变化不敏感、光学测量中视觉迟钝、电学测量中听觉迟钝等。

（4）方法误差　实验测量所依据的理论方法有缺陷，或引入太多近似，如由凝固点降低法所测得的溶质的摩尔质量总是较真值偏低等。

（5）条件误差　主要由实验条件控制不合格引起，如用毛细管黏度计测量液体黏度时，恒温槽的温度偏高或偏低等。

系统误差的存在严重影响测量结果的准确性，科学测量中不允许存在系统误差。对系统误差必须进行检验判断并加以校正。为了消除系统误差，可以让不同的操作者用不同方法、使用不同仪器测定同一个量，若彼此在允许范围内相符，认为系统误差基本消除。此外，测量方法是否存在系统误差，常用统计学上的 t 检验法。

2.1.2.1 t 检验法的理论基础

t 检验法的理论依据是随机误差的正态分布。在图 2-1 随机误差的正态分布中，要求测量次数为足够大或无限大，测量的随机误差分布才遵循或近似遵循符合正态分布。但在实际中任何测量都是小样本数，即测量次数在 10～20 次。小样本试验并不能求出总体的均值 μ 和总体标准差 σ 值，而只能求得样本的均值 $\bar{x}$ 和样本的标准差 S。所以，小样本试验不能直接采用正态分布。处理小样本试验数据必须采用类似于正态分布的 t 分布。t 分布的概率密度的函数为：

$$\varphi(t)=\frac{\Gamma\left(\frac{f+1}{2}\right)}{\sqrt{\pi f}\Gamma\left(\frac{f}{2}\right)}\left(1+\frac{t^2}{f}\right)^{-\frac{f+1}{2}} \tag{2-2}$$

式中，f 为计算本数据标准偏差 S 的自由度。

t 分布的概率密度的函数只取决于自由度 f 和 t 值。图 2-2 给出了一组不同 f 值的 t 分布曲线。所有的 t 分布曲线都保持了正态分布曲线的形状。在自由度 $f<10$ 时，t 分布曲线与正态分布曲线相差比较大；当 $f>20$ 时，t 分布曲线与正态分布曲线比较相近；当 $f\rightarrow\infty$ 时，t 分布曲线与正态分布曲线完全一致，这时 $t=\mu$。

在图 2-1 中我们知道正态分布曲线和横轴之间的面积，即为 $-\infty<x<\infty$ 区间的积分值，它表示各种大小偏差的样本值出现的概率总和，其值为 1。那么在 t 分布曲线中，在自由度 f 确定，当选定边界值 α 后，由式(2-2) 可以计算随机变量 t 值的概率，即：

$$P(t)=\frac{\Gamma\left(\frac{f+1}{2}\right)}{\sqrt{\pi f}\Gamma\left(\frac{f}{2}\right)}\int_{-t_{\alpha/2}}^{t_{\alpha/2}}\left(1+\frac{t^2}{f}\right)^{-\frac{f+1}{2}}\mathrm{d}t=1-\alpha$$

式中，α 为测量的显著性水平（给定误差界限所对应的概率），$1-\alpha$ 称为置信水平。

此概率可方便地由 t 分布表查出（见附录 9 t 分布表）。表中列出了不同显著性水平和不同自由度下的临界 t 值。例如，$P=0.10$，$f=10$，从表中查得 $t=1.812$。这就是说 $|t|>1.81$ 的概率为 10%（0.10），$|t|<1.81$ 的概率为 90%。

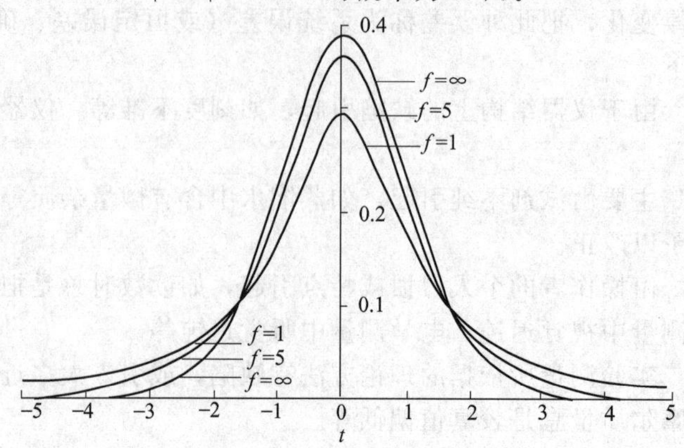

图 2-2 不同 f 的 t 分布曲线

在实际测量中，处理小样本试验数据必须采用 t 分布。当不存在系统误差时，在有限次的测定中，测量样本的均值与总体均值不会产生显著性差异；当存在系统误差时，测量的均值与总体均值会产生显著性差异，即“小概率事件”发生了。这就是统计学中 t 检验法的理论依据。

2.1.2.2 t 检验法的程序

（1）确定所用的检验统计量　当检验测量样本的均值与总体均值是否产生显著性差异时，采用统计量：

$$t=\frac{\overline{x}-\mu}{S/\sqrt{n}} \tag{2-3}$$

式中，$\overline{x}$ 为待检样本的均值；μ 为检验对照值；S 为测量值标准偏差；n 为测量次数。

检验两个测量样本的均值是否具有显著性差异时，采用统计量：

$$t=\frac{\overline{x}_1-\overline{x}_2}{\sqrt{\overline{S}^2\left(\frac{1}{n_1}+\frac{1}{n_2}\right)}} \tag{2-4}$$

式中，$\overline{x}_1$、$\overline{x}_2$ 分别为待检样本的测量均值；n_1、n_2 为各自测量次数；$\overline{S}^2$ 为样本合并测量方差。

$$\overline{S}^2=\frac{(n_1-1)S_1^2+(n_2-1)S_2^2}{n_1+n_2-2} \tag{2-5}$$

（2）选定显著性水平 α，确定拒绝域 $t_{\alpha,f}$。

（3）计算测量均值 $\overline{x}$ 和标准偏差 S。

（4）计算统计量值。

（5）判断　如果计算统计量值大于 t 分布表中相应的显著性水平 α 和相应的自由度 f 下的临界值 $t_{\alpha,f}$，则可判断检验值与对照值两者不一致，即两者存在着显著性差异，测量存在系统误差。如果计算统计量值小于 t 分布表中相应的显著性水平 α 和相应的自由度 f 下的临界值 $t_{\alpha,f}$，则可判断检验值与对照值两者一致，即测量不存在系统误差。

下面举例说明如何进行 t 检验。

【例 2-1】 正常情况下，某钢铁厂的钢水平均含碳量为 4.550。在一日的测量中，测得的含碳量分别为 4.28，4.40，4.42，4.35，4.37。问这天钢水含碳量是否合格？

解：（1）这里实际上是要求检验测量的均值与总体均值是否产生显著性差异，所以选用统计量：

$$t=\frac{\overline{x}-\mu}{S/\sqrt{n}}$$

（2）选定显著性水平 $\alpha=0.05$，确定拒绝域 $|t_{0.05,4}|=2.776$。

（3）计算测量均值 $\overline{x}$ 和标准偏差 S：

$$\overline{x}=\frac{1}{n}\sum_{i=1}^{n}x_i=4.364,\quad S=\sqrt{\frac{1}{n-1}(x_i-\overline{x})^2}=0.054$$

（4）计算统计量值：

$$t=\frac{4.364-4.550}{0.054/\sqrt{5}}=-7.68$$

（5）判断　计算统计量的绝对值 7.68＞拒绝域 $|t_{0.05,4}|=2.776$。说明这天钢水含碳量与钢水平均含碳量有显著性差异，此钢水含碳量异常。原因待查。

【例 2-2】 某化工原料在处理前后取样分析，测得其含脂率的数据如下：

处理前	0.19	0.18	0.21	0.30	0.66	0.42	0.08	0.12	0.30	0.27
处理后	0.19	0.24	1.04	0.08	0.20	0.12	0.31	0.29	0.13	0.07

在给定显著性水平 $\alpha=0.05$ 时，问处理前后含脂率的平均值有无显著性变化。

解：（1）这里是检验两个测量样本的均值是否具有显著性差异，所以选用统计量：

$$t=\frac{\overline{x}_1-\overline{x}_2}{\sqrt{\overline{S}^2\left(\frac{1}{n_1}+\frac{1}{n_2}\right)}}$$

（2）选定显著性水平 $\alpha=0.05$，确定拒绝域 $|t_{0.05,18}|=2.101$。

（3）计算测量均值 $\overline{x}_1$、$\overline{x}_2$ 和合并样本测量方差 $\overline{S}^2$：

$$\overline{x}_1=0.273,\ \overline{x}_2=0.267,\ S_1=0.168,\ S_2=0.248$$

$$\overline{S}_2=\frac{(n_1-1)S_1^2+(n_2-1)S_2^2}{n_1+n_2-2}=\frac{9\times0.168^2+9\times0.248^2}{16}=0.233$$

（4）计算统计量值：

$$t=\frac{\overline{x}_1-\overline{x}_2}{\sqrt{\overline{S}^2\left(\frac{1}{n_1}+\frac{1}{n_2}\right)}}=\frac{0.273-0.267}{\sqrt{0.233^2\times\left(\frac{1}{9}+\frac{1}{9}\right)}}=0.0576$$

（5）判断　计算统计量的绝对值 0.0576＜拒绝域 $|t_{0.05,18}|=2.101$。说明处理前后含脂率的平均值无显著性的变化。

必须指出，在应用 t 检验时，要求被检验的两总体分布是正态的，而且两总体方差相近。

2.1.3 分析方法的评价指标

评价分析方法有三个指标：检出限、精密度和准确度。

（1）检出限　在适当的置信水平（99.7%）时被检出的待测组分的最小量或者最小

浓度。

计算式：
$$C_d=\frac{3S}{b} \tag{2-6}$$

式中，b 为分析方法的灵敏度，即工作曲线斜率；C_d 为分析方法的检出限（工作曲线用浓度单位，则检出限为浓度单位；工作曲线以质量为单位时，检出限单位为质量）；S 为接近空白样品的测定信号的标准偏差。

这里对于标准偏差 S 的获得有两点要求：一是测定次数要足够多，如 10～20 次；二是测定的样品浓度不能在工作曲线的定量线性范围内，要求用“接近空白的样品”进行检出限的测定。因为样品浓度不同，测定精度是不一样的。检出限定义规定能确证待测组分存在的最小信号所对应的质量或者浓度。所以进行检出限信号测定时至少要用比定量线性范围下限还小的浓度或者质量。用高于此浓度或者质量的样品测量获得的检出限，数值会比较低但不是真实的。

从式(2-6) 知检出限能综合反映分析方法噪声水平与灵敏度水平，欲改善检出限，只有减少方法噪声、提高方法灵敏度才能获得比较低的检出限。检出限是评价分析方法的一个重要指标。

(2) 精密度　同一量多次重复测定的测定值的离散程度的度量。测定值愈集中，测定精密度愈高。所以有的文献中将精密度称为测定重复性。精密度常用标准偏差或相对标准偏差来度量。

标准偏差 S：
$$S=\sqrt{\frac{\sum_{i=1}^{n}(x_i-\overline{x})^2}{n-1}} \tag{2-7}$$

相对标准偏差 RSD：
$$RSD=\frac{S}{\overline{x}} \tag{2-8}$$

从式(2-7) 知，增加测量次数可以提高测量精密度。这是因为精密度是表征随机误差的大小，增加测量次数可以使测量均值愈接近真值。式(2-8) 表明测量精密度还与均值大小有关，均值愈大，相对标准偏差愈小，精密度愈好。所以，在测量中根据均值大小，对精密度的要求是不同的。

(3) 准确度　在一定的测量精度下，多次测量均值与真值相符合的程度。准确度常用误差或相对误差来度量。准确度$=x_i-$真值，它反映测量结果的正确性。如果测量方法存在系统误差，无论测量精度多好，也不能保证有好的测量准确度。所以，准确度表征系统误差的大小，增加测量次数不能提高测量准确度，只有对测量方法进行系统误差检验并校正后才能保证测量方法的准确度。实际工作中，常在校正系统误差后，将测量结果与已确认为标准方法的测量值对照作为测量方法准确度的参考。

2.2 误差的表示方法

2.2.1 绝对误差与相对误差

绝对误差＝测量值－真值

相对误差＝绝对误差÷真值

绝对误差的数值有量纲，与被测量的大小无关，而相对误差不但与被测量的大小有关，还与绝对误差有关。因此，在比较不同测量的精密度或评价测量质量时，宜采用相对误差。

2.2.2 算术平均误差

设在相同条件下对某一物理量 x 进行等精度的独立 n 次测量，得到：x_1，x_2，…，x_i，…，x_n，测量量的算术平均值为：

$$\overline{x}=\frac{1}{n}\sum_{i=1}^{n}x_i$$

每次测量值与算术平均值间的偏差为 d_i，$d_i=x_i-\overline{x}$。

定义算术平均误差 δ 为：

$$\delta=\frac{1}{n}\sum_{i=1}^{n}\mid d_i\mid=\frac{1}{n}\sum_{i=1}^{n}\mid x_i-\overline{x}\mid$$

算术平均误差容易计算，但它不能反映测量精密度的高低，如两组测量值分别为：

A　2.9，　2.9，　3.0，　3.1，　3.1

B　2.8，　3.0，　3.0，　3.0，　3.2

显然，A 的精密度高，但两者的算术平均误差相同。

2.2.3 标准偏差

定义式见式(2-7)。

标准偏差的大小不仅取决于一组测量中的各个测定值，且对其中的极值尤为敏感（平方运算）。仍以上述 A、B 两组测量为例：

$$\overline{x}_A=\frac{1}{n}\sum_{i=1}^{n}x_i=\frac{2.9+2.9+3.0+3.1+3.1}{5}=3.0$$

$$\delta_A=\frac{1}{5}(|2.9-3.0|+|2.9-3.0|+|3.0-3.0|+|3.1-3.0|+|3.1-3.0|)=0.08$$

$$S_A=\sqrt{\frac{(2.9-3.0)^2+(2.9-3.0)^2+(3.0-3.0)^2+(3.1-3.0)^2+(3.1-3.0)^2}{5-1}}=\pm 0.10$$

$$\overline{x}_B=\frac{2.8+3.0+3.0+3.0+3.2}{5}=3.0$$

$$\delta_B=\frac{1}{5}(|2.8-3.0|+|3.0-3.0|+|3.0-3.0|+|3.0-3.0|+|3.2-3.0|)=0.08$$

$$S_B=\sqrt{\frac{(2.8-3.0)^2+(3.0-3.0)^2+(3.0-3.0)^2+(3.0-3.0)^2+(3.2-3.0)^2}{5-1}}=\pm 0.14$$

$S_B>S_A$，表明 A 的测量结果好于 B，事实也如此，但由于 $\delta_B=\delta_A$，算术平均误差相同，此时，宜采用标准偏差来反映两组测量质量的差别。

化学测量实验中，既可用算术平均误差也可用标准偏差表示测量的精密度。由于不能肯定 x_i 偏离算术平均值是高还是低，测量结果常用绝对误差表示：

$$\overline{x}\pm\delta\quad 或\quad \overline{x}\pm\sigma$$

用相对误差表示则为 $\overline{x}\pm\frac{\delta}{\overline{x}}\times 100\%$或 $\overline{x}\pm\frac{S}{\overline{x}}\times 100\%$，$\delta$ 和 S 越小，测量的精密度越高。

2.3 误差传递

化学测量实验中对物理量的测量有直接与间接之分，直接测量指直接测定某一物理量，如温

度 T、压力 p、体积 V、浓度 c 等，若干个直接测量量通过确定函数关系所得另一物理量为间接测量量。显然，每一个直接测量量的误差会影响间接测量量的结果，该过程称为误差传递。

2.3.1 算术平均误差的传递

设间接测量量为 u，直接测量量有 x、y、z…，其平均误差分别为 $\mathrm{d}x$、$\mathrm{d}y$、$\mathrm{d}z$…，问各直接测量量的平均误差最终给间接测量量 u 带来多大的误差，即求 $\mathrm{d}u$。

函数关系为 $u=u(x,y,z,K)$，则：

$$\mathrm{d}u=\left(\frac{\partial u}{\partial x}\right)_{y,z,K}\mathrm{d}x+\left(\frac{\partial u}{\partial y}\right)_{x,z,K}\mathrm{d}y+\left(\frac{\partial u}{\partial z}\right)_{x,y,K}\mathrm{d}z+K$$

实验过程中，以 $\Delta u\approx \mathrm{d}u$，$\Delta x\approx \mathrm{d}x$，$\Delta y\approx \mathrm{d}y$，$\Delta z\approx \mathrm{d}z$…，并考虑到各误差有正有负，为求最大误差，把各误差取绝对值，得：

$$\Delta u=\left|\frac{\partial u}{\partial x}\right||\Delta x|+\left|\frac{\partial u}{\partial y}\right||\Delta y|+\left|\frac{\partial u}{\partial z}\right||\Delta z|+K$$

此即算术平均误差传递的基本公式。而相对平均误差的传递公式为：

$$\frac{\Delta u}{u}=\frac{1}{u}\left(\left|\frac{\partial u}{\partial x}\right||\Delta x|+\left|\frac{\partial u}{\partial y}\right||\Delta y|+\left|\frac{\partial u}{\partial z}\right||\Delta z|+K\right)$$

部分函数的平均误差计算公式列于表 2-1 中。

表 2-1 部分函数的平均误差计算公式

函数关系	绝对误差 Δu	相对误差 $\frac{\Delta u}{u}$	函数关系	绝对误差 Δu	相对误差 $\frac{\Delta u}{u}$
$u=x+y$	$\pm(\|\Delta x\|+\|\Delta y\|)$	$\pm\left(\frac{\|\Delta x\|+\|\Delta y\|}{x+y}\right)$	$u=x^n$	$\pm(nx^{n-1}\|\Delta x\|)$	$\pm\left(n\frac{\|\Delta x\|}{x}\right)$
$u=x-y$	$\pm(\|\Delta x\|+\|\Delta y\|)$	$\pm\left(\frac{\|\Delta x\|+\|\Delta y\|}{x-y}\right)$	$u=\ln x$	$\pm\left(\frac{\|\Delta x\|}{x}\right)$	$\pm\left(\frac{\|\Delta x\|}{x\ln x}\right)$
$u=xy$	$\pm(y\|\Delta x\|+x\|\Delta y\|)$	$\pm\left(\frac{\|\Delta x\|}{x}+\frac{\|\Delta y\|}{y}\right)$	$u=a^x$	$\pm(a^x\ln a\|\Delta x\|)$	$\pm(\ln a\|\Delta x\|)$
$u=\frac{x}{y}$	$\pm\left(\frac{y\|\Delta x\|+x\|\Delta y\|}{y^2}\right)$	$\pm\left(\frac{\|\Delta x\|}{x}+\frac{\|\Delta y\|}{y}\right)$	$u=\sin x$	$\pm(\cos x\|\Delta x\|)$	$\pm\left(\frac{\cos x}{\sin x}\|\Delta x\|\right)$

2.3.2 标准偏差的传递

设直接测量量 x、y、z 的标准偏差分别为 S_x、S_y、S_z，间接测量量为 u，函数关系仍为 $u=u(x,y,z,K)$，则 u 的标准偏差 S_u 按下式计算（证明从略）：

$$S_u=\left[\left(\frac{\partial u}{\partial x}\right)^2S_x^2+\left(\frac{\partial u}{\partial y}\right)^2S_y^2+\left(\frac{\partial u}{\partial z}\right)^2S_z^2+K\right]^{1/2}$$

表 2-2 列出一些简单函数的标准偏差计算公式。

表 2-2 部分函数的标准偏差计算公式

函数关系	绝对误差 S_u	相对误差 $\frac{S_u}{u}$	函数关系	绝对误差 S_u	相对误差 $\frac{S_u}{u}$
$u=x+y$	$\pm\sqrt{S_x^2+S_y^2}$	$\pm\frac{\sqrt{S_x^2+S_y^2}}{\|x+y\|}$	$u=\frac{x}{y}$	$\pm\frac{1}{y}\sqrt{S_x^2+\frac{x^2}{y^2}S_y^2}$	$\pm\sqrt{\frac{S_x^2}{x^2}+\frac{S_y^2}{y^2}}$
$u=x-y$	$\pm\sqrt{S_x^2+S_y^2}$	$\pm\frac{\sqrt{S_x^2+S_y^2}}{\|x-y\|}$	$u=x^n$	$\pm(nx^{n-1}S_x^2)$	$\pm\frac{n}{x}S_x$
$u=xy$	$\pm\sqrt{y^2S_x^2+x^2S_y^2}$	$\pm\sqrt{\frac{S_x^2}{x^2}+\frac{S_y^2}{y^2}}$	$u=\ln x$	$\pm\frac{S_x}{x}$	$\pm\frac{S_x}{x\ln x}$

【例 2-3】 凝固点降低法测定萘摩尔质量实验中，在工业天平上称取溶剂苯的质量 $m(A)$为 20.00g，称量的算术平均误差 $\Delta m(A)=0.05$g，用分析天平称取溶质萘 $m(B)=0.1200$g，$\Delta m(B)=0.0002$g，用贝克曼（Backmann）温度计测量纯溶剂的凝固点三次，分别为 5.801℃、5.790℃、5.802℃。测三次溶液的凝固点得到 5.500℃、5.504℃、5.495℃。Backmann 温度计的测量精度为 0.002℃，已知溶剂苯的凝固点降低常数 $k_f=5.12\text{K}\cdot\text{mol}^{-1}\cdot\text{kg}$。求利用下式计算萘摩尔质量的算术平均误差、相对误差；正确表示实验结果；分析误差最大来源。

$$M=\frac{k_f m(B)}{m(A)(T_f^*-T_f)}$$

解： 以先计算相对平均误差最为简便。

$$\ln M=\ln k_f+\ln m(B)-\ln m(A)-\ln(T_f^*-T_f)$$

$$\mathrm{d}\ln M=\frac{\mathrm{d}M}{M}=\frac{\mathrm{d}m(B)}{m(B)}-\frac{\mathrm{d}m(A)}{m(A)}-\frac{\mathrm{d}(T_f^*-T_f)}{T_f^*-T_f}$$

$$\frac{\mathrm{d}M}{M}=\frac{\mathrm{d}m(B)}{m(B)}-\frac{\mathrm{d}m(A)}{m(A)}-\frac{\mathrm{d}T_f^*}{T_f^*-T_f}-\frac{\mathrm{d}T_f}{T_f^*-T_f}$$

以“Δ”近似代替“d”，把各误差取绝对值后得：

$$\frac{\Delta M}{M}=\frac{|\Delta m(B)|}{m(B)}+\frac{|\Delta m(A)|}{m(A)}+\frac{|\Delta T_f^*|}{T_f^*-T_f}+\frac{|\Delta T_f|}{T_f^*-T_f}$$

$$\overline{T_f^*}=\frac{5.801+5.790+5.802}{3}=5.797$$

$$\Delta T_{f,1}^*=5.801-5.797=+0.004$$

$$\Delta T_{f,2}^*=5.790-5.797=-0.007$$

$$\Delta T_{f,3}^*=5.802-5.797=+0.005$$

$$\Delta\overline{T_f^*}=\pm\frac{|+0.004|+|-0.007|+|+0.005|}{3}=\pm0.005$$

$$\overline{T_f}=\frac{5.500+5.504+5.495}{3}=5.500$$

$$\Delta T_{f,1}=5.500-5.500=0.000$$

$$\Delta T_{f,2}=5.504-5.500=+0.004$$

$$\Delta T_{f,3}=5.495-5.500=-0.005$$

$$\Delta\overline{T_f}=\pm\frac{|0.000|+|+0.004|+|-0.005|}{3}=\pm0.003$$

$$\frac{\Delta M}{M}=\frac{|0.0002|}{0.1472}+\frac{|0.05|}{20.00}+\frac{|0.005|}{0.297}+\frac{|0.003|}{0.297}$$

$$\frac{\Delta M}{M}=0.0014+0.0025+0.017+0.010=\pm0.031$$

$$M=\frac{k_f m(B)}{m(A)(T_f^*-T_f)}=\frac{5.12\text{K}\cdot\text{mol}^{-1}\cdot\text{kg}\times0.1472\times10^{-3}\text{kg}}{20.00\times10^{-3}\text{kg}\times(5.797-5.500)\text{K}}=0.127\text{kg/mol}$$

$$M=127\text{g/mol}\qquad \Delta M=\pm0.031\times127=\pm4\text{g/mol}$$

（1）实验结果可表示为：$M=(127\pm4)$g/mol。

（2）在 3.1%的相对误差中，温度的测量误差为 2.7%，是最大来源。提高测温的精度是改善测量的关键因素。可从两方面着手：一是降低测温误差，可通过提高温度计的精密度或准确读数实现。要做到准确读数要求操作熟练，有时在温度稍低于溶液凝固点时加入少量固体溶质作为晶种，防止严重过冷现象出现，能得到较好结果。二是增大凝固点降低数值，可以增大溶液浓度，但不能超出计算公式允许的范围，否则，会引入系统误差。

需要注意的是，本实验用 Backmann 温度计测量温度差，其读数精度为±0.002℃，而实验测定过程中，温度差测量的最大误差达到±0.008℃，故不能直接用仪器的测量精度来估计测量的最大误差。

(3) 无需进一步提高称量精度。由于溶剂用量大，用工业天平即可，而溶质的用量少，需用万分之二的分析天平，使称量误差处于同一数量级。

【例 2-4】 测量某一电热器功率时，得到电流 $I=(8.40\pm0.04)\text{A}$，电压 $U=(9.5\pm0.1)\text{V}$，测量精度以标准偏差表示。计算该电热器的功率 P 及其标准偏差。

解：

$$P=IU=8.40\times9.5=79.8\text{W}$$

$$S_P=\pm\sqrt{U^2S_I^2+I^2S_U^2}$$

$$S_P=\pm\sqrt{9.5^2\times0.04^2+8.40^2\times0.1^2}=\pm0.9$$

结果表示为：$P=(79.8\pm0.9)\text{W}$。

【例 2-5】 化学动力学中按下式计算一级反应的速率常数 k：

$$k=\frac{1}{t}\ln\frac{a}{a-x}$$

式中，a 为反应物的起始浓度；x 为经过时间 t 后已反应的反应物浓度。

a、x、t 均为直接测量量。求$\frac{\Delta k}{k}$，并分析反应过程中误差出现的情况。

解： $k=\frac{1}{t}\ln\frac{a}{a-x}$

$$\mathrm{d}k=\mathrm{d}\left(t^{-1}\times\ln\frac{a}{a-x}\right)$$

$$\mathrm{d}k=-\frac{\mathrm{d}t}{t^2}\times\ln\frac{a}{a-x}+\frac{1}{t}\times\frac{a-x}{a}\times\mathrm{d}\left(\frac{a}{a-x}\right)$$

$$\mathrm{d}\left(\frac{a}{a-x}\right)=\frac{\mathrm{d}a}{a-x}+(-1)\frac{a}{(a-x)^2}\mathrm{d}(a-x)=\frac{\mathrm{d}a}{a-x}-\frac{a\mathrm{d}a}{(a-x)^2}+\frac{a\mathrm{d}x}{(a-x)^2}$$

所以 $\mathrm{d}k=-\frac{\mathrm{d}t}{t^2}\times\ln\frac{a}{a-x}+\frac{1}{t}\times\frac{a-x}{a}\times\left[\frac{\mathrm{d}a}{a-x}-\frac{a\mathrm{d}a}{(a-x)^2}+\frac{a\mathrm{d}x}{(a-x)^2}\right]$

$$\mathrm{d}k=-\frac{\mathrm{d}t}{t^2}\times\ln\frac{a}{a-x}+\frac{\mathrm{d}a}{ta}-\frac{\mathrm{d}a}{t(a-x)}+\frac{\mathrm{d}x}{t(a-x)}$$

$$\frac{\mathrm{d}k}{k}=-\frac{\mathrm{d}t}{t}+\frac{\mathrm{d}a}{\ln\frac{a}{a-x}}+\frac{\mathrm{d}a}{(a-x)\ln\frac{a}{a-x}}+\frac{\mathrm{d}x}{(a-x)\ln\frac{a}{a-x}}$$

$$\frac{\mathrm{d}k}{k}=-\frac{\mathrm{d}t}{t}+\frac{1}{\ln\frac{a}{a-x}}\left(\frac{\mathrm{d}a}{a}-\frac{\mathrm{d}a}{a-x}+\frac{\mathrm{d}x}{a-x}\right)$$

最大相对平均误差为：$\frac{\Delta k}{k}=\pm\left[\frac{|\Delta t|}{t}+\frac{1}{\ln\frac{a}{a-x}}\left(\frac{|\Delta a|}{a}+\frac{|\Delta a|}{a-x}+\frac{|\Delta x|}{a-x}\right)\right]$

分析：反应初期，t 小，$\frac{|\Delta t|}{t}$值大，误差大。随着反应时间的延长，反应物转化率增大，$a-x$ 值变小，浓度测量的相对误差逐渐增大。所以，反应动力学实验的初期和末期误差均较大，只是误差主要来源不同。若实验数据足够多，最好选取中间时间段的实验数据进

行处理，但专门研究反应初期和末期的动力学规律时除外。

【例 2-6】 计算圆柱形体积公式为 $V=\pi r^2h$，欲使体积测量的误差不大于1%，问对半径 r、高 h 的测量精确度应如何要求？

解： $V=\pi r^2h$　　$\ln V=\ln\pi+2\ln r+\ln h$　　$\mathrm{d}\ln V=\frac{\mathrm{d}V}{V}=2\frac{\mathrm{d}r}{r}+\frac{\mathrm{d}h}{h}$

$$\frac{\Delta V}{V}=\pm\left(2\frac{|\Delta r|}{r}+\frac{|\Delta h|}{h}\right)=\pm0.01$$

通常把各直接测量所传播的误差近似视为相等，即“等传播原则”，则有：

$$2\frac{|\Delta r|}{r}=\frac{|\Delta h|}{h}=\pm\frac{1}{2}\times0.01=\pm0.005$$

$$\frac{|\Delta r|}{r}=\pm0.0025,\quad\frac{|\Delta h|}{h}=\pm0.005$$

若测得：$r=1\text{cm}$，$\Delta r=\pm0.0025\text{cm}=\pm0.025\text{mm}$

$h=5\text{cm}$，$\Delta h=\pm0.025\text{cm}=\pm0.25\text{mm}$

一般直尺刻度至1mm，估计至0.5mm，均不能用。所以，测量圆柱体高 h 时要用游标卡尺，刻度至0.1mm，估计至0.05mm，而圆柱体半径 r 的测量应该用螺旋测微尺，刻度至0.01mm，估计至0.005mm。

【例 2-7】 惠斯登交流电桥法测电阻的实验装置见图2-3。图中 R_1 为已知阻值的电阻箱，AB 为均匀的滑线电阻丝，总长度为 l，其上的阻值与长度成正比，R_x 为待测电阻，G为检流计。电桥平衡时有：$\frac{R_1}{R_x}=\frac{R_2}{R_3}$，$\frac{R_2}{R_3}=\frac{l_1}{l_2}$

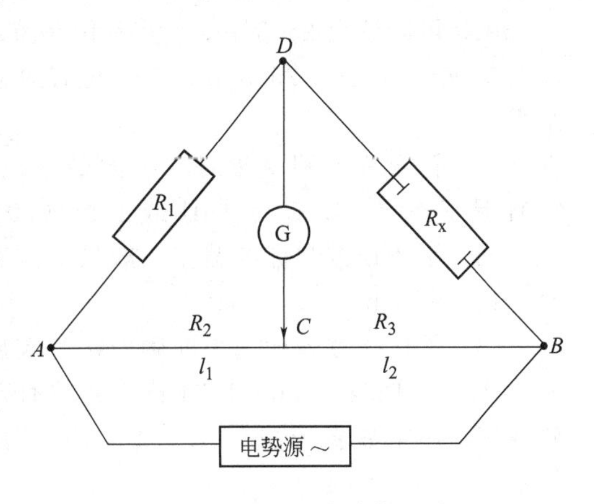

图 2-3　测电阻实验装置图

得：$$R_x=\frac{R_3}{R_2}R_1=\frac{l_2}{l_1}R_1=\frac{l-l_1}{l_1}R_1$$

知间接测量量 R_x 的平均误差取决于直接测量量 l_1、l_2 的误差。问在怎样的条件下 R_x 的相对平均误差 $\frac{\Delta R_x}{R_x}$ 最小？

解：
$$R_x=\frac{l-l_1}{l_1}R_1$$

$$\ln R_x=\ln(l-l_1)+\ln R_1-\ln l_1$$

$$\mathrm{d}\ln R_x=\frac{\mathrm{d}R_x}{R_x}=-\frac{\mathrm{d}l_1}{l-l_1}-\frac{\mathrm{d}l_1}{l_1}=-\frac{1}{l_1(l-l_1)}\mathrm{d}l_1$$

得 R_x 的相对平均误差为：
$$\frac{\Delta R_x}{R_x}=\pm\frac{1}{l_1(l-l_1)}|\Delta l_1|$$

显然，当 $l_1(l-l_1)$ 最大时，$\frac{\Delta R_x}{R_x}$ 最小。

求函数 $l_1(l-l_1)$ 的极大值条件为：$\frac{\mathrm{d}[l_1(l-l_1)]}{\mathrm{d}l_1}=0$，即 $\frac{\mathrm{d}(l_1l-l_1^2)}{\mathrm{d}l_1}=0$，$l-2l_1=0$。

当 $l_1=\frac{l}{2}$ 时，$\frac{\Delta R_x}{R_x}$ 最小。

3 实验数据记录、表达与处理

3.1 实验数据的记录与有效数字

3.1.1 实验数据的记录

科学测量中对实验数据的记录必须与所用仪器的精密度相符合，即所记数字在仪器的最小刻度后再估读一位，这样得到的一个数字为“有效数字”。如常用滴定管的最小刻度是0.1mL，可以读出25.35mL，前三位是准确的，而最后一位的5是估读的，有人可能会估读为4或6，因此，25.35mL有4位有效数字。谨记：随意增减测量数据的数字会歪曲测量结果。

(1) 记录一个测量量时，有效数字的最后一位应与误差的最后一位划齐。如1.35±0.01是正确的，1.351±0.01或1.3±0.01不正确或意义不明。

(2) 平均误差和标准偏差一般只保留1位有效数字，最多2位。误差的第一位为8或9时，只保留1位。

(3) 常用指数表记法来准确表达有效数字的位数　表示小数位置的“0”不是有效数字，如1234，0.1234，0.0001234都是4位有效数字，但很难判断1234000中的三个零是否是有效数字，用指数表记法为1.234×10^6，表示4位有效数字，1.2340×10^6表示5位有效数字。

因此，可以如下判断“0”是否是有效数字：

数目中左边的“0”不是有效数字，如$0.0001234=1.234\times10^{-4}$，4位有效数字。

数目中间的“0”都是有效数字，如5708，4位有效数字。

数目中右边的“0”不能肯定，但若写成指数式，则指数前面的系数中右边的零是有效数字，如1.23400×10^{-4}，6位有效数字。

(4) 有效数字的位数与十进制单位的变换有关　如：14cm，2位有效数字；0.14m，2位有效数字；0.00014km，2位有效数字；140mm，仍是2位有效数字，但最好写成1.4×10^2mm。

(5) 一个测量值如果未标明误差，则可认为最后一位数字的1/2或1是不确定的，如23cm，可认为该数值为(23±1)cm或(23±0.5)cm，一般认为视为后者较为合理。

(6) 有效数字可用以表示一个数值的精密度　有效数字的位数越多，数值的精密度越高，相对误差越小。如：

23.0±0.3　　3位有效数字，相对误差为1%。

23.00±0.03　　4位有效数字，相对误差为0.1%。

3.1.2 有效数字

有效数字遵从以下运算规则。

(1) 四舍五入法舍去多余数字　1.54789（保留3位）=1.55；1.545（保留3位）=

1.54；1.5357（保留3位）=1.54，即5的舍或入视前面一位数是奇数还是偶数而定，奇数则入，偶数则舍。

（2）加减运算

$$\begin{array}{r} 30.1 \\ 1.04 \\ +\ \ 0.1759 \\ \hline \end{array} \longrightarrow \begin{array}{r} 30.1 \\ 1.0 \\ +\ \ 0.2 \\ \hline 31.3 \end{array}$$

先四舍五入，保留小数点后面的位数与最少者相同，然后再运算。

（3）乘除运算　0.0121×25.64×1.05782，其中的0.0121只有3位有效数字，最少。计算前先把其他两个数字化成3位有效数字，再计算：0.0121×25.6×1.06=0.328，结果只保留3位有效数字。

（4）复杂运算时，先加减，后乘除，未达最后结果前的中间各步，多保留1位有效数字，以免多次四舍五入造成误差积累，但最后结果仍只保留应有位数。如：

$$\left[\frac{0.663\times(78.24+5.5)}{881-851}\right]^2=\left(\frac{0.663\times83.7}{30}\right)^2=\left(\frac{55.49}{30}\right)^2=1.85^2=3.4\text{(保留 2 位有效数字)}$$

（5）第一位有效数字等于或大于8，可多记1位有效数字。如8.46可视为4位有效数字。

如 $$\frac{1.751\times0.0191}{91}=\frac{1.75\times0.0191}{91}=\frac{0.0334}{91}=3.67\times10^{-4}$$

（6）常数π、e、乘子$\sqrt{2}$以及手册中的数据，可按照需要取相应位数的有效数字。

如算式中有效数字最低者为2位，则常数可取2位或3位有效数字。

（7）倍数和分数，如2倍、6倍并不意味着只有1位有效数字，它们是自然数，不是测量所得，应视为无穷多位有效数字。另外，lg$k$、pH之类的有效数字，如pH=12.68，意为$-\lg c_{H^+}=12.68$，$c_{H^+}=2.1\times10^{-13}$ mol/L，只有2位有效数字而不是4位，因为12.68中的12是首数，68为尾数，2.1×10^{-13}为真数，真数与对数的尾数有效数字位数相同。

3.2 离群值的检验与取舍

对同一量进行多次重复测定时，经常会发现在一组测定值中有一两个测定值明显地偏大或者偏小，是这组测定值中的离群值或者称为极值。产生极值有三种情况，一是正常极值，即这种离群值看似偏离测定值，但是它与其他测定值属于同一总体，经过统计检验后发现其值仍在允许的合理的误差范围之内；二是异常极值，它与其他测定值并非属于同一总体，统计检验发现其值超出允许的合理误差范围；三是技术操作等方面产生的极值，这种极值无论是否在统计学的误差范围之内，都必须剔除，不必进入统计检验程序。

对一组测定值中的极值处理最忌主观任意将极值剔除，表面上使测定精度提高了，但它破坏了测量数据的真实性，没有反映测量数据客观的离散程度。

3.2.1 异常值剔除的依据

测量数据异常值剔除的各种方法几乎都是建立在正态分布和随机抽样的基础上。根据测量数据正态分布特性，在一组测定值中出现明显地偏大或者偏小的测定值的概率很小。比如，偏差大于两倍标准偏差的测定值出现的概率大约是5%，偏差大于三倍标准偏差的测定值出现的概率大约只有0.3%。当极值出现的概率大于上述概率，在统计学上称为“小概率事件”发生了，是不可能的，其值作为异常值剔除是合理的。上述两倍标准偏差（2σ）和三倍标准偏差（3σ）就是统计学上“统计学允许的合理的误差范围”。当这一合理的误差界限（2σ或3σ）给定后，测定值出现有一相应的概率，在统计学上称为随机因素效应临界值，凡是偏差超过误差界限的离群值就是异常值应该舍弃。给定误差界限所对应的概率在统计检验上称为显著性水平，常记作α，$1-\alpha$则称为测定值的置信水平。化学测量中过去比较多取显著性水平$\alpha=0.05$，近年来常取显著性水平$\alpha=0.03$，将测定值的置信水平从95%提高到97%。

3.2.2　离群值的检验准则

（1）已知标准偏差的情况　当已知标准偏差时，检验采用如下统计量：

$$T=\frac{|x_d-\bar{x}|}{S} \tag{3-1}$$

式中，x_d是待检验的离群值；$\bar{x}$是一组测定值的平均值；S是测定值的标准偏差，S的求得应不包括待检值，且测量次数$n\geqslant10$。

如果计算统计量大于表3-1中的界限值，x_d应该舍弃。

【例3-1】 现对一批铁矿石进行含铁量（%）分析，测定数据：63.27，63.30，63.41，63.62。问极值63.62是否合理？已知测定的标准偏差为0.083%。

解： $\bar{x}=\frac{63.27+63.30+63.41+63.62}{4}=63.40$

$$T=\frac{|63.62-63.40|}{0.083}=2.65$$

这里标准偏差是长期测定获得，其自由度应为∞。

查表3-1，$T_{0.05}=2.16$，因为$T_{计}=2.65>T_{0.05}=2.16$，所以，极值63.62应该舍弃。

表3-1　ASTM：E178-61T的舍弃界限表

f	样品中测定值的数目 n								
	3	4	5	6	7	8	9	10	12
	$\alpha=0.05$								
10	2.34	2.63	2.83	2.98	3.10	3.20	3.29	3.36	3.49
11	2.30	2.58	2.77	2.92	3.03	3.13	3.22	3.29	3.41
12	2.27	2.54	2.73	2.87	2.98	3.08	3.16	3.23	3.35
13	2.24	2.51	2.69	2.83	2.94	3.03	3.11	3.18	3.29
14	2.22	2.48	2.66	2.79	2.90	2.99	3.07	3.14	3.25
15	2.20	2.45	2.63	2.76	2.87	2.96	3.04	3.11	3.21
16	2.18	2.43	2.61	2.74	2.84	2.93	3.01	3.08	3.18
17	2.17	2.42	2.59	2.72	2.82	2.91	2.98	3.05	3.15
18	2.15	2.40	2.57	2.70	2.80	2.89	2.96	3.02	3.12
19	2.14	2.39	2.56	2.68	2.78	2.87	2.94	3.00	3.10
20	2.13	2.37	2.54	2.67	2.77	2.85	2.92	2.98	3.08
24	2.10	2.34	2.50	2.62	2.72	2.80	2.87	2.93	3.02
30	2.07	2.30	2.46	2.58	2.67	2.75	2.81	2.87	2.96
40	2.04	2.27	2.42	2.53	2.62	2.70	2.76	2.82	2.91
60	2.01	2.23	2.38	2.49	2.58	2.65	2.71	2.76	2.85
120	1.98	2.20	2.34	2.45	2.53	2.60	2.66	2.71	2.79
∞	1.95	2.16	2.30	2.41	2.49	2.56	2.61	2.66	2.74

续表

f	样品中测定值的数目 n								
	3	4	5	6	7	8	9	10	12
a=0.01									
10	3.12	3.46	3.70	3.87	4.02	4.14	4.24	4.33	4.47
11	3.04	3.37	3.59	3.76	3.90	4.01	4.11	4.19	4.33
12	2.98	3.29	3.51	3.67	3.80	3.91	4.00	4.08	4.21
13	2.93	3.23	3.44	3.60	3.72	3.83	3.92	3.99	4.12
14	2.88	3.18	3.38	3.54	3.66	3.76	3.85	3.92	4.04
15	2.84	3.13	3.33	3.48	3.60	3.70	3.78	3.86	3.98
16	2.81	3.10	3.29	3.44	3.56	3.65	3.73	3.80	3.92
17	2.78	3.07	3.26	3.40	3.52	3.61	3.68	3.75	3.86
18	2.76	3.04	3.23	3.37	3.48	3.57	3.64	3.71	3.82
19	2.74	3.01	3.20	3.34	3.45	3.54	3.61	3.68	3.79
20	2.72	2.99	3.17	3.31	3.42	3.51	3.58	3.65	3.75
24	2.66	2.92	3.10	3.23	3.33	3.42	3.49	3.55	3.65
30	2.60	2.86	3.03	3.15	3.25	3.33	3.40	3.46	3.55
40	2.55	2.79	2.96	3.08	3.17	3.25	3.31	3.37	3.46
60	2.50	2.73	2.89	3.01	3.10	3.17	3.23	3.28	3.37
120	2.45	2.67	2.83	2.94	3.02	3.09	3.15	3.20	3.28
∞	2.40	2.62	2.76	2.87	2.95	3.02	3.07	3.12	3.20

（2）未知标准偏差的情况　一般情况下标准偏差都是通过测量数据计算获得。未知标准偏差进行离群值的检验有多种方法，而且对同一组数据中的极值用不同方法进行检验时，有时会有不同的判断结果。这是因为每种方法都有各自的使用要求和使用特点。下面介绍几种常用的组内离群值的检验方法。

① 拉依达检验法　拉依达检验法认为待检 x_d 值与测量均值离群值之差的绝对值大于三倍的标准偏差，即 $|x_d-\bar{x}|>3S$，则 x_d 值为异常值应该舍弃。

【例 3-2】 用光度法测定硫酸锌中铁。5 次测定值分别为 2.63，2.50，2.65，2.63，2.65。用拉依达法检验测定值 2.50 是否为异常值？

解： $\bar{x}=\frac{2.63+2.50+2.65+2.63+2.65}{5}=2.612$

$$S=\sqrt{\frac{1}{5-1}\sum_{i=1}^{5}(x_i-2.612)^2}=0.063$$

$3S=0.19$

$|x_d-\bar{x}|=|2.50-2.612|=0.112$

因为 $|x_d-\bar{x}|=|2.50-2.612|=0.112<3S=0.19$

所以测定值 2.50 合理。

拉依达检验法方便简单，不用查表。但要求测定次数大于 10，否则容易将异常值误判为合理值，即容易犯统计检验上的第二类错误，将误判为真。

② 肖维特检验法　肖维特检验法使用统计量：

$$w=\frac{|x_d-\bar{x}|}{S} \tag{3-2}$$

当计算的 w 值大于表 3-2 中的肖维特系数时，待检 x_d 为异常值。现用肖维特检验法来检验【例 3-2】中测定值 2.50 是否为异常值。

解： $w=\frac{|x_d-\bar{x}|}{S}=\frac{|2.5-2.61|}{0.063}=1.75$

查表 3-2，$n=5$ 时，$w_5=1.65$，$w_{计算}>w_5$ 可见测定值 2.50 为异常值。

显然，用肖维特法与拉依达法检验两者的结果不一致，因为肖维特法将拉依达法中的系数进行了修正，减少了拉依达法犯第二类错误的概率。

表 3-2 肖维特系数表

n	w_n	n	w_n	n	w_n
3	1.38	13	2.07	23	2.30
4	1.53	14	2.10	24	2.31
5	1.65	15	2.13	25	2.33
6	1.73	16	2.15	30	2.39
7	1.80	17	2.17	40	2.49
8	1.86	18	2.20	50	2.58
9	1.92	19	2.22	75	2.71
10	1.96	20	2.24	100	2.81
11	2.00	21	2.26	200	3.02
12	2.03	22	2.28	500	3.20

③ 狄克松检验 狄克松检验法首先将测量值 x_1、x_2、x_3、…、x_{n-1}、x_n，从小到大依次排列，异常值的检测就是检测极小值 x_1 和极大值 x_n。根据测量次数和检测对象不同采用不同的统计量（见表 3-3 狄克松检验的统计量和临界值）。测定次数和相应的显著性水平确定后，若计算的统计量大于表 3-3 中的临界值，则被检值为异常值。现仍用【例 3-2】中的数据以狄克松法对测定值 2.50 进行检验。

首先测量值从小到大排序：2.50，2.63，2.63，2.65，2.65

其次查表 3-3：当 $n=5$ 时，用统计量为 $\gamma_{10}=\dfrac{x_2-x_1}{x_n-x_1}$

计算：$\gamma_{10}=\dfrac{x_2-x_1}{x_5-x_1}=\dfrac{2.63-2.50}{2.65-2.50}=0.867$

查表 3-3，$n=5$ 时临界值 $\gamma_{0.05,5}=0.642$。

$\gamma_{计算}>\gamma_{0.05,5}$，可见测定值 2.50 为异常值。此结果与肖维特检验法一致。狄克松检验法的概率意义明确，方法比较简单。缺点是测量次数少时容易犯统计检验上的第二类错误。

表 3-3 狄克松检验的统计量和临界值表

n	统计量	显著性水平 0.01	显著性水平 0.05
3	$\gamma_{10}=\dfrac{x_n-x_{n-1}}{x_n-x_1}$（检验 x_n）	0.988	0.941
4		0.889	0.765
5		0.780	0.642
6	$\gamma_{10}=\dfrac{x_2-x_1}{x_n-x_1}$（检验 x_1）	0.698	0.560
7		0.637	0.507
8	$\gamma_{11}=\dfrac{x_n-x_{n-1}}{x_n-x_2}$（检验 x_n）	0.683	0.554
9	$\gamma_{11}=\dfrac{x_2-x_1}{x_{n-1}-x_1}$（检验 x_1）	0.635	0.512
10		0.597	0.477
11	$\gamma_{21}=\dfrac{x_n-x_{n-2}}{x_n-x_2}$（检验 x_n）	0.679	0.576
12	$\gamma_{21}=\dfrac{x_3-x_1}{x_{n-1}-x_1}$（检验 x_1）	0.642	0.546
13		0.615	0.521
14		0.641	0.546
15		0.616	0.525
16		0.595	0.507
17	$\gamma_{22}=\dfrac{x_n-x_{n-2}}{x_n-x_3}$（检验 x_n）	0.577	0.490
18		0.561	0.475
19	$\gamma_{22}=\dfrac{x_3-x_1}{x_{n-2}-x_1}$（检验 x_1）	0.547	0.462
20		0.535	0.450
21		0.524	0.440
22		0.514	0.430
23		0.505	0.421
24		0.497	0.413
25		0.489	0.406

④ t 检验法　用 t 检验法使用统计量：

$$K=\frac{|x_d-\overline{x}|}{S} \tag{3-3}$$

其中 S 和 $\overline{x}$ 不包括检验值 x_d 在内。通过式(3-3) 计算的 K 值大于表 3-4 中的临界值时，则被检值 x_d 为异常值。现仍以【例 3-2】中的数据为例说明 t 检验法的应用。先将被检值 2.50 剔除后计算标准偏差 S 和平均值 $\overline{x}$。

$$\overline{x}=\frac{2.63+2.65+2.63+2.65}{4}=2.64$$

$$S=\sqrt{\frac{(2.63-2.64)^2+(2.65-2.64)^2+(2.63-2.64)^2+(2.65-2.64)^2}{4-1}}=0.012$$

然后计算统计量　$K=\frac{|x_d-\overline{x}|}{S}=\frac{|2.50-2.64|}{0.012}=11.7$

查表 3-4，$K_{0.05,5}=3.56$，$K_{计算}>K_{0.05,5}$ 可见测定值 2.50 为异常值，应该舍弃。

t 检验法在计算统计量时剔除了被检值，保证了标准偏差 S 的独立性，并提高了精度，因此提高了检验的灵敏度；但同时也因为高灵敏度的检验可能将位于临界值的极值作为异常值被舍弃。

表 3-4　t 检验时临界值 $K_{a,n}$ 表

n	a		n	a		n	a	
	0.01	0.05		0.01	0.05		0.01	0.05
4	11.46	4.97	13	3.23	2.29	22	2.91	2.14
5	6.53	3.56	14	3.17	2.26	23	2.90	2.13
6	5.04	3.04	15	3.12	2.24	24	2.88	2.12
7	4.36	2.78	16	3.08	2.22	25	2.86	2.11
8	3.96	2.62	17	3.04	2.20	26	2.85	2.10
9	3.71	2.51	18	3.01	2.18	27	2.84	2.10
10	3.54	2.43	19	2.98	2.17	28	2.83	2.09
11	3.41	2.37	20	2.95	2.16	29	2.82	2.09
12	3.31	2.33	21	2.93	2.15	30	2.81	2.08

3.3　实验数据的表达

化学测量实验中，数据表达和处理是一项重要内容，应予以高度重视。从实验得到的数据包含许多信息，对这些数据用科学方法进行归纳、整理，从中提取出有用的信息，发现事物的内在规律，正是化学测量实验的目的。实验教学、生产实际和科学研究中常出现这样的现象，对同样的一套实验数据，归纳、整理的方式不同，会得到不一样的结果，不同的人从中发现和了解到的细节也不一样，如果再加上对实验现象解析方面的差异，不同的人最后获得信息的质和量会大相径庭。

化学测量实验数据的表达主要有如下三种方法：列表法、作图法和数学方程式法。

3.3.1　列表法

将实验数据按自变量、因变量的关系，一一对应列出，这种表达方式称为列表法。列表法简单易行，从表格中可清晰又迅速地看出自变量、因变量间的关系，且便于查阅，但不很直观。

下面借助水的表面张力随温度变化表（表 3-5），说明列表时的注意事项。

表 3-5 不同温度下水的表面张力 γ

t/℃	0	5	10	15	20	25	30	35	40	45
$\gamma/(10^{-3}\text{N}\cdot\text{m}^{-1})$	75.64	74.92	74.22	73.49	72.75	71.97	71.18	70.38	69.56	68.74

（1）表格要有名称，按序编号，表内内容表达清楚，表格具有独立性。表的名称要完全而简明，若过简不足以说明问题时，则在表名称之下或表的下方附以说明，并注出数据来源。

（2）行名与量纲　将表格分为若干行，每一变量占一行。在每一行的第一列写上该行变量的名称及量纲。尽量用符号表示名称，如温度用 t 或 T 等。

（3）有效数字　应注意每行所记数据有效数字的位数，并将小数点对齐。若用指数表记法，可将指数放在行名旁，如 30℃时水的表面张力 $\gamma=0.07118\text{N}\cdot\text{m}^{-1}=71.18\times10^{-3}\text{N}\cdot\text{m}^{-1}$，则该行行名既可写成 $\gamma/(10^{-3}\text{N}\cdot\text{m}^{-1})$，也可写成 $\gamma\times10^{3}\text{N}\cdot\text{m}^{-1}$。

（4）自变量的选择　一般选实验直接测量量为自变量，如温度、压力、时间、电压等。自变量最好是均匀或等间隔变化。对测量所得不规则变化的实验数据，可将原始数据作图，画出光滑曲线，消除一些偶然误差，再从曲线上等间隔选取数据列于表中。这种方法在以时间为自变量时常用。

（5）若为原始实验数据表格，应记录包括重复测量结果的每个数据，在表的适当位置注明实验日期、室温、大气压、实验温度、仪器与方法等条件。

3.3.2 作图法

借助坐标系用图形表达实验数据的方法称为作图法。图形使实验数据显得更直观，从图线可找出各函数的极值、拐点，确定经验方程式中的常数，外推、内插等。

为得到能真实反映实验数据的图形，需遵从以下规则。

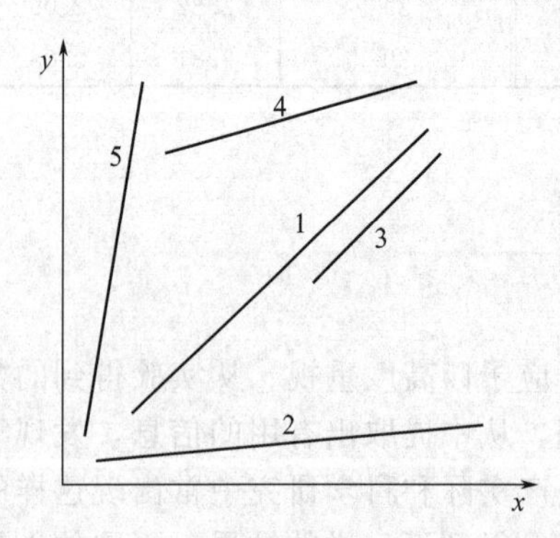

图 3-1 比例尺的选取

线 1：斜率≈1；线 2：纵坐标应放大；线 3：坐标原点不当；线 4：纵坐标起点不当；线 5：横坐标应放大

（1）坐标轴与比例尺　一般以横坐标表示自变量，纵坐标表示因变量。坐标轴旁注明该轴代表变量的名称及量纲。确定坐标范围时要包括全部测量数据并稍有余地，若需进行外推，需留有充分余地。

确定各坐标比例尺时，要能够表示出全部有效数字，使从图形读出的物理量的精密度与测量的精密度一致；分度以 1、2、5 或其倍数为好，方便读数，易于计算，不用 3、7、9 或小数；坐标原点不一定从“0”开始，若图形为直线，可调节比例尺使直线斜率近似等于 1。

图 3-1 示出一些常见坐标比例尺选取不当作出的图形。

（2）代表点　将数据点以圆圈、方块、三角或其他符号标注于图中，各图形中心点及面积大小应与所测数据及误差一致。同一图中表示不同曲线时，应以不同符号描点，以示区别。

（3）连线　用作图工具（直尺或曲线板）将个点连成光滑的线，当曲线不能通过所有点时，尽量使其两边分布的点个数相等，且各点离曲线距离的平方和最小。

连线时发现个别点离曲线较远而无法顾及时，应重新测定核实，不可随意放弃，只有在断定该点附近区间测量值无突变存在且不允许重新测定时，用误差理论对此离群值进行检验后决定取舍。一般而言，线的两端点由于仪器及方法关系，精密度较差，作图时应占较小比重。

（4）图名　曲线作好后，写上清楚完备的图名。一幅完整的图一般只包含坐标轴、比例尺、曲线和图名，数据点上不要标注数据。求直线斜率时，在直线上取两点，平行于坐标轴划虚线，再进行计算。

（5）解图技术　除求直线斜率和截距外，常用的解图技术还有内插、外推、图解微分和图解积分。

① 内插　根据实验数据，作出函数间相互关系曲线，从曲线上查找出与某变量具体数值相对应的另一变量值的方法，称为内插法。

内插法是图解技术中使用最多的方法之一，各种物理化学分析中标准曲线的主要作用就是用于求内插值。前面介绍列表法表达实验数据时，将原始数据作图，画出光滑曲线，再从曲线上等间隔选取数据列于表中，采用的就是内插法。在化学动力学测量中，常通过测定反应体系中某物种的浓度随时间的变化曲线，再用内插法求任意时刻的反应速率，如图 3-2 所示。

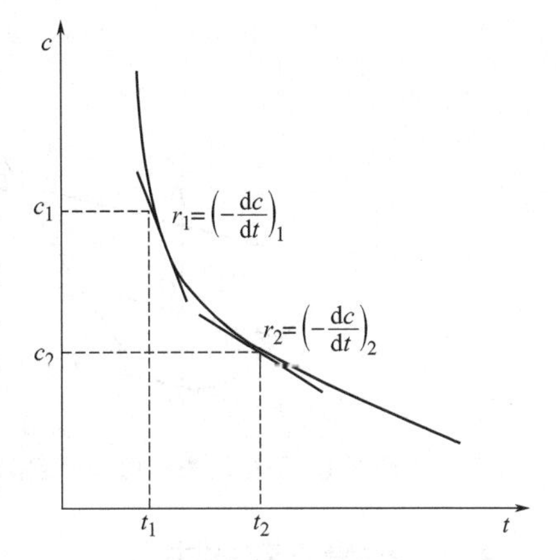

图 3-2　内插法求任意时刻的反应速率

实际上，内插法不仅用于处理曲线图，也可用于从系列实验数据求内插值。此时假定，自变量 x 与因变量 y 间呈直线关系（即使非线性关系，若间隔取得足够小，仍可视为直线），由 x_a、y_a，x_b、y_b，两组数据，求得介于两组数据之间的 x_d 时之 y_d，计算式如下：

$$y_d = y_a + \frac{x_d - x_a}{x_b - x_a}(y_b - y_a)$$

这种方法要求实验数据间隔要小。

② 外推　不论直线还是曲线均可外推至测量范围之外，但一般只对直线进行外推，即使在小范围内对曲线的外推也应相当慎重。外推的那一段在图上用虚线表示。进行外推时一定要根据曲线的变化趋势，外推值与测量值应相差不远，外推结果与已有经验式不矛盾，切忌随意外推至个人所期望的数值。化学手册中强电解质在无限稀释时的摩尔电导率 Λ_m^∞ 即是根据 $\Lambda_m = \Lambda_m^\infty(1-\beta\sqrt{c})$ 通过外推法求得。

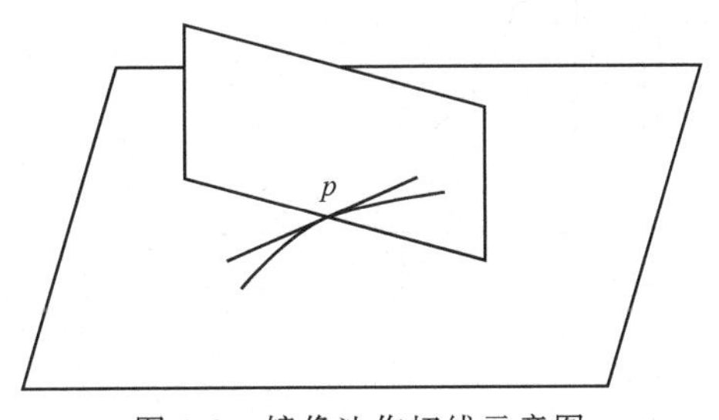

图 3-3　镜像法作切线示意图

③ 图解微分　图解微分的关键是作曲线的切线，而后求切线斜率得出图解微分值。作曲线的切线常用如下两种方法。

a. 镜像法　如图 3-3 所示，取一平面镜，垂直至于图纸上，使镜与图纸的交线通过曲线上的某一点 p，以 p 点为轴旋转平面镜，至曲线在镜中的像与图上的曲线平滑连续不形成折线为止，然后沿镜面作一直线，此直线即为曲线在 p 点的法线，再作该法线的垂线即为曲线上 p 点的切线，切线的斜率即为所求之微商值。

b. 平行线法 如图 3-4 所示，在选择的曲线段上作两条平行线 AB 和 CD，连接 AB 和 CD 的中点 PQ 并延长至曲线，相交于 O 点，过 O 点作第三条平行线 EF，则 EF 就是曲线上 O 点的切线。

④ 图解积分 如图 3-5 所示，设 $y=f(x)$ 为 x 的导函数，则定积分值 $\int_{x_1}^{x_2} f(x)\mathrm{d}x$ 即为图中曲线下阴影部分的面积，故图解积分仍归结为求面积。计算面积可用求积量仪，或直接数阴影部分的小格数目。另外，先称量一定面积的均匀作图纸的重量，再把图复制后剪下图中待求面积部分，称量后可求出面积。

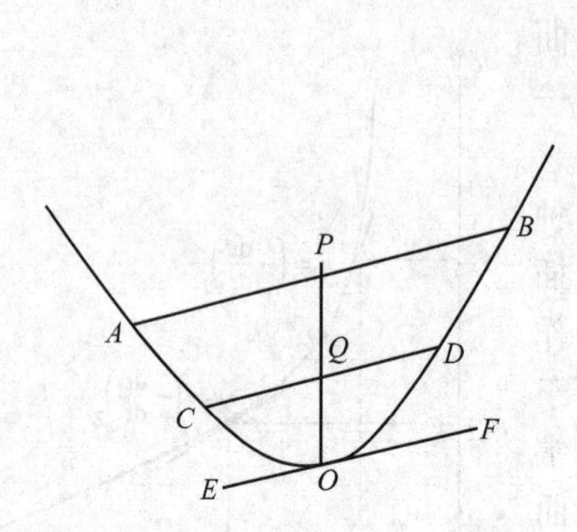

图 3-4 平行线法作切线示意图

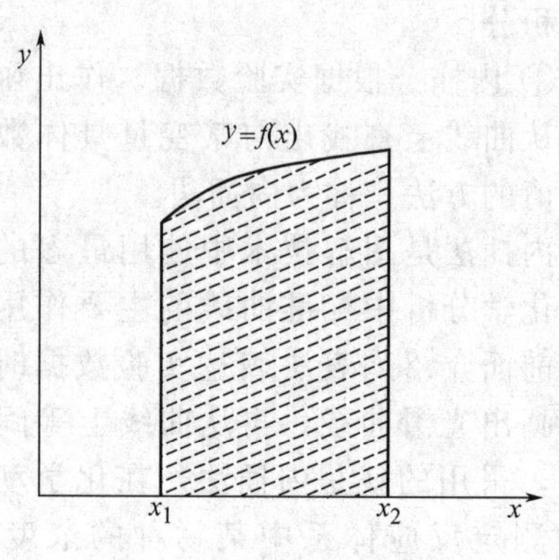

图 3-5 图解积分示意图

3.3.3 数学方程式法

用一个数学方程式来表示一组实验数据不但形式简单，而且便于进一步求解，如微分、积分、内插等。从实验数据建立数学方程式包含以下几个步骤。

(1) 将实验数据加以整理和校正。

(2) 选定自变量和因变量作图，绘出曲线。

(3) 先判断曲线类型，如抛物线型 [图 3-6(a)]、指数衰减型 [图 3-6(b)] 等，即可确定公式的形式，如抛物线方程为 $y=a+bx^2$，指数方程为 $y=Ae^{bx}$。

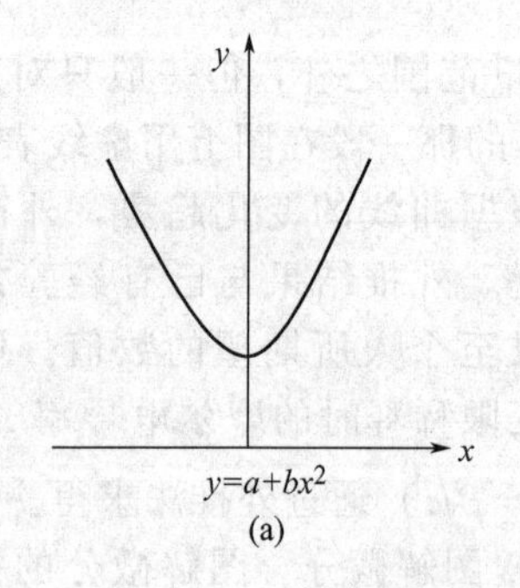

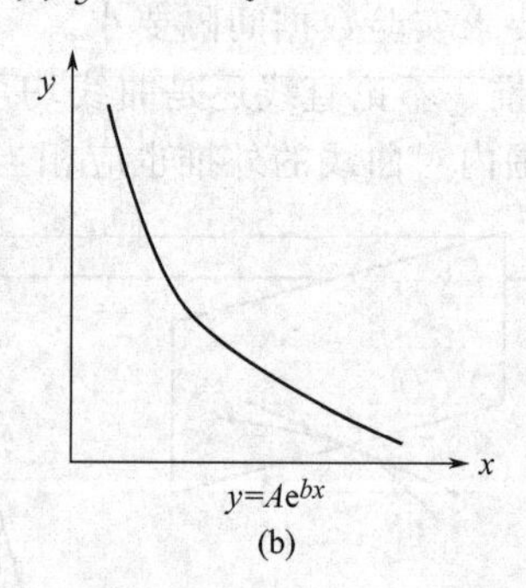

图 3-6 曲线的不同类型

(4) 曲线的直线化 直线是曲线的最简单形式，直线方程中的经验常数最容易求得，因此，常将某些函数直线化，称为曲线的直线化，即将函数 $y=f(x)$ 转换成线性函数。为此，应选出新变量替代原有变量，如抛物线的解析式为 $y=a+bx^2$，选择新变量 $X=x^2$，得直线方程为 $y=a+bX$。表 3-6 列出常见曲线变换成直线方程的形式。

表 3-6 常见曲线变换成直线方程的形式

函数式	变换	直线方程
$y=ae^{bx}$	$Y=\ln y$	$Y=\ln a+bx$
$y=ax^b$	$Y=\ln y, X=\ln x$	$Y=\ln a+bX$
$y=\dfrac{1}{a+bx}$	$Y=\dfrac{1}{y}$	$Y=a+bx$
$y=\dfrac{x}{a+bx}$	$Y=\dfrac{x}{y}$	$Y=a+bx$

(5) 经验常数的确定　直线方程中的系数和常数可通过求斜率和截距的方法求出，作图法、平均值法和最小二乘法是常用求直线方程中斜率和截距的三种方法。作图法最简单，适用于数据较少且不十分精密的场合；平均值法较麻烦，但当有六个以上较精密的数据时，结果比作图法好；最小二乘法最繁，但结果最好，它需要七个以上较精密的数据。下面介绍后两种方法。

① 平均值法　把每一组实验数据代入直线方程式 $y_i=a+bx_i$ 中，将所有方程分为数目相近的两组，将每组方程式相加，得到下面两个方程式：

$$\begin{cases}\sum_{i=1}^{k} y_i = ka + b\sum_{i=1}^{k} x_i \\ \sum_{k+1}^{n} y_i = (n-k)a + b\sum_{k+1}^{n} x_i\end{cases}$$

解联立方程即可求出 a 和 b。

【例 3-3】 若 x 与 y 之间存在线性关系 $y=a+bx$，某次实验测得如下数据，用平均值法求出 a 和 b 值。

x	1.00	3.00	5.00	8.00	10.00	15.00	20.00
y	5.4	10.5	15.3	23.2	28.1	40.4	52.8

解： 把实验数据分为两组：

$$\begin{cases}5.4=a+1.00b \\ 10.5=a+3.00b \\ 15.3=a+5.00b \\ 23.2=a+8.00b\end{cases}$$

$$\overline{54.4=4a+17.00b}$$

$$\begin{cases}28.1=a+10.00b \\ 40.4=a+15.00b \\ 52.8=a+20.00b\end{cases}$$

$$\overline{121.3=3a+45.00b}$$

$$\begin{cases}54.4=4a+17.00b \\ 121.3=3a+45.00b\end{cases}$$

解方程组得：$a=3.05$，$b=2.48$，直线方程为 $y=3.05+2.48x$。

② 最小二乘法　基本假设：所有数据点误差的平方和最小的这条线是最好的曲线；只有因变量 y 存在误差，自变量 x 无误差。

对直线方程的第 i 个数据点：$\gamma_i=y_i-\overline{y_i}=y_i-(a+bx_i)$

式中，y_i 为实验测量值；$\overline{y_i}$为变量的真值；γ_i 称为残差。

$\sum\gamma_i^2=\sum[y_i-(a+bx_i)]^2=\Delta$，显然，$\Delta=\Delta(a,b)$。欲求 Δ 最小，在数学上是二元函数求自由极值问题。

$$\Delta=(y_1-a-bx_1)^2+(y_2-a-bx_2)^2+\cdots$$

$$\frac{\partial\Delta}{\partial a}=2(y_1-a-bx_1)(-1)+2(y_2-a-bx_2)(-1)+\cdots$$

$$\frac{\partial\Delta}{\partial a}=2\sum_i(y_i-a-bx_i)(-1)$$

$$\frac{\partial\Delta}{\partial b}=2(y_1-a-bx_1)(-x_1)+2(y_2-a-bx_2)(-x_2)+\cdots$$

$$\frac{\partial\Delta}{\partial b}=2\sum_i(y_i-a-bx_i)(-x_i)$$

令$\frac{\partial\Delta}{\partial a}=0$，$\frac{\partial\Delta}{\partial b}=0$，得：

$$\sum_i(y_i-a-bx_i)=0,\ \sum_i(y_i-a-bx_i)x_i=0$$

可写成

$$\begin{cases}\sum y-\sum a-b\sum x=0\\ \sum xy-a\sum x-b\sum x^2=0\end{cases}$$

解方程组得：

$$a=\frac{\sum x\sum xy-\sum y\sum x^2}{(\sum x)^2-n\sum x^2},\ b=\frac{\sum x\sum y-n\sum xy}{(\sum x)^2-n\sum x^2}$$

$$R=\frac{n\sum xy-\sum x\sum y}{\sqrt{[n\sum x^2-(\sum x)^2][n\sum y^2-(\sum y)^2]}}$$

式中，n 为测量次数；R 称为相关系数，反映自变量与因变量间的相关程度，其值为 0～1，越接近 1，线性越好。

【例 3-4】 用最小二乘法处理【例 3-3】中的数据，求出直线方程。

解： $\sum x=62.00$，$\sum y=175.7$，$\sum x^2=824.0$，$\sum y^2=6121$，$\sum xy=2242$，$n=7$

$$a=\frac{62.00\times2242-175.7\times824.0}{62.00^2-7\times824.0}=3.00$$

$$b=\frac{62.00\times175.7-7\times2242}{62.00^2-7\times824.0}=2.50$$

$$R=\frac{7\times2242-62.00\times175.7}{\sqrt{(7\times824.0-62.00^2)(7\times6121-175.7^2)}}=1.0$$

直线方程为：$y=3.00+2.50x$。

3.4 Origin 软件在实验数据处理中的应用

Origin 是美国 Microlab 公司研制的数据分析和绘图软件（http://www.originLab.com/），是国际科技出版界公认的标准作图软件，科学与工程研究人员必备的软件之一。Origin 拥有两大功能，即数据分析和绘图。化学实验中的数据处理多种多样，Origin 可以根据需要对实验数据进行排序、调整、统计分析、傅里叶变换、t 检验、线性及非线性拟合等。Origin 提供几十种二维和三维绘图模板，且允许使用者自己定制绘图模板，绘制二维或三维图形，如散点图、点加线图、条形图、饼图、面积图、曲面图、等高线图等。使用者可以自定义数学函数，可以和各种数据库软件、办公软件、图像处理软件等链接。有编程基础的使用者可以用内置的 Origin C 语言编程，实现更高级的数据分析与绘图功能。

使用 Origin 软件处理化学测量实验的数据主要按以下步骤进行：导入数据至工作表、绘图及对图形作进一步处理。虽然 Microsoft Office 的 Excel 套件也具有类似功能，但 Excel 最突出的功能在于其对数据的综合管理和分析能力，是目前最优秀的电子表格软件，而作为介于基础级与专业级之间的科技绘图和数据分析软件，Origin 在对图形的处理和分析方面更加强大和简便，绘出的图形精美、能够清晰展示复杂数据，一旦使用后便爱不释手。下面结合化学测量实验中对表面活性剂水溶液表面张力数据的处理，简要介绍 Origin 的初步应用。

3.4.1 主界面

图 3-7 显示 Origin 7.5 的主界面，包括以下几个部分。

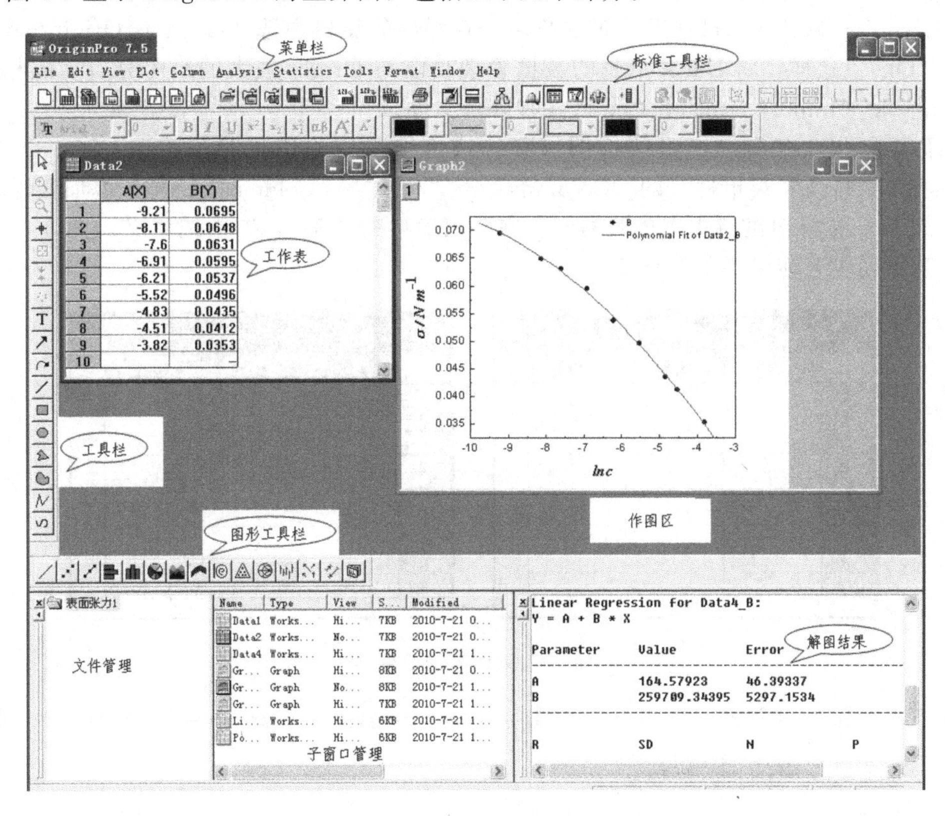

图 3-7 Origin 7.5 的主界面

① 菜单栏：含有 Origin 的所有功能。

② 工具栏：显示最常用的工具，打开菜单栏中的［View］菜单，可找到其他工具。

③ 工作表：用于数据输入或导入。

④ 图形工具栏：绘制不同图形命令。

⑤ 作图区：显示绘制出的图形。

⑥ 文件管理：Origin 文件表，可在各窗口间切换。

⑦ 子窗口管理：某文件的子项目表，如数据 1、2 等，图 1、2 等，可在各窗口间切换，也包含在菜单栏的［Window］中。

⑧ 解图结果栏：对图线进行数学处理后显示结果，如线性或非线性拟合后的直线方程式或多项式、相关系数、误差等。

初学者需要注意的是，Origin 的菜单栏不是固定不变，而是随当前激活窗口的不同而不同。常用的有工作表窗口、绘图窗口和矩阵窗口。

3.4.2 向工作表中输入数据

Origin 工作表（worksheet）中的数据输入方法非常灵活，可自键盘直接输入，可复制输入，还可自外部文件导入。目前，大、中型分析测试仪器均已联机操作，测量数据或结果可在屏幕上显示、现场打印，也可将数据保存在计算机中以备后用，如各种光谱、电化学数据等，这些数据文件多数以文本形式（ASCII）存放。把这些数据导入 Origin 工作表中后，既可绘制精美图形，更可进行全面的图形处理和分析。Origin 不仅可以导入文本型文件，还可以导入 XLS（Excel）、DBF（Dbase）等类型的文件。方法为：打开“菜单栏”的“File”→“OpenExcel”→输入 Excel 工作表的文件名→在弹出的窗口中选“Open as Origin workshe-et”→“Ok”。这样，将 Excel 卓越的数据管理功能与 Origin 强大的绘图分析功能相结合。从“File”→“Import”→路径可导入各种外部文件。

当需要制作双 Y 轴、三元平面图（2D）或三维（3D）图形时，需要添加工作表的列数。方法为：打开“菜单栏”的“Columns”→“Add New Columns”→输入添加列的数目→“Ok”。然后，鼠标对准待更名的列右击，在弹出窗口的“Set as”中选“Z”。图 3-8 显示添加了 1 列和列更名为 Z 后的工作表。

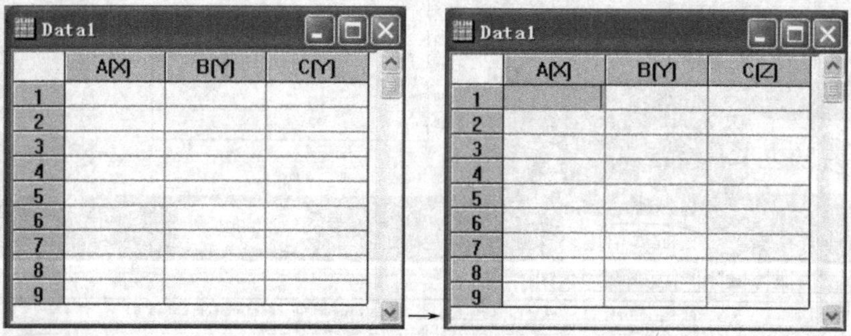

图 3-8 列的添加及更名

打开新工作表的方法：“File”→单击“New”→选择“Worksheet”→Data 2。或者直接点击标准工具栏中的按钮。

【例 3-5】 298K 时测得系列浓度 c 时的非离子表面活性剂 $C_{12}H_{25}(OC_2H_4)_6OH$ 水溶液表面张力 γ 数据列于表 3-7 中。设表面活性剂在溶液表面层的吸附遵从朗缪尔（Langmuir）吸附等温式，计算 298K 时各浓度表面活性剂的表面吸附量 Γ、饱和吸附量 Γ_∞、吸附系数 K 和表面活性剂分子的横截面积 σ_B。

表 3-7 298K 时不同浓度 $C_{12}H_{25}(OC_2H_4)_6OH$ 水溶液表面张力

$c/(10^{-6}mol\cdot L^{-1})$	0.1	0.3	0.5	1.0	2.0	4.0	8.0	11.0	22.0	33.0	44.0	88.0
$\gamma/(10^{-3}N\cdot m^{-1})$	69.5	64.8	63.1	59.5	53.7	49.6	43.5	41.2	35.3	34.8	34.8	34.8

解：分析：Langmuir 吸附等温式 $\Gamma=\Gamma_\infty\dfrac{Kc}{1+Kc}$，其线性方程形式为：$\dfrac{c}{\Gamma}=\dfrac{c}{\Gamma_\infty}+\dfrac{1}{K\Gamma_\infty}$，以 c/Γ 对 c 作图应得直线，由直线斜率求出饱和吸附量 Γ_∞、吸附系数 K。

求不同浓度时的表面吸附量 Γ 需应用适用于任意两相界面上吸附的吉布斯（Gibbs）吸附等温式 $\Gamma=-\dfrac{c}{RT}\left(\dfrac{\mathrm{d}\gamma}{\mathrm{d}c}\right)_T$，先作 γ 对 c 曲线，求出不同浓度时的（$\mathrm{d}\gamma/\mathrm{d}c$），进而求出表面吸附量 Γ。也可把 Gibbs 吸附等温式写成 $\Gamma=-\dfrac{c}{RT}\times\dfrac{\mathrm{d}\gamma}{\mathrm{d}c}=-\dfrac{1}{RT}\times\dfrac{\mathrm{d}\gamma}{\mathrm{dln}c}$ 形式，作 γ 对 $\ln c$ 曲线，再求出不同浓度时的（$\mathrm{d}\gamma/\mathrm{dln}c$），同样可求出表面吸附量 Γ。经验表明，在用 Origin 软件处理表面活性剂溶液的表面张力数据时，前一种方法往往需要对 γ-c 曲线进行指数衰减拟合，而对 γ-$\ln c$ 曲线可以进行多项式拟合，使后续计算简便。

Data1

	A(X)	B(Y)
1	1E-4	0.0695
2	3E-4	0.0648
3	5E-4	0.0631
4	1E-3	0.0595
5	0.002	0.0537
6	0.004	0.0496
7	0.008	0.0435
8	0.011	0.0412
9	0.022	0.0353
10	0.033	0.0348
11	0.044	0.0348
12	0.088	0.0348
13		

图 3-9　Origin 工作表及数据输入

使用 SI 量纲，把浓度化为 mol/m³。打开 Origin 7.5 界面，出现 Data1 窗口，把实验数据通过键盘输入，浓度 c 为 A（X）轴，溶液的表面张力 γ 为 B(Y）轴，如图 3-9 所示。

3.4.3　绘图

按“Ctrl”键的同时鼠标单击工作表的 A(X)、B(Y)，使两列同时被选定（黑底白字）。打开“菜单栏”的“Plot”→“Scatter”（或单击图形工具栏中的 按钮）即可绘出散点图（图 3-10）。

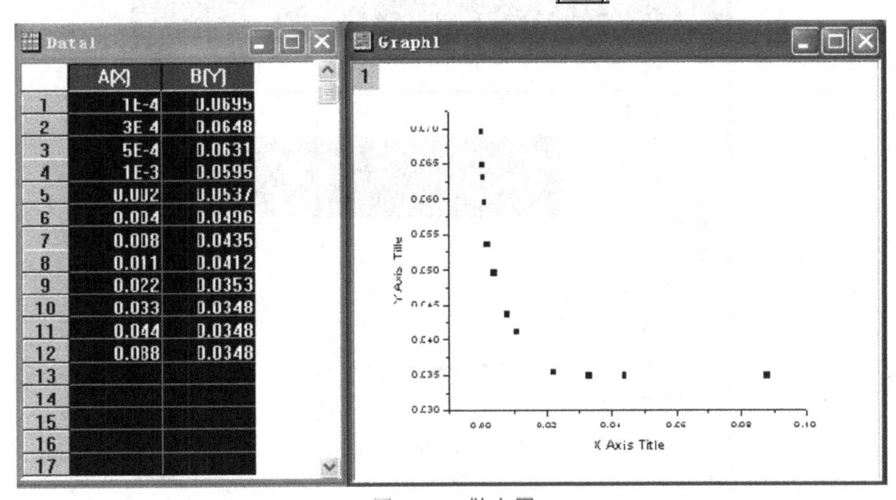

	A(X)	B(Y)
1	1E-4	0.0695
2	3E-4	0.0648
3	5E-4	0.0631
4	1E-3	0.0595
5	0.002	0.0537
6	0.004	0.0496
7	0.008	0.0435
8	0.011	0.0412
9	0.022	0.0353
10	0.033	0.0348
11	0.044	0.0348
12	0.088	0.0348
13		
14		
15		
16		
17		

图 3-10　散点图

工作表中的数据被选定后，下拉菜单栏的“Plot”发现还有多种绘图方式，如“Line”、“Line+Symbol”等，在“Special Line/Symbol”中又有多种方式，如前面提及的“Double Y”图形等，可根据实际选择。

3.4.4　图形分析

图形分析的选择十分丰富，在激活绘图窗口时（鼠标单击 Graph1 的任何位置），菜单栏的内容发生相应变化。原则上，各子菜单中包含的操作都可以尝试，此处无需一一介绍。与处理例题数据有关的操作如下。

① 命名坐标轴　双击“X Axis Title”后在方框中出现光标，此时标准工具栏下行的按钮被激活，用作输入坐标轴名称时的选择，包括字体、字号、上、下标等，αβ按钮用以输入特殊字符。

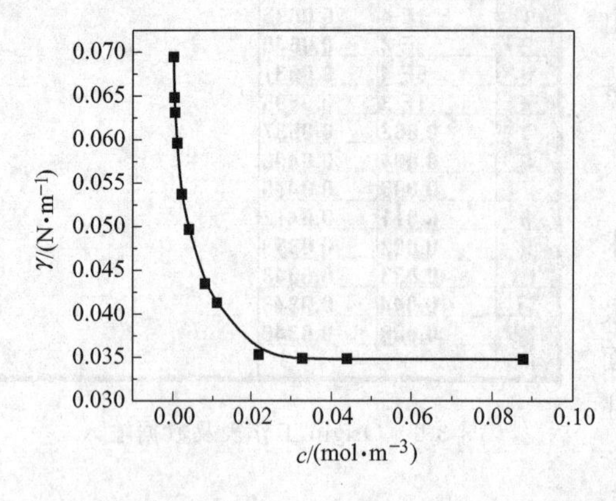

图 3-11 “B-Spline”连线图

鼠标双击任一坐标轴线，在出现窗口的“Scale”中可改变坐标范围，使图形更加美观，或便于进行外推。沿“Title & Format”→“Show Axis & Ticks”路径可改变坐标轴分隔短线的指向和有无。在“Tick Labels”中改变坐标数字的字体和字号等。

② 连线　鼠标双击图中任一数据点，出现“Plot Details”窗口，在“Plot Type”中选“Line+Symbol”后，可选择代表点的符号、大小、颜色等。在点击“Line”出现的窗口中可选择实线或虚线等，在“Connect”中有多种连线方式，如选择“B-Spline”连线方式得图 3-11 所示的连线图。

③ 解图　用“工具栏”中的按钮划线确定临界胶束浓度 CMC，用按钮确定 298K 时 $C_{12}H_{25}(OC_2H_4)_6OH$ 在水中形成胶束的最低浓度 CMC=2.176×10^{-2} mol/m³（图 3-12）。

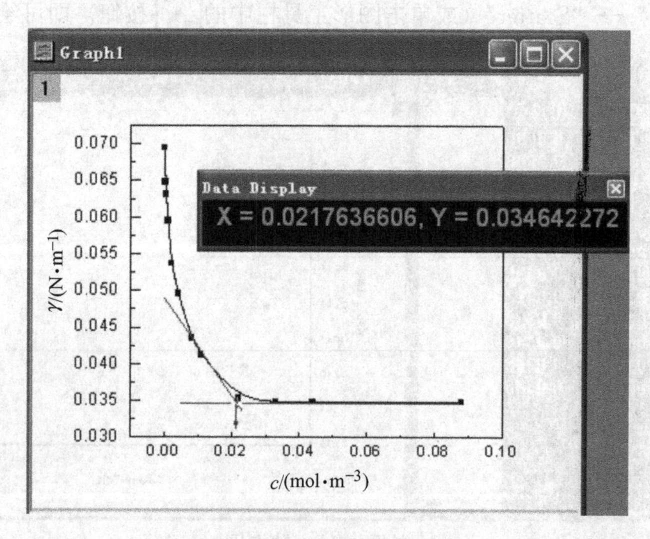

图 3-12　确定临界胶束浓度

④ 曲线拟合　曲线的拟合又称为回归（regression），是一种处理变量间相互关系的数理统计方法。用这种数学方法可从大量观测的散点数据中找到反映事物内部联系的一些统计规律，并用数学模型表达出来，即回归方程。

为寻找表面活性剂 $C_{12}H_{25}(OC_2H_4)_6OH$ 水溶液表面张力与浓度间的相互关系及便于后续计算，把浓度取对数后作 γ-ln$c$ 关系曲线（图 3-13）。然后激活散点图，下拉菜单栏的“Analysis”，单击“Fit Polynomial”（多项式拟合），弹出如图 3-14 的窗口，“Order”栏目

中的数字为拟合多项式的幂次数，选“1”为线性拟合，选择“2”意为进行拟合后的方程式

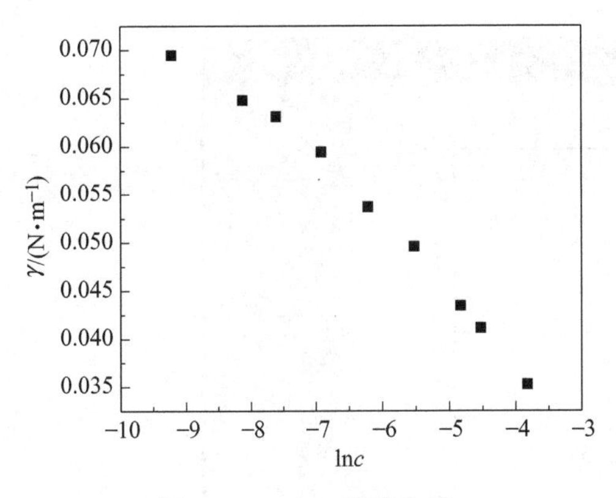

图 3-13 γ-ln$c$ 关系曲线

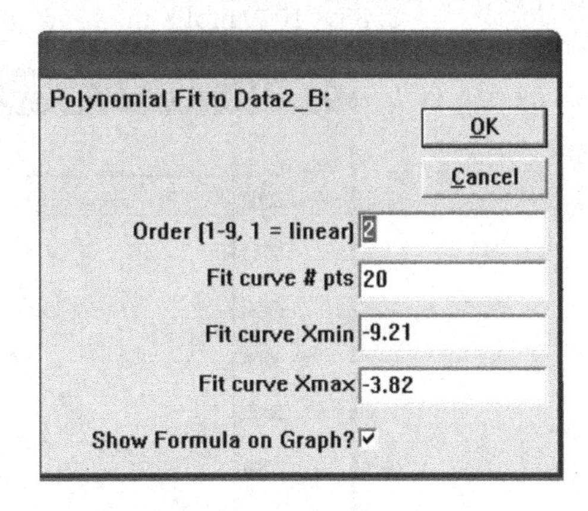

图 3-14 曲线拟合参数选择窗口

最高次幂为 2。

为取得较好的拟合效果，可以酌情选择大一些的数值。对本题实验数据，选择“Order”值等于 2 效果良好，把“Show Formulaon Graph”栏目打钩，拟合方程式会显示在图上（图 3-15），同时，在解图结果栏会显示拟合的详细信息，如方程式、式中各参数的误差、相关系数 R 值、拟合方程式的标准偏差等。这些信息反映拟合质量，以此判断作何种拟合及选择怎样的拟合参数。

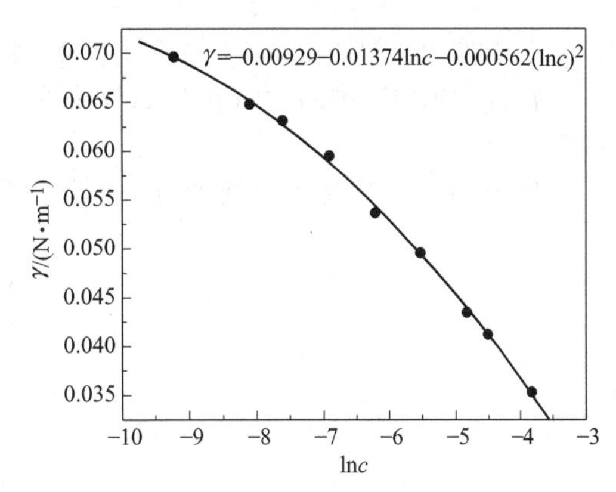

图 3-15 γ-ln$c$ 关系拟合曲线及方程式

图 3-15 中曲线拟合所得方程为 $\gamma=-9.29\times10^{-3}-13.74\times10^{-3}\ln c-5.62\times10^{-4}\ (\ln c)^2$，相关系数 $R=0.99858$。由此得 $\frac{d\gamma}{d\ln c}=-13.74\times10^{-3}+1.12\times10^{-3}\ln c$，将其代入 Gibbs 吸附等温式 $\Gamma=-\frac{1}{RT}\times\frac{d\gamma}{d\ln c}$ 中计算出每一浓度下的吸附量 Γ 列于表 3-8 中。

表 3-8 298K 时 $C_{12}H_{25}(OC_2H_4)_6OH$ 水溶液表面张力数据处理

$c/(10^{-3}mol\cdot m^{-3})$	0.1	0.3	0.5	1.0	2.0	4.0	8.0	11.0	22.0
$\gamma/(10^{-3}N\cdot m^{-1})$	69.5	64.8	63.1	59.5	53.7	49.6	43.5	41.2	35.3
ln$c$	−9.21	−8.11	−7.60	−6.91	−6.21	−5.52	−4.83	−4.51	−3.82
$(d\gamma/d\ln c)/10^{-3}$	−3.34	−4.70	−5.20	−6.00	−6.80	−7.60	−8.30	−8.70	−9.50
$\Gamma/(10^{-6}mol\cdot m^{-2})$	1.39	1.88	2.11	2.43	2.74	3.05	3.37	3.51	3.82
c/Γ	72.1	159.2	236.4	412.1	729.1	1309.3	2376.1	3132.6	5754.1

根据表 3-8 中的数据作 c/Γ-c 散点图，从“菜单栏”的“Analysis”栏目中选择“Fit Linear”（直线拟合）操作，得图 3-16，直线方程为 $\frac{c}{\Gamma}=164.6+259709c$，$R=0.99854$，表明线性关系良好。

从直线方程求出饱和吸附量 $\Gamma_\infty=3.85\times10^{-6}mol\cdot m^{-2}$（文献值为 $\Gamma_\infty=3.70\times10^{-6}mol\cdot m^{-2}$），吸附系数 $K=1578$，每个溶质分子在表面所占据的横截面积 σ_B 可由 $\sigma_B=\frac{1}{\Gamma_\infty L}$

式计算，$\sigma_B=\frac{1}{3.85\times10^{-6}\,mol\cdot m^{-2}\times6.023\times10^{23}\,mol^{-1}}=4.31\times10^{-19}\,m^2$。

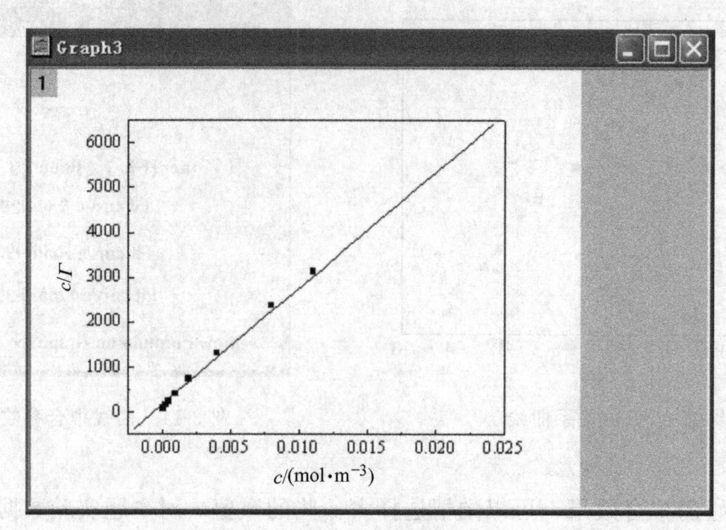

图 3-16　作图法求饱和吸附量

关于绘图窗口下“Analysis”菜单栏目中的其他解图方式，可结合具体实例练习。

执行“Edit”中的“CopyPage”命令，可把属意的图复制到其他文档（如 Word 文档、PPT）中。

使用 Origin 软件可以处理每一个化学测量实验的数据，多加练习即可。

4 实验技术

4.1 热化学测量技术

化学反应发生时常伴有热量的吸收或放出，研究化学变化过程中的热效应及其规律的科学称为热化学。大量热化学数据的测定为化学热力学的建立奠定了基础，还为有关化学反应的研究及冶金、能源、化工生产过程的设计提供了理论依据。例如，液氢作为火箭燃料就是通过对大量物质燃烧热的测定而发现的、实现人造金刚石的理论计算借助了石墨和金刚石的燃烧热数据、反应热数据在计算化学反应的平衡常数及其他热力学状态函数变化值时必不可少。因此，热化学测量在研究化学变化规律过程中有重要作用。

热有潜热和显热之分。显热可通过测量体系的热容和温度差求得，应用现代热分析技术如差热分析和差式扫描量热法等，记录热效应随时间的变化可测得体系变化过程的潜热。

4.1.1 温度测量

4.1.1.1 温标

物体温度的数值表示方法称为温标。它规定了温度的读数起点（零点）和度量温度的基本单位。目前国际上使用较多的有四种温标：摄氏温标、华氏温标、热力学温标和国际实用温标。化学测量实验中使用的温标为热力学温标和摄氏温标。

摄氏温标规定：在标准大气压下，冰的熔点为 0 度，水的沸点为 100 度，其间划分为 100 等份，每等份为 1 摄氏度，符号为℃，通常以 t 表示。

华氏温标规定：在标准大气压下，冰的熔点为 32 度，水的沸点为 212 度，其间划分为 180 等份，每等份为 1 华氏度，符号为℉。

热力学温标规定：分子运动停止时的温度为绝对零度。热力学温标用单一固定点定义：水的三相点为 273.16K，水的三相点到绝对零度之间划分为 273.16 等份，每等份为热力学温标的 1 度，符号为 K，通常以 T 表示。水的三相点温度 $T=273.16$K。

目前常用的实现热力学温标的方法有：气体温度计、声学温度计、噪声温度计、光学高温计和辐射高温计等。这些装置都很复杂，耗费大，国际上只有少数几个国家实验室拥有这些装置。因而长期以来各国科学家都在探索一种实用性温标，要求其既复现精度高，使用方便，又非常接近热力学温标，这就是国际实用温标。

国际实用温标是一个国际协议性温标，最早于 1927 年第七届国际计量大会提出并采用，后经多次修改，我国自 1994 年 1 月 1 日起全面实施 1990 年第十八届国际计量大会通过的国际实用温标，即 ITS-90。国际实用温标是以一些可复现的平衡态的指定值（定义固定点）作为基础的。ITS-90 选取了如氧三相点（54.3584K）、水三相点（273.16K）、锌凝固点（692.677K）、金凝固点（1337.33K）等 14 个平衡态定义固定点。对于基准温度计的使用，国际温标规定，从低温到高温划分为四个温区，各温区分别选用一个高度稳定的标准温度计来度量各固定点之间的温度值。这四个温区及相应的标准温度计为：第一温区，13.81～

273.15K，铂电阻温度计；第二温区，273.1～903.89K，铂电阻温度计；第三温区，903.89～1337.58K，铂铑（10％）-铂热电偶温度计；第四温区，1337.58K以上，光学高温计。在不同温度区间也都规定了各自特定的内插公式及其求算方法。据此所测得的温度值与热力学温度极为接近，其差值在现代测温技术的误差之内。详细内容可阅读专门介绍。

热力学温标是基本温标，它定义的温度称为热力学温度。严格意义上，其他温标都需用热力学温标去重新定义。例如，在定义热力学温标时，水三相点的热力学温度是可以任意选取的，但为了和之前的习惯一致，才规定其热力学温度为273.16K，使得水的沸点与凝固点之差仍为100度。这就使热力学温标与摄氏温标之间只相差一个常数。因此，以热力学温标对摄氏温标重新定义即为

$$t/℃ = T/\mathrm{K} - 273.15$$

摄氏温标（℃）、华氏温标（℉）、热力学温标（K）三者的相互关系为

$$t/℃ = [9(t+32)/5]/℉ = (t+273.15)/\mathrm{K}$$

4.1.1.2 温度计

通常利用测量液体的体积、电阻、温差电势以及辐射电磁波的波长等与温度有依赖关系而又有良好重现性的物理量变化来指示温度。化学实验中常采用水银温度计、电阻温度计、热电偶温度计等来测量体系的温度。

(1) 水银温度计　水银温度计是实验室常用的温度计。它的结构简单，价格低廉，具有较高的精确度，直接读数，使用方便；但易损坏，损坏后无法修复。水银温度计适用范围为238.15～633.15K（水银的熔点为234.45K，沸点为629.85K），如果用石英玻璃作管壁，充入氮气或氩气，最高使用温度可达1073.15K。常用的水银温度计刻度间隔有：2K、1K、0.5K、0.2K、0.1K等，与温度计的量程范围有关，可根据测量精度选用。

① 水银温度计的种类及测量范围

a. 常用温度计　分为0～100℃，0～250℃，0～360℃等量程，最小分度为1℃。

b. 成套温度计　量程为－40～400℃，每支量程为30℃，最小分度为0.1℃。

c. 精密温度计　其量程分为：9～15℃，12～18℃，15～20℃等，最小分度为0.01℃，常用于量热实验。在测定水溶液凝固点降低时，还使用量程为－0.5～0.5℃，最小分度为0.01℃的温度计。

d. 贝克曼（Backmann）温度计　此种温度计测温端的水银量可以调节，专用于测量温差。一般使用其温差量程为0～5℃，最小分度为0.01℃。

e. 石英温度计　用石英做管壁，其中充以氮气或氩气，最高温度可测到800℃。

② 水银温度计的校正　水银温度计由于毛细管内径、截面不可能绝对均匀、水银膨胀的非线性变化、测温端储存水银的玻璃球变形、压力效应、刻度不均匀等原因，会造成测量误差。另外，因为温度计上的水银柱露出系统外而造成露茎误差。为此，在使用水银温度计进行准确测量时，必须先进行校正。一般水银温度计的校正方法如下。

a. 示值校正　示值校正（又称零点校正、分度校正）的方法是，把温度计与标准温度计进行比较，或利用纯物质的相变点标定校正。由标准温度计上测得的读数与所使用温度计上读数间的差值为所使用温度计的刻度校正值。严格地说，不同的刻度范围有不同的刻度校正值，如某温度计在80℃左右时，示值校正值 $\Delta t_{示} = 0.12℃$，则当使用该温度计测量时，温度计读数 $t_{观} = 79.91℃$，则测量体系的正确温度 t 应为：$t = t_{观} + \Delta t_{示} = 79.91℃ + 0.12℃ = 80.03℃$。

b. 露茎校正 常用的水银温度计为“全浸式”温度计，当水银球与水银柱全部浸入被测体系中时，“全浸式”温度计的读数才是正确的。但在实际使用中，往往有部分水银柱露在体系外，造成读数误差，因此需要进行露茎校正。露茎校正的方法是，在测量温度计旁放一支辅助温度计，辅助温度计的水银球应置于测量温度计露茎高度的中部（见图 4-1)。露茎校正值 $\Delta t_{露}$ 按下式计算：

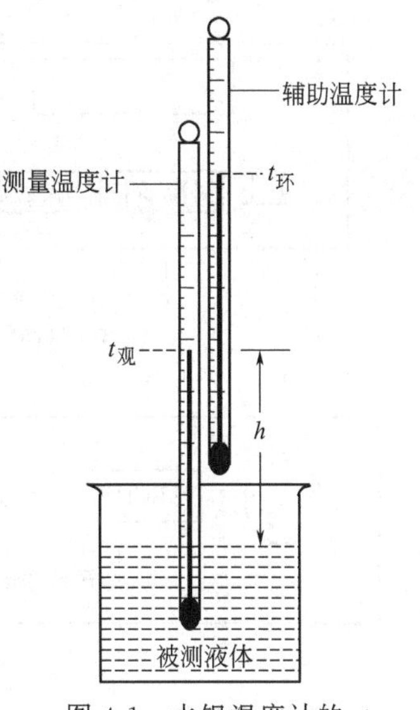

图 4-1 水银温度计的露茎校正

$$\Delta t_{露}=1.6\times10^{-4}h(t_{观}-t_{环})$$

式中，1.6×10^{-4} 为水银对玻璃的相对膨胀系数（$℃^{-1}$)；h 为露出被测体系外的水银柱长度，称为露茎高度，以温度差值表示（℃)；$t_{观}$ 为测量温度计上的读数；$t_{环}$ 为辅助温度计上的读数。

$$t_{真实}=t_{观}+\Delta t_{露}$$

另外，使用精密温度计时，读数前应轻轻敲击水银面附近的玻璃壁以防止水银的附着；其次，应等温度计与被测体系真正建立热平衡（一般为几分钟)，水银柱面不再变动方可读数

因此，在进行了示值校正和露茎校正后，用水银温度计精密测量体系的温度时（误差小于±0.01℃)，得到的温度 t 应为：

$$t=t_{观}+\Delta t_{示}+\Delta t_{露}$$

(2) 贝克曼温度计 贝克曼温度计的构造见图 4-2。它与普通水银温度计的区别在于测温端水银球内的水银储量可以借助顶端的水银贮槽来调节。贝克曼温度计不能直接测体系的温度，但可精密测量体系过程的温差。贝克曼温度计上的标度通常有 5℃或 6℃，每 1℃刻度间隔约 5cm，中间分为 100 等份，故可以直接读出 0.01℃，借助放大镜观察，可以估计读到 0.002℃，测量精度较高。贝克曼温度计在使用前需根据待测体系的温度及温差值的大小、正负来调节水银球中的水银量。调节方法如下。

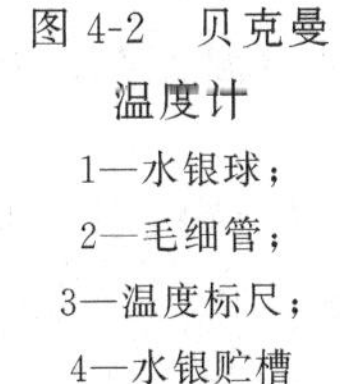
图 4-2 贝克曼温度计
1—水银球；
2—毛细管；
3—温度标尺；
4—水银贮槽

① 首先确定所使用的温度范围 若为温度升高的实验（如燃烧焓的测定)，则水银柱指示的起始温度应调节在 1℃左右；若为温度降低实验（如凝固点降低法测定物质的摩尔质量)，则水银柱应调节在 4℃左右。

② 进行水银贮量的调节 首先将贝克曼温度计倒持，使水银球中的水银与水银贮槽中的水银在毛细管尖口处相连接，然后利用水银的重力或热胀冷缩原理使水银从水银球转移到水银贮槽或从水银贮槽转移到水银球中。达到所需转移量时，迅速将贝克曼温度计正向直立，用左手轻击右手的手腕处，把毛细管尖口处的水银拍断，放入待测介质中，观察水银柱位置是否合适，如不合适，可重复调节操作，直至调好为止。贝克曼温度计较贵重，下端水银球的玻璃壁很薄，中间毛细管又细又长，极易损坏，在使用时不要同任何硬物相碰，不能骤冷、骤热或重击，用完后必须立即放回盒内，不可随意放置。

(3) SWC-II_C 数字贝克曼温度计

① 特点 具有 0.001℃的高分辨率，长期稳定性好；既可测量温度，又可测量温差。温度测量范围为−50～150℃，温度测量分辨率为 0.01℃；温差测量范围为±19.999℃，温差

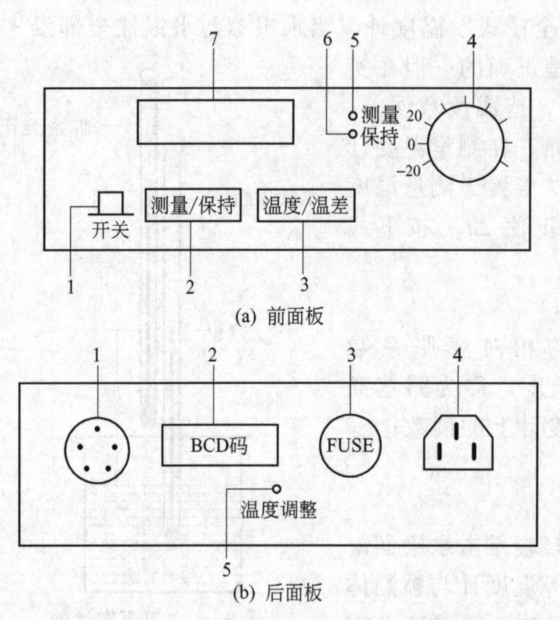

图 4-3 SWC-Ⅱ$_C$ 数字贝克曼温度计的外观示意图

测量分辨率为 0.001℃；数字显示清晰，读数准确，操作简便。

以上特点使数字贝克曼温度计既保持了水银贝克曼温度计的测量精度，又克服了水银贝克曼温度计操作繁琐、容易损坏、校准复杂和读数困难的缺点，常在实验室中取代水银贝克曼温度计。

② 构造 SWC-Ⅱ$_C$ 数字贝克曼温度计的构造如图 4-3 所示。

(a) 前面板

1—电源开关；

2—测量/保持转换键，按下此键可在测量功能与保持功能之间进行转换；

3—温度/温差转换键，按下此键可在温度显示与温差显示之间进行转换；

4—基温选择旋钮，根据实验需要选择适当的基温，使温差绝对值尽可能的小；

5—测量指示灯，灯亮，仪器处于测量状态；

6—保持指示灯，灯亮，仪器处于测量数值保持状态；

7—温度、温差显示窗口，显示温度或温差值；

(b) 后面板

1—传感器，将传感器航空插头插入此插座；

2—BCD 码，根据需要与计算机连接；

3—保险丝，0.2A；

4—电源插座，接 220V 交流电源；

5—温度调整，生产厂家进行仪表校验时用。用户勿调节此处，以免影响仪表的准确度；

③ 使用方法

a. 将传感器航空插头插入后面板上的传感器接口（槽口对准）。

b. 将 220V 交流电源接入后面板上的电源插座。

c. 将传感器插入被测物中（插入深度应大于 50mm）。

d. 温度测量 按下电源开关，此时显示屏显示仪表初始状态（实时温度），数字后显示的“℃”表示仪器处于温度测量状态，测量指示灯亮。

e. 选择基温 根据实验所需的实际温度选择适当的基温挡，使温差的绝对值尽可能小。

f. 温差的测量 要测量温差时，按一下温度/温差键，此时显示屏上显示温差数。再按一下温度/温差键，则返回温度测量状态。

g. 需要记录温度和温差的读数时，可按一下测量/保持键，使仪器处于保持状态（此时“保持”指示灯亮）。读数完毕，再按一下测量/保持键，即可转换到“测量”状态，进行跟踪测量。

(4) 电阻温度计

① 铂电阻温度计 铂的化学与物理稳定性好，电阻随温度变化的重复性高，采用精密的测量技术可使测温精度达到 0.001℃。国际实用温标规定铂电阻温度计为－183～630℃温

度范围的基准温度计。铂电阻温度计是用直径为0.03～0.01mm的铂丝均匀绕在云母、石英或陶瓷支架上做成的，0℃时的电阻为10～100Ω。镀银铜丝作引接线。采用电桥测定温度计的电阻值，以指示温度。

② 热敏电阻温度计　热敏电阻是一种使用方便，感温灵敏的测温元件，但测温范围较窄。金属氧化物热敏电阻具有负温度系数，其阻值 R_T 与温度 T 的关系可用下式表示：

$$R_T = A\mathrm{e}^{-B/T}$$

式中，A 为常数，取决于材料的形状大小；B 为材料物理特性的常数。

采用电桥测定热敏电阻的电阻值以指示温度。热敏电阻的阻值 R_T 与温度 T 之间并非线性关系，但当用来测量较小的温度范围时，则近似为线性关系。实验证明其测温差的精度足可与贝克曼温度计相比，而且具有热容小、响应快、便于自动记录等优点。

(5) 热电偶温度计　两种不同的金属按图4-4连接起来，两个接头处在不同的温度时会产生温差电势。若温差电势随温度单调变化，则可用来测量温度。这种装置称为热电偶温度计，简称热电偶。

热电偶是工业上最常用的温度检测元件之一。其特点是：①测量精度高。因热电偶直接与被测对象接触，不受介质的影响。②测量范围广。常用的热电偶从－50～1600℃均可测量，某些特殊热电偶最低可测到－269℃（如一种由镍铬合金丝与金铁合金丝构成的镍铬-金铁热电偶），最高可达＋2800℃（如钨-铼）。③结构简单，使用方便。热电偶通常由两种不同的金属丝焊接组成，只要外加绝缘套管防止短路及隔离有害介质即可。温差电势可以用直流毫伏表、电位差计或数字电压表测量。热电偶是良好的温度变换器，可以直接将温度参数转换成电参量，可自动记录和实现复杂的数据处理、控制，这是水银温度计无法比拟的。若将多个热电偶串联起来组成热电堆，并选用精密电位差计，其灵敏度还可进一步提高。热电偶的标准用法是，一个接头置于参比温度（常用0℃，如冰-水体系）中，称为冷端，另一头处于待测体系中，如图4-5所示。

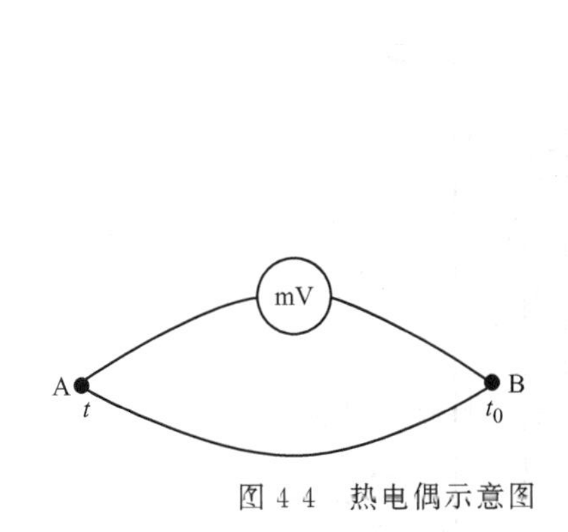

图4-4　热电偶示意图

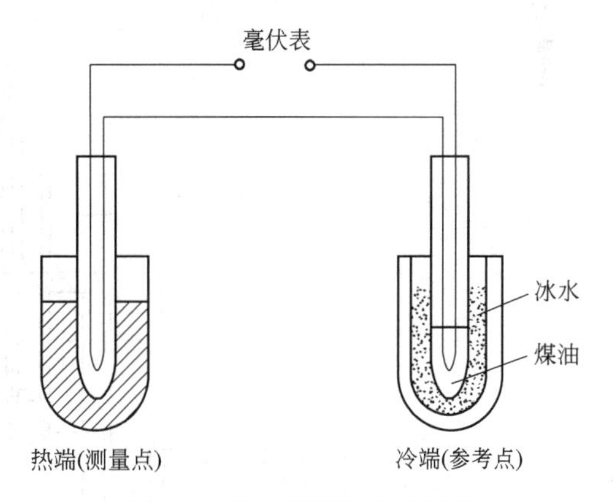

图4-5　热电偶测温基木原理

热电偶的种类很多，凡其温差电势随温度的变化是线性的金属（或合金）对均可用来制作为温度计。

几种常用热电偶的测温范围及其性能列于表4-1中。

4.1.2 温度的控制

控制体系温度恒定，常采用以下两种方法。

表 4-1 常用热电偶的有关特性

材料	分度号	极性区别		100℃电势/mV	测温范围/℃	备注
		正极	负极			
铜-康铜	T	红色	银白色	4.277	−100～200	铜易氧化，宜在还原气氛中使用
镍铬-考铜	(EA-2)	暗色	银白色	6.808	0～600	热电势大，是很好的低温热电偶，负极易氧化
镍铬-镍硅	K(EU-2)	无磁性	有磁性	4.095	400～1000	E-t 线性关系好，大于500℃要求氧化气氛
铂铑-铂	S(LB-3)	较硬	较软	0.645	800～1300	宜在氧化性或中性气氛中使用

注：康铜为含 60%Cu 与 40%Ni 的合金，考铜为含 56%Cu 与 44%Ni 的合金，镍铬为含 90%Ni 与 10%Cr 的合金，镍硅为含 97%Ni 与 3%Si 的合金，铂铑为含 90%Pt 与 10%Rh 的合金。

(1) 利用物质相变温度的恒定性来控制体系温度的恒定。这种方法对温度的选择有一定限制。

(2) 热平衡法　该法原理为，当一个只与外界进行热交换的体系，获取热量的速率与散发热量的速率相等时，体系温度保持恒定，或者当体系在某一时间间隔内获取热量的总和等于散发热量的总和时，体系的始态与终态温度不变，时间间隔趋向无限小时，体系温度保持恒定。

按照控温范围的不同，温度的控制大致分为高温控制（250℃以上）、中温控制（室温至250℃）和低温控制（−269℃至室温）三种。控温的基本原理相同，差异在于工作介质与执行元件不同。按照获得恒温的方法又有恒温介质浴和电子器件控温两类，实验室中常用的恒温装置为液浴恒温槽。

4.1.2.1 液浴恒温槽

液浴恒温槽是实验室中最常用的控温装置，结构如图 4-6 所示，其主要构件及其作用如下。

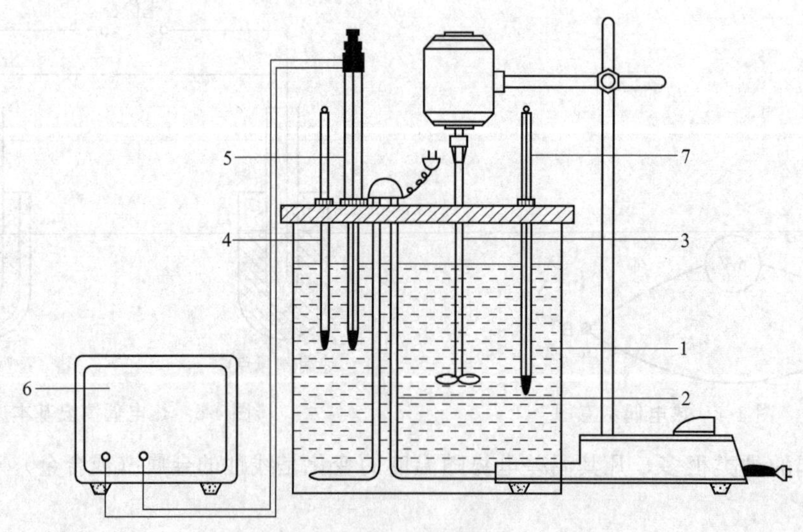

图 4-6　液浴恒温槽装置图

1—浴槽；2—电热丝；3—搅拌器；4—温度计；5—电接点温度计；6—温度控制器；7—精密温度计

浴槽的作用是为浸在其中的研究体系提供一个恒温环境。当控温范围在室温附近时，浴槽常用玻璃槽，便于观察体系的变化情况。最常用的是水浴槽，在较高温度时使用油浴或其他液体介质浴槽。不同恒温介质可提供的恒温范围见表 4-2。

表 4-2 不同浴槽的恒温范围

恒温介质	恒温范围/℃	恒温介质	恒温范围/℃
水	5～95	52～62 号汽缸润滑油	200～300
棉籽油、菜油	100～200	55% KNO_3+45% $NaNO_3$	300～500

加热器通常采用电加热器间歇加热来实现恒温控制。

搅拌器加强液体介质的搅拌，保持恒温槽温度的均匀。

温度计指示恒温槽温度，一般用 0.1℃分度的温度计。

接触温度计相当于一个自动开关，用于控制浴槽达到所要求的温度。其结构如图 4-7 所示。其结构与普通水银温度计不同，它的毛细管中悬有一根可上下移动的金属铂丝，从下部的水银槽也引出一根铂丝，两根铂丝再与温度控制器连接。在接触温度计上部装有一根可随管外永久磁铁旋转的螺杆，螺杆上有一指示铁，指示铁与毛细管中铂丝相连，当螺杆转动时指示铁上下移动即带动铂丝上升或下降。

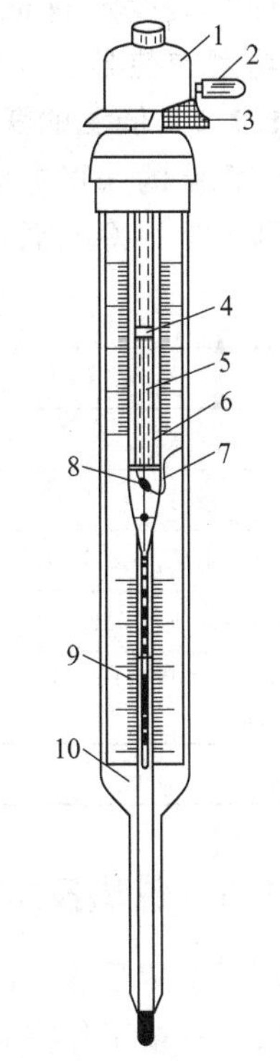

图 4-7 接触温度计

1—调节帽；2—固定螺丝；3—磁钢；4—指示铁；5—钨丝；6—调节螺杆；7—铂丝接点；8—铂弹簧；9—水银柱；10—铂丝接点

常用的温度控制器是各种型式的电子管或晶体管继电器，它是自动控温的关键设备，其工作原理可参阅具体产品的说明书。

恒温槽装置好后，开动搅拌器，转动调节帽使接触温度计中指示铁一开始位于比环境温度略高的温度值，此时，铂丝与水银柱不相连，加热器开始工作，浴液温度升高。水银柱上升至与铂丝相连时，温度控制器接通，继电器内线圈通电产生磁场，加热线路弹簧片跳开，加热器停止加热。由于未达到欲恒定的目标温度值，需要继续升温，再转动调节帽使指示铁指示更高一点的温度值，加热器又开始加热，水银柱继续上升至与铂丝相连时，加热器再次停止加热。如此不断进行，直至浴槽内介质温度达到设定的目标温度值，拧紧接触温度计上部的固定螺丝。由于浴槽温度高于环境温度而向环境散热导致温度降低，水银球中水银收缩，水银与铂丝断开，继电器线圈电流断开，继电器上簧片弹回，加热回路又开始工作，温度又升至期望值。如此，浴槽中的介质温度被控制在一定波动范围内的期望值，达到恒温和控温目的。应该明确的是，目标温度值的确定需通过温度计（而不是接触温度计）。此种操作是温度逐步升高慢慢趋近目标温度，故称其为“渐近法”，是恒温操作的最常用方法。

由于这种温度控制装置属于“通”、“断”类型，当加热器接通后传热使介质温度上升并传递给接触温度计，使它的水银柱上升。由于传质、传热都需要一定时间，因此，会出现温度传递的滞后现象。即当接触温度计的水银触及钨丝时，实际上电热器附近的水温已超过了指定温度，因此，恒温槽温度必高于指定温度。同理，降温时也会出现滞后现象。由此可知，恒温槽控制的温度有一个波动范围，而不是控制在某一固定不变的温度，并且恒温槽内各处的温度也会因搅拌效果的优劣而不同。一般恒温水浴温度波动在±0.1℃左右，当要求更高精度时，可选用控温精度更高的温度调节器，如甲苯-水银温度控制计。控制温度的波动范围越小，各处的温度越均匀，恒温槽的灵敏度越高。灵敏度是衡量恒温槽性能的主要标志，它除与感温元件、电子继电器有关外，还受搅拌器的效率、加热器的功率等因素的影响。

接触温度计只能作为温度的调节器，不能作为温度的指示器，恒温槽的温度另由一支1/10℃的温度计4指示。另一支精密温度计7只用于测定恒温槽恒温的精确度，一般用贝克曼温度计或1/100℃的温度计。

除上述的一般恒温槽外，实验室中常用另一种超级恒温槽。其恒温的原理和构造与上述相同，只是它附有循环水泵，能将浴槽中的恒温水泵出槽外使待测体系恒温。例如，将恒温水送入阿贝折射仪棱镜的夹层水套内，使样品恒温，而不必将整个仪器浸入浴槽内。

化学测量实验中很多地方用到恒温槽，其目标温度的设定和调节是难点，每一位同学都需要掌握。最容易出现的问题是升温过头。为了避免这一现象，需要彻底弄清楚恒温槽的工作原理以及各种恒温槽的结构、各部件的作用；切记不能直接在“接触温度计”上设定目标温度；要利用“渐近法”逐步逼近目标温度；升温过程中合理使用大功率加热器。

4.1.2.2 低温的获得

低温的获得主要依靠一定配比的组分组成冷冻剂，并使其在低温建立相平衡。表4-3列举部分常用冷冻剂及其制冷温度。

表4-3 常用冷冻剂及其制冷温度

冷冻剂	液体介质	制冷温度/℃
冰	水	0
冰与 NaCl(3∶1)	20%NaCl 溶液	−21
冰与 $MgCl_2 \cdot 6H_2O$(3∶2)	20%NaCl 溶液	−30～−27
冰与 $CaCl_2 \cdot 6H_2O$(2∶3)	乙醇	−25～−20
冰与浓 HNO_3(2∶1)	乙醇	−40～−35
干冰	乙醇	−60
液氮		−196

4.1.3 量热技术

用于测量热量的仪器称为量热计（或称热量计）。按其测量原理可分为补偿式和温差式两大类；按工作方式又可分为绝热、恒温和环境恒温三种。在此仅介绍氧弹量热计（属于温差式的环境恒温式）的测量技术。

4.1.3.1 量热计结构

图4-8是实验室所用的氧弹量热计的整体装配图。内筒C以内的部分为仪器的主体，实验时其内容物为研究体系。C与外界以空气层B绝热，下方有绝缘的垫片架起，上方有绝热胶板覆盖。为了减少对流和蒸发，减少热辐射及控制环境温度恒定，体系外围包有温度与体系相近的水夹层A。为了使体系温度很快达到均匀，还装有搅拌器，由电动机带动。精密的温差测定仪准确测量温度的变化。实验中把温差测定仪的热敏探头插入研究体系内，便可直接准确读出反应过程中每一时刻体系温度的相对值。样品燃烧的点火由一拨动开关接入一可调变压器来实现，设定电压在24V进行点火燃烧。

图4-9为氧弹构造示意图。氧弹用不锈钢制成，主要部分有不锈钢弹筒1、弹盖2和螺帽3紧密相连；在弹盖2上装有用来充入氧气的进气孔4、排气孔5和电极6，电极直通弹体内部，同时作为燃烧皿7的支架；为了将火焰反射向下而使弹体温度均匀，在另一电极8（同时也是进气管）的上方还有火焰遮板9。

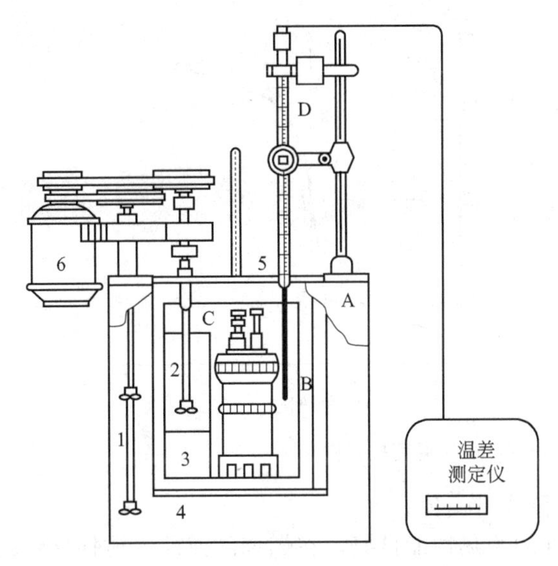

图 4-8 氧弹量热计测量装置示意图

1—外筒搅拌器；2—内筒搅拌器；3—内筒量热器；
4 绝缘垫片；5—贝克曼温度计；6—电动机；
A—水夹层；B—空气夹层；C—内筒；D—温差测量系统

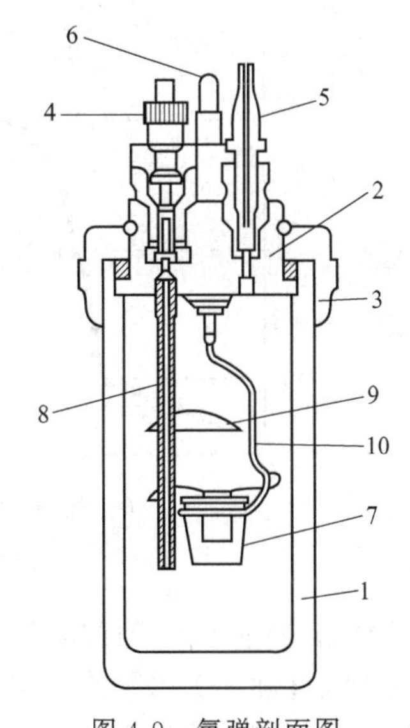

图 4-9 氧弹剖面图

1—不锈钢弹筒；2—弹盖；3—螺帽；4—氧进气孔；
5—排气孔；6,8—电极；7—燃烧皿；9—火焰遮板；
10—燃烧皿支架（与电极 6 相通）

4.1.3.2 量热原理

由量热计的构造知，量热计的内筒 C，包括其内的水、氧弹及搅拌棒等近似为一绝热体系。在物质燃烧热测定实验中，燃烧前后体系温度变化 ΔT 由温差测定仪（如贝克曼温度计）准确测定。燃烧在体积不变的密闭氧弹中进行，若已知量热计的热容 C_V（J/K），则燃烧放热为 $Q_V=C_V\Delta T$。样品燃烧由点火丝在氧氛围中点燃，据能量守恒定理有：此热量的来源应包括样品燃烧放热和点火丝放热两部分：

$$Q_V=C_V\Delta T=\text{样品燃烧放热}+\text{点火丝燃烧放热}$$

即：

$$Q_V=C_V\Delta T=m_{\text{样品}}Q_{V\text{样品}}+m_{\text{点火丝}}Q_{V\text{点火丝}}$$

式中，$m_{\text{样品}}$ 为待测物质质量；$Q_{V\text{样品}}$ 为待测物质的恒容热；$m_{\text{点火丝}}$ 为点火丝质量；$Q_{V\text{点火丝}}$ 为点火丝的恒容热。通常用已知 Q_V 的物质标定量热计热容量 C_V，一般使用高纯度的苯甲酸作为标准物质（$Q_V=26460\text{J/g}$）。求出量热计热容量 C_V 后，即可利用上式通过实验测定其他物质的恒容热。

4.1.3.3 温差校正

任何一种量热计都不可能设计成完全绝热。只要存在温差，体系与周围环境间的热交换就会影响观测到的温度变化值 ΔT，这种影响通常用雷诺（Renolds）温度校正图予以校正。若使用一绝热较差量热计进行物质燃烧热测定实验，绘制出过程中量热计温度随时间变化曲线如图 4-10 中的曲线 $abcd$ 所示。其中 ab 段表示实验前期，b 点相当于开始燃烧之点；bc 段相当于燃烧反应期；cd 段则为后期。由于量热计与环境间有热量交换，曲线 ab、cd 常发生倾斜，在量热实验中所测得的温度变化值 ΔT 可按如下方法确定（雷诺温差校正法）：取 b 点所对应的温度 T_1，c 点所对应的温度 T_2，其平均温度 $(T_1+T_2)/2$ 为 T；经过 T 点作横坐标的平行线 TE 与曲线 $abcd$ 相交于 E 点；然后通过 E 点作垂线 AB，该垂线与 ab 线和 cd 线的延长线分别交于 e、g 两点，则 e、g 两点所代表的温度差即为所求的燃烧前后温度的变化值 ΔT。图中 ef 表示由环境辐射进来的热量所造成的温度升高，这部分必须扣除；而 gh 表示因量热计向环境辐射出去的热量所造成的温度降低，这部分必须加上。经上述校正

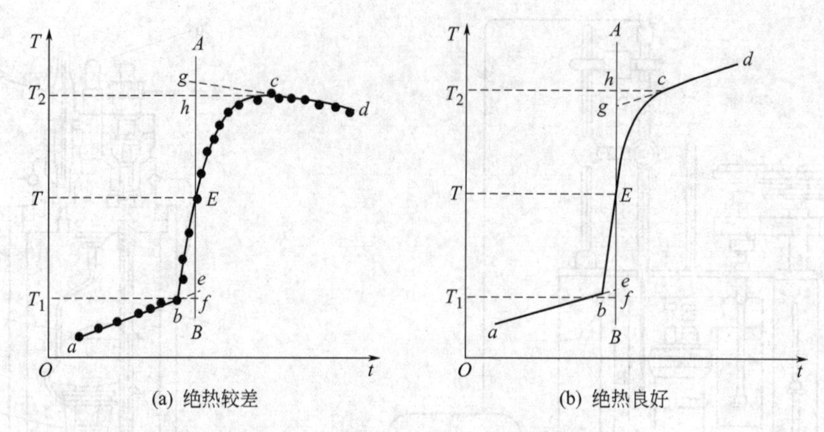

(a) 绝热较差　　(b) 绝热良好

图 4-10　雷诺（Renolds）温度校正图

所得温差 ge 表示了由于样品燃烧使量热计温度升高值。

现代设计和加工水平使实验室用量热计的绝热性能良好，在燃烧的前期由搅拌导致的温度上升很小（燃烧前量热计的水温稍低也是如此），而后期不出现温度下降。此时，原则上仍按上述方法进行校正。

测量物质的燃烧热，关键是准确测量物质燃烧时引起的温度升高值 ΔT，但除进行雷诺温度校正外，ΔT 与量热计性能、温差测定仪、热传导、蒸发、对流和辐射等引起的热交换，搅拌器搅拌时所产生的机械热等多种因素有关。经验表明，只要细心操作，保持测标准物和待测物时条件的高度一致，可以获得测量的高准确度。

4.1.4　热分析法（步冷曲线法）

热分析是在程序控温下测量物质的物理性质与温度关系的一类技术，这里所指的“热分析法”是指通过测定步冷曲线绘制体系相图的方法。

4.1.4.1　基本原理

对所研究的二组分体系，配成一系列不同组成的样品，加热使之完全熔化，然后再均匀降温，记录温度随时间的变化曲线称为“步冷曲线”。体系若有相变，必然产生相变热，使降温速率减慢，则在步冷曲线上会出现“拐点”或“平台”，从而可以确定出相变温度。以横轴表示混合物的组成，纵轴表示温度，即可绘制出被测体系的相图，如图 4-11 所示。

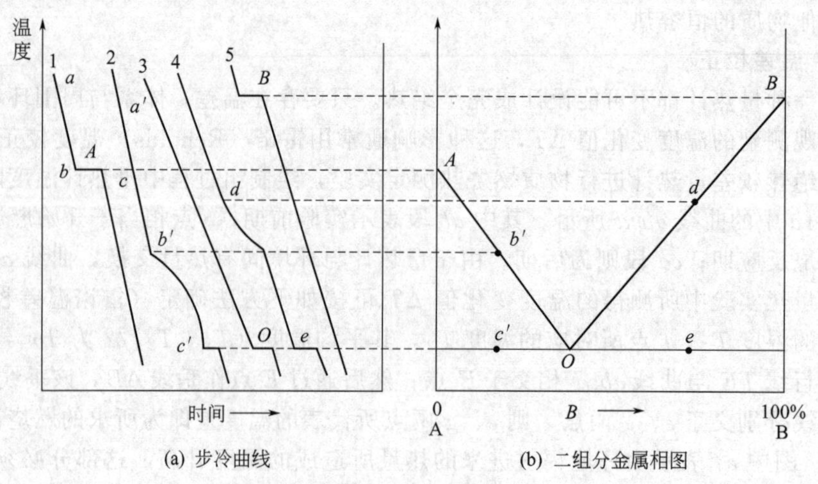

(a) 步冷曲线　　(b) 二组分金属相图

图 4-11　热分析法绘制相图

以 A 和 B 二组分体系为例，纯组分 A 的步冷曲线如图中线 1 所示。外压恒定时，高温液体从 a 点开始降温，从 a 到 b 的降温过程中没有发生相变，降温速率较快。当冷却到组分 A 的熔点时，固体 A 开始析出，体系处于固-液两相平衡，根据 Gibbs 相率，$f^*=C-\Phi+1=1-2+1=0$，条件自由度为零，温度保持不变，故步冷曲线上出现 bc 段的“平台”。当液体 A 全部凝固成固体 A 后，条件自由度等于 1，温度又继续下降。根据“平台”所对应的温度，可以确定相图中的 A 点，即纯 A 的熔点。

混合物的步冷曲线与纯组分的步冷曲线有所不同，如步冷曲线 2 所示，从 a' 到 b' 是熔液单相降温过程，降温速率较快，当温度达到 b' 点所对应的温度时，开始有固体 A 析出，体系呈两相平衡（熔液和固体 A），$f^*=2-2+1=1$，此时温度仍可下降，由于固体 A 析出时产生了相变热，故降温速率减慢，步冷曲线上出现了 b' 点所对应的“拐点”，由此可以确定相图中的 b' 点。随着固体 A 逐渐析出，熔液的组成不断改变，当温度达到 c' 点时，又有固体 B 析出，此时体系处于三相平衡（熔液、固体 A 和固体 B），$f^*=2-3+1=0$，温度不变，步冷曲线上出现“平台”，根据此“平台”温度，确定相图中的 c' 点。当熔液全部凝固后，温度又继续下降，这是固体 A 和固体 B 的单纯降温过程。

步冷曲线 3 的特点是高温熔液在降温到 O 点所对应的温度以前没有任何固体析出。在达到 O 点所对应的温度时，固体 A 和固体 B 同时析出，此时体系呈三相平衡，由此确定了相图中的 O 点，O 点以下是固体 A 和固体 B 的降温过程。

步冷曲线 4 与线 2 形状相似，但有两点明显不同，一是起始组成不同时出现拐点的温度不同，二是在拐点 d 处析出的是固体 B。在“平台” e 处析出的是固体 A 和固体 B，同样处于三相平衡，由此确定相图中的 d 点和 e 点。

步冷曲线 5 与线 1 类似，其“平台”对应纯组分 B 的熔点。

将各样品刚开始发生相变的各点 A、b'、O、d、B 用线连接起来；c'、O、e 各点所对应的温度一样，用直线将它们连接起来；这样绘制出 A-B 二组分体系的相图。

4.1.4.2 步冷曲线的测定

以 Pb-Sn 二组分体系为例，测定步冷曲线的步骤如下。

（1）配制样品　在六个硬质玻璃样品管中，配制锡质量分数分别为 0、20%、40%、61.9%、80%和 100%的铅锡混合物样品各 100g。在各样品上分别加入少量石墨粉，以防止金属氧化。

（2）测定步冷曲线　步冷曲线的测定装置如图 4-12 所示。热电偶的热端不能直接插入样品中，要用热电偶套管隔离。为改善热电偶的导热性能，在套管内加入少量硅油。热电偶冷端浸入保温瓶的冰水浴中。将样品管放在加热电炉中，缓慢加热，待样品完全熔化后，用热电偶玻璃套管轻轻搅动，使管内各处组成均匀一致，样品表面上也均匀地覆盖着一层石墨粉。将热电偶固定于样品管中央，热端插入样品液面下约 3cm，但与管底距离应不小于 1cm，以避免外界影响。炉温控制在以样品全部熔化后再升高 50℃为宜。用调压器控制电炉的冷却速率，通常为每分钟下降 6～8℃。每间隔 30s 用电位差计读取一次热电势数值，直到三相共存温度以下约 50℃时结束。

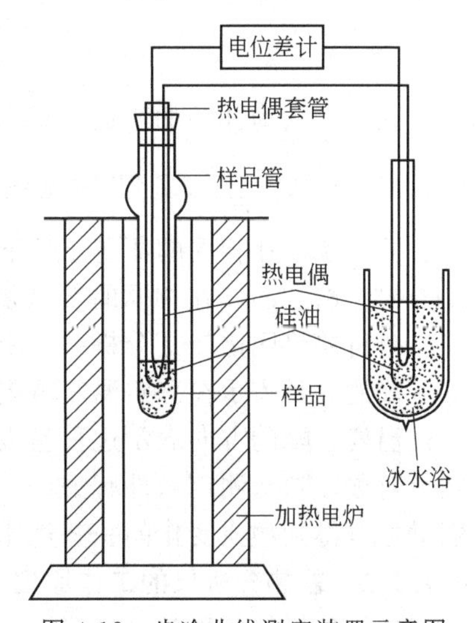

图 4-12　步冷曲线测定装置示意图

用坐标纸绘出各样品的步冷曲线，确定各相变点的热电势。从热电偶工作曲线（热电势与温度的曲线）上查得相应的温度。

4.1.5 差热分析技术

差热分析（Differential Thermal Analysis）简称DTA是热分析方法中的一种。它是在程序控温下，测量物质和参比物的温度差和温度关系的技术。当物质发生物理变化和化学变化时（如相变、脱水、晶型转变、热分解等），都有其特征的温度，并伴随着热效应，从而造成该物质的温度与参比物温度之间的温差，根据此温差及相应的特征温度，可以鉴定物质或研究其有关的物理化学性质。

4.1.5.1 差热分析的基本原理

如果对某待测样品进行差热分析，可将其与热稳定性极好的参比物（如 Al_2O_3 或 SiO_2）一起放入电炉中，以设定的程序均匀升温。由于参比物在整个温度变化范围内不发生任何物理和化学变化，其温度始终与设定的程序温度相同。当样品不发生物理变化或化学变化时，没有热量产生，其温度与参比物的温度相同，两者的温差 $\Delta T=0$。当样品发生物理变化或化学变化时，伴随着热效应的产生，使样品与参比物的温差 $\Delta T\neq0$。

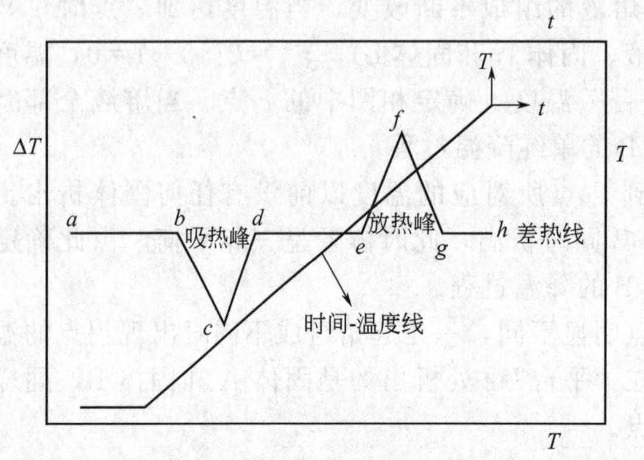

图 4-13 理想差热曲线示意图
（T-ΔT 为差热线坐标；
t-T 为时间-温度线坐标）

若以温差为纵坐标，以参比物温度为横坐标作图，所得理想的差热曲线如图4-13所示。图中 ab 段表示没有发生物理变化或化学变化，温差 $\Delta T=0$，差热曲线是一条水平线（基线）；当温度达到 b 点所示温度时，样品发生吸热变化（$\Delta T<0$），出现向下的峰形曲线（最低点为 c），当吸热结束后，温差消失（$\Delta T=0$），又重新恢复到水平线（d 点所示）的位置，峰形曲线最低点 c 代表此吸热变化的特征温度。当参比物温度达到 e 点时，因样品发生放热（$\Delta T>0$）变化，则出现向上的峰形曲线，f 点代表此放热变化的特征温度。上述差热峰的面积（峰形曲线与基线围成的面积）与过程热效应成正比，即：

$$\Delta H=\frac{K}{m}\int_{T_1}^{T_2}\Delta T\mathrm{d}T=\frac{K}{m}A$$

式中，m 为样品的质量；ΔT 为温度 T 时的温差；T_1、T_2 分别为差热峰的起始温度与终止温度；$A=\int_{T_1}^{T_2}\Delta T\mathrm{d}T$ 为差热峰的面积；K 称为仪器参数，与仪器特征及测量条件有关，同一仪器在相同的测量条件下 K 为定值，若用一定量已知热量的标准物质（例如Sn的 $\Delta H=60.67\mathrm{J/g}$），在相同的实验条件下测定其差热峰面积，由上式可求得 K。

分析差热图谱就是分析差热峰的数目、位置、方向、高度、宽度、对称性以及峰的面积等。峰的数目表示在测定温度范围内，待测样品发生变化的次数；峰的位置表示发生变化的特征温度；峰的方向表示过程是吸热还是放热；峰的面积对应于过程热量的大小。峰高、峰宽及对称性除与测定条件有关外，往往还与样品变化过程的动力学因素有关。因此分析差热图谱可以得到物质变化的一些规律。

4.1.5.2 差热分析仪的工作原理

差热分析仪各种各样，但工作原理相同。图4-14为装置简图。图中S和R分别为样品和参比物，其底部分别插入用同样材料制成反方向连接的热电偶，1与2用于测量温度，1与3用于测量温差，在升温过程中，出于两对热电偶所产生的热电势方向相反。若样品没有发生变化，它与参比物同步升温，两者的温度相等，两热电偶产生的热电势大小相等，方向相反，互相抵消，1与3中无电流，ΔT记录笔得到一条平滑的基线。如果样品发生变化，产生热效应，量热电偶所处的温度不同而在1与3中产生温差电流，输入温差放大单元，放大后被送至记录仪。参比物的温度则由另一记录笔记录，直接在记录纸上画出热谱图。

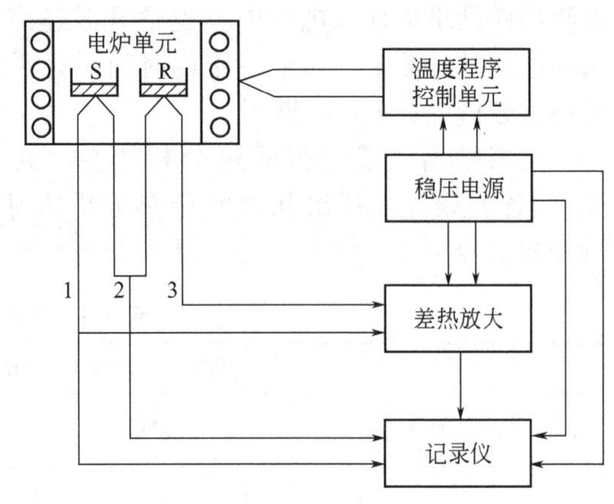

图4-14 差热分析仪装置简图

4.1.5.3 影响差热分析的主要因素

热分析是一种动态技术，许多因素对差热曲线均有影响，包括测试条件的选择与样品的处理两大方面。

(1) 测试条件的选择，包括升温速率、炉内气氛及参比物的选择等。一般情况是升温速率小，基线漂移小，可以分辨靠得近的差热峰，即分辨率高，但测量时间长。若升温速率大，峰对应的温度偏高，峰的形状尖锐，峰面积也略为增大。炉内气氛主要是影响化学反应或化学平衡。例如草酸钙吸热分解生成的CO，在氧化性气氛中会燃烧，在曲线上将出现一个较大的放热峰将原来的吸热峰完全掩盖。再如，碳酸盐的分解产物CO_2如被气流或真空泵带走，将会导致分解吸热峰偏向低温方向。选择参比物时应考虑与待测样品的热容、导热系数及粒度尽量一致。

(2) 样品的处理，包括样品粒度、样品用量及装填情况等。样品粒度以200目左右为宜。粒度大峰形较宽、分辨率也较差，特别是受扩散控制的反应过程与样品粒度的关系更大。但粒度过小可能破坏晶格或分解。样品用量多，测量灵敏度高，结果的偶然误差也减少；样品用量少，可使各处的样品基本上处于相同的温度和气氛条件下，均一性较好。为了改善样品的导热性、透气性，防止样品烧结，有时在样品中加入参比物或其他热稳定材料作稀释剂。

4.1.6 热重分析

热重分析法（Thermogravimetry，TG）是在程序控温下，测量物质的质量与温度关系的一种技术。当物质在加热过程中发生失水、汽化、升华、分解或氧化等变化时，将伴随着质量的改变，如果将被测物质悬挂在天平的一端上，即可测出在加热过程中被测物质质量随温度变化（m-T）的定量关系。若将此定量关系与差热分析（DTA）相结合，便可以进一步确定物质发生变化的类型，从而对物质的结构和性质作出定量说明。

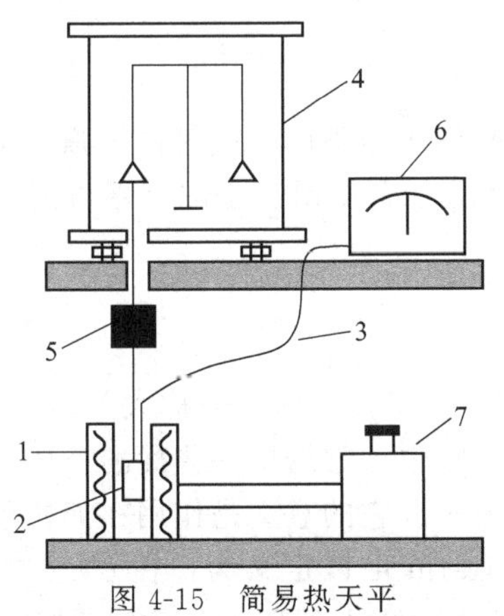

图4-15 简易热天平

1—电炉；2—坩埚；3—热电偶；4—天平；5—平衡锤；6—电位差计；7—自耦变压器

简易热重分析示意图如图4-15所示。其中天平4可由电光天平改装而成。卸下天平的称量盘后，悬一细丝穿过天平底板，并悬一重锤与另一天平盘平衡，在重锤下悬被测物样品坩埚伸入电炉中，电炉升温速率用自耦变压器调节，反应温度用镍铬-镍硅热电偶和电位差计测量，每隔一定的时间同时测量质量和温度，以质量为纵坐标对温度作图，即得热重分析（m-T）的谱图。

应当指出，根据国际热分析协会（ICTA）的归纳分类，目前热分析技术共分为9类17种，表4-4列出几种常用热分析方法及其应用范围，进一步的了解可参阅有关专门资料。

表 4-4 几种常用热分析方法

方法	测量的物理量	温度范围/℃	应用
差热分析法(DTA)	温度	20～1600	熔化及结晶转变、氧化还原反应、裂解反应等的分析研究、主要用于定性分析
差式扫描量热法(DSC)	热量	−170～725	分析研究范围与DTA大致相同,但能定量测定多种热力学和动力学参数,如比热、反应热、转变热、反应速度和高聚物结晶度等
热重分析法(TG)	质量	20～1000	沸点、热分解反应过程分析与脱水量测定等,生成挥发性物质的固相反应分析、固体与气体反应分析等
热机械分析法(TMA)	尺寸体积	−150～600	膨胀系数、体积变化、相转变温度、应力应变关系测定,重结晶效应分析等
动态热机械分析法(DMA)	力学性质	−170～600	阻尼特性、固化、胶化、玻璃化等转变分析,模量、黏度测定等

4.2 压力测量与真空技术

压力是用来描述体系状态的一个重要参数。许多物理、化学性质，例如熔点、沸点、蒸气压几乎都与压力有关。在化学热力学和化学动力学研究中，压力也是一个很重要的因素。因此，压力的测量具有重要的意义。

就化学测量实验来说，压力的应用范围高至气体钢瓶的压力，低至真空系统的真空度。压力通常分为高压、中压、常压和负压。压力范围不同，测量方法不一样，精确度要求不同，所使用的单位也各有不同的习惯。

4.2.1 压力的表示方法

压力是指均匀垂直作用于单位面积上的力，也可把它叫作压力强度，或简称压强。国际单位制（SI）用帕斯卡作为通用的压力单位，以Pa或帕表示。当作用于$1m^2$（平方米）面积上的力为1N（牛顿）时就是1Pa（帕斯卡）：

$$1Pa=\frac{1N}{1m^2}$$

但是，原来的许多压力单位，例如，标准大气压（或称物理大气压，简称大气压）、工程大气压（即kg/cm^2）、巴等现在仍然在使用。化学测量实验中还常选用一些标准液体（例如汞）制成液体压力计，压力大小就直接以液体的高度来表示。它的意义是作用在液柱单位底面积上的液体重量与气体的压力相平衡或相等。例如，1atm可以定义为：在0℃、重力加速度等于$9.80665m/s^2$时，760mm高的汞柱垂直作用于底面积上的压力。此时汞的密度为$13.5951g/cm^3$。因此，1atm又等于$1.03323kg/cm^2$。上述压力单位之间的换算关系见表4-5。

表 4-5 常用压力单位换算表

压力符号(名称)	Pa	kgf/cm^2	atm	bar	Torr
Pa(帕斯卡)	1	1.019716×10^{-5}	0.986923×10^{-5}	1×10^{-5}	7.5006×10^{-3}
kgf/cm^2	98066.5	1	0.96784	0.980665	735.56
atm(标准大气压)	1.01325×10^5	1.03323	1	1.01325	760.0
bar(巴)	1×10^5	1.019716	0.986923	1	750.062
Torr(托)	133.3224	1.35951×10^{-3}	1.3157895×10^{-3}	1.33322×10^{-3}	1

除了所用单位不同之外，压力还可用绝对压、表压和真空度来表示。图 4-16 说明三者的关系。

显然，在压力高于大气压的时候：

绝对压＝大气压＋表压或表压＝绝对压－大气压

在压力低于大气压的时候：

绝对压＝大气压－真空度或真空度＝大气压－绝对压

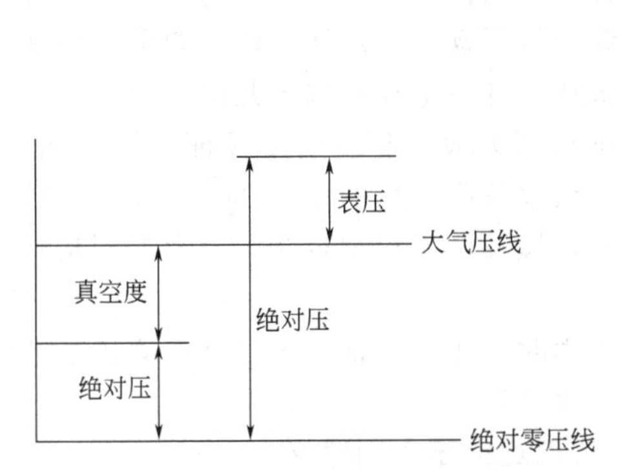

图 4-16 绝对压、表压与真空度的关系

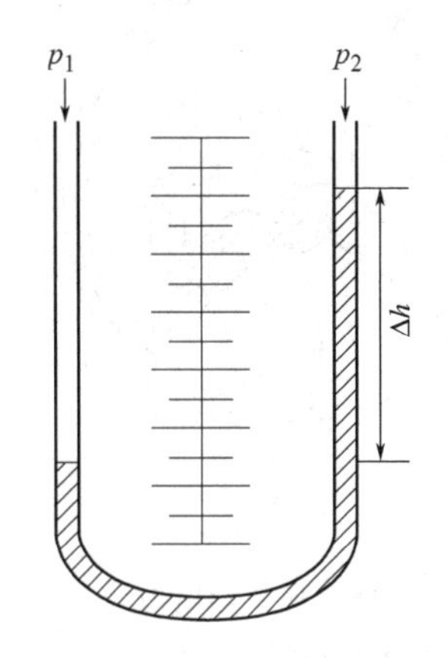

图 4-17 U 形压力计

4.2.2 常用测压仪表

4.2.2.1 液柱式压力计

液柱式压力计常用的有 U 形压力计，单管式压力计，斜管式压力计，虽然结构不同，但其测量原理相同。化学测量实验中用得最多的是 U 形压力计。它构造简单、使用方便，能测量微小压力差，测量准确度比较高，且制作容易，价格低廉，但是测量范围不大，示值与工作液密度有关。图 4-17 为液柱式 U 形压力计。由两端开口的垂直 U 形玻璃管及垂直放置的刻度标尺所构成。管内下部盛有适量工作液体作为指示液。U 形管的两支管分别连接于两个测压口。因为气体的密度远小于工作液的密度，因此，由液面差 Δh 及工作液的密度 ρ、重力加速度 g 可以得到：$p_1=p_2+\Delta h\rho g$。

U 形压力计可用来测量：①两气体压力差；②气体的表压（p_1 为测量气压，p_2 为大气压）；③气体的绝对压力（令 p_2 为真空，p_1 所示即为绝对压力）；④气体的真空度（p_1 通大气，p_2 为负压，可测其真空度）。

所选择的工作液应符合以下要求：①不与被测体系的物质发生化学作用，也不互溶；②饱和蒸气压低；③体积膨胀系数小；④表面张力变化小。常用的工作液列于表 4-6 中。

表 4-6　常用工作液性质

名称	$\rho_{20℃}$/(g/cm³)	20℃时的体积膨胀系数 α/℃	名称	$\rho_{20℃}$/(g/cm³)	20℃时的体积膨胀系数 α/℃
汞	13.547	0.00018	四氯化碳	1.594	0.00191
水	0.998	0.00021	甲苯	0.864	0.0011
变压器油	0.86		煤油	0.8	0.00095
乙醇	0.79	0.0011	甘油	1.257	
溴乙烷	2.149	0.00022			

由表中数据可见，汞的各种性质均符合工作液要求，故汞的应用最为普遍，但由于它的毒性及密度大，测量灵敏度较低，有时选用其他液体为工作液，如水、乙醇等。

4.2.2.2　弹性式压力计

利用弹性元件的弹性力来测量压力，是测压仪表中相当重要的一种形式。由于弹性元件的结构和材料不同，它们具有各不相同的弹性位移与被测压力的关系。化学测量实验中接触较多的为单管弹簧管压力计。这种压力计的压力由弹簧管固定端进入，通过弹簧管自由端的位移带动指针运动，指示压力值。如图 4-18 所示。

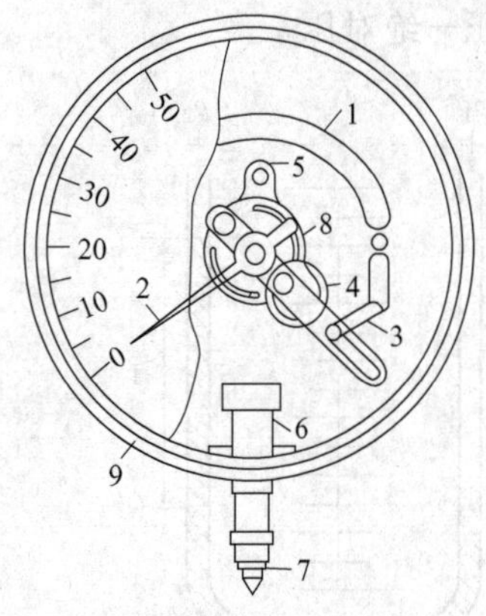

图 4-18　弹簧管压力计

1—金属弹簧管；2—指针；3—连杆；4—扇形齿轮；5—弹簧；6—底座；7—测压接头；8—小齿轮；9—外壳

使用弹性式压力计时应注意以下几点。

(1) 合理选择压力表量程。为了保证足够的测量精度，选择的量程应在仪表分度标尺的 12～34。

(2) 使用时环境温度不得超过 35℃，如超过应给予温度修正。

(3) 测量压力时，压力表指针不应有跳动和停滞现象。

(4) 对压力表应定期进行校验。

4.2.2.3　数字式低真空压力测试仪

数字式低真空压力测试仪是运用压阻式压力传感器原理测定实验系统与大气压之间压差的仪器。它可取代传统的 U 形水银压力计，无汞污染现象，对环境保护和人类健康有极大的好处。该仪器的测压接口在仪器后的面板上。使用时，先将仪器按要求连接在实验系统上（注意实验系统不能漏气），再打开电源预热 10min；然后选择测量单位，调节旋钮，使数字显示为零；最后开动真空泵，仪器上显示的数字即为实验系统与大气压之间的压差值。

4.2.3　气压计

测量环境大气压力的仪器称气压计。气压计的种类很多，实验室常用的是福廷式（Fortin）气压计。

福廷式气压计的构造如图 4-19 所示。它的外部是一黄铜管，管的顶端有悬环，用以悬挂在实验室的适当位置。气压计内部是一根一端封闭的装有水银的长玻璃管。玻璃管封闭的一端向上，管中汞面的上部为真空，管下端插在水银槽内。水银槽底部是一羚羊皮袋，下端由螺旋支持，转动此螺旋可调节槽内水银面的高低。水银槽的顶盖上有一倒置的象牙针，其针尖是黄铜标尺刻度的零点。此黄铜标尺上附有游标尺，转动游标调节螺旋，可使游标尺上下游动。

(1) 福廷式气压计的使用方法

① 慢慢旋转螺栓，调节水银槽内水银面的高度，使槽内水银面升高。利用水银槽后面磁板的反光，注视水银面与象牙尖的空隙，直至水银面与象牙尖刚刚接触，然后用手轻轻扣一下铜管上面，使玻璃管上部水银面凸面正常。稍等几秒钟，待象牙针尖与水银面的接触无变动为止。

② 调节游标尺 转动气压计旁的螺栓，使游标尺升起，并使下沿略高于水银面。然后慢慢调节游标，直到游标尺底边及其后边金属片的底边同时与水银面凸面顶端相切。这时观察者眼睛的位置应和游标尺前后两个底边的边缘在同一水平线上。

③ 读取汞柱高度 当游标尺的零线与黄铜标尺中某一刻度线恰好重合时，则黄铜标尺上该刻度的数值便是大气压值，不需使用游标尺。当游标尺的零线不与黄铜标尺上任何一刻度重合时，那么游标尺零线所对标尺上的刻度，则是大气压值的整数部分（mm）。再从游标尺上找出一根恰好与标尺上的刻度相重合的刻度线，则游标尺上刻度线的数值便是气压值的小数部分。

④ 整理工作 记下读数后，将气压计底部螺栓向下移动，使水银面离开象牙针尖。记下气压计的温度及所附卡片上气压计的仪器误差值，然后进行校正。

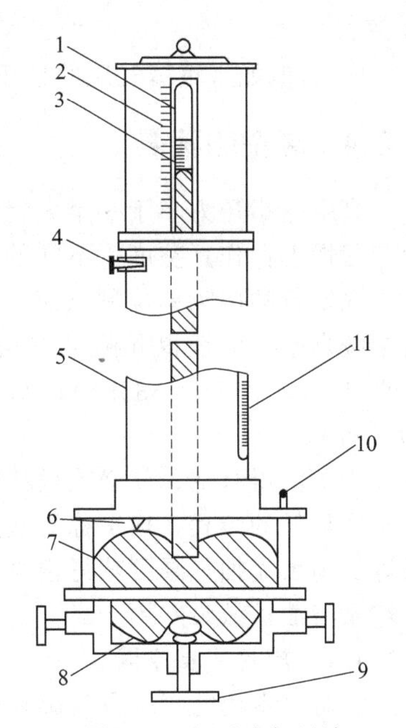

图 4-19 福廷式气压计

1—玻璃管；2—黄铜标尺；3—游标尺；4—调节螺栓；5—黄铜管；6—象牙针；7—汞槽；8—羚羊皮袋；9—调节汞面的螺栓；10—气孔；11—温度计

（2）气压计读数的校正 水银气压计的刻度是以温度为 0℃，纬度为 45°的海平面高度为标准的。若不符合上述规定时，从气压计上直接读出的数值，除进行仪器误差校正外，在精密的工作中还必须进行温度、纬度及海拔高度的校正。

① 仪器误差的校正 由于仪器本身制造的不精确而造成读数上的误差称“仪器误差”。仪器出厂时都附有仪器误差的校正卡片，应首先加上此项校正。

② 温度影响的校正 由于温度的改变，水银密度也随之改变，因而会影响水银柱的高度。同时由于铜管本身的热胀冷缩，也会影响刻度的准确性。当温度升高时，前者引起偏高，后者引起偏低。由于水银的膨胀系数较铜管的大，因此当温度高于 0℃时，经仪器校正后的气压值应减去温度校正值；当温度低于 0℃时，要加上温度校正值。气压计的温度校正公式如下：

$$p_0=\frac{1+\beta t}{1+\alpha t}p=p-p\,\frac{\alpha-\beta}{1+\alpha t}t$$

式中，p 为气压计读数（mmHg）；t 为气压计的温度（℃）；α 为水银柱在 0～35℃的平均体膨胀系数（$\alpha=0.0001818$）；β 为黄铜的线胀系数（$\beta=0.0000184$）；p_0 为读数校正到 0℃时的气压值（mmHg）。显然，温度校正值即为 $p\,\frac{\alpha-\beta}{1+\alpha t}$。其数值列有数据表，实际校正时，读取 p 和 t 后可查表求得。

③ 海拔高度及纬度的校正 重力加速度（g）随海拔高度及纬度不同而异，致使水银的重量受到影响，从而导致气压计读数的误差。其校正办法是：经温度校正后的气压值再乘以（$1-2.6\times10^{-3}\cos2\lambda-3.14\times10^{-7}H$）。其中，$\lambda$ 为气压计所在地纬度（度）；H 为气压计所在地海拔高度（m）。此项校正值很小，在一般实验中可不必

考虑。

④ 其他如水银蒸气压的校正、毛细管效应的校正等，因校正值极小，一般都不考虑。

4.2.4 真空的获得

真空是指压力小于一个大气压的气态空间。真空状态下气体的稀薄程度，常以压强值表示。习惯上称作真空度。不同的真空状态，意味着该空间具有不同的分子密度。

在现行的国际单位制（SI）中，真空度的单位与压强的单位均为帕斯卡简称帕（Pa）。通常按真空度的获得和测量方法的不同，将真空区域划分为：粗真空（1333～101325Pa）；低真空（0.1333～1333Pa）；高真空（1.333×10^{-6}～0.1333Pa）；超高真空（$<1.333\times10^{-6}$Pa）。

为了获得真空，就必须设法将气体分子从容器中抽出。凡是能从容器中抽出气体，使气体压力降低的装置，均可称为真空泵，如水流泵、机械真空泵、油泵、扩散泵、吸附泵、钛泵等。用水流抽气泵可获得粗真空，用机械真空泵可获得低真空，欲获得高真空则需要机械真空泵与油扩散泵并用。

4.2.4.1 旋片式真空泵

实验室常用的真空泵为旋片式真空泵，如图 4-20 所示。它主要由泵体和偏心转子组成。经过精密加工的偏心转子下面安装有带弹簧的滑片，由电动机带动，偏心转子紧贴泵腔壁旋转。滑片靠弹簧的压力也紧贴泵腔壁。滑片在泵腔中连续运转，使泵腔被滑片分成的两个不同的容积呈周期性的扩大和缩小。气体从进气嘴进入，被压缩后经过排气阀排出泵体外。如此循环往复，将系统内的压力减小。

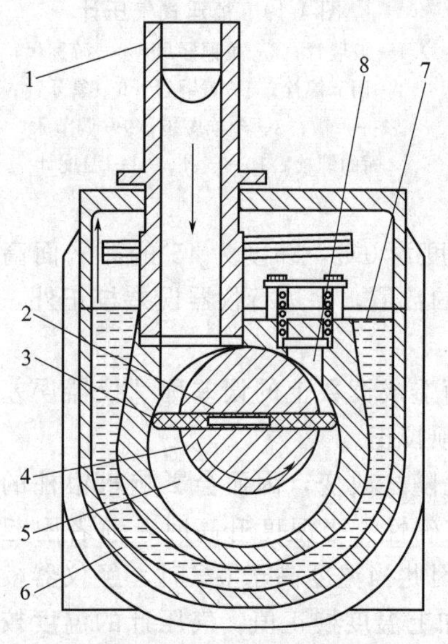

图 4-20 旋片式真空泵
1—进气嘴；2—旋片弹簧；3—旋片；
4—转子；5—泵体；6—油箱；
7—真空泵油；8—排气嘴

旋片式机械泵的整个机件浸在真空油中，这种油的蒸气压很低，既可起润滑作用，又可起封闭微小的漏气和冷却机件的作用。

在使用机械泵时应注意以下几点。

(1) 机械泵不能直接抽含可凝性气体的蒸气、挥发性液体等 因为这些气体进入泵后会破坏泵油的品质，降低了油在泵内的密封和润滑作用，甚至会导致泵的机件生锈。因而必须在可凝气体进泵前先通过纯化装置。例如，用无水氯化钙、五氧化二磷、分子筛等吸收水分；用石蜡吸收有机蒸气；用活性炭或硅胶吸收其他蒸气等。

(2) 机械泵不能用来抽含腐蚀性成分的气体 如含氯化氢、氯气、二氧化氮等的气体。因这类气体能迅速侵蚀泵中精密加工的机件表面，使泵漏气，使之不能达到所要求的真空度。遇到这种情况时，应当使气体在进泵前先通过装有氢氧化钠固体的吸收瓶，以除去有害气体。

(3) 机械泵由电动机带动 使用时应注意马达的电压。若是三相电动机带动的泵，第一次使用时特别要注意三相马达旋转方向是否正确。正常运转时不应有摩擦、金属碰击等异声。运转时电动机温度不能超过 50～60℃。

(4) 机械泵的进气口前应安装一个三通活塞 停止抽气时应使机械泵与抽空系统隔开而与大气相通，然后再关闭电源。这样既可保持系统的真空度，又避免泵油倒吸。

4.2.4.2 扩散泵

扩散泵的原理是利用一种工作物质高速从喷口处喷出，在喷口处形成低压，对周围气体产生抽吸作用而将气体带走。这种工作物质在常温时应是液体，并具有极低的蒸气压，用小功率的电炉加热就能使液体沸腾汽化，沸点不能过高，通过水冷却便能使汽化的蒸气冷凝下来。过去用汞作为工作物质，但因汞有毒，现在通常采用硅油。图 4-21 是油扩散泵的工作原理图。硅油被电炉加热沸腾汽化后，通过中心导管从顶部的二级喷口处喷出，在喷口处形成低压，将周围气体带走。而硅油蒸气随即被冷凝成液体回入底部，循环使用。被夹带在硅油蒸气中的气体在底部聚集，立即被机械泵抽走。

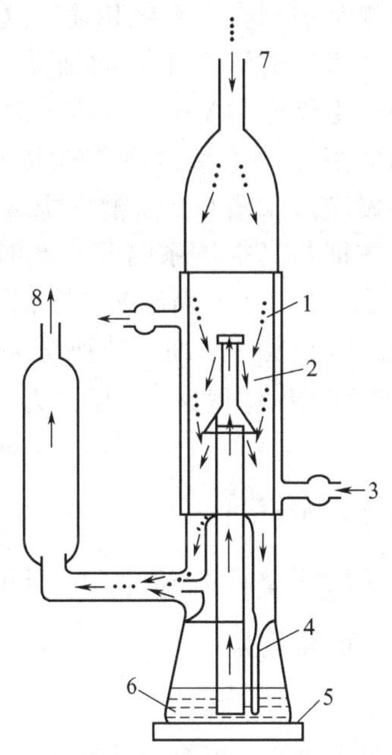

图 4-21 油扩散泵工作原理

1—被抽气体；2—油蒸气；3—冷却水；4—冷凝油回入；5—电炉；6—硅油；7—接抽真空体系；8—接机械泵

在上述过程中，硅油蒸气起着一种抽运作用，其抽运气体的能力决定于下面三个因素：硅油本身的摩尔质量要大；喷射速度要高；喷口级数要多。现在用摩尔质量大于 3000g/mol 的硅油作工作物质的四级扩散泵，其极限真空度可达到 10^{-7} Pa，三级扩散泵可达 10^{-4} Pa，实验室用的油扩散泵其抽气速率通常有 60×10^{-3} m^3/s 和 300×10^{-3} m^3/s 两种。

油扩散泵必须用机械泵作为前级泵，将其抽出的气体抽走，不能单独使用。扩散泵的硅油易被空气氧化，所以使用时应用机械泵先将整个系统抽至低真空后，才能加热硅油。硅油不能承受高温，否则会裂解。硅油蒸气压虽然极低，但仍会蒸发一定数量的分子进入真空系统，沾污研究对象，因此一般在扩散泵和真空系统连接处安装冷凝阱，以捕捉可能进入系统的油蒸气。

分子泵是一种纯机械的高速旋转的真空泵，一般可获得小于 10^{-8} Pa 的无油真空。

钛泵的抽气机理通常认为是化学吸附和物理吸附的综合，一般以化学吸附为主，极限真空度在 10^{-8} Pa。

4.2.5 真空的测量

真空测量实际上就是测量低压下气体的压力。所用的量具通称为真空规。真空规可分为绝对真空规和相对真空规两类。前者可从它本身的仪器常数以及测得的物理量直接算出压力值。

由于真空度的范围宽达十几个数量级，因此只能用若干个不同的真空规来测量不同范围的真空度。常用的真空规有 U 形水银压力计，麦氏真空规，热偶真空规和电离真空规等。

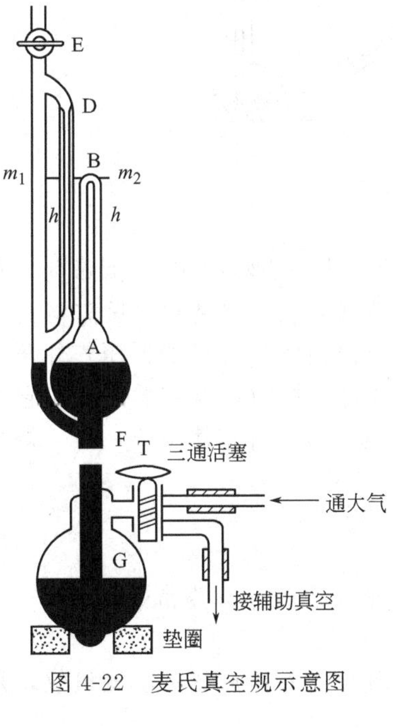

4.2.5.1 麦克劳（麦氏）真空规

麦氏（Mcleod）真空规是一种绝对真空规，其构造如图 4-22 所示。它利用波义耳定律，将被测真空系统中一定的残余气体加以压缩，比较压缩前后体积、压力的变化，即能算出其真空度。使用时，缓缓启开活塞 E，

图 4-22 麦氏真空规示意图

使真空规与被测真空系统相通，这时真空规中的气体压力，逐渐接近被测系统的真空度。与此同时，将三通活塞 T 开向辅助真空，对贮汞槽抽真空，不让汞槽中的汞上升。待玻璃泡 A 和闭口毛细管 BA 中的气体压力与被测系统的压力达到稳定平衡后，可开始测量。测量时将三通活塞 T 小心缓慢地开向大气（此处可接一根毛细管，以防止空气瞬间大量冲入），使空气缓慢进入汞槽 G。汞槽中汞缓慢上升，进入真空规上方。当汞面上升到 F 处时，玻璃泡 A 中气体即与真空体系隔开。此时 BA 内的压力与体系压力相等为 p，BA 内气体体积为 V。当汞面继续上升，不断压缩，容积不断减小。容积的减小与压力增大的关系可近似用波义耳定律描述。当 D 管中汞面上升到 m_1m_2 线（与 B 管封闭端齐），B 管中汞在封闭端下面 h 处。此时 BA 中的气体体积为 $\overline{V}$，压力为 $p+h$，$\overline{V}=sh$（s 为已知毛细管的截面积），据波义耳定律有：

$$pV=(p+h)\overline{V}=(p+h)sh$$

因此，$p=\frac{sh^2}{V}-sh$。

对于能测量到 1.333×10^{-4}Pa 的麦氏规来说，球体积 V 应在 300mL 以上，这样，$V\gg sh$，上式可简化为：

$$p=\frac{s}{V}h^2=kh^2$$

式中，k 为常数。

测量高度 h，可算出体系压力，就可知被测体系的真空度。通常，麦氏真空规已将真空度直接刻在标尺上，不再需要计算。

实验室中还常用一种小型的转氏麦氏真空规，具有体积小，用汞量少（仅需 8cm^3 汞），吹制和操作都比较简便等优点。一般测量范围在 0.1333Pa。转氏麦氏真空规的构造如图 4-23 所示。

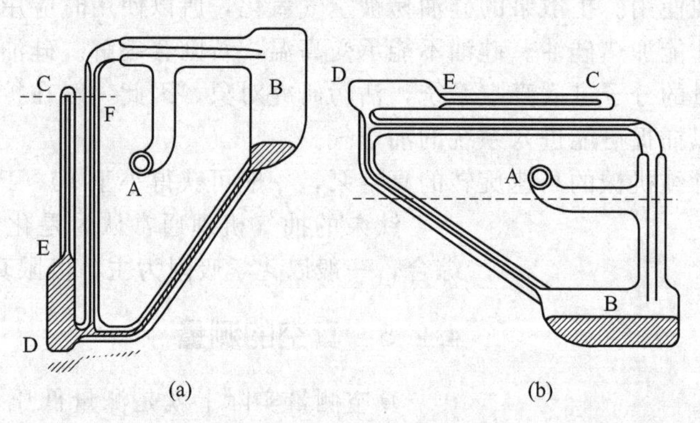

图 4-23 转氏麦氏真空规

真空规通过磨口 A 与待测真空系统连接。真空规能以 A 为中心转动 90°。测量前，真空规处于平放位置，如图 4-23(b)，此时体系内低压气体充满真空规。测量时，只需将真空规转到直立位置［图 4-23(a)］，这时汞自容器 B 流出，将 CD 段内体积为 V 的低压气体压缩到毛细管 CE 段内。调整毛细管 F（其内径与 CE 封闭毛细管内径相同）内的汞面，使它正好对准封闭毛细管的末端，读出两毛细管间的汞面高度差，则按波义耳定律 $pV=sh^2$，得待测低压气体的压力 p：

$$p=\frac{s}{V}h^2=kh^2$$

式中，s 为毛细管截面积（已知）；V 为 CD 段的管体积（已知）；k 为常数。

4.2.5.2 热偶真空规

热偶真空规是利用低压时气体的导热能力与压力成正比的关系制成的真空测量仪，是一种相对真空规，由加热器和热电偶组成，如图 4-24 所示。

热电偶的热电势由加热器的温度决定，若热偶规管与真空体系相连，加热器电流恒定，则热偶的热电势将由周围气体的压力决定。因为加热器的温度变化决定周围气体的热导率，当压力降低时气体热导率减小，温度升高热偶热电势随之增大。若已知热电势与压力的关系，即可直接指示出体系的压力。故可用绝对真空规对热偶真空规的表头刻度进行标定，然后用热偶真空规测量体系的真空度。热偶真空规的量程为 0.1333～13.33Pa。

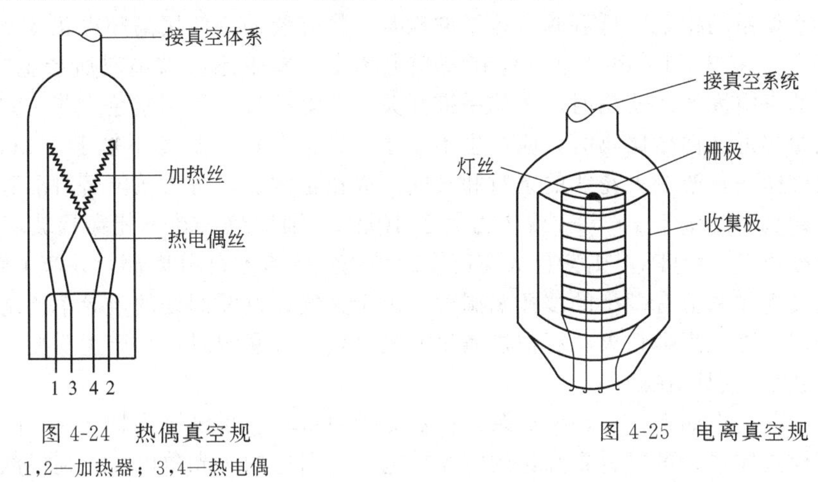

图 4-24　热偶真空规

1,2—加热器；3,4—热电偶

图 4-25　电离真空规

4.2.5.3　电离真空规

电离真空规是一只特殊的三极（灯丝阴极、栅极和收集极）电离真空管，其结构见图 4-25。

当阴极通电加热至高温，产生热电子发射，由于栅极上有一个比阴极正的电位，引起电子向栅极运动。高速运动的电子与气体分子碰撞，使气体分子电离成离子。正离子将被带负电位的收集极吸收而形成离子流，所形成的离子流与电离规管中气体分子的浓度成正比：

$$I_{+}=SI_{e}p$$

$$p=\frac{1}{S}\times\frac{I_{+}}{I_{e}}$$

式中，p 为待测体系压力；S 为规管灵敏度；I_e 为阴极发射电流；I_+ 为离子流。

由于 S 和 I_e 为恒定参数，只要测出 I_+ 即可得到 p 值。电离真空规只有在待测体系的真空度低于 0.1333Pa 时才能使用，其测量范围在 1.333×10^{-8}～0.1333Pa。

在商品化的测量仪器中已将上述两种真空规复合配套，组成复合真空计。复合真空计除了两个独立的规管外，其他电源及电子检测体系均组装在一起，其优点是把两种真空规的量程连接起来，在压力为 0.1～10Pa 时使用热偶真空规，在压力低于 10^{-1}Pa 时使用电离真空规。

在化学实验和科学研究中，使用复合真空计测量体系的真空度已相当普遍，但应该了解，无论热偶真空规还是电离真空规都是相对真空规，使用前需要进行校准。

目前商品化的程控真空计，如北京大学无线电系的 DL 型系列程控真空计，可测量各种量程范围的真空。另外上海自动化仪器表厂生产的电阻真空计，采用热电阻作测量元件，可测量从大气压到 10^{-1}Pa 的真空。目前自动换挡并且数字化显示的真空计已逐渐替代传统的产品。数字化的产品可与计算机直接相连，使用和控制均十分方便。

4.2.5.4　真空体系的检漏和操作

（1）真空泵的使用　启动扩散泵前要先用机械泵将体系抽至低真空，然后接通冷却水，接通电炉，使硅油逐步加热，缓缓升温，直至硅油沸腾并正常回流为止。扩散泵在使用时，要防止氧气或空气进入泵内，以避免硅油被氧化。关闭扩散泵的程序是：先切断加热电炉的电源，待硅油停止沸腾不回流时，再关闭冷却水，关闭扩散泵前后真空活塞，最后关闭机械泵电源，泵中的油会被大气驱入真空体系。

吸附泵、分子泵和钛泵的启动和关闭，应遵循规定的操作程序进行，使用前必须仔细阅读使用说明书。

(2) 真空体系的检漏　低温真空体系的检漏，最方便的是使用高频火花真空检漏仪。它是利用低压力（$10^{-1}\sim10^{2}$Pa）下气体在高频电场中，发生感应放电时所产生的不同颜色，来估测气体的真空度的。使用时，按住手揿开关，放电簧端应看到紫色火花，并听到蝉鸣响声。将放电簧移近任何金属物时，应产生不少于三条火花线，长度不短于 20nm，调节仪器外壳上面的旋钮，可改变火花线的条数和长度。火花正常后，可将放电簧对准真空体系的玻璃壁，此时如真空度优于 10^{-1}Pa 或压力大于 10^{3}Pa，则紫色火花不能穿越玻璃进入真空部分；若真空度小于 10^{-1}Pa，则紫色火花能穿越玻璃进入真空部分内部，并产生辉光。

当玻璃真空体系上有微小的沙孔漏洞时，由于大气穿过漏洞处的电导率比绝缘的玻璃的电导率高很多，因此当高频火花真空检漏仪的放电簧靠近漏洞时，会产生明亮的光点，这个明亮的光点就是漏洞所在处。

实际的检漏过程如下：启动机械泵，在数分钟内将真空系统压力抽至 1～10Pa，用高频火花检漏仪检查体系，可以看到红色的辉光放电、蓝白色的辉光放电、直到极淡的蓝色的荧光，它们分别对应不同的真空度。这时若关闭机械泵与体系连接的活塞，10min 后，再用高频火花检漏仪检查，其放电颜色和 10min 前相同，否则表示体系漏气。漏气一般会发生在玻璃结合处、弯头处或活塞处。可用高频火花检漏仪仔细检查，如发现有明亮的光点存在，就是沙孔漏洞。为了迅速找出漏气所在，通常用分段检查的方式进行，即关闭某些活塞，把体系分为几个部分，分别检查，确定了某一部分漏气，再仔细检查漏洞所在处。

一般来说，个别小沙孔漏洞可用真空泥涂封，较大漏洞则需重新焊接。

当体系抽到并维持低真空后，便可启动扩散泵，待泵内硅油回流正常，可用高频火花检漏仪重新检查体系，当看到玻璃壁呈淡蓝色荧光，而体系内没有辉光放电，表示真空度已优于 10^{-1}Pa，否则，体系肯定还有极微小漏气处。此时同样可利用高频火花检漏仪分段检查漏气，再以真空泥涂封。

玻璃真空体系上的铁夹附近，或金属真空体系，不能用高频火花检漏仪检漏，一般改用在体系表面逐步涂抹丙醇、甲醇或肥皂液的方法，当涂抹液进入漏洞的瞬间，体系漏气速率会突然减小，由此可找出漏孔。

若管道段找不到漏孔，则通常为活塞或磨口接头处漏气。须重涂真空脂或换接新的真空活塞或磨口接头。磨口在涂真空脂之前，必须用有机溶剂仔细清洗，最后用丝绸蘸以有机溶剂擦洗，绝不允许磨口上有任何纤维。真空脂要涂得薄而均匀，两个磨口接触面上不应留有任何空气泡或“拉丝”现象。

(3) 真空体系的操作　在开启或关闭活塞时，应两手进行操作，一手握活塞，一手缓缓旋转内塞，务使开、关活塞时不产生力矩，以免玻璃系统因受力而扭裂。天气较冷时，须用热吹风使活塞上的真空脂软化，使之转动灵活。任何一个活塞的开启或关闭，都应注意影响体系的其他部分。

对真空体系抽气或充气时，应通过活塞的调节，使抽气或充气缓缓进行，切忌体系压力过剧的变化。因为体系压力突变会导致 U 形水银压力计的水银冲出或吸入体系。

进行真空体系测量，若用吸附剂低温（如液氮温度）吸附气体，则当实验结束时需要注意，吸附剂温度回升会释放大量被吸附的气体，造成体系压力剧升，此时应及时用机械泵将放出的气体抽出体系。

4.3 电化学测量技术

电化学是研究电子导体（或半导体材料）/离子导体（一般为电解质溶液）或离子导体/离子导体界面结构、界面变化过程与反应机理的一门科学。电化学测量在化学测量实验中占有重要地位，常用来测量电解质溶液的许多物理化学性质（如电导、离子迁移数、电离度等）、氧化还原反应体系的有关热力学函数（如标准电极电势 $\varphi^{\ominus}$、反应热 ΔH、熵变 ΔS 和自由能改变 ΔG 等）。在平衡条件下，电势的测量可用于测定电解质在溶液中的活度系数、难溶物的活度积及反应的平衡常数、溶液的 pH 值等。在非平衡条件下，电势的测定可用于测定电极过程动力学参数（如交换电流 i_0、阴极传递系数 α 和阳极传递系数 β）、质点的扩散系数、进行定性、定量分析等。自 20 世纪 70 年代始，由电生物学、生物物理学、生物化学以及电化学等多门学科交叉形成了生物电化学学科。生物电化学应用电化学的基本原理和实验方法，在生物体和有机组织的整体及分子和细胞两个不同水平上研究或模拟研究电荷（包括电子、离子及其他电活性粒子）在生物体系中分布、传输、转移及转化的化学本质和规律，包括生物体内各种氧化还原反应（如呼吸链、光合链等）过程的热力学和动力学、生物膜及模拟生物膜上电荷与物质的分配和转移功能等一系列生物电现象。

随着数字电子技术的发展，电化学测量技术的内容日益多样化。作为化学测量实验内容的一部分，本节主要介绍常用电化学测量的方法和技术，为学生今后理解和运用现代电化学方法和技术奠定基础。

4.3.1 电导的测量

电解质溶液依靠溶液中正负离子的定向运动而导电。导电能力的大小用电导 G 和电导率 κ 表示。定义电导 G 为体系电阻 R 的倒数：$G=\frac{1}{R}$，SI 量纲为 S（西门子，简称西），$1S=1\Omega^{-1}$。

$$R=\rho\times\frac{l}{A}$$

式中，ρ 为电阻率；l 为两电极间距离；A 为电极面积。

所以：
$$G=\frac{1}{\rho}\times\frac{A}{l}=\kappa\frac{A}{l}=\frac{\kappa}{K_{\text{cell}}}$$

式中，$\kappa=\frac{1}{\rho}$ 为体系的电导率（SI 量纲为 S/m）；$K_{\text{cell}}=\frac{l}{A}$，称为电导池常数。

对电解质溶液，电导率 κ 相当于在电极面积为 $1m^2$、电极距离为 1m 的立方体中盛有该溶液时的电导。测定液体的电导率在电导池中进行，图 4-26 为可恒温的浸没式电导池示意图。电导池一般采用高度不溶性玻璃或石英制成，由两片固定在玻璃上的铂片构成电导电极，各铂片上都有一铂丝引线与电极导线相连。电导电极的电导池常数大小由两铂片的面积和间距决定。每一支电导电极的电导池常数 K_{cell} 值通过测定已知电导率的溶液（一般

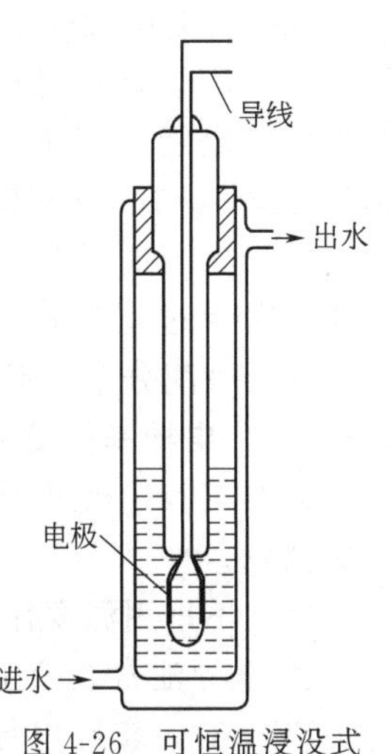

图 4-26 可恒温浸没式电导池示意图

用各种标准浓度的 KCl 溶液）的电导求得，出厂时已经标明。电导电极有光亮和镀铂黑（用电镀法在光亮铂片的表面上镀一层铂微粒）两种。镀铂黑的目的在于增加电极有效面积，防止和减弱电极的极化。测量电导率大的溶液，宜使用镀铂黑电极。

电导或电导率的测定实际上是电阻的测定。测定电解质溶液电阻的方法有平衡电桥法与电阻分压法两种。

4.3.1.1 平衡电桥法

在测定溶液电阻时，用直流电会导致离子定向迁移并在电极上放电，发生电解反应；即使采用频率不高的交流电源，也会在两电极间产生极化电势而引起误差，故实际测量时使用高频率（如 1000Hz）的交流电源。测量原理见【例 2-7】。

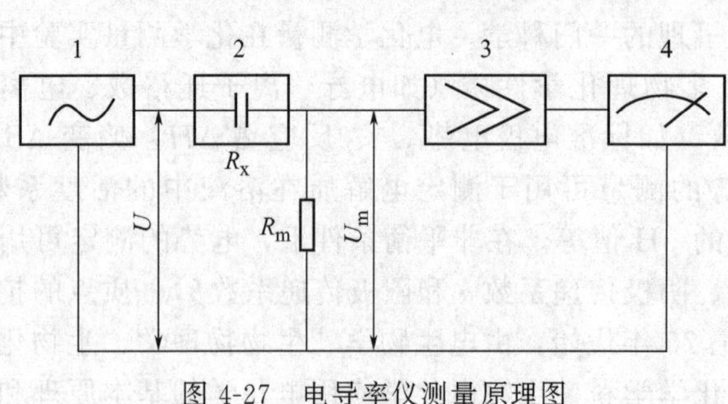

图 4-27 电导率仪测量原理图

1—振荡器；2—电导池；3—放大器；4—指示器

4.3.1.2 电阻分压法

实验室中使用的各种电导率仪的工作原理就是基于电阻分压的不平衡测量，其原理如图 4-27 所示。

把振荡器产生的一个交流电压源 U，送到电导池 R_x 与量程电阻（分压电阻）R_m 的串联回路里，电导池里的溶液电导愈大，R_x 愈小，R_m 获得电压 U_m 也就越大。将 U_m 送至交流放大器中放大，再经过信号整流，以获得推动表头的直流信号输出，表头直接读出电导率。由图 4-27 可知：

$$U_m=\frac{UR_m}{R_m+R_x}=UR_m\div\left(R_m+\frac{K_{cell}}{\kappa}\right)$$

式中，K_{cell} 为电导池常数。

当 U、R_m 和 K_{cell} 均为常数时，电导率 κ 的变化必将引起 U_m 的改变，所以测量 U_m 的大小，也就测得溶液电导率的数值。

振荡器产生低周（约 140Hz）及高周（约 1100Hz）两个频率，分别作为低电导率测量和高电导率测量的信号源频率。振荡器用变压器耦合输出，因而信号 U 不随 R_x 变化而改变。当测量信号是交流电时，电极极片间及电极引线间均会出现一定大小的分布电容 C_0（大约 60pF），电导池则有电抗存在，这样将电导池视作纯电阻来测量，会存在较大的误差，特别是在 0～0.1μS/cm 较低电导率范围内时，影响更明显。因而，在电导率仪中设有电容补偿电路，它通过电容产生一个反相电压加在 R_x 上，使电极间分布电容的影响得以消除。

4.3.1.3 电导率仪使用方法

以 DDP-210 型电导率仪为例，其面板如图 4-28 所示。

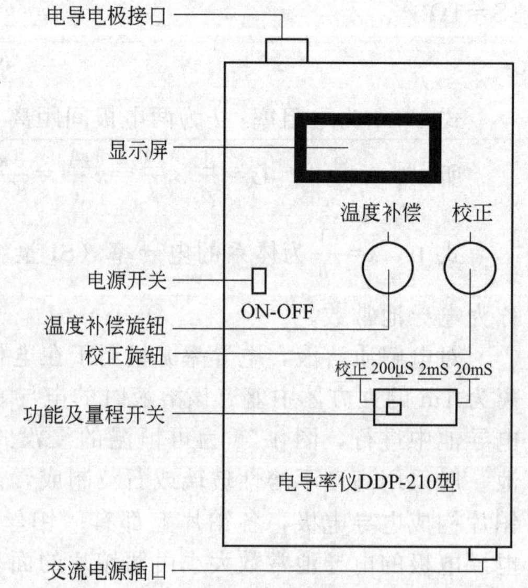

图 4-28 DDP-210 型电导率仪面板图

(1) 不采用温度补偿（基本法）

① 电导池常数校正 当电导电极规格常数 J_0 等于 1 时，实际电导池常数 $J_{实}$ 允许有一偏差 α。偏差范围为 $J_{实}=(0.8\sim1.2)J_0$。为消除

实际存在的偏差，仪器设有常数校正功能。

操作：打开电源开关，温度补偿钮置25℃刻度值。将仪器测量开关置“校正”挡，调节常数校正钮，使仪器显示电导池实际常数（系数）值。即当 $J_{实}=J_0$ 时，仪器显示1.000；$J_{实}=0.95J_0$ 时，仪器显示0.950；$J_{实}=1.05J_0$ 时，仪器显示1.050。经校正后，仪器可直接测量液体电导率。

② 测量　将测量开关置“测量”挡，选用适当的量程挡，将清洁的电极插入被测液中，仪器显示该被测液在溶液温度下的电导率。

（2）温度补偿法

① 常数校正　调节温度补偿旋钮，使其指示的温度值与溶液温度相同，将仪器测量开关置“校正”挡，调节常数校正钮，使仪器显示电导池实际常数值，其要求和方法同上面介绍的基本法相同。

② 测量　操作方法同基本法。一般情况下，液体电导率是指该液体介质在标准温度（25℃）时的电导率。当介质温度不在25℃时，其液体电导率会有一个变量。为等效消除这个变量，仪器设置了温度补偿功能。

仪器不采用温度补偿时，测得的液体电导率为该液体在其测量温度下的电导率。

仪器采用温度补偿时，测得的液体电导率已换算成该液体在25℃时的电导率值。

DDP-210型电导率仪的温度补偿系数为每摄氏度（℃）2%，所以在作高精密测量时，尽量不采用温度补偿，而通过测量后查表或将被测液恒温在25℃时测量。

4.3.1.4 电极选择原则

参见表4-7。

表4-7 电极选择

量程	电导率/(μS/cm)	测量频率	配套电极	量程	电导率/(μS/cm)	测量频率	配套电极
1	0～0.1	低周	DJS-1型光亮电极	7	$0\sim10^2$	低周	DJS-1型铂黑电极
2	0～0.3	低周	DJS-1型光亮电极	8	$0\sim3\times10^2$	低周	DJS-1型铂黑电极
3	0～1	低周	DJS-1型光亮电极	9	$0\sim10^3$	高周	DJS-1型铂黑电极
4	0～3	低周	DJS-1型光亮电极	10	$0\sim3\times10^3$	高周	DJS-1型铂黑电极
5	0～10	低周	DJS-1型光亮电极	11	$0\sim10^4$	高周	DJS-1型铂黑电极
6	0～30	低周	DJS-1型铂黑电极	12	$0\sim10^5$	高周	DJS-1型铂黑电极

光亮电极测量较小的电导率（0～10μS/cm），铂黑电极用于测量较大的电导率（$10\sim10^5$ μS/cm）。实验中通常用铂黑电极，因为它的表面积较大，降低了电流密度，减少或消除了极化现象，使超电势降至最低，提高测量结果的准确性。但在测量低电导率溶液时，铂黑对电解质有强烈的吸附作用，出现读数不稳定现象，这时宜用光亮铂电极。

4.3.2 原电池电动势的测量

原电池电动势 E 是指当外电流为零时两电极间的电势差。有外电流时，在电池内阻上要产生电位降，从而使得两极间的电位差（电池电压）U 较电池电动势要小：$U=E-IR$。不能直接用伏特计来测量一个可逆电池的电动势，就是因为使用伏特计时必须使有限的电流通过回路才能驱动指针旋转，所得结果必然不是可逆电池的电动势，而只是不可逆电池两极间的电位差。

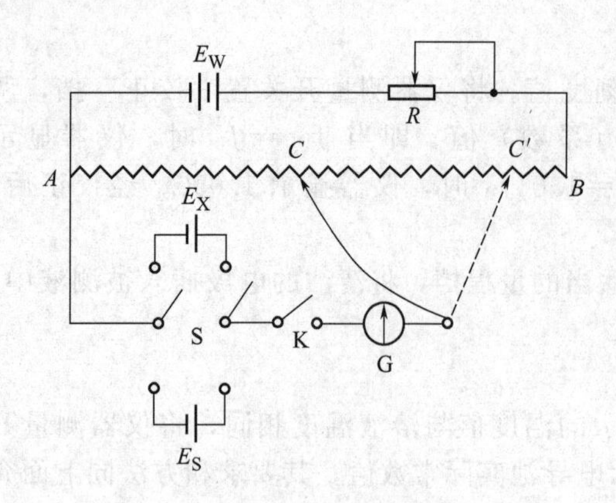

图 4-29 对消法测量电动势原理示意图
E_W—工作电池；E_X—待测电池；
E_S—标准电池；R—可变电阻；
AB—滑线电阻；S—双向双掷开关；
K—电键；G—检流计

4.3.2.1 对消法（补偿法）测电池电动势

一般采用对消法测可逆电池的电动势，常用的仪器为电位差计。图 4-29 为对消法测量电池电动势的原理示意图。图中，E_W 为工作电池，E_S 是标准电池，其电动势值精确已知。E_X 为待测电池，G 为指零仪表，通常用磁电式检流计。R 为可变电阻，AB 为均匀滑线电阻，S 为双向双掷开关，可接通 E_S 或 E_X，K 为电键。

由图 4-29 知，电位差计的电路由工作回路和测量回路两部分组成。工作回路由工作电池 E_W、可变电阻 R 和滑线电阻 AB 组成。测量回路由双向双掷开关 S、待测电池 E_X（或标准电池 E_S）、电键 K、检流计 G 和滑线电阻的一部分组成。电路中，工作电池与待测电池（或标准电池）并联，当测量回路中的电流为零时，工作电池在滑线电阻上的某一段所产生的电位降等于待测电池的电动势。

实际测量分两步进行。

第一步，标定工作电流。先计算出实验温度时标准电池的电动势值，将滑动触点调节到 C 点，使 AC 上的电位降恰等于标准电池的电动势值。然后将双向双掷开关 S 合向标准电池 E_S，调节可变电阻 R（R 是调节工作电流的变阻器），使由工作电池的正极流出的电流在 AC 段产生的电位降与从标准电池的正极流出的电流在 AC 段产生的电位降相互抵消（大小相等，方法相反），接通电键 K 时，G 中无电流通过。此时，工作电池在工作回路中产生数值一定的工作电流。例如，25℃时算得标准电池的电动势 $E_S=1.0184\text{V}$，令 $R_{AC}=10184\Omega$，调节可变电阻 R，使接通电键 K 时，检流计 G 的指针不偏转。即无电流通过。则工作电路中的工作电流 I 值为：

$$I=\frac{1.0184\text{V}}{10184\Omega}=0.0001\text{A}$$

若固定可变电阻 R，则在滑线电阻 AB 上，每欧姆长度的电位降为 0.1mV。由于 AB 是均匀的电阻丝，故 AB 段中任一部分的两端电位降与其长度成正比。

第二步，测定待测电池的电动势。工作电流标定好后，固定 R 值不变，将双向双掷开关 S 合向待测电池 E_X，移动滑动触点至某一位置（如 C'处）时，接通电键 K，检流计 G 中无电流通过时，待测电池的电动势 $E_X=IR_{AC'}$，当 $R_{AC'}=10974\Omega$ 时，$E_X=0.0001\times 10974=1.0974\text{V}$。

4.3.2.2 电位差计

目前使用较多的是 UJ 型直流电位差计，如 UJ-25 型电位差计，它的主要优点是测量时几乎不损耗被测对象的能量，测量结果稳定可靠且有很高的准确度。

（1）UJ-25 型电位差计工作原理 UJ-25 型电位差计是一种实验室用的高精密度的电势电位差计，其内部电路如图 4-30 所示。图中 E_W 为工作电池，E_S 为标准电池，E_X 为被测电池。

该电路图的工作回路由下列各部分组成：

① 第Ⅰ测量十进盘由 18 个 1000Ω 的电阻组成，其中第 5 个电阻是由一个 999Ω 和温度

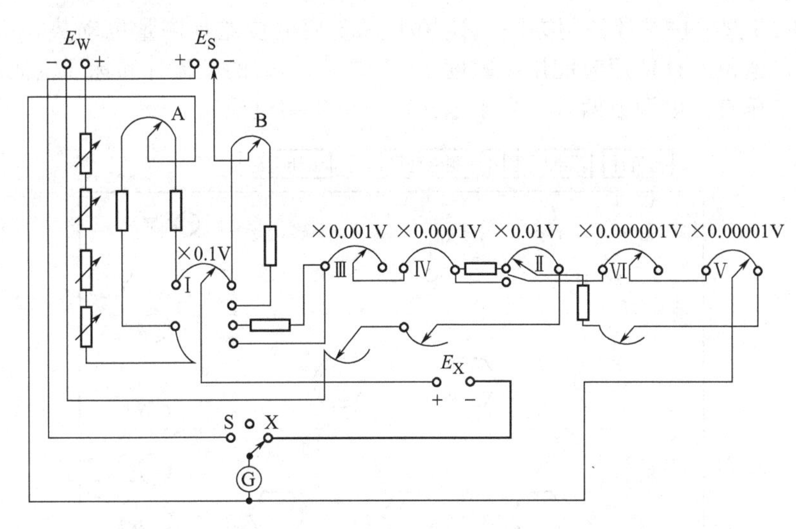

图 4-30 UJ-25 型电位差计电路图

补偿 B 的十进盘 10 个 0.1Ω 电阻串联而成，第 16 个电阻则由 1 个 180Ω、1 个 810Ω 及温度补偿 A 的十进盘 10 个 1Ω 电阻串联而成。

② 第Ⅱ测量十进盘由 11 个 100Ω 的电阻组成。

③ 第Ⅲ测量十进盘由 10 个 10Ω 电阻组成，另有 10 个 10Ω 电阻为其替代盘。

④ 第Ⅳ测量十进盘由 10 个 1Ω 电阻组成，另有 10 个 1Ω 电阻为其替代盘。

⑤ 第Ⅴ、Ⅵ测量十进盘为分路十进盘，分别由 10 个 1Ω 及 10 个 0.1Ω 电阻（有 10 个 0.1Ω 为替代盘）组成。它与 1 个 889Ω 电阻串联后，并联在第Ⅱ测量十进盘的 1 个 100Ω 电阻上。

以上五个部分测量盘的电阻值共计 19200Ω（相当于图 4-29 中 AB）。

⑥ 工作回路中的电流由调节电阻（分粗、中、细、微四挡）来调节，使其达到电流为 0.0001A。

调节电阻是由 3 个 17 挡进位盘（粗：17×240Ω，中：17×14.5Ω，细：17×1Ω）和 1 个 21 挡进位盘（微：21×0.05Ω）组成（相当于图 4-29 的 R）。

若工作电池的电动势为 2V，要使电流为 0.0001A，则必须使回路电阻值为 20000Ω，这可以依次调节电阻粗、中、细、微到总值 800Ω，加上 6 个测量十进盘的阻值 19200Ω，总共 20000Ω，这样就达到电流为 0.0001A。

电位差计标准电池回路中标准电池电动势的补偿电阻包括下列电阻：

① 第Ⅰ测量十进盘从 5～15 的 10 个 1000Ω 电阻和 1 个 180Ω 电阻共计 10180Ω。

② 温度补偿十进盘 A、B 分别由 10 个 1Ω 和 10 个 0.1Ω 电阻组成。

当标准电池的电动势在一定室温下为 1.01863V，要使检流计中没有电流通过，必须使标准电池回路与工作电池回路电流相等（方向相反）、检流计两端电压相等。可以通过调节标准回路中电阻值为 10186.3Ω（电流 0.0001A）即把 A 盘放在“6”，B 盘放在“3”的位置上（总电阻就是 10000＋180＋6＋0.3＝10186.3Ω），这样就达到对消目的。

在测量未知电动势时，把开关由标准 S 推向未知 X，由于工作电流固定为 0.0001A，放在测量回路中的每只电阻上的电压降为：第Ⅰ测量十进盘为 1000Ω×0.0001A＝1×10^{-1}V。同理，第Ⅱ测量盘为 1×10^{-2}V，第Ⅲ盘为 1×10^{-3}V，第Ⅳ盘为 1×10^{-4}V。第Ⅴ、Ⅵ盘为第Ⅱ盘的分路，所以第Ⅴ测量盘上每只电阻的电压降为 1×10^{-5}V，第Ⅵ测量盘则为 1×10^{-6}V。

(2) UJ-25 型电位差计使用方法　使用 UJ-25 型电位差计测量电动势，可按图 4-31 所示线路连接，电位差计使用时配用灵敏度 1×10^{-9} A/mm 的检流计和标准电池以及直流工作电源（低压稳压直流电源或两节一号干电池，亦可用蓄电池）。

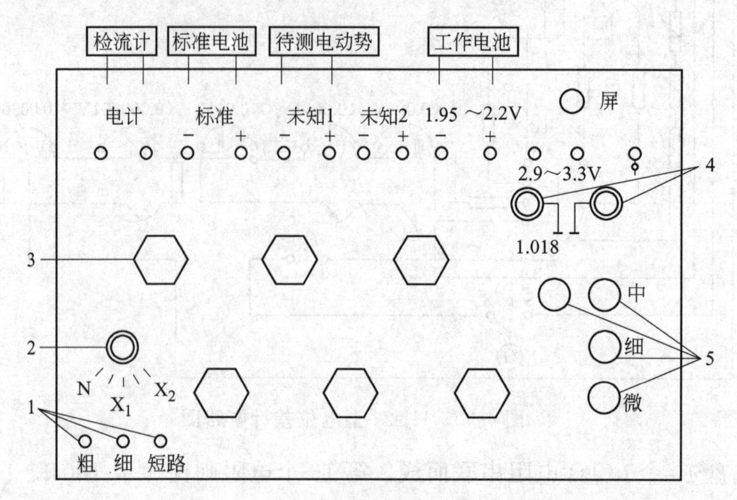

图 4-31　UJ-25 型电位差计面板示意图

1—按钮（粗、细、短路）；2—换向开关；3—测量旋钮；
4—标准电池温度补偿旋钮；5—工作电流调节旋钮（粗、中、细、微）

① 电位差计使用前，首先将“标准”、“未知”、“断”转换开关放在“断”的位置，并将左下方三个电计按钮全部松开，然后将电池电源、被测电池和标准电池按正、负极接在相应接线柱上，并接上检流计。

② 电位差计的标定。调节右上方两个标准电池电动势温度补偿旋钮，使其读数与标准电池的电动势值一致。注意，标准电池的电动势值受温度的影响发生变动，例如常用的镉汞标准电池，调整前可根据下式计算出标准电池电动势的准确数值：

$$E_t=E_{20℃}-4.06\times10^{-5}(t-20)-9.5\times10^{-7}(t-20)^2$$

式中，E_t 为 t℃时标准电池的电动势；t 为测量时室内环境温度（℃）；$E_{20℃}$ 为标准电池在 20℃时的电动势值。

将“标准”、“未知”转换开关放在“标准”位置上，按下“粗”按钮，调节右下方“粗”、“中”、“细”、“微”四个工作电流的调节旋钮，使检流计示零。然后再按下“细”按钮，再调节工作电流，使检流计示零。此时电位差计的工作电流调整完毕，接着可以进行未知电动势的测量。

③ 松开全部按钮，将转换开关放在“未知”的位置上，调节面板中间偏下方的六个大旋钮中的各测量十进盘。首先在“粗”按钮按下时使检流计示零，然后细调至检流计示零。读取六个大旋钮下方小孔示数的总和即是被测电池之电动势值。

(3) 使用电位差计时的注意事项

① 操作按钮时，首先按下“粗”，以观察检流计光点的偏转方向和程度，在光点调至零点附近后，再按“细”，而且按下时要迅速，以防电池发生极化，同时也要防止检流计所受的冲击过大，使吊丝折断（遇到检流计受冲击时，应迅速按下“短路”按钮，以保护检流计）。

② 接线时，电池的正、负极切勿接错。

③ 若在测定过程中，检流计一直往一边偏转，找不到平衡点，这可能是电极的正负号接错、线路接触不良、导线有断路、工作电源电压不够等原因引起，应该进行检查。

④ 由于工作电源的电压会发生变化，故在测量过程中要经常标准化。另外，新制备的

电池电动势也不够稳定，应隔数分钟测一次，最后取平均值。

(4) EM-3C 型数字式电子电位差计　EM-3C 型数字式电子电位差计沿用了普通电位差计平衡法测量的原理，具有操作简单、精度高的优点。

EM-3C 型数字式电子电位差计采用了内置的可代替标准电池的精度极高的参考电压集成块作比较电压，保留了平衡法测量电动势仪器的原貌。仪器线路设计采用全集成器件，被测电动势与参考电压经过高精度的仪表放大器比较输出，达到平衡时即可知被测电动势的大小。仪器的数字显示采用 6 位及 5 位两组高亮度 LED，具有字形美、亮度高的特点。

EM-3C 型数字式电子电位差计的前面板示意图如图 4-32 所示。左上方为“电动势指示”6 位数码管显示窗口，中间为“平衡指示”5 位数码管显示窗口。左下方为五个拨位开关及一个电容器，分别用于选定内部标准电动势的大小，分别对应 ×1000mV、×100mV、×10mV、×1mV、×0.1mV、×0.01mV 挡。右上方为电源开关，右边校准按钮用于校准仪器，右边中间的两位拨位开关用于选择测量或外标，右下方的两组插孔分别用于接被测电池和外接标准电池（仅在外标时接）。

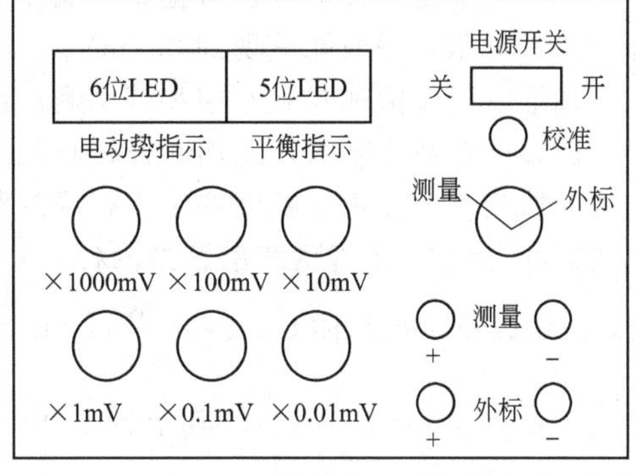

图 4-32　EM-3C 型数字式电子电位差计面板图

EM-3C 型的数字式电子电位差计的使用方法如下。

① 加电　插上电源插头，打开电源开关，两组 LED 显示即亮。预热 5min，将右侧功能选择开关置于测量挡。

② 接线　将测量线与被测电动势按正负极性接好。仪器提供 4 根通用测量线，一般黑线接负极，黄线或红线接正极。

③ 设定内部标准电动势值　左 LED 显示为由拨位开关和电位器设定的内部标准电动势值，以设定内部标准电动势值为 1.01862 为例，将 ×1000mV 挡拨位开关拨到 1，将 ×100mV挡拨位开关拨到 0，将×10mV 挡拨位开关拨到 1，将×1mV 挡拨位开关拨到 8，将×0.1mV 挡拨位开关拨到 6，旋转×0.01mV 挡电位器，使电动势指示 LED 的最后一位显示为 2。

右 LED 显示为设定的内部标准电动势值和被测电动势的差值。如显示为 OUL，则指示被测电动势与设定的内部标准电动势值的差值过大。

④ 测量　将面板右侧的拨位开关拨至“测量”位置，观察右边 LED 显示值，调节左边拨位开关和电位器设定内部标准电动势值直到右边 LED 显示值为“00000”附近，等待电动势指示数码显示并稳定下来，即为被测电动势值。需注意的是“电动势指示”和“平衡指示”数码显示在小范围内摆动属正常，摆动数值在±1 之间。

⑤ 校准　仪器出厂时均已经标准电池调试好。但为了保证测量精度，可以由用户用外部标准电池进行校准。打开仪器上面板后上电源，接好标准电池，将仪器面板右侧的拨位开关拨至“外标”位置，调节左边拨位开关和电位器设定内部标准电池值为标准电池的实际数值，观察右边平衡指示 LED 显示值，如果不为零值附近，按校准按钮，放开按钮后平衡指示 LED 显示值为零，校准完毕。

仪器使用过程中的注意事项：

① 仪器不要放置在有强电磁场的区域内。

② 因仪器精度高，测量时应单独放置。不可将仪器叠放，也不要用手触摸仪器外壳。

③ 仪器的精度较高，每次调节后，“电动势指示”处的数码显示需经过一段时间才可稳定下来。

④ 测试完毕后，需将被测电动势及时取下。

⑤ 仪器已校准好，不要随意校准。

⑥ 如仪器正常加电后无显示，请检查后面板上的保险丝（0.5A）。

4.3.2.3 标准电池

标准电池是一种电位非常稳定、温度系数很小的可逆电池，通常在直流电位差计中用作标准参考电压，一般能重现到 0.1mV。

标准电池分饱和式和不饱和式两类。前者可逆性好，因而电动势的重现性和稳定性均很好，但温度系数 k 较大，使用时需进行温度校正，常用于精密测量。后者的温度系数较小，但可逆性较差，常用于精度要求不很高的测量，可免除繁琐的温度校正。实验室中常用的饱和式标准电池有 H 管型和单管型两种，其结构如图 4-33 所示。正极为纯汞，上铺一层糊状 Hg_2SO_4 以及少量晶体 $CdSO_4 \cdot \frac{8}{3}H_2O$，负极为含 Cd 的质量分数为 12.5%的镉汞齐（Cd 含量可在 5%～14%变化），其上铺 $CdSO_4 \cdot \frac{8}{3}H_2O$ 晶体。管底各有一根铂丝与正负极相接。H 形管内充以饱和 $CdSO_4$ 溶液，管的顶部由塞子封闭。

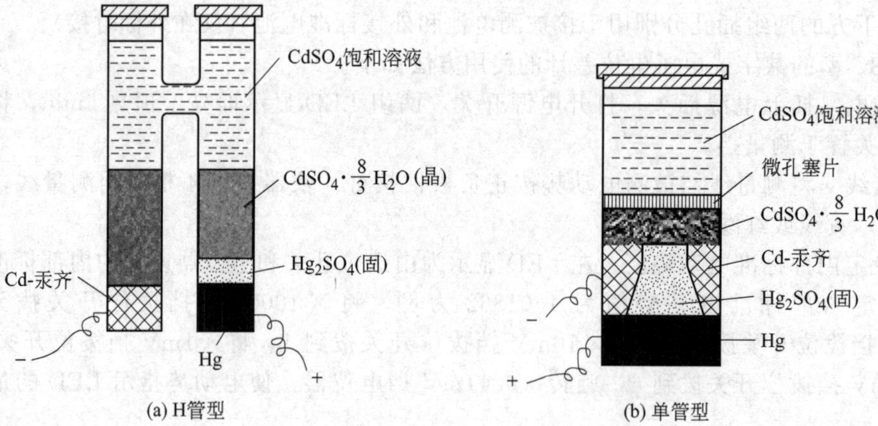

图 4-33 饱和式标准电池结构示意图

电极反应为：

负极： $Cd(Hg) \longrightarrow Cd^{2+} + 2e^- + nHg(l)$

正极： $Hg_2SO_4 + 2e^- \longrightarrow 2Hg(l) + SO_4^{2-}$

净反应： $Cd(Hg) + Hg_2SO_4 + \frac{8}{3}H_2O \longrightarrow CdSO_4 \cdot \frac{8}{3}H_2O(s) + nHg(l)$

电池内的反应是可逆的。根据电池反应，电动势只与镉汞齐的活度有关，而用于制备标准电池的镉汞齐的活度在定温下有定值，故标准电池的电动势值很稳定。

标准电池检定后给出 20℃时的电动势值，但在实际应用时不一定处于 20℃的环境中，因此必须通过电位差计上的专用温度校正表进行校正，或按下列电动势与温度关系公式计算：

$$E_t(\text{单位 V}) = E_{20} - 4.06\times10^{-5}(t-20) - 9.5\times10^{-7}(t-20)^2$$

使用标准电池时，注意以下几个方面：

(1) 使用温度为 4～40℃；

（2）正、负极不能接错；

（3）不能振荡，不能倒置，取放要平稳；

（4）不能用万用表直接测量标准电池；

（5）不能作为电源使用，测量时间必须短暂，间歇按键，以免电流过大，损坏电池；

（6）按规定时间，必须经常进行计量校正。

4.3.2.4 参比电极与盐桥

标准氢电极是 IUPAC（国际纯粹与应用化学联合会）规定采用的标准电极，氢电极的结构如图 4-34 所示。把镀铂黑的铂片插入含有氢离子的溶液中，并不断用氢气冲打铂片。在一定温度下，若气相中氢气的分压为 1 个标准大气压，溶液中氢离子的活度等于 1，则这样的氢电极即为标准氢电极。IUPAC 规定，标准氢电极的电极电势等于零。对于任意给定电极，使其与标准氢电极组合为原电池，在消除液体接界电势情况下测得电池的电动势，即是该电极的氢标电极电势。

以氢电极作为标准电极测定电动势时，电动势可以达到很高的精确度（±0.000001V）。但它对使用时的条件要求十分苛刻，且其制备和纯化也较复杂，一般实验室中难以应用，故往往采用二级标准电极，甘汞电极和银-卤化银电极是实验室中最为常用的二级标准电极，又称为参比电极。

（1）甘汞电极　甘汞电极是实验室中常用的参比电极。具有装置简单、可逆性高、制作方便、电势稳定等优点。其构造形状很多，但不管哪一种形状，在玻璃容器的底部皆装入少量的汞，然后装汞和甘汞，再注入氯化钾溶液，将作为导体的铂丝插入，即构成甘汞电极。图 4-35 为其结构示意图。

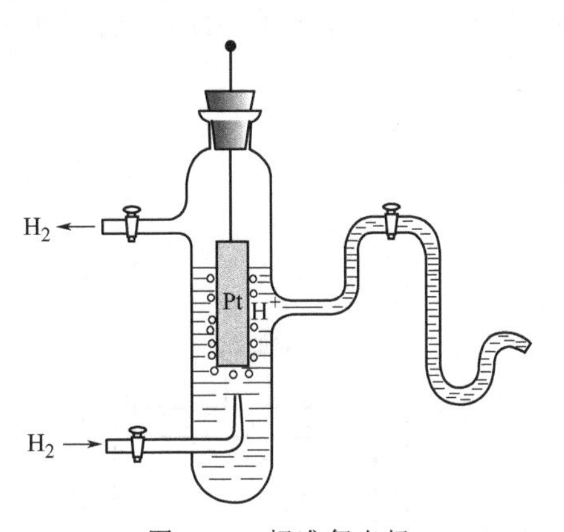

图 4-34　标准氢电极

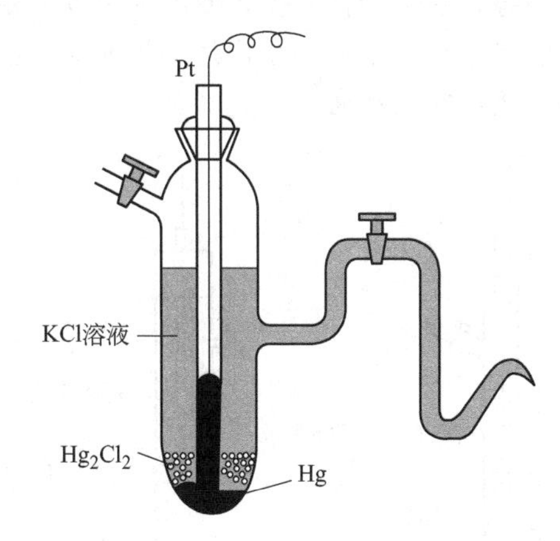

图 4-35　甘汞电极结构示意图

甘汞电极可表示为：　$Hg|Hg_2Cl_2(s)|KCl(a)$

电极反应为：　$Hg_2Cl_2(s)+2e^- \longrightarrow 2Hg(l)+2Cl^-(a_{Cl^-})$

$$\varphi_{甘汞}=\varphi^{\ominus}_{甘汞}-\frac{RT}{F}\ln a_{Cl^-}$$

可见甘汞电极的电极电势随氯离子活度而变。表 4-8 列出不同氯化钾溶液浓度时 $\varphi_{甘汞}$ 与温度的关系。各文献中列出的甘汞电极的电极电势数据，常不相符合，这是因为接界电势的变化对甘汞电极电势有影响，由于所用盐桥的介质不同，而影响甘汞电极电势的数据。

使用甘汞电极时应注意：

① 由于甘汞电极在高温时不稳定，故甘汞电极一般适用于 70℃以下的测量。

② 甘汞电极不宜用在强酸、强碱性溶液中，因为此时的液体接界电位较大，而且甘汞

表 4-8 不同氯化钾溶液浓度时 $\varphi_{甘汞}$ 与温度 t(℃) 的关系

氯化钾溶液浓度/(mol/L)	$\varphi_{甘汞}$/V
饱和	$0.3337-7.0\times10^{-5}(t-25)$
1.0	$0.2412-7.6\times10^{-4}(t-25)$
0.1	$0.2801-2.4\times10^{-4}(t-25)$

可能被氧化。

③ 如果被测溶液中不允许含有氯离子，应避免直接插入甘汞电极。

④ 应注意甘汞电极的清洁，不得使灰尘或局外离子进入该电极内部。

⑤ 当电极内溶液太少时应及时补充。

(2) 银-氯化银电极为：Ag|AgCl|Cl^{-1}（溶液）。

电极反应为：

$$AgCl+e^- \longrightarrow Ag+Cl^-$$

其电极电位取决于 Cl^- 的活度。该电极具有良好的稳定性和较高的重现性，无毒、耐震。其缺点是必须浸于溶液中，否则 AgCl 层会因干燥而剥落。另外，AgCl 遇光会分解，所以银-氯化银电极不易保存。其电极电势参见附录 12。

银-氯化银电极主要部分是覆盖有 AgCl 的银丝，它浸在含 Cl^- 的溶液中。实验室中制备的形式如图 4-36 所示。

(3) 盐桥　两种不同电解质溶液间或同种电解质不同浓度溶液间界面上产生的电势差称为液体接界电势，简称液接电势。液接电势的存在不但使测得的电动势数值不是可逆电池的电动势，还会干扰实验，使电池电动势的测定不能得到稳定数值。一般采用架“盐桥”法减小液接电势。常用的盐桥是一种充满盐溶液的玻璃管（图 4-37），管的两端分别与两种溶液相连接，使其导通。

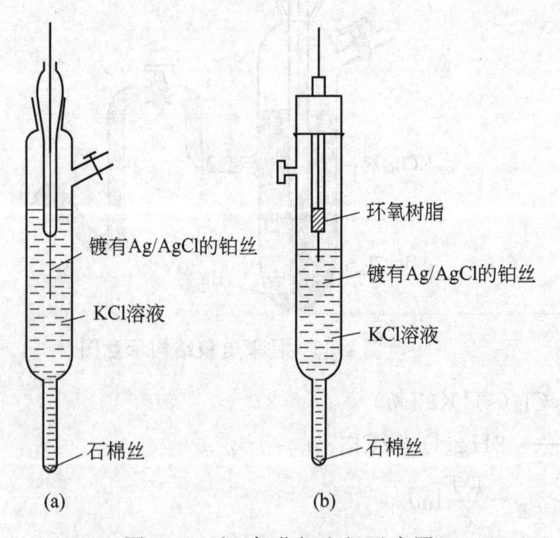

图 4-36 银-氯化银电极示意图

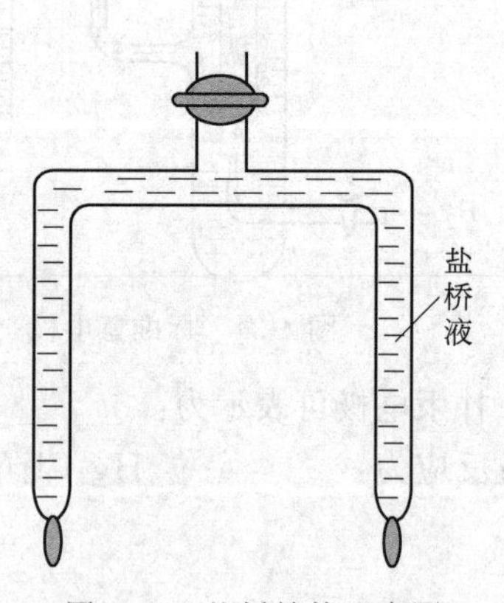

图 4-37 盐桥结构示意图

选择盐桥内的溶液时应注意以下几点。

① 盐桥内的正、负离子的摩尔电导率应尽量接近。在水溶液体系中，常采用高浓度（或饱和）KCl 溶液。当饱和 KCl 溶液与另一较稀溶液接界时，界面上主要由 K^+ 和 Cl^- 向稀溶液扩散，因为 K^+ 和 Cl^- 的摩尔电导率相接近，因此减小了液接电势。且盐桥两端液接电势符号往往恰好相反，使两端两个液接电势抵消一部分，使液接电势降至最低。

② 盐桥内溶液与两端溶液不发生反应。如 $AgNO_3$ 溶液体系，不能采用含 Cl^- 的盐桥溶液，此时可改用 NH_4NO_3 溶液作盐桥溶液。因为 NH_4^+ 的摩尔电导率为 73.7S·cm²·mol⁻¹(25℃)，NO_3^- 的摩尔电导率为 71.42S·cm²·mol⁻¹，两者比较接近。可有效地减小液接电势。

③ 若盐桥溶液中的离子扩散到被测体系中影响测量结果，必须采取措施避免。例如，某体系采用离子选择电极测定 Cl^- 浓度，如果选 KCl 溶液作盐桥溶液，则 Cl^- 会扩散到被测体系中，影响测量结果。

琼脂-饱和 KCl 盐桥的制备方法：烧杯中加入 3g 琼脂和 97mL 蒸馏水，在水浴上加热至完全溶解。然后加入 30g KCl 充分搅拌，KCl 完全溶解后趁热用滴管或虹吸将此溶液加入已事先弯好的玻璃管中，静置待琼脂凝结后即可使用。

制备琼脂-NH_4NO_3(或 KNO_3) 盐桥时，先称取琼脂 1g 放入 50mL 饱和 NH_4NO_3(或 KNO_3) 溶液中，浸泡片刻，再缓慢加热至沸腾，待琼脂全部溶解后稍冷，将洗净之盐桥管插入琼脂溶液中，从管的上口将溶液吸满（管中不能有气泡），保持此充满状态冷却至室温，琼脂溶液呈凝胶态固定在管内，擦净备用。

NH_4NO_3(或 KNO_3) 盐桥在许多溶液中都能使用，但它与常用各种电极无共同离子，因而在使用时会改变参比电极的浓度和引入外来离子，从而可能改变参比电极的电势。另外在含有高浓度的酸、氨的溶液中不能使用琼脂盐桥。

琼脂盐桥中含有高蛋白，故盐桥溶液须随用随配。

4.3.3 极谱与伏安测量

4.3.3.1 极谱测量

极谱分析法创建于 1922 年，至今，极谱分析理论、技术和应用均得到了迅速发展，继直流极谱法后，相继出现了单扫描极谱、脉冲极谱、转积伏安等各种快捷、灵敏的现代极谱分析技术，使极谱分析法成为电化学分析中极为重要的组成部分。它的实际应用相当广泛，凡在电极上能被还原或被氧化的无机物或有机物，一般都可以用极谱法测定。极谱法除了用作痕量物质的测定外，也可以研究化学反应机理、电极过程动力学以及测定配合物的组成或化学平衡常数等。在此仅介绍简单的直流极谱法。

(1) 极谱图　极谱分析的装置如图 4-38 所示。采用直流电源 B、串联可变电阻 R 和滑线电阻 DE 构成电位计回路，调节可变电阻 R，使滑线电阻 DE 全程电压降为 2V。电解池的两极为滴汞电极（DME）和甘汞电极（SCE）。滴汞电极作为工作电极，通常作为负极，它由贮汞瓶下接一厚壁塑料管，再接一内径为 0.05mm 的玻璃毛细管构成。汞在毛细管的另一端周期性地长大滴落，调节贮汞瓶的高度，使汞的滴落周期为 3～5s，甘汞电极作为参比电极，它的面积大，电流密度低，没有浓差极化现象，是一种非极化电极。通过移动接触键将电解池的两极并联在滑线电阻上，使电解池电压调节范围在 0～2V，通过灵敏检流计（G）来测量通过电解池的电流。连续地以 100～200mV/min 的速度改变两极之间的电压差，记录得到的是电流-电压曲线，称为极谱图。

图 4-39 为镉离子的极谱图。电解池两极的电位差以 0V 开始逐渐增加，在未达到 Cd^{2+} 的分解电位以前，只有微小的电流通过，这种电流叫残余电流，当电位增加到 Cd^{2+} 的分解电压时，Cd^{2+} 开始在滴汞电极上还原为金属，并与汞生成汞齐。

$$Cd^{2+} + 2e^- \rightleftharpoons Cd(Hg)$$

同时，在阳极上也发生 Hg 的氧化反应，并和溶液中的 Cl^- 生成甘汞：

$$2Hg + 2Cl^- \rightleftharpoons Hg_2Cl_2 + 2e^-$$

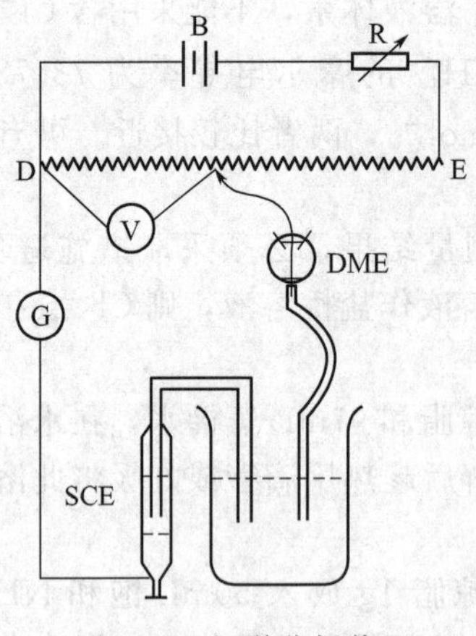

图 4-38 极谱分析装置

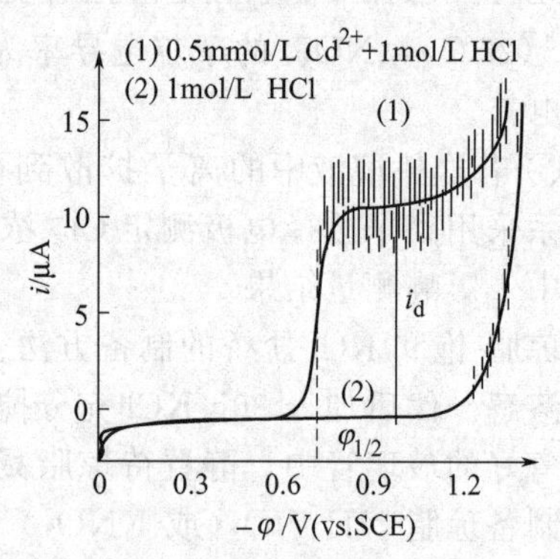

图 4-39 镉离子的极谱图

这时，电位稍稍增加，电流就迅速增加，滴汞表面的 Cd^{2+} 的浓度则迅速减小。电流的大小取决于 Cd^{2+} 的溶液扩散到电极表面的速度。这种扩散速度与溶液中的离子浓度 c 及电极表面上离子浓度 c_s 之差（$c-c_s$）成正比。当电极电位负到一定程度时，电极表面上的浓度趋于零（$c_s=0$），即离子从溶液扩散到电极表面便立即被还原。那么，电流的大小仅决定于 c，不随电位增加而增加，于是电流到达最大值，称为极限扩散电流，极谱曲线出现电流平台。根据极限扩散电流的大小可以求得溶液中待测离子的浓度，这就是极谱定量分析的基础。当电流等于极限扩散电流一半时的电位称为极谱波的半波电位 $\varphi_{1/2}$，对不同的离子，它们的半波电位是不同的，这是极谱定性分析的依据。

（2）极谱电流　一般极谱测定在静止溶液中进行，溶液中没有对流，此时极谱的极限电流可以认为由三部分组成。一部分是由扩散力决定的扩散电流，其大小与该离子在电极附近的浓度梯度成正比。另一部分是由电场力决定的迁移电流，其大小决定该离子对溶液的电导率的贡献。第三部分是由杂质还原的电解电流和滴汞长大所形成的充电电流组成的残余电流。

① 扩散电流及其影响因素　在静止的试液中，极谱电流完全受可还原离子扩散速度控制，形成扩散电流，在讨论滴汞电极的表面不断长大所形成的扩散电流之前，先讨论平面电极的扩散电流。

扩散是指在固体、液体或气体介质中由于物质浓度不同而引起的一种定向性的物流运动。扩散方向是物质从高浓度部分向低浓度部分迁移。对电解池电极来说，就是被还原离子从溶液向电极表面移动。

对于平面电极，Cottrell 方程定义扩散电流 i_d 为：

$$i_d=nFAD\frac{c}{\delta}=nFAD\frac{c}{\sqrt{\pi Dt}} \tag{4-1}$$

式中，n 为被测离子的电荷数；F 为法拉第常数（96485C/mol）；A 为电极面积（cm^2）；D 为扩散系数（cm^2/s）；c 为被测离子的浓度（mmol/L）；δ 为扩散层的有效厚度（cm）；t 为电解的时间（s）。

对于滴汞电极，由于汞滴不断生长，它的表面产生相对扩散运动，使有效扩散层的厚度减少，则 $\delta=\sqrt{\frac{3}{7}\pi Dt}$。另外，滴汞滴下时，电极的表面最大，滴汞的形状几乎是球形的，表面积：

$$A_t=4\pi r_t^2=4\pi\left(\frac{3mt}{4\pi\rho}\right)^{\frac{2}{3}}=0.85m^{\frac{2}{3}}t^{\frac{2}{3}}$$

式中，r_t 为滴汞半径；t 为滴汞生长时间；m 为汞的流量（g/s），ρ 为汞的密度（g/cm³）。把上述 δ 和 A_t 的表达式代入式(4-1)，则得到滴汞电极扩散电流：

$$i_d=708nD^{1/2}m^{2/3}t^{1/6}c \qquad (4\text{-}2)$$

式中，i_d 为最大的扩散电流（μA）；D 为离子的扩散系数（cm²/s）；m 为汞在毛细管中流量（mg/s）；t 为测量电流时所加电位条件下汞滴的落下时间（s）；c 为被测离子的浓度（mmol/L）。

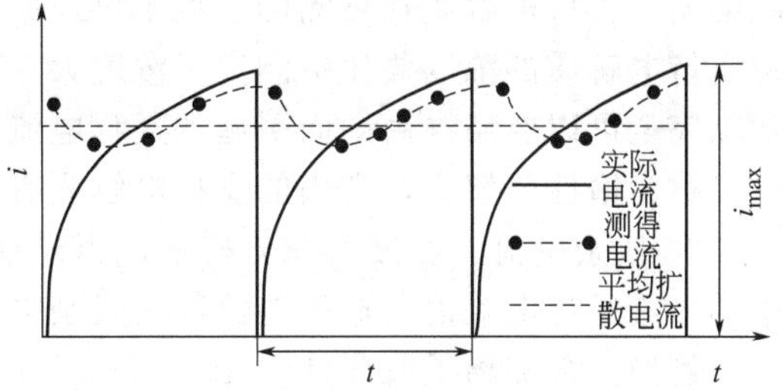

图 4-40 扩散电流随时间的变化

实际上测量仪表记录的不是滴汞寿命最后时刻的最大扩散电流，而是在平均电流附近的波动，为锯齿状，见图 4-40。平均电流为：

$$\overline{i_d}=\frac{1}{t}\int_0^t i_d\mathrm{d}t=607nD^{1/2}m^{2/3}t^{1/6}c \qquad (4\text{-}3)$$

式(4-2) 和式(4-3) 称为尤考维奇（Ilkovič）方程，是极谱分析的基本公式。$K=607nD^{1/2}m^{2/3}t^{1/6}$称为尤考维奇常数。在汞柱高度不变条件下，对同一根玻璃毛细管，扩散电流与被测离子的浓度成正比：

$$i_d=Kc \qquad (4\text{-}4)$$

由式(4-4) 可以看出，只有保持扩散电流方程中的常数项 K 不变，才能使扩散电流与被测离子的浓度成正比，影响 K 值的主要因素有：

a. 毛细管特性　$m^{2/3}t^{1/6}$称为毛细管特性常数。汞滴的流量与汞柱的高度成正比，$m\propto h$，而滴下的时间 t 与汞柱的高度成反比，$t\propto 1/h$，于是有：$m^{2/3}t^{1/6}\propto h^{1/2}$。

因此：

$$i_d\propto h^{1/2} \qquad (4\text{-}5)$$

在实际操作中，应保持汞柱高度不变。通常汞柱每增加 1cm，扩散电流约增加 2%。在分析标准溶液和未知试样时，须用同一毛细管，并在同一汞柱高度下记录极谱图，才能得到准确数据。

式(4-5) 可以用来检验电极反应是否受扩散速度所控制。扩散电流与汞柱高的平方根成正比是电极反应受扩散速度控制的一个特征。

据扩散电流方程式，可得到下述关系式：

$$I=607nD^{1/2}=\frac{i_d}{m^{2/3}t^{1/6}c} \qquad (4\text{-}6)$$

式中，I 为扩散电流常数，此常数与毛细管特性无关，可用来判断数据的重现性。

b. 温度　毛细管的特性常数和扩散系数均受温度的影响。其中扩散系数受温度影响更为明显。实验表明，扩散电流的温度系数约为 1.3%/℃。因此在实验过程中必须将温度控制在±0.5℃之内。保证温度波动带来的误差不大于 1%。当标准溶液和试样同时进行测定，温度的波动不大，忽略其影响而不需采用恒温装置。如果扩散电流的温度系数超过 2%/℃，则扩散电流就可能不仅仅受扩散速度控制。

c. 溶液组分　扩散电流方程中扩散系数的大小与溶液的黏度有关，溶液的黏度越大，扩散系数越小，扩散电流也随之减小。溶液组分不同，其黏度也不同，从而影响扩散电流。因此，在实际测定中，要求标准溶液和试样溶液的组分基本一致。

② 迁移电流和支持电解质　迁移电流是由电解池的电极形成的电场使试样中的正、负

离子受到电场力作用而迁移所形成的，滴汞电极作为负极对正离子有静电吸引作用，它将使被测定的正离子迁移到电极表面而被还原，形成迁移电流。在极谱的极限电流中，迁移电流和被分析物质的浓度之间不存在正比关系，故应加以消除。消除的方法是在试液中加入支持电解质，支持电解质在被测的正离子可还原的电极电位范围内不发生电极反应。一般要求加入支持电解质的浓度要比被测离子浓度大 50～100 倍。这样，被测离子的迁移对试液导电的贡献完全可以忽略，由此而引起的迁移电流趋近于零。由于支持电解质不参加电极反应，所以又称为惰性电解质，常用的支持电解质有氯化钾、氯化铵、硝酸钾等。

③ 残余电流　在极谱波分析中，当外加电压未达到被测离子的分解电压之前，就有微小的电流通过电解池，这种电流称为残余电流。残余电流一般很小，然而对测定微量物质来说，例如，被测离子浓度低于 10^{-5} mol/L 时，其扩散电流也很小，残余电流有可能掩蔽被测离子的极谱波而影响测定。

残余电流由溶液中微量杂质的电解电流和滴汞充电电流组成。溶液中存在微量的 O_2、Cu^{2+}、Fe^{3+} 等易于在滴汞电极还原的杂质，这部分残余电流可通过试剂提纯来减小，可控制在十分微小的范围内。滴汞的充电电流是残余电流的主要组成部分，是影响极谱分析灵敏度的主要因素。充电电流的大小为 10^{-7} A 数量级，相当于 10^{-5} mol/L 物质所产生的扩散电流。它限制了直流极谱法的灵敏度。为解决充电电流所引发的问题，促进了新的极谱技术发展，从而产生了诸如方波极谱、脉冲极谱等极谱分析方法。

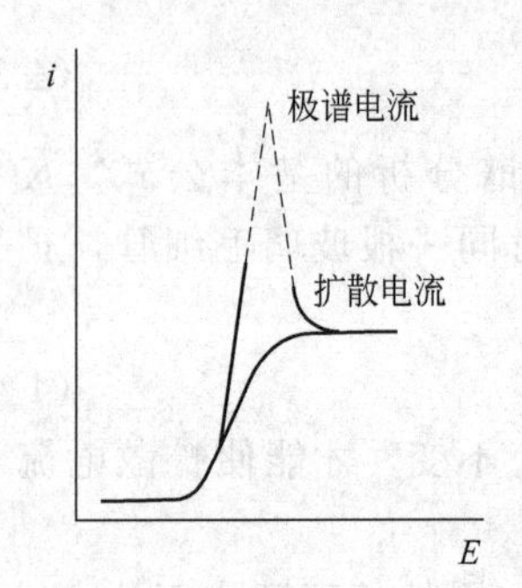

图 4-41　极谱极大

④ 极谱极大　在进行极谱分析测定时，当外加电压使滴汞电极电位到达被测离子的析出电位之后，极谱电流随外加电压增高而迅速上升到极大值，随后才回到扩散电流的正常值，见图 4-41。极谱波上出现这种比扩散电流大得多的畸峰，称为极谱极大，它的存在影响扩散电流和半波电位的准确测量，因此需要加以消除。极谱极大可以用表面活性剂来抑制。在试液中加入表面活性物质，滴汞表面张力大的部位吸附表面活性分子较多，吸附后其表面张力就下降得多，表面张力小的部位吸附得少，表面张力也下降得少。使滴汞的表面张力趋于均匀，从而可以消除产生极大现象的汞滴表面的切向运动。常用的抑制极大的表面活性物质有明胶、聚乙烯醇、TritonX-100 及某些有机染料，这样的物质称为极大抑制剂。

⑤ 氧波　在室温下，空气中的氧在水溶液中的溶解度约为 10^{-4} mol/L。溶解在溶液中的氧能在滴汞电极上还原产生氧波。还原分两步进行，因而出现两个极谱波：

第一个波为：

$$O_2 + 2H^+ + 2e^- \longrightarrow H_2O_2 \quad \text{（酸性溶液）}$$

$$O_2 + 2H_2O + 2e^- \longrightarrow H_2O_2 + 2OH^- \quad \text{（中性或碱性溶液）}$$

半波电位（$\varphi_{1/2}$）为－0.05V（vs. SCE）。

第二个波为：

$$H_2O_2 + 2H^+ + 2e^- \longrightarrow 2H_2O \quad \text{（酸性溶液）}$$

$$H_2O_2 + 2e^- \longrightarrow 2OH^- \quad \text{（碱性溶液）}$$

半波电位（$\varphi_{1/2}$）为－0.9V（vs. SCE）。

氧的极谱图如图 4-42 所示，两个还原波覆盖的电位范围较宽，又正是大多数金属离子还原的电位范围。应该设法消除，以免干扰测定。除去溶液中氧的办法有：在酸性溶液中通入氢气、氮气或其他惰性气体赶走 O_2；在碱性或中性溶液中加入亚硫酸钠，将 O_2 还原。

$$2SO_3^{2-} + O_2 \rightleftharpoons 2SO_4^{2-}$$

在弱酸性或碱性溶液中，也可以加入抗坏血酸还原 O_2，为了防止空气中的氧重新溶解到试液中去，在分析过程中还可以在氮气保护下进行。在外加电压足够负时，H^+ 在滴汞电极上还原产生氢波。消除氢波的方法是将测定体系由酸性改为中性或碱性溶液，降低 H^+ 浓度。

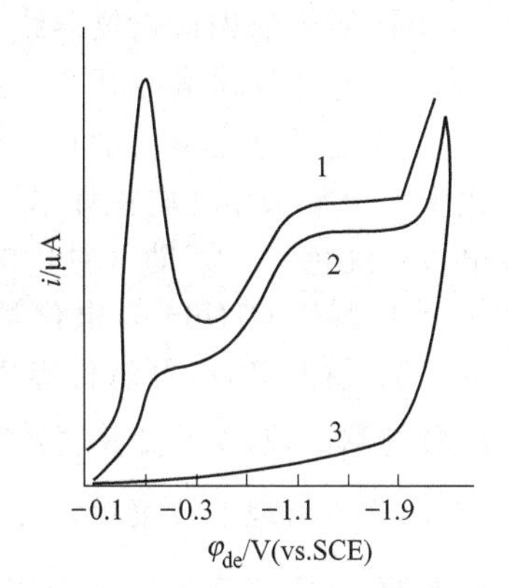

图 4-42 氧的极谱图

1—空气饱和的 0.05mol/L KCl 溶液；2—溶液 1 中加入少量动物胶；3—溶液 2 中通 N_2 除 O_2

4.3.3.2 伏安及其他测量技术

电化学测量的方法很多，如循环伏安法、线性扫描伏安法、交流阻抗法、计时库仑法、示差脉冲伏安法和方波伏安法等。由于计算机和电子技术以及应用软件的高速发展，上述较复杂的电极过程动力学实验方法现在可用一台仪器来完成。如上海辰华仪器有限公司生产的 CHI660B 电化学工作站（图 4-43），其测量的电位范围为 10V，电流范围为 250mA。电流测量下限低于 50pA，能进行不同伏安方法的测试。CHI660B 电化学工作站的操作规程如下。

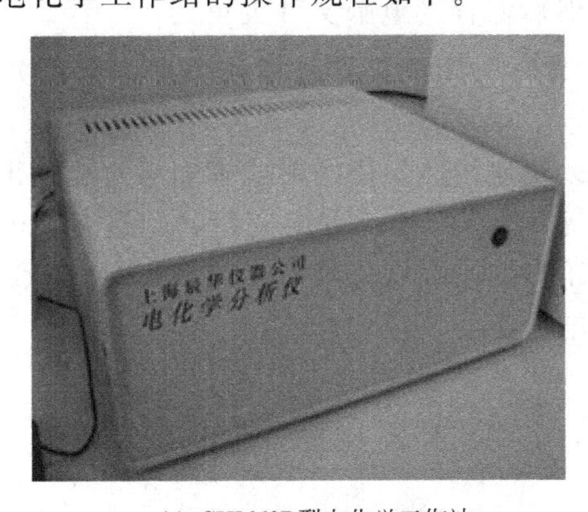

(a) CHI660B型电化学工作站

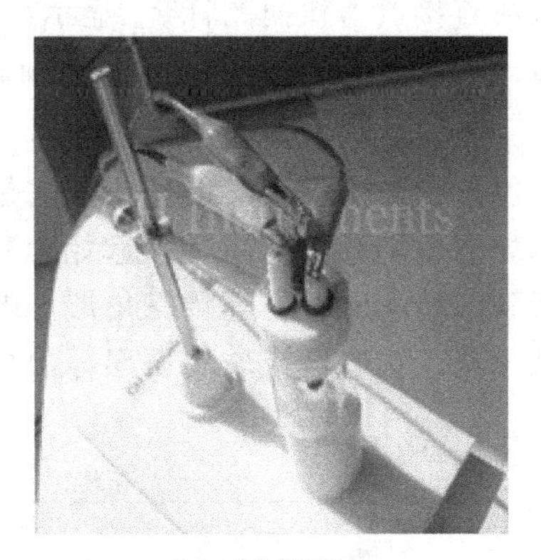

(b) 三电极体系

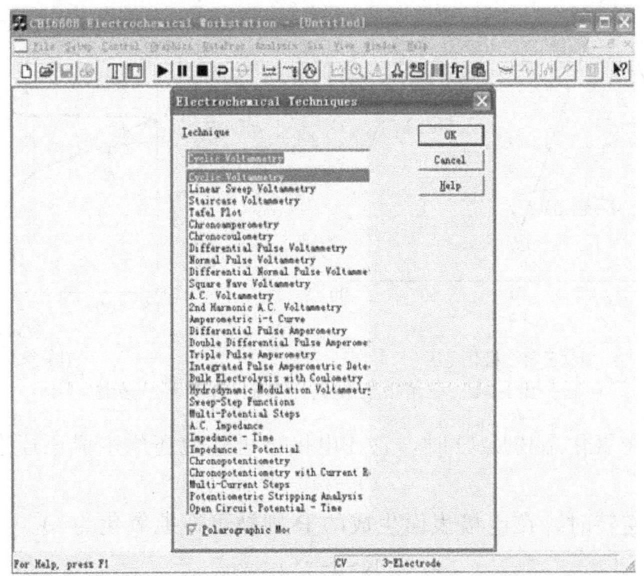

(c) 电化学实验软件界面图

图 4-43 CHI660B 电化学工作站以及电化学实验软件界面图

① 使用前先检查仪器线路和各电极连接线是否完好。

② 打开仪器电源开关，通电预热 10min 后再进行电化学测量。

③ 进行电化学测量时，要确保夹子与电解池中的三电极对应连接并导电接触良好。电化学实验常采用三电极体系［图 4-43(b)］，三种夹子的颜色分别为：绿色——工作（指示）电极；红色——辅助（对）电极；白色——参比电极。

④ 基于 CHI660B 电化学工作站的配套软件［图 4-43(c)］，可以选择不同的伏安测量技术。测量操作时打开软件界面后，点击“Setup”，出现下拉菜单，点击“Technique”，选择需要的测试技术（或者直接点击快捷方式 T 选择测试技术）。然后设置测量参数，点击“Setup”，出现下拉菜单，点击“Parameter”设置参数（或者直接点击快捷方式 ▤ 设置测量参数）。完成后直接点击快捷方式 ▶ 进行电化学实验测试。

⑤ 实验过程中，若发现电流溢出，可停止实验，点击快捷方式 ▤，把灵敏度“sensitivity”中数值调大，再进行实验；若发现电流为 0，停止实验，检查实验线路是否接好。

⑥ 数据测量工作完成后，执行“Graphics”菜单中的“Present Data Plot”命令进行数据显示（或直接点击快捷图标 ⛰ 显示），然后保存到电脑文件夹里。

⑦ 所有实验完成后，先拆除电解池装置，关闭测量软件操作界面，最后关闭仪器电源开关。

(1) 循环伏安法原理　循环伏安法是以快速线性扫描的形式施加三角波极化电压于工作电极上，如图 4-44(a) 所示，从起始电压 E_i 开始沿某一方向变化，到达终止电压 E_m 后又反方向回到起始电压，呈等腰三角形。电压扫描速度从每秒数毫伏到 1V 甚至更大。工作电极可用悬汞滴、铂电极或玻璃石墨等静止电极。

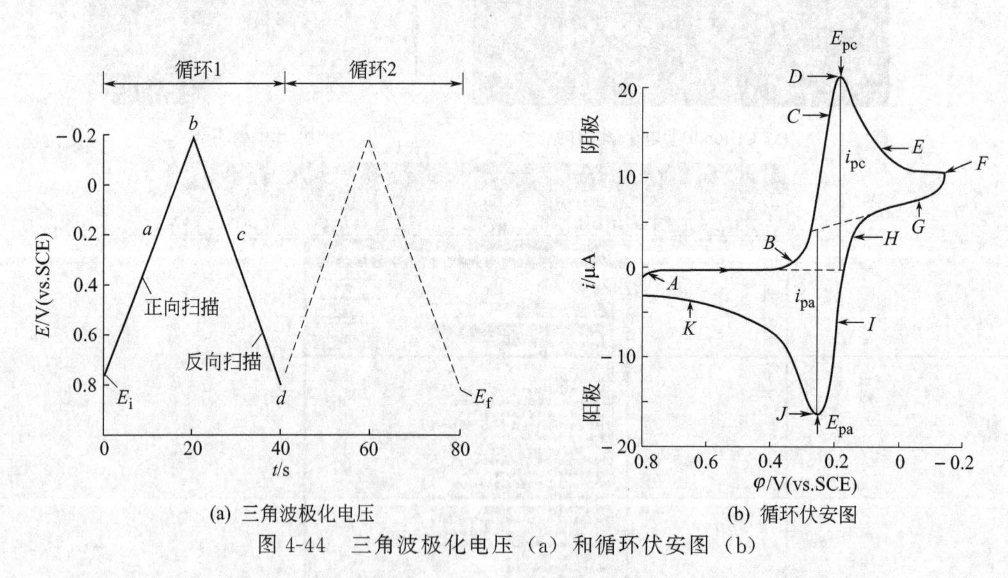

(a) 三角波极化电压　　(b) 循环伏安图

图 4-44　三角波极化电压（a）和循环伏安图（b）

当溶液中存在氧化态物质 O 时，它在电极上可逆地还原生成还原态物质 R。

$$O + ne^- \longrightarrow R$$

当电位方向逆转时，在电极表面生成的 R 则被可逆地氧化为 O。

$$R = O + ne^-$$

图 4-44(b) 为循环伏安扫描得到的图形。图的上半部是还原波，称为阴极支；下半部是氧化波，称为阳极支。氧化波的峰电流是由于扫描速度快，在电极表面附近可

氧化的物质 R 的扩散层变厚所致，还原峰类似。用 E_{pa} 和 E_{pc} 分别表示氧化峰和还原峰的峰电位，则：

$$E_{pa}=E_{1/2}+1.1\frac{RT}{nF}$$

$$E_{pc}=E_{1/2}-1.1\frac{RT}{nF}$$

Randles-Sevcik 方程定义峰电流为：

$$i_p=2.69\times10^5 n^{3/2}AD^{1/2}v^{1/2}c$$

式中，i_p 为氧化峰或还原峰电流；n 为反应转移电子数；A 为电极面积；D 为被测氧化物或还原物的扩散系数；v 为扫描速率；c 为被测氧化物或还原物浓度。

由循环伏安图可确定氧化峰峰电流 i_{pa} 和还原峰峰电流 i_{pc}，氧化峰峰电位 E_{pa} 以及还原峰峰电位 E_{pc}。对于可逆反应，氧化峰电流与还原峰电流之比 $\frac{i_{pa}}{i_{pc}}=1$。

氧化峰电位与还原峰峰电位差 $\Delta E_p=E_{pa}-E_{pc}=2.2\frac{RT}{nF}$。

由此可判断电极过程的可逆性。而且，对于可逆波，峰电位 E_{pa} 或 E_{pc} 和扫描速率 v 无关，峰电流 i_{pa} 或 i_{pc} 和扫描速率的平方根 $v^{1/2}$ 呈正比。

基于循环伏安实验，根据方程 $i_p=2.69\times10^5 n^{3/2}AD^{1/2}v^{1/2}c$，峰电流 i_p 与被测物的浓度 c 呈线性关系，可作定量分析。且由于 i_p 和 c 为已知量，当 n、A 和 D 任何两个参数给出，可以计算另外一个参量。此外，根据方程 $\Delta E_p=2.2\frac{RT}{nF}$（$\Delta E_p$ 可以通过循环伏安图得到），可求算电子转移数 n。

（2）交流阻抗法原理　交流阻抗法是电化学测试技术中一类十分重要的研究方法，近几十年来发展非常迅速，已成为研究电极过程动力学和表面现象的重要手段。交流阻抗法是利用小幅度交流信号扰动电解池，考察体系阻抗随交流信号频率的变化而进行电化学测试的方法。根据交流阻抗数据，可以利用阻抗模拟软件，基于等效电路进行拟合，计算得到电极反应的一些重要参数。阻抗谱中涉及的参数有阻抗幅模（Z）、阻抗实部（Z_{Re}）、阻抗虚部（Z_{im}）、相位移（θ）、频率（ω）等变量，可以根据参数的相关性，通过多种方式表示阻抗谱，每一种方式都有其典型的特征，根据实验的需要和具体体系，可以选择不同的图谱进行数据解析。在此仅讨论典型体系的 Nyquist 图。

电极的交流阻抗由实部 Z_{Re} 和虚部 Z_{im} 组成：

$$Z=Z_{Re}+jZ_{im}$$

Nyquist 谱图是 Z_{im} 对 Z_{Re} 的关系图，是最常用的阻抗谱形式。对纯电阻，在 Nyquist 图上表现为 Z_{Re} 轴上的一点，该点到原点的距离为电阻值的大小；对纯电容体系，表现为与 Z_{im} 轴重合的一条直线；对 Warburg 阻抗，则为斜率为 45°的直线。如图 4-45 所示，常见的 Nyquist 谱图的形状分为半圆和斜线两部分。半圆对应的函数方程为：

$$\left(Z_{Re}-R_{\Omega}-\frac{R_{ct}}{2}\right)^2+Z_{im}^2=\left(\frac{R_{ct}}{2}\right)^2$$

式中，Z_{Re} 为实部阻抗；Z_{im} 为虚部阻抗；R_{Ω} 对应着溶液阻抗；R_{ct} 为电荷传递阻抗。

半圆的中心对应的阻抗值为 $R_{\Omega}+R_{ct}/2$，半圆左边和右边与实轴 Z_{Re} 交点对应的阻抗值分别为 R_{Ω} 和 $R_{\Omega}+R_{ct}$，半圆直径的大小对应着 R_{ct}，半圆顶点对应的是角频率 $\omega=1/R_{ct}C_d$。据此式可求算出界面电容 C_d 值。Nyquist 谱图左边对应着高频 ω 区域，右边对应着低频 ω

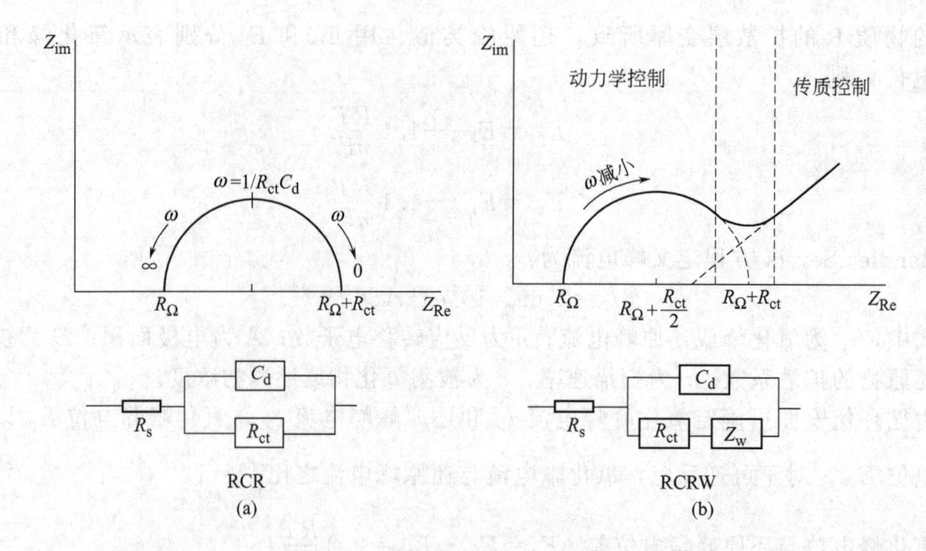

图 4-45　经典 Nyquist 谱图和拟合等效电路图（RCR 和 RCRW）

区域。高频 ω 区域呈现半圆形状表明此频率范围内电极反应受动力学控制；低频 ω 区域呈现斜率为 45°角的直线，说明存在 Warburg 阻抗，表明此频率范围内电极反应过程受扩散控制。

根据 Nyquist 谱图，能够估算出 R_Ω、R_{ct} 以及 C_d 这些参量的数值。然而，为了更精确的得到这些参量，可以采用等效电路图来进行拟合。图 4-45 中呈现的阻抗谱图，可以分别用 RCR 和 RCRW 两种等效电路进行拟合，其中 R_s 为溶液电阻（Ω），C_d 为工作电极表面的双电层电容（F），R_{ct} 为界面电子传递阻抗（Ω），Z_w 为 Warburg 阻抗（Ω）。当阻抗谱图呈现半圆，不存在 Warburg 阻抗时（45°的直线），利用 RCR 电路进行拟合；当阻抗谱图呈现半圆，低频区域呈现 Warburg 阻抗时（45°的直线），利用 RCRW 电路进行拟合。阻抗拟合能够得到 R_Ω、R_{ct} 和 C_d 的具体数值。由拟合得到的 R_{ct}，根据如下方程可以计算得到反应物的电子传递速率常数 k_{et}：

$$k_{et}=RT/n^2F^2AR_{ct}c$$

式中，k_{et} 为电子传递速率常数（cm/s）；A 为电极面积（cm）；R_{ct} 为界面电子传递阻抗（Ω）；c 为反应物的浓度（mmol/L）；R 为理想气体常数，8.314J・mol^{-1}・K^{-1}；T 为热力学温度。

值得指出的是，实际体系中，由于电极表面的非均一性，拟合电路 RCR 和 RCRW 中的电容 C_d 通常用常相位角元件 Q 来代替。

（3）计时库仑法原理　计时库仑法是给体系施加一定的电位阶跃，测量阶跃通过电量和时间 t 的函数关系，以研究电极表面吸附现象，定量测定电活性物质在电极表面吸附量的电化学分析法。

典型的实验模式是，在 $t=0$，电势从 E_i 阶跃到氧化物在极限扩散条件下的还原电势 E_f。在电势 E_f 持续一段时间 τ，再跃回 E_i。在 E_i 电势，还原产物以极限扩散速度氧化为反应物。为简便起见，假设氧化物在电极表面存在吸附，还原产物在电极表面不存在吸附，则电位阶跃通过的电量 Q 可用如下方程表示。

$E_i \rightarrow E_f$（前行阶跃）：

$$Q=\frac{2nFAD^{1/2}c}{\pi^{1/2}}t^{1/2}+Q_{dl}+nFA\Gamma$$

$E_f \rightarrow E_i$（反向阶跃）：

$$Q_r(t>\tau)=\frac{2nFAD^{1/2}c}{\pi^{1/2}}[\tau^{1/2}+(t-\tau)^{1/2}-t^{1/2}]+Q_{dl}$$

假设 $\tau^{1/2}+(t-\tau)^{1/2}-t^{1/2}$ 为 θ，则上式为 $Q(t>\tau)=\frac{2nFAD^{1/2}c}{\pi^{1/2}}\theta+Q_{dl}$。

式中，A 为电极面积（cm^2）；D 为反应物在溶液中的扩散系数（cm^2/s）；c 为本体溶液中反应物的浓度（mmol/L）；t 为时间；Γ 为电极表面上吸附反应物的覆盖量（mol/cm^2）；n 为电子转移数；F 为法拉第常数（96485C/mol）；τ 为电势 E_f 时的持续时间（s）。

前行阶跃通过电量 Q 包含三部分，第一部分为氧化物扩散到电极表面，发生还原所产生的电量，等于 $\frac{2nFAD^{1/2}c}{\pi^{1/2}}t^{1/2}$；第二部分是双电层充电电量 Q_{dl}；第三部分是氧化物吸附在电极表面，发生还原所产生的电量，等于 $nFA\Gamma$。假设还原物在电极表面不产生吸附，则反向阶跃通过电量 Q_r 包含两部分，第一部分为还原物发生氧化所产生的电量，第二部分是双电层充电电量 Q_{dl}。

图 4-46 为平板铂电极上 1,4-二氰基苯（DCB）的计时库仑曲线，前行阶跃的 Q-$t^{1/2}$ 和反向阶跃的 Q_r-θ 均呈线性（图 4-47）。基于直线的斜率和截距，可以计算得到 DCB 在溶液中的扩散系数 D 以及在铂表面上的吸附量 Γ。

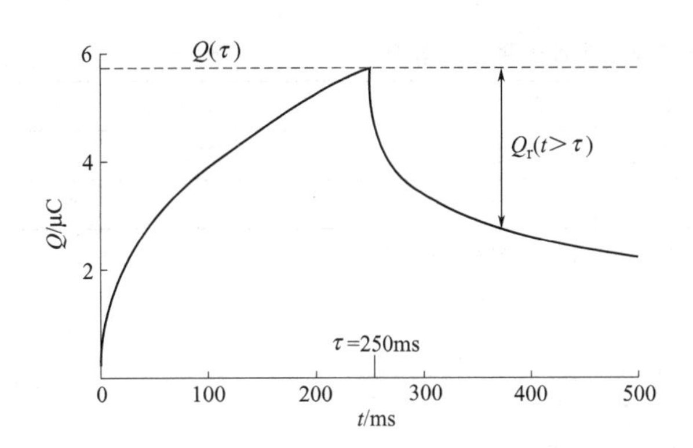

图 4-46 平板铂电极上的计时库仑曲线

[体系是 0.95mmol/L 的 1,4-二氰基苯（DCB），在 0.1mol/L 氟硼酸四正丁基胺的苯甲腈溶液中。相对 Pt 参比电极，初始电势为 0.0V，阶跃电势为 −1.892V，反向阶跃电势为 0.0V，$\tau=250$ms，$T=25$℃，$A=0.018cm^2$，DCB 还原式电位为 −1.63V]

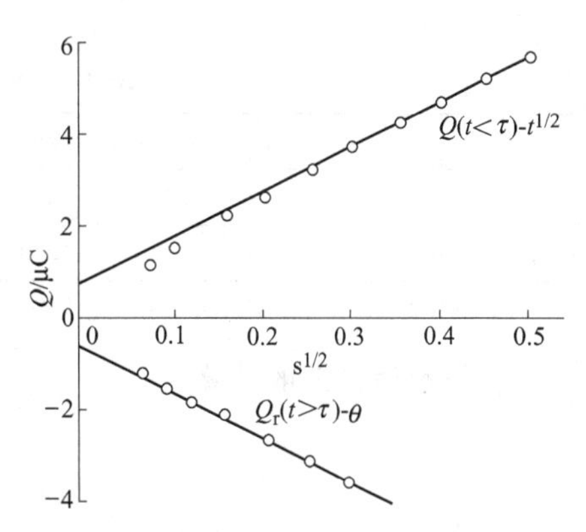

图 4-47 平板铂电极上的 Q-$t^{1/2}$ 及 Q_r-θ 关系图

（实验条件见图 4-46 图注）

① 扩散系数 D　根据前行阶跃方程，Q-$t^{1/2}$ 直线的斜率为 $\frac{2nFAD^{1/2}c}{\pi^{1/2}}$，当氧化物浓度 c、电极面积 A 以及电子转移数 n 已知时，代入可以得到氧化物的扩散系数 D。

② 吸附量 Γ　根据前行阶跃方程，Q-$t^{1/2}$ 直线与纵轴的截距为 $Q_{dl}+nFA\Gamma$，为了得到电极表面上吸附反应物的覆盖量 Γ，需要先求算出 Q_{dl}。可用无氧化物的溶液进行计时库仑实验，此时 Q-$t^{1/2}$ 直线与纵轴的截距为 Q_{dl}，和氧化物存在时的截距 $Q_{dl}+nFA\Gamma$ 进行比较，可计算得到 $nFA\Gamma$，进而得到 Γ 值。此外，根据反向阶跃方程，Q_r-θ 呈直线关系，与纵轴的截距为 Q_{dl}，和氧化物存在时的截距 $Q_{dl}+nFA\Gamma$ 进行比较，也可以求算得到 Γ 值。

4.4 光谱仪性能参数测量

在光谱分析中，光谱仪器的基本作用是通过研究光源与待分析物质作用（包括发射、吸收、散射等作用）后，光子能量与强度的变化来确定物质的组成、结构及含量。所以，根据其电磁辐射范围和样品分析的目的，不同的光谱仪有不同的性能要求。但是，光谱测量仪器对波长精度、分辨率及整机的测量重复性等基本性能参数都有严格的规定；而且在新仪器的验收以及仪器使用过程中性能的检测与调整过程中，上述参数的测量也是基本的。

4.4.1 波长示值误差和重复性的检定

4.4.1.1 ICP 光谱仪

仪器开机进行基线扫描后，吸喷混合标准溶液（见表 4-9），以 Se、Zn、Mn、Cu、Ba、Na、Li、K 峰位置为波长的示值测量值，从短波到长波依次重复三次。分别用式(4-7) 计算波长示值误差（测量平均值与波长标准值之差为示值误差），取绝对值最大者为仪器的波长示值误差。用式(4-8) 计算波长重复性，3 次测量的极差为重复性，取最大者为仪器的波长重复性。ICP 光谱仪的波长示值误差要求 $\Delta\lambda=\pm0.03$nm；波长重复性$\leqslant0.005$nm。

表 4-9 ICP 光谱仪检定波长用标准溶液

元素	Se	Zn	Mn	Cu	Ba	Na	Li	K
波长/nm	196.026	213.856	257.610	324.754	455.403	588.995	670.784	766.491
浓度/(mg/L)	10.0	10.0	5.00	5.00	5.00	20.0	10.0	20.0

注：基体为 0.5mol/L HNO_3；不确定度 $U=2\%$（$k=2$）（关于不确定度的介绍参见附录 1）。

波长示值误差的计算：

$$\Delta\lambda=\frac{1}{3}\sum_{i=1}^{3}\lambda_i-\lambda_\tau \tag{4-7}$$

式中，λ_τ为波长标准值（nm）；λ_i为波长测量值（nm）。

波长重复性 δ_λ 按下式计算：

$$\delta_\lambda=\lambda_{max}-\lambda_{min} \tag{4-8}$$

式中，λ_{max}为某谱线三次波长测量值中的最大值；λ_{min}为某谱线三次波长测量值中的最小值。

4.4.1.2 原子吸收分光光度计

按空心阴极灯上规定的工作电流，将汞灯点亮，待其稳定后，在光谱带宽 0.2nm 条件下，从下列汞、氖谱线 253.7nm，365.0nm，435.8nm，546.1nm，640.2nm，724.5nm 和 871.6nm 中按均匀分布原则，选取 3～5 条逐一作三次单向（从短波向长波方向）测量，以给出最大能量的波长示值作为测量值，然后按式(4-7) 计算波长示值误差（$\Delta\lambda$），按式(4-8) 计算波长重复性（δ_λ）。对火焰法和石墨炉法其波长示差误差 $\Delta\lambda=\pm0.5$nm，波长重复性 $\delta_\lambda\leqslant0.3$nm。对于波长自动校正的仪器，可不进行该项测定。

4.4.1.3 荧光分光光度计

荧光分光光度计分色散型和滤光片型两类单色器。

色散型单色器的荧光仪波长示值误差和重复性的检定有如下两种方法。

（1）氙灯亮线方法　一定要依据仪器使用说明书的方法进行。以下方法只是测量步骤的一般性描述。

① 激发侧单色器波长示值误差与波长重复性的测量　将发射侧单色器置零级位置，将漫反射板（或无荧光的白色滤纸条）放入样品室，仪器的响应时间设置为"快"，扫描速度设置为"中"或采用手动方式，使用实际可行的最窄狭缝宽度，对激发侧单色器在350～550nm的波长进行扫描，在所得到的谱图上寻找450.1nm附近的光谱峰，并确定其峰值位置。连续测量三次，按式(4-7)计算波长示值误差，式中λ_τ为氙灯亮线参考波长峰值450.1nm；波长重复性用式(4-9)计算。原子荧光分光光度计激发侧单色器要求波长示值误差≤±2.0nm。要求波长重复性≤1.0nm。

波长重复性计算：

$$\delta_\lambda = \max\left|\lambda_i - \frac{1}{3}\sum_{i=1}^{3}\lambda_i\right| \tag{4-9}$$

② 发射侧单色器波长示值误差与波长重复性的测量　将激发侧单色器置零级位置，将漫反射板（或无荧光的白色滤纸条）放入样品室，仪器的响应时间设置为"快"，扫描速度设置为"中"或采用手动方式，使用实际可行的最窄狭缝宽度，对发射侧单色器350～550nm的波长进行扫描，在所得到的谱图上寻找450.1nm附近的光谱峰，并确定其峰值位置。连续测量三次，按式(4-7)和式(4-9)分别计算波长示值误差和重复性。要求发射侧单色器波长示值误差≤±2.0nm；波长重复性≤1.0nm。

对一些型号的仪器，其发射侧单色器波长示值误差与波长重复性的测量，可以用测量汞灯谱线的方法。具体测量方法见仪器使用说明书。

（2）萘峰位置方法

① 激发侧单色器波长示值误差与波长重复性的测量　将发射侧波长设定在331nm处，将盛有萘-甲醇溶液（1×10^{-4}g/mL）的荧光池放入样品室，仪器的响应时间设置为"快"，扫描速度设置为"中"或采用手动方式，使用实际可行的狭缝宽度1～3nm，对激发侧单色器240～350nm的波长进行扫描，在所得到的谱图上寻找290nm光谱峰，并确定其峰值位置。连续测量三次，按式(4-7)和式(4-9)分别计算波长示值误差和重复性。要求波长示值误差≤±2.0nm，要求波长重复性≤1.0nm。

② 发射侧单色器波长示值误差与波长重复性的测量　将激发侧波长设定在290nm处，将盛有萘-甲醇溶液（1×10^{-4}g/mL）的荧光池放入样品室，仪器的响应时间设置为"快"，扫描速度设置为"中"或采用手动方式，使用的狭缝宽度1～3nm，对发射侧单色器240～400nm的波长进行扫描，在所得到的谱图上寻找331nm的光谱峰，并确定其峰值位置。连续测量三次，按式(4-7)和式(4-9)分别计算波长示值误差和重复性。要求波长示值误差≤±2.0nm；要求波长重复性≤1.0nm。

滤光片型单色器的荧光仪，波长示值误差和重复性的检定又分滤光片和玻璃滤光片两种。

a. 带通型（干涉型）滤光片的透光特性　用紫外-可见分光光度计测量被检测仪器的滤光片在各波长处的透射比，绘制透射比-波长特性曲线（图4-48）。由曲线求出最大透射比T_{max}对应的波长λ_{max}和透射比为$T_{max}/2$时对应的波长λ_1、λ_2，则滤光片峰值波长误差：

$$\Delta\lambda = \lambda - \lambda_{max} \tag{4-10}$$

式中，λ为滤光片峰值波长标称值，规定要

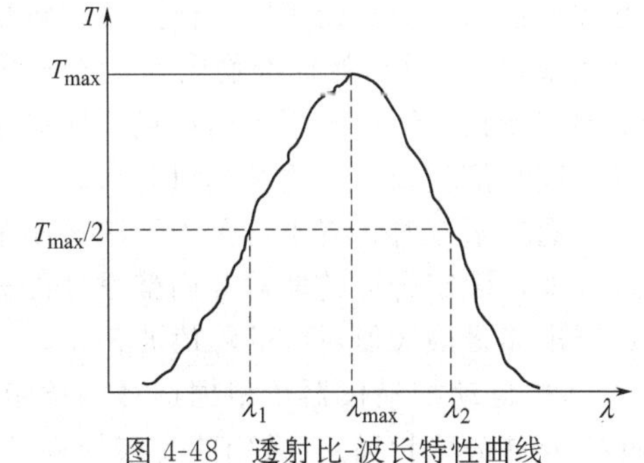

图4-48　透射比-波长特性曲线

求标称值±5nm。

b. 截止型（玻璃）滤光片的透光特性　截止型滤光片的透光特性用半高波长表示。测量方法同带通型，由图 4-48 曲线求出最大透射比 T_{max}，$T_{max}/2$ 时对应的波长 λ_1 为半高波长。规定要求截止型滤光片的半高波长为±10nm。

4.4.1.4　紫外、可见分光光度计

（1）标准物质的选择　根据仪器选择标准物质，见表 4-10。可供选择的标准物质有：①低压石英汞灯、②氧化钬滤光片、③氧化钬溶液、④标准干涉滤光片、⑤镨钕滤光片、⑥镨铒滤光片、⑦1,2,4-三氯苯、⑧仪器氘灯、⑨高压汞灯。

表 4-10　波长标准器的选择

仪器类型	190～340nm(A 段)	340～900nm(B 段)	900～2600nm(C 段)
分析型	①②③	①②③④⑤⑥⑧	⑦⑨
通用型	①②③	①②③④⑤⑥⑧	⑦⑨

根据仪器的工作波长范围正确地选择测量波长。A 段和 B 段每隔 100nm 选择 1 个波长检测点，C 段根据仪器的工作范围参照表 4-11、表 4-12，至少均匀选择 5 个波长检测点。

表 4-11　汞灯参考波长值　nm

编号	波长	编号	波长	编号	波长	编号	波长
1	205.29	7	296.73	13	404.66	19	690.72
2	226.22	8	302.15	14	435.83	20	1014.0
3	230.21	9	313.18	15	491.60	21	1128.8
4	248.20	10	365.02	16	546.07	22	1364.6
5	253.65	11	365.48	17	576.96	23	1349.1
6	275.28	12	366.33	18	579.00	24	1529.6

注：当光谱带宽大于 0.5nm 时不要选择 365.02nm 和 365.48nm 谱线；当光谱带宽大于 2.5nm 时不要选择 365.02nm、365.48nm、576.96nm、579.00nm 谱线。

表 4-12　1,2,4-三氯苯参考波长值　nm

编号	波长	编号	波长	编号	波长	编号	波长
1	1660.6	3	2312.6	5	2437.4	7	2543.0
2	2152.6	4	2403.0	6	2494.0		

（2）测量步骤

① 非自动扫描仪器　使用溶液和滤光片标准物质时，选取仪器的透射比或吸光度测量方式。在测量波长处用空气作空白，将仪器的透射比调整为 100%（0A），插入挡光板透射比调整为 0，然后将标准物质垂直置入样品光路中，读取标准物质的光度测量值，重复上述步骤在波长检测点附近单向逐点测出标准物质的透射比或吸光度，求出相应的透射比谷值或吸光度峰值波长 λ_i，连续测量 3 次。

选择汞灯时，将汞灯置入光源室使汞灯的光入射到单色器入射狭缝，选取仪器的能量测量方式，设定合适的增益并调整汞灯位置，使能量达到最大。然后，在峰值波长附近单向逐点测出能量最大值对应的峰值波长 λ_i，连续测量 3 次。

② 自动扫描仪器　根据选择的检定波长设定仪器的波长扫描范围（如果波长扫描范围较宽允许分段扫描）、常用的光谱带宽、慢速扫描。小于波长重复性指标的采样间隔（如不

能设定样品采样间隔，应选取较慢扫描速度)。使用溶液和滤光片标准物质时，采用透射比或吸光度测量方式，根据设定的扫描参数用空气作空白进行仪器的基线校正，用挡光板进行暗电流校正，然后将标准物质垂直置入样品光路中，设置合适的记录范围，连续扫描 3 次，分别测量透射比谷值或吸光度峰值波长 λ_i。

使用低压石英汞灯时，按照①连续扫描 3 次，分别测量能量的峰值波长 λ_i。

(3) 结果计算　波长示值误差：

$$\Delta\lambda=\bar{\lambda}-\lambda_S \tag{4-11}$$

式中，λ_S 为波长标准值；$\bar{\lambda}$ 为波长测量平均值。

波长重复性 δ_λ 按式(4-8) 计算。

(4) 波长示值误差和重复性应该满足表 4-13 的要求。

表 4-13　波长准确度与波长重复性　nm

波长范围	190～340(A 段)	340～900(B 段)	900～2600(C 段)
波长准确度	分析型≤±1.0 通用型≤±2.0	分析型≤±4.0 通用型≤±6.0	分析型≤±4.0 通用型≤±6.0
波长重复性	分析型≤0.5 通用型≤1.0	分析型≤2.0 通用型≤3.0	分析型≤2.0 通用型≤3.0

4.4.1.5 傅里叶变换红外光谱仪

(1) 波数准确度

① 对于优于 0.5cm^{-1} (含 0.5cm^{-1}) 分辨率的仪器，设定仪器最高分辨率，扫描速度置于最佳位置，扫描次数为 32，截趾函数为 BOXCOR，仪器光阑为最小挡。采集本底光谱，然后，放入充有一氧化碳气体的气体池，采集样品透过率光谱，一氧化碳气体特征峰位为 2193.36cm^{-1}。测量 3 次，计算每次测量值与特征峰位之差并取最大值。其最大值为测得的波数准确度，傅里叶变换红外光谱仪规定波数准确度应小于设定分辨率的 1/2。

② 对低于 0.5cm^{-1}分辨率的仪器，设定仪器分辨率为 4cm^{-1}，扫描速度置于最佳位置，扫描次数为 32。采集本底光谱，然后，放入 0.05mm 厚的聚苯乙烯薄膜标样，采集样品透过率光谱，测量聚苯乙烯薄膜的 3 个特征峰位（峰位见表 4-14）的实测值。测量 3 次，计算每次与特征峰位之差并取最大值。其最大值为测得的波数准确度，对低于 0.5cm^{-1}分辨率的仪器规定波数准确度不超过±1cm^{-1}。

表 4-14　聚苯乙烯薄膜峰位

序号	吸收峰峰位/cm^{-1}
1	3081.87
2	1601.15
3	906.62

表 4-15　一氧化碳气体压强适用范围

分辨率/cm^{-1}	压强/kPa
0.5	4.0
0.125	1.2

(2) 波数重复性

① 对优于 0.5cm^{-1} (含 0.5cm^{-1}) 分辨率的仪器，设定仪器最高分辨率，扫描速度置于最佳位置，扫描次数为 32，截趾函数为 BOXCOR，仪器光阑为最小挡，采集本底光谱。放入充有一氧化碳气体的气体池（压强见表 4-15），采集样品透过率光谱，测一氧化碳气体 2193.36cm^{-1}的准确度，连续重复测量 6 次，取最大值与最小值之差。其差值为测得的波数重复性。对优于 0.5cm^{-1} (含 0.5cm^{-1}) 分辨率的仪器，波数重复性要求小于设定分辨率的 1/2。

② 对低于 0.5cm^{-1}分辨率的仪器，设定仪器分辨率为 4cm^{-1}，扫描速度置于最佳位置，

扫描次数为32，采集本底光谱。放入0.05mm厚的聚苯乙烯薄膜标样，采集样品透过率光谱，连续重复测量6次，测量聚苯乙烯薄膜的3个峰位的实测值，每个峰位的最大值与最小值之差，取最大值。其最大值为测得的波数重复性。对低于$0.5cm^{-1}$分辨率的仪器规定波数重复性不超过$\pm 1cm^{-1}$。

4.4.2 最小光谱带宽或分辨率的测量

4.4.2.1 ICP光谱仪

吸喷5mg含锰标准溶液，用仪器的最小狭缝测量Mn 257.610nm谱线，计算半高宽。

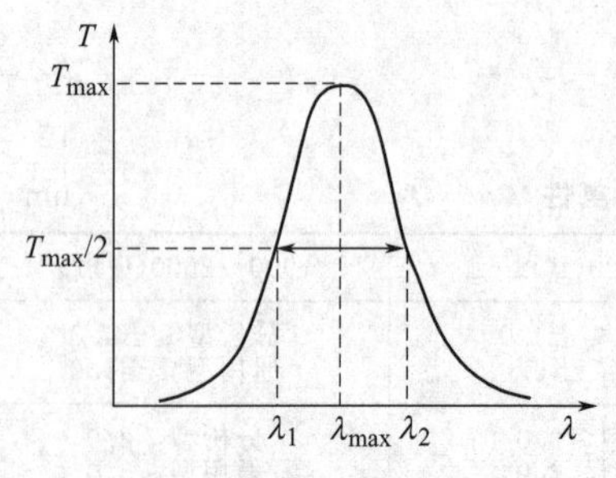

图4-49 谱线半高宽测量示意图

半高宽测量如图4-49所示：谱线半高宽=$(\lambda_1-\lambda_2)$ nm。规定ICP光谱仪测得的半高宽≤0.015nm。

4.4.2.2 原子吸收分光光度计

点亮铜灯，待其稳定后，在光谱带宽0.2nm的条件下，对其324.7nm线进行扫描。然后对扫描谱线的半高宽进行测量，测量如图4-49所示。光谱带宽的偏差为：光谱带宽的偏差=$[(\lambda_1-\lambda_2)-0.2]$nm。对火焰法和石墨炉法规定要求其偏差不超过±0.2nm。

对手动调波长的仪器，由于波长最小分度值的影响，此项用分辨率的测量代替。测量方法如下：点亮锰灯，待其稳定后，在光谱带宽0.2nm；调节光电倍增管高压，使279.5nm谱线的能量为100，然后扫描测量锰双线，此时应能明显分辨出279.5nm和279.8nm两条谱线，且两线间峰谷能量应不超过40%。

4.4.2.3 紫外、可见、近红外分光光度计

具有氘灯的仪器选择氘灯的656.1nm的特征线，没有氘灯的仪器选择汞灯的546.1nm（或253.7nm）的特征线，选择最小光谱带宽，按照“4.4.1.4”中的方法记录氘灯的或汞灯的特征谱线的谱图，按图4-49测量半峰宽即为最小光谱带宽。仪器的最小光谱带宽误差应不超过标称光谱带宽的±20%。

4.4.2.4 傅里叶变换红外光谱仪

红外光谱仪的分辨率应在$4cm^{-1}$、$2cm^{-1}$、$1cm^{-1}$、$0.5cm^{-1}$、$0.25cm^{-1}$、$0.125cm^{-1}$中选择。

（1）设定仪器最高分辨率，扫描速度置于最佳位置，扫描次数为32，截趾函数为BOXCOR，仪器光阑为最小挡。对优于$0.5cm^{-1}$（含$0.5cm^{-1}$）分辨率的仪器采用充有一氧化碳气体池测定，采集本底光谱；放入充有一氧化碳气体的气体池（一氧化碳气体检定分辨率时的气体压强见表4-15），采集样品透过率光谱，采用峰的半高度定义，测一氧化碳气体$2193.36cm^{-1}$谱线的半高宽。

（2）设定仪器最高分辨率，扫描速度置于最佳位置，扫描次数为32，截趾函数为BOXCOR，仪器光阑为最小挡。对低于$0.5cm^{-1}$分辨率的仪器采用空气中水峰测定，采集本底光谱，获得本底光谱能量图，采用峰的半高宽定义，计算所选择$1900\sim1700cm^{-1}$对称水峰谱线的半高宽。

4.4.3 光谱仪重复性与稳定性的测量

4.4.3.1 ICP光谱仪

（1）重复性的测量　在仪器处于正常工作状态下，连续10次测量标准溶液（见表4-16）

制作工作曲线。测量标准溶液（表4-16中的2或3溶液）。计算10次测量值的相对标准偏差（RSD）为重复性。对于Zn、Ni、Cr、Mn、Cu、Ba元素，浓度为0.50～2.00mg/L要求其重复性≤1.5%。

表4-16　ICP光谱仪工作曲线系列标准溶液　　mg/L

序号	Ni	Zn	Mn	Cu	Ba	Cr
1	0	0	0	0	0	0
2	1.00	1.00	0.50	0.50	0.50	1.00
3	2.00	2.00	1.00	1.00	1.00	2.00
4	5.00	5.00	2.50	2.50	2.50	5.00

注：基体为0.5mol/L HNO_3；不确定度$U=2\%$（$k=2$）。

相对标准偏差计算：

$$RSD=\frac{1}{\bar{x}}\sqrt{\frac{\sum_{i=1}^{n}(x_i-\bar{x})^2}{n-1}}\times 100\% \tag{4-12}$$

式中，RSD为相对标准偏差（%）；x_i为测量值（mg/L）；$\bar{x}$为测量平均值（mg/L）；n为测量次数，$n=10$。

（2）稳定性的测量　仪器开机稳定后，吸喷标准溶液，制作工作曲线，测量标准溶液（表4-16中的2或3溶液）。在不少于2h内间隔15min上，重复6次测量，计算6次测量值的相对标准偏差（RSD）为稳定性。计算同式(4-12)，但$n=6$。对于Zn、Ni、Cr、Mn、Cu、Ba元素，在浓度为0.50～2.00mg/L，要求其稳定性≤2.0%。

4.4.3.2　原子吸收分光光度计

（1）火焰原子化法　将仪器各参数调至最佳状态，用空白溶液调零，根据仪器灵敏度的条件，分别在两种不同浓度铜的标准溶液系列中（0，0.5μg/mL，1.0μg/mL，3.0μg/mL或0，1.0μg/mL，3.0μg/mL，5.0μg/mL），选择某一浓度使吸光度在0.1～0.3，进行7次重复测定，用式(4-12)计算其相对标准偏差（RSD），即为仪器火焰原子化法测铜的重复性。要求其重复性≤1.5%。

（2）石墨炉原子化法　将仪器各参数调至最佳状态，用空白溶液调零，根据仪器灵敏度的条件，分别在两种不同浓度镉的标准溶液系列中（0，0.5μg/mL，1.0μg/mL，3.0μg/mL或0，1.0μg/mL，3.0μg/mL，5.0μg/mL），选择某一浓度使吸光度在0.1～0.3，进行7次重复测定，用式(4-12)计算其相对标准偏差（RSD），即为仪器石墨炉原子化法测铜的重复性。要求其重复性≤5%。

（3）基线稳定性测量　在光谱带宽0.2nm条件下，按铜的最佳火焰原子化条件，点燃乙炔-空气火焰，吸喷去离子水10min后，用“瞬时”测量方式，或时间常数不大于0.5s，测定324.7nm谱线的稳定性，记录15min内零点漂移（以起始点为基准计算）和瞬时噪声（峰-峰值）。零点漂移吸光度不超过±0.008(15min内)；瞬时噪声吸光度≤0.006（15min内）。

4.4.3.3　荧光分光光度计

（1）荧光光谱峰值强度重复性　根据激发波长在350nm、发射波长在450nm左右的原则，设定两侧的波长或选择滤光片。用1×10^{-7}g/mL的硫酸奎宁溶液，见光3min后，对发射波长从365nm至500nm重复扫描三次或记录仪器示值。

光谱峰值强度的重复性由式(4-13)计算：

$$\delta_F=\frac{\max\left|F_i-\frac{1}{3}\sum_{i=1}^{3}F_i\right|}{\frac{1}{3}\sum_{i=1}^{3}F_i}\times 100\% \tag{4-13}$$

式中，F_i为光谱峰值强度读数，要求仪器测量荧光光谱峰值强度的重复性≤1.5%。

(2) 稳定度

① 调节灵敏度中等程度。关闭光闸门，记录10min内的漂移。要求在10min内零线漂移≤0.50。

② 置激发波长和发射波长为450nm，置激发和发射狭缝宽度为10nm漫反射板放入样品室，调节灵敏度，使示值为90%，见光3min后，观察10min内的示值的变化。要求荧光强度示值上限在10min内的漂移不超过±1.5%。

4.4.3.4 紫外、可见分光光度计

(1) 透射比最大允许误差和重复性

① 透射比最大允许误差应该满足表4-17的要求；重复性应该满足表4-18的要求。

表4-17 透射比最大允许误差

仪器类型	190～340nm(A段)	340～900nm(B段)
分析型	±1.0	±1.0
通用型	±2.0	±2.0

表4-18 透射比重复性

仪器类型	190～340nm(A段)	340～900nm(B段)
分析型	≤0.5%	≤0.5%
通用型	≤1.0%	≤1.0%

② 测量方法

a. 用质量分数为0.06000/1000重铬酸钾的0.001mol/L高氯酸标准溶液及标准石英吸收池（规格为10.0mm，其透射比配套误差不大于0.2%），分别在235nm、257nm、313nm、350nm处测量透射比3次，或者用紫外光区的透射比滤光片测量。

b. 用透射比标称值为10%、20%、30%的光谱中性滤光片，分别在440nm、546nm、635nm处，以空气为参比，测量透射比3次。

c. 结果计算　透射比示值误差为：

$$\Delta T=\overline{T}-T_S \tag{4-14}$$

式中，T_S为透射比标准值（见表4-19）；$\overline{T}$为3次测量的平均值。

透射比重复性

$$\delta_T=T_{max}-T_{min} \tag{4-15}$$

式中，T_{max}和T_{min}分别为3次测量透射比的最大值与最小值。

表4-19 重铬酸钾标准溶液在20℃时相应波长下不同光谱通带的透射比值　%

带宽/nm \ 波长/nm	235	257	313	350
1	18.1	13.6	51.3	22.8
2	18.1	13.7	51.3	22.8
3	18.1	13.7	51.2	22.8
4	18.2	13.7	51.1	22.9
5	18.2	13.8	51.0	22.9
6	18.2	13.8	50.9	22.9

（2）稳定度的检定

① 仪器波长取500nm，光谱带宽2nm，样品和参比光束皆空白，调整透射比100%后，在样品光束端插入挡光板，观察0线变化2min，读出最大峰（谷）值之差为0线噪声。

② 仪器波长置于500nm，光谱带宽2nm，样品和参比光束皆空白，调节透射比100%，取时间扫描方式，观察100%线噪声2min。波长置于770nm或230nm，按上述方法，分别观察该2个波长处的100%线噪声。2min内可读出的最大的1个峰（谷）值之差定为仪器100%线的噪声。对透射比范围仅有0～100%挡的仪器，可用95%代替100%。

③ 按①操作，观察100%线的漂移30min。30min内可读出的最大值和最小值之差定为仪器100%线的漂移。

④ 仪器的稳定度应符合表4-20的要求。

表4-20 紫外-近红外分光光度计仪器的稳定度

级别	0线噪声	100%线噪声	漂移
A	≤0.1%	≤0.5%	≤0.5%/30min
B	≤0.2%	≤1.0%	≤1.0%/30min

4.4.3.5 傅里叶变换红外光谱仪

（1）基线重复性 仪器稳定后，在$4cm^{-1}$分辨率条件下，扫描5次，测量100%线；每间隔10min测量1次，共测量6次。纵坐标扩展，由计算机或绘图仪输出每次的测量噪声最高值和最低的值。中红外取2100～2000cm^{-1}的峰的峰值。B_{max}为6个最高值中的最大值，B_{min}为6个最低值中的最小值。

基线重复性$=100\%-(B_{max}-B_{min})$，基线重复性应优于99.5%。

（2）波数重复性 仪器稳定后，设定$4cm^{-1}$分辨率，测量聚苯乙烯标样的吸收光谱，扫描5次，每次间隔10min，共测量6次。用计算机输出各吸收谱带值。波数重复性应不小于测量时设定分辨率的50%。

（3）吸收强度重复性 仪器稳定后，在$4cm^{-1}$分辨率条件下测量0.03mm聚苯乙烯标样的吸收光谱，扫描5次，每次间隔10min，共测量6次。读出吸光度的最大值和最小值。最大相对偏差应小于0.005吸光度值。

（4）透过率重复性 按（3）的测量条件及检定方法，在4000～400cm^{-1}透过率变动不大于0.1%τ。

4.5 色谱仪性能参数测量

现代色谱分析法的种类繁多，许多混合物样品都能找到适合的色谱分析法进行分离和分析。目前色谱分析法已广泛应用于许多领域，成为十分重要的分离分析手段。所有的色谱分析方法有一个共同特点：必须具备两个相，固定相和流动相。流动相携带混合物流经固定相，由于混合物中各组分与固定相相互作用的强弱存在差异，不同组分在固定相滞留的时间长短不同，从而按先后不同的次序从固定相流出。所以，色谱流动相的稳定性、固定相的柱效及检测器的检出能力是色谱类仪器监测的主要性能参数。

4.5.1 流动相的稳定性测量

4.5.1.1 气相色谱仪

载气流量稳定性检定：

选择适当的载气流速，待稳定后，用流量计测量载气流量（F），按式(4-16)计算：

$$F=V/t \tag{4-16}$$

式中，F 为流量测定值（mL/min）；V 为在 t 时间内测量的载气体积（mL）；t 为测量时间（min）。

在 15～20min 内连续测量 7 次，按式(4-17) 计算载气流量稳定性。

$$RSD_F=\sqrt{\frac{\sum_{i=1}^{7}(F_i-\overline{F})^2}{7-1}}\times\frac{1}{\overline{F}}\times100\% \tag{4-17}$$

式中，RSD_F 为载气流量稳定性；F_i 为第 i 次流量测量值；$\overline{F}$ 为 7 次流量测量结果的平均值。

规定气相色谱仪载气流量稳定性≤1.0%。

4.5.1.2 液相色谱仪

（1）泵流量设定值误差 S_S 与泵流量稳定性误差 S_R 必须符合表 4-21 要求。

表 4-21 泵流量设定值误差 S_S 和泵流量稳定性误差 S_R 的要求

流量设定值/(mL/min)		0.5	1.0	2.0
测量次数		3	3	3
流动相收集时间/min		10	5	5
允许误差	S_S	5%	3%	2%
	S_R	3%	2%	2%

注：1. 最大流量的设定值可根据用户使用情况而定。

2. 对特殊的、流量小的仪器，流量的设定可根据用户使用情况选大、中、小三个流量，流动相的收集时间则根据情况适当缩短或延长。

（2）泵流量设定值误差 S_S、流量稳定性误差 S_R 的检定　按表 4-21 的要求设定流量，启动仪器，压力稳定后，在流动相出口处用事先清洗称重过的容量瓶收集流动相，同时用秒表计时，收集表 4-21 规定时间流出的流动相，在分析天平上称重，按式(4-18)、式(4-19) 计算 S_S 和 S_R。

$$F_m=\frac{W_2-W_1}{\rho_t t}$$

$$S_S=(\overline{F}_m-F_S)/F_S\times100\% \tag{4-18}$$

$$S_R=(F_{max}-F_{min})/\overline{F}_m\times100\% \tag{4-19}$$

式中，F_m 为流量实测值（mL/min）；W_2 为容量瓶＋流动相的质量（g）；W_1 为容量瓶的质量（g）；ρ_t 为实验温度下流动相的密度（g/cm³）；t 为收集流动相的时间（min）；$\overline{F}_m$ 为同一组测量的算术平均值（mL/min）；F_S 为流量设定值（mL/min）；F_{max} 为同一组测量中流量最大值（mL/min）；F_{min} 为同一组测量中流量最小值（mL/min）。

（3）梯度误差的检定　由梯度控制装置设置阶梯式的梯度洗脱程序，A 溶剂为纯水，B 溶剂为含 0.1%丙酮的水溶液，B 经由 5 个阶梯从 0 变到 100%，如图 4-50 所示。将输液泵和检测器连接（不接色谱柱），开机后以 A 溶剂冲洗系统，基线平稳后开始执行梯度程序，画出梯度变化曲线。求出 A、B 溶剂不同比例时的输出信号值（或记录仪读数），重复测量 2 次，计算平均值。从 B 溶剂的含量及对应的输出信号值（或记录仪读数），按式(4-20) 计算梯度误差 G_{ci}，取 G_{ci} 最大者作为仪器梯度误差。梯度误差 G_{ci} 要求不超过 ±3%。

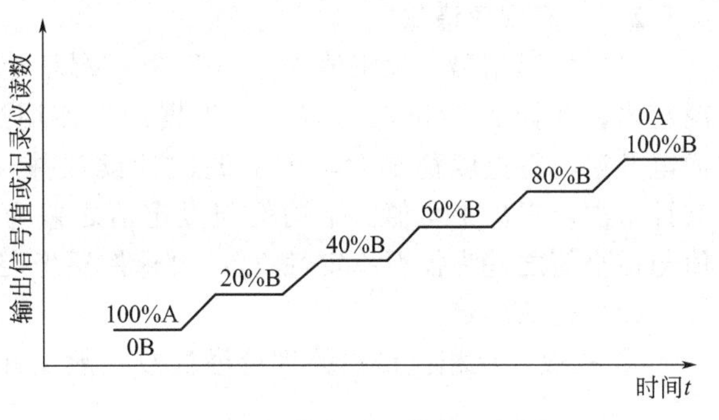

图 4-50 梯度误差检定示意图

$$G_{ci}=\frac{\overline{L}_i-\overline{L}_m}{\overline{L}_m}\times 100\% \tag{4-20}$$

式中，G_{ci} 为第 i 段梯度误差（%）；$\overline{L}_i$ 为第 i 段输出信号值（或记录仪读数）平均值；$\overline{L}_m$ 为各段输出信号（或记录仪读数）平均值的平均值。

4.5.2 固定相性能的测量

4.5.2.1 气相色谱仪

（1）柱箱温度稳定性检定 把铂电阻温度计的连线连接到数字多用表（或色谱仪检定专用测量仪）上，然后把温度计的探头固定在柱箱中部，设定柱箱温度为 70℃。加热升温，待温度稳定后，观察 10min，每变化一个数记录一次，求出数字多用表最大值与最小值所对应的温度差值。其差值与 10min 内温度测量的算术平均值的比值，即为柱箱温度稳定性。要求柱箱温度稳定性在 10min 内≤0.5%。

（2）程序升温重复性检定 按柱箱温度稳定性检定的检定条件和检定方法进行程序升温重复性检定。选定初温 50℃终温 200℃。升温速率 10℃/min 左右。待初温稳定后，开始程序升温，每分钟记录数据一次，直至终温稳定。此实验重复 2～3 次，求出相应点的最大相对偏差，其值应≤2%。结果按式(4-21) 计算。

$$相对偏差=\frac{t_{max}-t_{min}}{\overline{t}}\times 100\% \tag{4-21}$$

式中，t_{max} 和 t_{min} 分别为相应点的最大和最小温度（℃）；$\overline{t}$ 为相应点的平均温度（℃）。

（3）分离度和柱效测定

① 分离度 在正常工作条件下，待仪器稳定后，由进样系统注入标准物质进行色谱分离。可用正丁烷和异丁烷或用邻二甲苯和间二甲苯。由色谱图得到的数据按式(4-22) 计算色谱柱的分离度 R。一般要求≥1.0。

$$R=\frac{2(t_{R2}-t_{R1})}{W_2+W_1} \tag{4-22}$$

式中，t_{R1} 和 t_{R2} 分别为正丁烷和异丁烷（或邻二甲苯和间二甲苯）色谱峰的保留时间（min）；W_1 和 W_2 分别为正丁烷和异丁烷（或邻二甲苯和间二甲苯）色谱峰的峰底宽（min）。

② 色谱柱效按式(4-23) 计算。一般要求≥5×10^4/m。

$$n=5.54\left(\frac{t_r}{W_{h/2}}\right)^2\times 1000/L \tag{4-23}$$

式中，n 为理论塔板数；t_r 为选定色谱峰的保留时间（min，时间测量需精确到 0.02min）；$W_{h/2}$ 为选定色谱峰半高宽（min）；L 为色谱柱长（mm）。

4.5.2.2 液相色谱仪

（1）柱温箱温度设定值误差 ΔT_{δ} 和控温稳定性 T_c 的检定　将数字温度计探头固定在柱温箱内，选择35℃和45℃（也可根据用户使用温度设定）进行检定。按仪器说明书操作，通电升温，待温度稳定后，记下温度计读数并开始计时，以后每隔10min记录一次读数，共计7次，求出平均值。平均值与设定值之差为 ΔT_{δ}，要求 $\Delta T_{\delta} \leqslant \pm 2℃$。7次读数中最大值与最小值之差为控温稳定性 T_c，要求控温稳定性 $T_c \leqslant 1℃$。

（2）柱效测定

① 柱效　反相色谱柱的理论塔板数一般在 $3\times10^4 \sim 4\times10^4 m^{-1}$，正相色谱柱的理论塔板数在 $4\times10^4 \sim 5\times10^4 m^{-1}$。

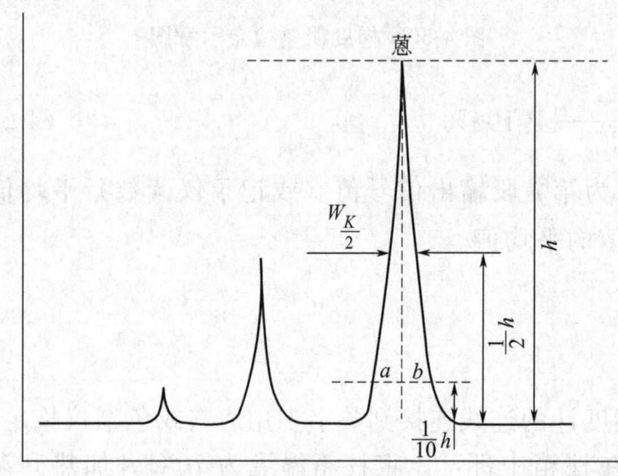

图 4-51　色谱峰示意图

② 测定方法

a. 测试条件和标准溶液　色谱柱性能测试条件和液相色谱仪的检定条件基本相同。反相色谱柱测试用的标准溶液为 10^{-4} g/mL 尿嘧啶、10^{-5} g/mL 联苯和蒽（萘）的甲醇溶液，正相色谱柱测试用的标准溶液为 10^{-2} mL/mL 甲苯和 10^{-4} mL/mL 硝基苯的正己烷溶液。

b. 操作　将被测试的色谱柱接到检定合格的液相色谱仪器上，反相柱用甲醇＋水（85%＋15%）为流动相，流速为1mm/s（内径为4.6mm色谱柱，流量为1.0mm/min），紫外检测器波长为254nm，灵敏度选择在0.04左右，记录纸速为10～20mm/min。按说明书操作，开启仪器稳定后，从进样口注入10μL反相柱测试标准溶液，记录色谱图（如图4-51），由式(4-21)计算色谱柱效，重复测量3次，取平均值。

正相色谱柱的柱效测试条件和方法与反相柱基本相同，只是流动相为正己烷＋异丙醇（99.5%＋0.5%），注入正相色谱柱测试标准溶液。

4.5.3　检测器的检出能力测定

4.5.3.1 气相色谱仪

表4-22列出了气相色谱仪各检测器性能测定条件。

（1）热导池（TCD）检测器灵敏度测定

① 用液体标准物质检定　按表4-22的检定条件，待基线稳定后，用校准的微量注射器，注入1～2μL浓度为5mg/mL或50mg/mL的苯-甲苯溶液，连续进样6次，记录苯峰面积。

② 用气体标准物质检定　按表4-22的检定条件，进入1%（mol/mol）的 CH_4/N_2、CH_4/H_2 或 CH_4/He 标准气体，连续进样6次，记录甲烷峰面积。

③ 灵敏度的计算

$$S_{TCD}=\frac{AF_c}{W} \tag{4-24}$$

式中，S_{TCD} 为TCD灵敏度（mV·mL/mg）；A 为苯峰或甲烷峰面积算术平均值（mV·min）；W 为苯或甲烷的进样量（mg）；F_c 为校正后的载气流速（mL/min，载气流速的校正见附录2）。

表 4-22 气相色谱仪各检测器性能测定条件一览表

测定条件＼检测器	热导池(TCD)	火焰离子化(FID)	火焰光度(FPD)	电子俘获(ECD)	氮磷(NPD)
色谱柱	液体检定:填充柱长 1m,5%OV-101,80～100 目白色硅烷化载体(或其他能分离的固定液和载体) 毛细管柱 0.53mm 或 0.32mm 口径 气体检定:60～80 目分子筛或高分子小球,填充柱或毛细管柱				
载气种类	N_2,H_2,He	N_2,H_2,He	N_2,He	N_2,H_2,He	N_2,He
载气流速/(mL/min)	30～60	50 左右	50 左右	30～60	50 左右
燃气	—	H_2 流速选择适当	H_2 流速选择适当	—	H_2 流速按说明书
助燃气	—	Air 流速选择适当	Air 流速选择适当	—	Air 流速按说明书
柱箱温度	液体检定 70℃左右 气体检定 30℃左右	液体检定 160℃左右 气体检定 50℃左右	210℃左右	210℃左右	180℃左右
汽化室温度	液体,气体检定都是 120℃左右	液体检定 230℃左右 气体检定 120℃左右	230℃左右	230℃左右	230℃左右
检测室温度	100℃左右	液体检定 230℃左右 气体检定 120℃左右	250℃左右	230℃左右	230℃左右
桥电流温度或热丝温度	选灵敏值	—	—	≥1nA 或自动调节	—
量程	—	选最佳挡	选最佳挡	选最佳挡	选最佳挡
背景	—	—	—		适当选择

注：1. 用毛细管柱测定采用不分流进样。载气流速：口径 0.53mm 为 6～15mL/min，口径 0.32mm 为 4～10mL/min，补充气流速适当选择。

2. 在 NPD 测定前先老化铷珠。老化方法参考仪器使用说明书。

3. 载气纯度：对 TCD、FID 应不低于 99.995%；对 FPD、ECD、NPD 应不低于 99.999%。燃气纯度应不低于 99.99%，助燃气不得含有影响仪器正常工作的灰尘、烃类、水分及腐蚀性物质。

用记录器记录峰面积时，苯峰或甲烷峰的半峰宽应不小于 5mm，峰高不低于记录器满量程的 60%，式(4-24) 中的峰面积 A 按式(4-25) 计算。

$$A=1.065C_1C_2A_0K \tag{4-25}$$

式中，A 为苯峰或甲烷峰面积（cm^2）；C_1 为记录器灵敏度（mV/cm）；C_2 为记录器纸速的倒数（min/cm）；A_0 为实测峰面积的算术平均值（cm^2）；K 为衰减倍数。

TCD 检测器灵敏度要求灵敏度≥800mV·mL/mg。

（2）火焰离子化（FID）检测器检测限测定

① 用液体标准物质检定　按表 4-22 的检定条件，使仪器处于最佳运行状态，待基线稳定后，用微量注射器注入 1～2μL 浓度为 100ng/μL 或 1000ng/μL 的正十六烷-异辛烷溶液，连续进样 6 次，记录正十六烷峰面积。

② 用气体标准物质检定　按表 4-22 的检定条件，进入 100μmol/mol 的 CH_4/N_2 标准气体，连续进样 6 次，记录甲烷峰面积。

③ 检测限的计算

$$D_{FID}=\frac{2NW}{A} \tag{4-26}$$

式中，D_{FID}为 FID 检测限（g/s），要求 $D_{FID}\leqslant 5\times10^{-10}$ g/s；N 为基线噪声（A）；W 为正十六烷或甲烷的进样量（g）；A 为正十六烷或甲烷峰面积的算术平均值（A·s）。

（3）火焰光度（FPD）检测器检测限测定

① 检测限测定　按表4-22的检定条件，使仪器处于最佳运行状态，待基线稳定后，用微量注射器注入浓度为10ng/μL的甲基对硫磷-无水乙醇溶液。进样1～2μL连续进样6次，记录硫或磷的峰面积。

② 检测限的计算

硫：
$$D_{FPD}=\sqrt{\frac{2N(Wn_S)^2}{h(W_{1/4})^2}} \tag{4-27}$$

要求硫的检测限≤5×10^{-10}g/s。

磷：
$$D_{FPD}=\frac{2NWn_P}{A} \tag{4-28}$$

要求磷的检测限≤1×10^{-10}g/s。

式中，D_{FPD}为FPD对硫或磷的检测限（g/s）；N为基线噪声（mV）；A为磷峰面积的算术平均值（mV·s）；W为甲基对硫磷的进样量（g）；h为硫的峰高（mV）；$W_{1/4}$为硫的峰高1/4处的峰宽（s）；n_S为甲基对硫磷中硫原子的质量分数，n_S＝甲基对硫磷分子中的硫原子个数×硫的相对原子质量/甲基对硫磷的摩尔质量＝32/263.2＝0.122；n_P为甲基对硫磷中磷原子的质量分数，n_P＝甲基对硫磷分子中的磷原子个数×磷的相对原子质量/甲基对硫磷的摩尔质量＝31/263.2＝0.118。

(4) 电子俘获（ECD）检测器检测限测定

① 检测限测定　按表4-22的检定条件，使仪器处于最佳运行状态，待基线稳定后，用微量注射器注入浓度为0.1ng/μL的丙体六六六-异辛烷溶液。进样1～2μL连续进样6次，记录丙体六六六峰面积。

② 检测限的计算

$$D_{ECD}=\frac{2NW}{AF_c} \tag{4-29}$$

式中，D_{ECD}为ECD的检测限（g/mL），要求≤5×10^{-12}g/mL；N为基线噪声（mV）；W为丙体六六六的进样量（g）；A为丙体六六六峰面积的算术平均值（mV·min）；F_c为校正后的载气流速（mL/min）。

(5) 氮磷（NPD）检测器检测限测定

① 检测限测定　按表4-22的检定条件，选择量程灵敏挡和适当的衰减，用微量注射器注入1～2μL浓度为10ng/μL的偶氮苯-10ng/μL的马拉硫磷-异辛烷混合溶液。连续进样6次，计算偶氮苯（或马拉硫磷）峰面积的算术平均值。

② 检测限的计算

氮：
$$D_{NPD}=\frac{2NWn_N}{A} \tag{4-30}$$

式中，W为注入的样品中所含偶氮苯的含量（g）；A为偶氮苯峰面积的算术平均值；n_N为偶氮苯中氮原子的质量分数，n_N＝偶氮苯分子中氮原子的个数/偶氮苯的摩尔质量×氮的相对原子质量＝(2×14)/182.23＝0.154。

要求氮的检测限≤5×10^{-12}g/s。

磷：
$$D_{NPD}=\frac{2NWn_P}{A} \tag{4-31}$$

式中，W为注入的样品中所含马拉硫磷的含量（g）；A为含马拉硫磷峰面积的算术平均值。

要求磷的检测限≤1×10^{-11}g/s。

4.5.3.2 液相色谱仪

（1）紫外-可见光检测器和二极管阵列检测器检出能力的检定　选用 C_{18} 色谱柱，以100%甲醇为流动相，流量为 1.0mL/min，紫外检测器的波长选在 254nm，检测灵敏度调到最灵敏挡，记录纸速调至 5～10mm/min。用微量注射器从进样口注入 10～20μL 的 10^{-7} g/mL 的萘/甲醇溶液，记录色谱图，由色谱峰高和基线噪声峰的峰高，按式(4-32) 计算最小检测浓度 c_L（按 20μL 进样量计算）。

$$c_L = \frac{2N_d cV}{20H} \tag{4-32}$$

式中，c_L 为最小检测浓度（g/mL）；N_d 为基线噪声峰的峰高（mm）；c 为标准溶液浓度（g/mL）；H 为标准溶液的色谱峰高（mm）；V 为进样体积（μL）。

要求最小检测浓度不超过 1×10^{-7} g/mL 萘/甲醇溶液。

（2）荧光检测器检出能力的检定　选用 C_{18} 色谱柱，以 85%甲醇/水溶液为流动相，流量为 1.0mL/min，灵敏度选在最灵敏挡，激发波长选在 345nm，发射波长选在 455nm，待基线稳定后由进样器注入 10～20μL 的 1×10^{-9} g/mL 的硫酸奎宁/高氯酸水溶液，记录色谱图，按式(4-32) 计算最小检测浓度 c_L。要求最小检测浓度不超过 1×10^{-9} g/mL 硫酸奎宁/高氯酸水溶液。

（3）差示折射率检测器检出能力的检定　选用 C_{18} 色谱柱，将仪器各部分连接好，以 HPLC 用水为流动相，流量为 1mL/min，参比池充满流动相，灵敏度选择在最灵敏挡，接通电源，待基线稳定后由进样器注入 10～20μL 的 1×10^{-5} g/mL 丙三醇水溶液，记录色谱图，按式(4-32) 计算最小检测浓度 c_L。要求最小检测浓度不超过 5×10^{-6} g/mL 丙三醇/水溶液。

4.5.4 整机定量重复性的测量

4.5.4.1 气相色谱仪

定量重复性以溶质峰面积测量的相对标准偏差 RSD 表示，依式(4-33) 计算：要求定量测量重复性不超过 3.0%。

$$RSD_{n,\text{定性(定量)}} = \sqrt{\sum_{i=1}^{n}(X_i - \overline{X})^2/(n-1)} \times \frac{1}{\overline{X}} \times 100\% \tag{4-33}$$

式中，$RSD_{n,\text{定性(定量)}}$ 为定性（定量）测量重复性相对标准偏差；n 为测量次数；X_i 为第 i 次测得的保留时间或峰面积；$\overline{X}$ 为 n 次测量结果的算术平均值；i 为测量序号。

4.5.4.2 液相色谱仪

将仪器各部分连接好，选用 C_{18} 色谱柱，根据仪器配置的检测器，选择流动相和测量参数：紫外检测器和二极管阵列检测器用 100%甲醇为流动相，流量为 1.0mL/min，检测波长为 254nm，灵敏度选择在 0.04 左右，基线稳定后由进样器注入 5～10μL 的 1×10^{-4} g/mL 萘/甲醇标准溶液。荧光检测器用 85%甲醇/水溶液做流动相，流量为 1.0mL/min，激发波长和发射波长分别为 345nm 和 455nm，灵敏度选在中间挡，基线稳定后注入 5～10μL 的 1×10^{-6} g/mL 硫酸奎宁/高氯酸水溶液。差示折射率检测器用 100%的水为流动相，流量为 1.0mL/min，灵敏度选在中间挡，注入 5～10μL 的 1×10^{-3} g/mL 的丙三醇水溶液。连续测量 6 次，记录色谱峰的保留时间和峰面积，按式(4-33) 计算相对标准偏差 RSD_6。

要求：定性测量重复性（6 次测量）RSD_6 不超过 1.5%，定量测量重复性（6 次测量）RSD_6 不超过 3.0%。

4.6 胶体与界面化学测量技术

胶体与界面化学是研究界面现象及除小分子分散体系以外的多相分散体系物理化学性质的科学。所谓分散体系，指的是一种物质以细微质粒的形式分散于一个连续介质中所形成的体系。胶体化学所研究的体系，其分散相质粒的直径在 $10^{-9}\sim10^{-6}$ m。胶体化学的研究内容涉及各种界面现象、表面层结构与性质（如凝聚态物体的表面、界面特点与性质，吸附作用，润湿作用，表面活性剂溶液性质及其各种有序组合体的结构、性质与应用，膜的化学等），各种分散体系（如溶胶、凝胶、乳状液、泡沫、气溶胶等）的形成与性质（如动力性质、电学性质、光学性质、流变性质、稳定性等）。

在胶体分散体系中，分散相粒子的高分散性使体系的性质受粒子的大小、形状、表面特点、粒子与粒子及粒子与分散介质分子间相互作用的影响，而具有与真溶液、粗分散体系不同的物理性质。对胶体分散体系的形成与性质的分析与研究是胶体化学的主要内容。有一些粗分散体系（如乳状液、泡沫、气溶胶、悬浮体）的分散相粒子大于胶体粒子，但它们的性质却有相同或相近之处，因而这些体系也多属于胶体科学的研究范围。

在多相胶体分散体系中，分散相与分散介质间巨大的相界面足以决定和影响体系的许多性质。因此，主要考察界面的性质及各种影响因素就构成了界面化学的主要内容。当然，界面化学并不仅限于研究胶体分散体系中的界面现象，而是涉及宏观凝聚态各种界面的性质及应用。

胶体化学与界面化学密不可分。胶体化学中必然涉及界面化学，如胶体体系的制备必是分散相与分散介质之间大而新的界面的形成，胶体体系的稳定性常与粒子界面介电性质有关，胶体体系和某些粗分散体系是界面化学研究的实际体系。因此，常将二者合二为一称为胶体与界面化学。

4.6.1 表面与界面

两相之间的接触面称为界面。在胶体化学中，两相中有一相为气相的界面则可称表面。胶体所研究的体系有着巨大的界面或表面，通常以单位质量或单位体积物质的表面积来衡量该物质的分散程度。

4.6.1.1 表面能与表面张力

液体表面分子在外侧方向没有其他分子的作用，因而液体表面分子比内部分子具有更高的平均位能，故液体有尽量缩小表面积的倾向。让液体增大单位面积时，要由外界对液体做功，其所需要的能量称为液体的表面能或表面自由能。

表面能的热力学表达式为：

$$dG_{T,p}=\gamma dA \tag{4-34}$$

$$\gamma=\left(\frac{\partial G}{\partial A}\right)_{T,p} \tag{4-35}$$

式中，G 为 Gibbs 自由能；A 为表面积；γ 为表面张力。

式(4-35) 即为表面张力 γ 的热力学定义：在恒温恒压条件下，体系增加一单位表面积时所需的能量称为该液体的表面能。γ 的单位为 $J\cdot m^{-2}$，是能量单位；而 $J\cdot m^{-2}=N\cdot m\cdot m^{-2}=N\cdot m^{-1}$，是力的单位。其物理意义为：表面层的分子垂直作用在单位长度的线段或边界上且与表面平行或相切的收缩力，称为表面张力。它与表面自由能的概念不同，但量纲一致。

4.6.1.2 液体表（界）面张力的测定方法

测定液体表（界）面张力的方法分为三类：静态法、半静态法和动态法。

静态法：使表（界）面与体相溶液处于静止平衡状态。如毛细管升高法和滴外形法等。

半静态法：测定过程中表（界）面周期性更新。如最大泡压法和滴体积（重）法等。

动态法：测定中液体表（界）面周期性伸缩变化与表（界）面形成的时间有关，从而求出不同时间的表（界）面张力（即动态表面张力）。如震荡射流法等。

（1）毛细管升高法 如图 4-52 所示，当液体与毛细管管壁间的接触角 θ 小于 90°时（液体润湿毛细管），管内的液面成凹面，弯曲的液面对于下层的液体施加负压力，导致液面在毛细管中上升，直到压力平衡为止。

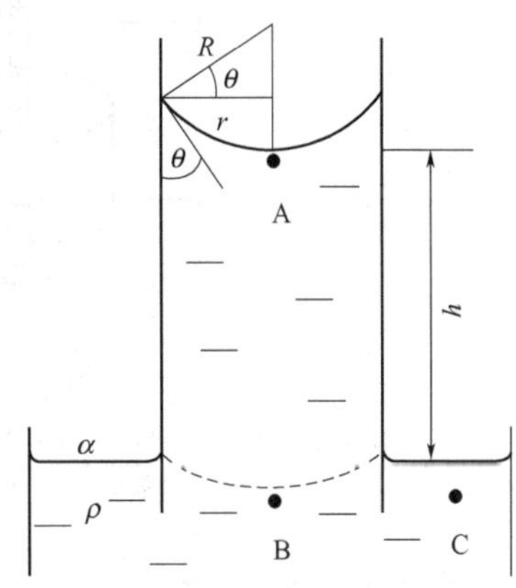

图 4-52 毛细管升高法测表面张力示意图

$$\Delta p=p_s=\frac{2\gamma}{R/\cos\theta}=\Delta\rho gh \qquad (4\text{-}36)$$

$$\gamma=\Delta\rho ghR/2\cos\theta \qquad (4\text{-}37)$$

$$R\cos\theta=r$$

式中，$\Delta\rho$ 为液体与气体的密度差；g 为重力加速度；h 为液体在毛细管中上升的高度；R 为液体在毛细管中形成弯液面的曲率半径；r 为毛细管半径。

通过测量液面升高的高度 h，在已知毛细管内径和液体与毛细管管壁间的接触角时，从式(4-37) 可计算出表面张力。这是一种经典及直观的方法，常被用来作为教学示范和学生实验。

（2）吊片法和脱环法（拉脱法） 吊片法通称 Wilhelmy（威廉米）吊片法，此法是将一薄片（玻璃、云母、铂片等）悬吊在天平一臂上，使其底边与液面平行，测定底边刚接触液面时所受的拉力 f，通过式(4-39) 求出液体的表面张力。

$$f=\gamma\cdot 2(l+d) \qquad (4\text{-}38)$$

$$\gamma=f/2(l+d)\approx f/2l \qquad (4\text{-}39)$$

式中，l 和 d 分别为薄片的边长和厚度。

吊片法是一种静态法，不需任何校正因子和密度等数据，但最好选择 $\theta=0°$ 的薄片材料。也可以用其他几何形状的探针如圆棒、球等来代替平板，测量原理相同，被称为改变威廉米平板法。

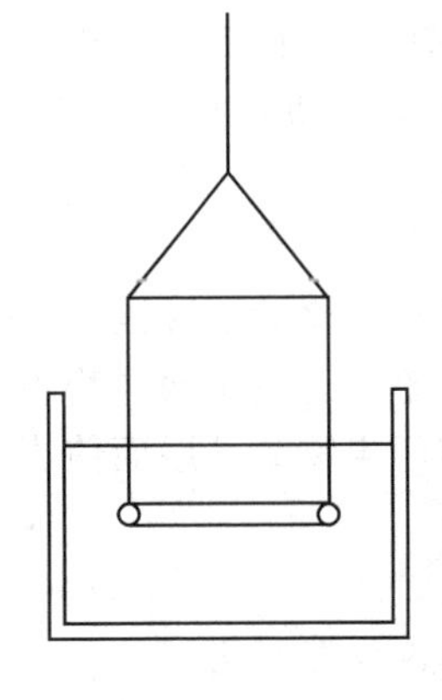

图 4-53 脱环法测表面张力示意图

脱环法也称 Dunouy 环法（图 4-53），该法是用一扭力丝装置测量，使一金属环（通常用铂环）从表（界）面拉离开所需的力 p，显然，力 p 应等于拉起液体的重力，也应和表面张力与圆环内外总长度的乘积相等，即：

$$p=mg=4\pi(R'+r)\gamma=4\pi R\gamma \qquad (4\text{-}40)$$

式中，R' 为圆环内半径；r 为环的金属丝半径；R 为环平均半径。

（3）最大气泡压力法 最大气泡压力法的实验装置简单，操作方便，更重要的是该方法不必测定接触角和液体密度。气泡刚形成时，由于表面几乎是平的，所以曲率半径 R 极大；当气泡形成半球形时，曲率半径 R 等于毛细管半径 r，此时 R 值最小。随着气泡的进一步增大，R 又趋增大，直至逸出液面。测得了气泡成长过程中的最高压力差，在已知毛细管半径的情况下就能计算出表面张力。本方法既可用以测量静态表面张力，也适用于测量表面张力随时间的变化，即动态表面张力。其装置简图见图 4-54。

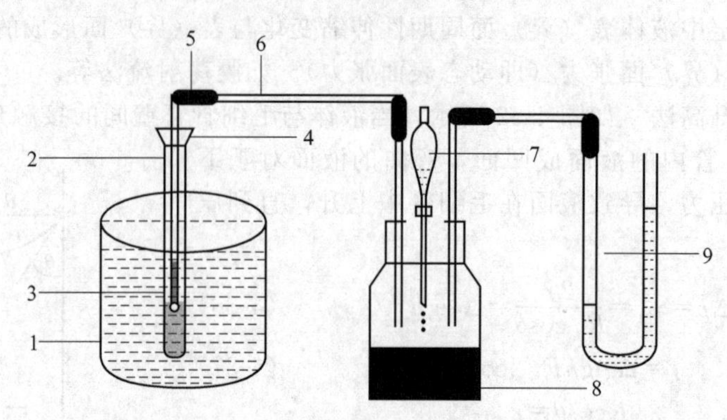

图 4-54 最大泡压法测定表面张力装置示意图

1—恒温水浴装置；2—内装待测液体的测定管；3—毛细管；4—橡胶塞（一侧有豁口，保存系统与大气相通）；5—橡胶管；6—玻璃导气管；7—分液漏斗；8—广口瓶；9—U 形压力计

根据 Laplace 公式：

$$\Delta p_{\max}=\frac{2\gamma}{r} \tag{4-41}$$

最大压力差可用 U 形压力计两臂最大高度差 Δh 来表示：

$$\Delta p_{\max}=\rho g\,\Delta h_{\max} \tag{4-42}$$

将式(4-41) 与式(4-42) 联立，整理得：

$$\gamma=\frac{r}{2}\rho g\,\Delta h_{\max}=K'\Delta h_{\max} \tag{4-43}$$

在使用上述公式时应注意：①毛细管紧贴液面时适用，若毛细管口没入液体一定深度，需对没入深度的静压力予以校正；②液体能润湿毛细管口时 r 用毛细管外径，不能润湿时用内径。

(4) 滴体积法（滴重法） 根据从半径为 r 的垂直滴管末端滴落的液滴体积 V 或重力 W 求算表面张力的方法。

$$W=mg=V\rho g=2\pi r\gamma \tag{4-44}$$

当液体能润湿管端，r 应为管端外径，不润湿时为内径。实际上，在毛细管口之液滴逐渐增大时液滴与管口间形成圆柱状细颈，液滴脱落时在此处断开，管口下液体并不全部脱落。且由于形成细颈时表面张力方向并不与管端垂直。因此对式(4-44) 应进行校正：

$$W=mg=2\pi r\gamma f \tag{4-45}$$

式中，f 为校正因子。

(5) 单分子膜法 将不溶于水的有机两亲物质溶于适宜的有机溶剂，将此溶液滴加到水和空气的界面上，起始时的铺展系数是正值，溶剂挥发后形成两亲物单层。由于两亲物不溶于水，且挥发性极低，故其可稳定的存在于水面上。由于水面上铺有两亲物分子层而使表面张力改变 π：

$$\pi=\gamma_0-\gamma \tag{4-46}$$

式中，γ_0 和 γ 分别为铺膜前后的表面张力；π 称为表面压，直接由仪器测出。

(6) 其他方法 液滴外形法有躺滴法、悬滴法、浮泡法和贴泡法，其中以前两种方法应用较多。滴外形法常用来测定熔融金属以及界面张力低于 10^{-4}N/m 体系的表面张力。

振动射流法主要用于测定新生成表面的表面张力，即动态表面张力。此法的基本原理是：液体在一定压力下从椭圆形毛细管口射出后，在表面张力和流动液体惯性力的双重作用下，截面周期性的由椭圆变为圆形。两圆形截面间液柱长称为波长。由于距管口距离远近不同形成表面的时间早晚不同，波长也不同。离管口越近，表面形成时间越短，波长也越短，表面张力越大。射流波长可通过光学摄影的方法测量。

4.6.2 溶胶的制备和纯化

溶胶通常是指分散相粒子很小（一般小于 100nm，也有人限定为 1μm）的固液分散体系。

4.6.2.1 溶胶制备的一般原则和方法

欲制备比较稳定的溶胶，必须满足以下基本条件。

(1) 固体分散相粒子要足够小（在胶体分散度的范围内），使其有一定的动力学稳定性。疏液胶体分散体系是热力学不稳定体系，有自发聚结的趋势。

(2) 分散相在分散介质中的溶解度要足够小，形成分散相的反应物浓度低。在此条件下才可能形成难溶的分散相小粒子，且不易使粒子生长。

(3) 必须在体系中有第三种物质（稳定剂）存在，使得分散相粒子具有抗凝结而保持稳定的性质。

制备溶胶的方法可分为两类：分散法和凝聚法。分散法是以各种物理的或化学的方法将大的颗粒分散成小的分散相胶体粒子。凝聚法是将溶于介质中的某些分子或粒子聚集成不溶于介质的胶体粒子。分散法与凝聚法比较，前者使分散相比表面急剧增大，体系自由能增加，因而需要外部做功；后者是体系自由能减小，分散相比表面减小的过程，或者可视为是过饱和状态的分散相物质的析出。因此，从能量上说，凝聚法比分散法制备溶胶更为有利。

4.6.2.2 溶胶的纯化

未经纯化的溶胶，常含有过量电解质及其他杂质，致使胶体体系不稳定。所以溶胶制备后须经纯化处理。纯化的目的是提高溶胶的稳定性，并非将一切电解质除去。纯化方法主要有渗析法、超过滤法等。

(1) 渗析法　渗析是最常用的纯化方法，利用胶体粒子比小分子、离子等杂质大得多，不能通过半透膜这一特点进行纯化。图 4-55 是一种渗析装置的示意图。溶胶装在下端附有半透膜的容器中，将此容器放入装有纯溶剂的更大容器，小分子量化合物或粒子等杂质将通过半透膜扩散入纯溶剂中。渗析过程一直进行到在溶胶中和在渗析液中杂质的浓度接近为止。如要加快渗析速度，常外加一电场，以提高粒子的迁移速率。不断的更换溶剂可使杂质更多的除去。纯化的效率与半透膜的性质有关，半透膜的孔要足够的小，只允许小分子或离子等杂质自由通过，溶胶粒子不能通过。渗析所用的半透膜可以是动物的膀胱膜或羊皮纸及肠衣等，实验室常用火棉胶（硝化纤维）、醋酸纤维等作为半透膜。

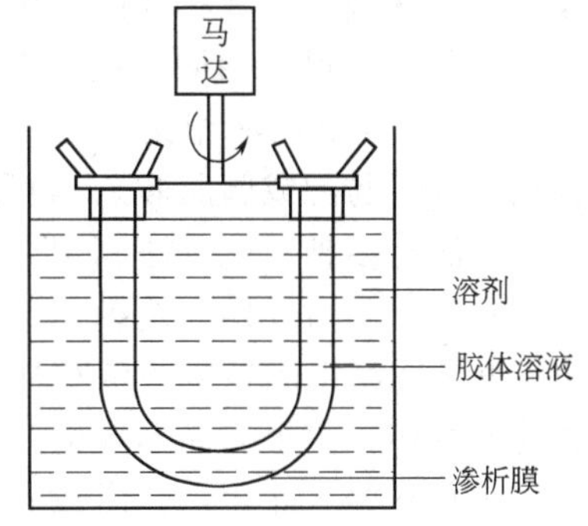

图 4-55　简单渗析装置的示意图

火棉胶半透膜的制备：将一 500mL 锥形瓶洗净烘干，倒入一定量市售火棉胶液，倾斜锥形瓶并慢慢旋转，使瓶内壁均匀涂上一层胶液。控制旋转速度，使胶液层厚度均匀。倒出多余胶液。静置，待胶膜不粘手时，将瓶口胶膜剥离开一小部分，从此玻璃口处慢慢注入蒸馏水，瓶壁胶膜逐渐剥离成一胶袋。取出胶袋在蒸馏水中浸泡数小时，得到有一定强度的半透膜。

（2）超过滤法　超过滤法是在外压作用下使溶胶中的小分子和离子通过滤膜除去而使溶胶得以纯化的方法。应用超过滤法除在高外压时滤膜要有好的机械强度外，在需长时间应用时还要求滤膜有好的稳定性。

4.6.3　乳状液、微乳状液与凝胶

4.6.3.1　乳状液

乳化作用是在一定条件下使不相混溶的两种液体形成有一定稳定性的液液分散体系的作用。在此分散体系中，被分散的液体（分散相）以小液珠的形式分散于另一连续的液体介质（分散介质）中，这样形成的一种液体以小液珠形式分散于另一种与其不相混溶的液体中所构成的热力学不稳定体系称为乳状液。

（1）乳状液的基本类型有两种：①分散相为油、分散介质为水的水包油型，常以 O/W 表示；②分散相为水、分散介质为油的油包水型，以 W/O 表示。

（2）乳状液的制备　不同的混合方式或分散手段直接影响乳状液的稳定性甚至类型。

混合方式：可采用机械搅拌、胶体磨、超声乳化器、均化器等。

乳化剂的加入方式：有转相乳化法、瞬间成皂法、自然乳化法以及界面复合物生成法等。

（3）乳状液的鉴别

① 稀释法　乳状液能为其外相（连续相）液体所稀释。

② 染色法　以微量的油溶性或水溶性燃料加入乳状液中，根据溶解情况判断连续相的属性。常用的油溶性染料有红色的苏丹红等，水溶性染料有荧光红、亚甲基蓝等。

③ 电导法　O/W 型乳状液有很好的导电性能，而 W/O 型乳状液的导电能力较差。

4.6.3.2　微乳状液

在液液分散体系中按分散相粒子（液滴）的大小区分，依次有：粗乳状液、细小乳状液、微乳状液。微乳状液简称微乳液或微乳，是一类特殊的透明或半透明的分散体系，这种体系与乳状液很不相同，更像是膨胀的胶束。因此微乳又称胶团溶液，其液珠大小一般在 8～80nm。与乳状液相比，制备微乳时除需加入较多的乳化剂外，大多数情况下还需另加助乳化剂（脂肪醇或脂肪胺）。微乳液有 O/W 型、W/O 型和双连续三种类型。测定微乳液类型的方法有多种，电导法测定微乳液滴微结构的原理如下。

对于一个由导体和绝缘体随机组成的各向异性样品，体系的电导率 κ 随其组成 Φ 而变化，Φ 是样品中能导电的微粒所占的体积分数。当 Φ 很小时，能导电的微粒间相距甚远而彼此不相连，整个样品不导电，当 Φ 增大至某一确定值时，能导电的微粒数增多，微粒间距缩小且开始彼此相连，形成导电链，体系的电导率开始急剧上升。把此 Φ 值记为 Φ_c，称为“渗滤阈值”（Percolation threshold）。1979 年，Lagourette 发现渗滤电导理论可以用于微乳体系。对于油包水型微乳液，在渗滤阈值 Φ_c 附近，其电导率 κ 与含水量 Φ 间遵从下列关系式：

$$\kappa(\Phi) \propto (\Phi_c - \Phi)^{8/5} \tag{4-47}$$

随 Φ 的进一步增大，上面的指数定律不再适用，κ 随 Φ 线性增大，其关系为：

$$k(\Phi) \propto \Phi - \Phi_c \tag{4-48}$$

图 4-56 是微乳液出现渗滤现象的典型电导率曲线。

曲线呈现典型的渗滤电导特征。含水量极低时，κ 的非线性增大部分遵从式(4-47)，此

时由于 W/O 型微乳液滴的数量少使得微乳的电导率极低，体系几乎不导电。随后的线性增大部分遵从式(4-48)，此时由于体系中微乳液滴的数量增多至导电链形成而使 κ 直线上升。已经提出若干种机理用以解析油包水型微乳的渗滤电导行为，其中“液滴黏性碰撞”（sticky droplet collisions）模型是广为接受的机理之一。此机理认为，在渗滤阈值以上，含水量增大意味着油包水型微乳液滴的浓度增大，这会导致液滴间由于相互吸引而发生频繁的黏性碰撞，这种黏性碰撞的直接结果是导致在油连续相中形成许多狭窄而细小的水管或通道，反离子能够通过这些窄通道运动，使得溶液的导电能力迅速上升。随后电导率曲线出现反常行为，随含水量的增大溶液的电导率偏离原直线上升，趋势变缓，直至达到最大值。一般认为，在此阶段的初期，由 W/O 型微乳液滴黏性碰撞而产生的细小水管或通道会迅速扩大或相互连接使整个体系形如水管在油相和油管在水相且相互交错的网络，W/O 和 O/W 型微乳液共存，但不呈球形。随含水量的进一步增大，溶液处于油和水皆为局部连续的一种过渡态中间结构，且逐步由 W/O 型转为 O/W 型。微乳液电导率曲线的这一特征常被用以确定存在双连续结构，即油和水皆为局部连续的微乳结构。当含水量足够高，溶液的电导率达到最大值时，水和油皆为局部连续的双连续微乳已全部转变为小的油滴分散至水介质中，连续相为水相，形成的是水包油型微乳状液。随后体系的电导率反而下降是由于含水量的增大使得 O/W 型微乳液滴的浓度降低，相当于稀释作用，致使电导率下降。因此，从微乳液的电导率曲线可以识别微乳的三种微结构，即油包水、水包油及双连续型结构。

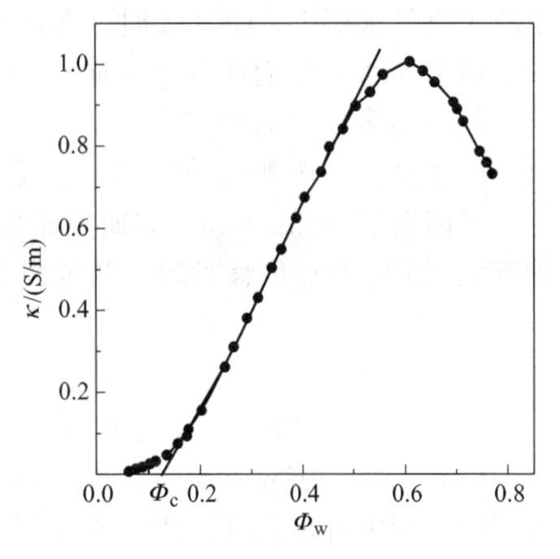

图 4-56 十二烷基硫酸钠、正戊醇、正十二烷、水的微乳液的电导率随含水量的变化曲线（25℃）

4.6.3.3 凝胶

凝胶是固-液或固-气所形成的一种分散系统，其中分散相粒子相互连接成网状结构，分散介质填充于其间。

(1) 凝胶的基本类型 凝胶可分为两类：一类为弹性凝胶，可由温度的改变使其成为溶胶或凝胶；另一类为刚性凝胶，在形成凝胶后不可能用改变温度等方法使其变为溶胶。

(2) 凝胶的制备 使溶胶或大分子溶液转变为凝胶即为胶凝作用。胶凝作用得以进行有两种方法：①使溶胶和大分子溶液在一定条件下（改变温度、改换分散介质、加入电解质）使分散相析出并交联；②使固态高分子化合物吸收良溶剂，体积膨胀以致形成凝胶。

4.6.4 胶体溶液的性质

胶体分散体系具有一些特殊的物理化学性质，除了前述的表面性质外，另外还有运动性质、光学性质、电学性质、流变性质以及体系的稳定性。

4.6.4.1 胶体的运动性质

胶体的运动性质主要表现在分散相粒子在分散介质中的热运动（布朗运动是其微观表现，扩散作用是其宏观表现）和在重力场及离心力场中的沉降作用。有些电动现象和流变性质也是在一定条件下粒子运动性质的表现。

(1) 布朗运动与扩散 布朗运动是由于液体分子对固体粒子撞击的作用力不平衡所致。

当粒子直径大于 5×10^{-6} m 时，布朗运动现象就不明显。由于布朗运动是无规则的，因而就单个质点而言，它们向各个方向运动的几率均等。但在浓度较高的区域，由于单位体积内质点数较周围多，因而必定是“出多进少”，使浓度降低，而低浓度区则相反，这就表现为扩散。所以扩散是布朗运动的宏观表现，而布朗运动是扩散的微观基础。

爱因斯坦（Einstein）在研究布朗运动中，发现粒子的平均位移 $\overline{X}$ 与粒子半径 r、介质黏度 η、温度 T 和位移时间 t 之间具有一定的关系：

$$\overline{X}=\sqrt{\frac{RT}{N_{\mathrm{A}}}\times\frac{t}{3\pi\eta r}} \tag{4-49}$$

此式常称为“Einstein 布朗运动”公式。

(2) 沉降　沉降是胶粒在外力场中的定向运动，外力场作用弱时，主要表现为扩散；强力场时，则表现出沉降作用。常用研究方法有沉降速率与沉降平衡两种。

(3) 渗透压与 Donnan 平衡　将溶液和溶剂（或两种不同浓度的溶液）用只容许溶剂分子通过的半透膜分开，为使膜两侧的化学势趋于相等（或使两侧不同浓度溶液的浓度趋于相等），溶剂将透过半透膜扩散。为阻止这种溶剂扩散的反向压力称为渗透压。渗透现象如图 4-57 所示。

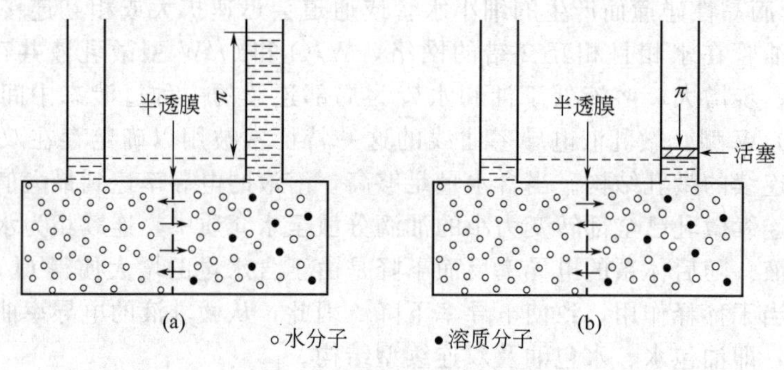

图 4-57　渗透现象示意图

如若在图 4-57 中溶液一侧含有可透过半透膜的小离子，也有不能透过半透膜的大离子（大分子电解质或称聚电解质），在达到渗透平衡时，膜两侧的小离子浓度因大离子的存在而不相等。这种现象称为 Donnan 平衡。

稀溶液中，利用渗透压计算高分子化合物数均相对分子质量 $\overline{M}_{\mathrm{n}}$ 的计算公式如下：

$$\frac{\pi}{c}=\frac{RT}{\overline{M}_{\mathrm{n}}} \tag{4-50}$$

4.6.4.2　胶体的光学性质

(1) 丁达尔（Tyndall）效应与光散射　当一束光透过溶胶时，在与光束垂直的方向观察，可以看到溶胶中有明亮的光线轨迹，这种现象称为丁达尔（Tyndall）效应。这种效应的发生是由于胶体粒子强烈散射入射光的结果。光束通过任意一种分散体系时，可以发生吸收、反射和散射作用，有一部分甚至可以自由通过。胶体的颜色与选择吸收某波长范围的光有关。而分散相粒子的大小决定散射与反射光强弱。粒子大小在胶体粒子范围内，散射明显；粒子大于光的波长，反射明显。散射光表现的是丁达尔效应（乳光现象），反射光明显使体系呈现浑浊。

(2) 静态光散射及测量　当散射光与入射光的频率相同时，光散射为弹性散射，即静态光散射。静态光散射研究体系的平衡性质，测量散射光强的时间平均值。瑞利公式及瑞利比均为静态光散射的基础。静态光散射用光散射计来测量。

$$I=\frac{24\pi^2 A^2 \nu V^2}{\lambda^4}\left(\frac{n_1^2-n_0^2}{n_1^2+2n_0^2}\right)^2 \tag{4-51}$$

$$R_\theta=\frac{i_\theta r^2}{I_0(1+\cos^2\theta)}=\frac{9\pi^2}{2\lambda^4}\left(\frac{n_1^2-n_0^2}{n_1^2+2n_0^2}\right)NV^2 \tag{4-52}$$

式中，A 为入射光的振幅；λ 为入射光的波长；ν 为单位体积中的粒子数；V 为每个粒子的体积；n_1 和 n_0 分别为分散相和分散介质的折射率；R_θ 为瑞利比；i_θ 为单位散射体积在散射角为 θ、距离为 r 处的散射光强；I_0 为入射光强。

（3）动态光散射及测量　在实际体系中，小粒子不停地做布朗运动，散射光频率将以入射光频率为中心拓展，或者是散射光强随时间发生变化。这种由于胶体体系中粒子动态性质引起的光散射变化称为动态光散射。动态光散射研究的是非弹性的或准弹性散射。

动态光散射可用光散射仪测量。根据实验测出的散射光频率展宽的线宽值 Γ 计算扩散系数 D。

$$\Gamma=DK^2 \tag{4-53}$$

$$K=\frac{4\pi n_0}{\lambda_0}\sin\frac{\theta}{2}$$

式中，λ_0 为入射光在真空中的波长；θ 为散射角；K 为散射矢量。

也可根据散射光强度随时间的变化求出光强时间函数 $R_I(\tau)$，$R_I(\tau)$ 的定义是，t 时刻的光强 $I(t)$ 和 $t+\tau$ 时刻的光强 $I(t+\tau)$ 的乘积对时间的平均值，它表征光强在两个不同时刻（τ 为时间间隔，又称延迟时间）的相关联程度，而 $R_I(\tau)$ 与扩散系数 D 间的关系为：

$$R_I(\tau)=1+\exp(-2DK^2\tau) \tag{4-54}$$

从 D 值即可计算粒子的流体力学半径 R_h：

$$R_h=kT/6\pi\eta D \tag{4-55}$$

4.6.4.3 胶体的电学性质

胶体粒子由于吸附、电离、同晶置换以及溶解量的不均衡等原因常带有一定符号和数量的电荷，在外电场作用下带电粒子将发生运动，这就是分散系统的电动现象。电泳、电渗、流动电势和沉降电势均属于电动现象。

① 电泳　在外直流电场作用下带电的溶胶粒子相对于液体介质的定向运动。

② 电渗　在外加电场下，分散介质通过多孔性物质移动，即固相不动而液相移动，这种现象称为电渗。

③ 流动电势　在外力作用下（如加压）使液体在毛细管中经毛细管或多孔塞（由多种形式的毛细管所构成的管束）时，液体介质相对于静止带电表面流动而产生的电势差，称之为流动电势。流动电势是电渗的逆过程。

④ 沉降电势　在外力作用下（主要是重力）分散相粒子在分散介质中迅速沉降，则在液体介质的表面层与其内层之间会产生电势差，称之为沉降电势。沉降电势是电泳的逆过程。

电泳是各种电动现象中研究最多的一种。其最重要的应用是能较方便的测出 ζ 电势，而 ζ 电势在胶体稳定性的理论和实际应用中占有十分重要的地位。电泳法又区分为两类，即宏观法和微观法。宏观法原理是观察溶胶与另一不含胶粒的导电液体的界面在电场中的移动速度。微观法则是直接观察单个胶粒在电场中的泳动速度。对高分散的溶胶，如 As_2S_3 溶胶和 Fe_2O_3 溶胶，或过浓的溶胶，不易观察个别粒子的运动，只能用宏观法。对于颜色太淡或浓度过稀的溶胶，则适宜用微观法。

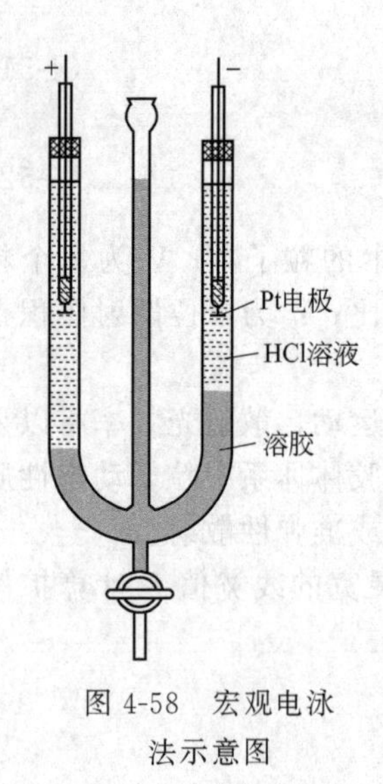

图 4-58 宏观电泳法示意图

宏观电泳法的原理如图 4-58 所示。如测定 $Fe(OH)_3$ 溶胶的电泳，则在 U 形的电泳测定管中先放入棕红色的 $Fe(OH)_3$ 溶胶，然后在溶胶液面上小心地放入无色的稀 HCl 溶液，使溶胶与溶液之间有明显的界面。在 U 形管的两端各放一根电极，通电到一定时间后，即可见 $Fe(OH)_3$ 溶胶的棕红色界面向负极上升，而在正极则界面下降，说明 $Fe(OH)_3$ 胶粒带正电荷。

更准确的实验还可以计算出胶体双电层的 ζ 电位。ζ 电位的数值，可根据亥姆霍兹方程式计算。

$$\zeta=\frac{4\pi\eta}{\varepsilon H}U \tag{4-56}$$

$$H=E/L$$

式中，H 为电位梯度；E 是外加电场的电压（V）；L 是两极间的距离（注意：不是水平横距离，而是 U 形管的导电距离）；η 是液体的黏度（0.1Pa·s）；ε 是液体的介电常数；U 是电泳速度（即胶体粒子的迁移速率，cm/s）。

4.6.4.4 胶体的流变学性质

胶体体系的流变性质是指在外力作用下该体系的流动与变形性质。比较熟悉的流变性质是黏度。所谓黏度，定性的说就是物质黏稠的程度，它表示物质在流动时内摩擦的大小。测定黏度的方法主要有毛细管法、转筒法及落球法。

测定高分子溶液的特性黏度［η］时，用毛细管黏度计最为方便。常用的毛细管黏度计有奥氏（Ostwald，奥斯特瓦尔德）和乌（Ubbelohde，乌贝路德）氏两种，结构如图 4-59 所示。

奥氏黏度计由储液球 A、B 和毛细管组成。乌式黏度计在此基础上又新增了储液小球 G 和支管 C。这种黏度计的优点是球 E 中液体流经毛细管的时间与液体总量无关，且液体可方便地在储球 F 中稀释。

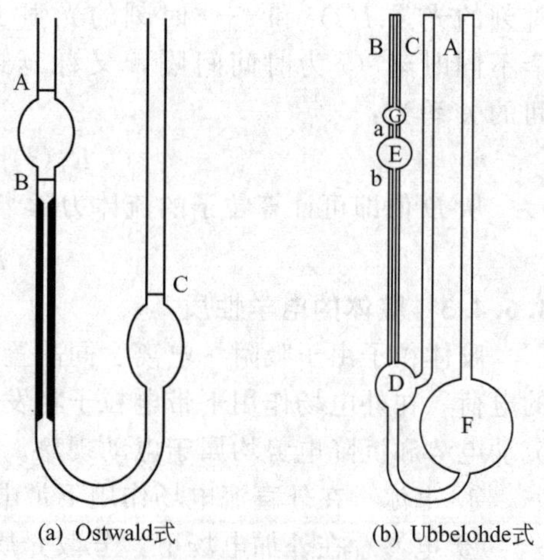

图 4-59 毛细管黏度计

4.6.5 表面活性剂的吸附作用

当互不相溶的两相接触时，两体相内的某种或几种组分的浓度与其在两相界面上的浓度不同的现象称为吸附。界面浓度高于体相浓度的吸附称为正吸附，反之，称为负吸附。在界面上已被吸附的物质称为吸附质，在体相中可以被吸附的物质称为吸附物。能有效吸附吸附质的物质称为吸附剂。

4.6.5.1 表面活性剂在液体表面的吸附

能显著降低溶剂表面张力的物质称为表面活性物质，或称其有表面活性。由热力学方法导出的 Gibbs 吸附公式适用于各种不同界面的吸附，是吸附的基本公式。

$$\Gamma=-\frac{a}{RT}\left(\frac{\partial\gamma}{\partial a}\right)_T \tag{4-57}$$

式中，Γ 为溶质的吸附量（其意义是：相应于相同量的溶剂，表面层中单位面积上溶质的量比溶液内部多出的量，即过剩量，若溶液的浓度很低，则表面过剩量将远远大于溶液内部的浓度，这时，吸附量 Γ 可近似地看作表面浓度)；a 是溶液中溶质的活度；γ 为溶液的表面张力。

如果溶液的浓度不大，则可用浓度 c 来代替活度 a。则式(4-57) 可写作：

$$\Gamma=-\frac{c}{RT}\left(\frac{\mathrm{d}\gamma}{\mathrm{d}c}\right)_T \tag{4-58}$$

对于非离子型表面活性剂以及其他在水中不电离的有机物，其表面吸附量可直接用式(4-58) 计算。但对离子型表面活性剂以及在水中能电离的化合物，则必须考虑在水中的电离情况。表面活性剂能大幅度的降低溶液的表（界）面张力，它必然有往表（界）面吸附的趋势，因此表面活性剂都能产生正吸附。在气液和液液界面吸附时，可以通过测定表（界）面张力随浓度的变化计算吸附量。

4.6.5.2 表面活性剂在固液界面的吸附

常见的表面活性剂在固液界面上的吸附等温线有三种形状，分别是 Langmuir 型（L 型)、S 型和 LS 复合型（双平台型)，如图 4-60 所示。

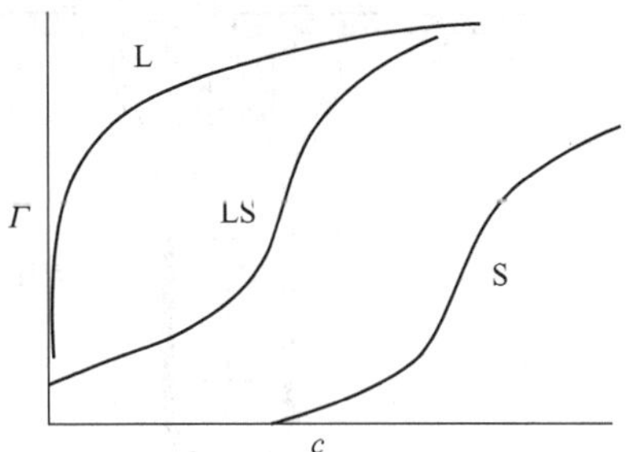

图 4-60 表面活性剂在固液界面吸附的等温线示意图

L 型等温线可用稀溶液吸附的 Langmuir 等温式表述，该式假设吸附为单分子吸附；吸附达到平衡后，吸附速度和脱附速度相等。Γ_∞ 为饱和吸附量，即吸附剂表面被吸附质铺满一层分子时的吸附量；Γ 为在平衡浓度 c 时的吸附量；k 为常数。

$$\Gamma=\Gamma_\infty\frac{kc}{1+kc} \tag{4-59}$$

上式可变形为：

$$\frac{c}{\Gamma}=\frac{c}{\Gamma_\infty}+\frac{1}{\Gamma_\infty k} \tag{4-60}$$

以 $\frac{c}{\Gamma}$ 对 c 作图可得到一条直线，由直线的斜率和截距可求出 Γ_∞ 和 k。

表面活性剂的性质、介质的性质、吸附剂的表面性质、外加物质以及温度等都是影响表面活性剂在固液界面吸附的因素。

4.7 流量测量

在实验和工业生产过程中，往往需要测量介质（液体、气体）的流量，以满足操作和控制的需要。通常我们所说的流量是指单位时间内流过管道某一截面流体的量，也就是瞬时流量。在某一段时间内流过管道某一截面流体的总和，称为累积流量或总量。

常用的流量单位有升每秒（L/s)、升每分（L/min)、立方米每小时（m^3/h）和千克每秒（kg/s)、千克每小时（kg/h）等，分别称为体积流量和质量流量。

流量的测量方法很多，测量原理和所应用的仪表结构形式各不相同，下面介绍常用的几种流量测量仪器。

(1) 差压式流量计　差压式流量计是利用流体流经节流装置时产生压差实现流量测量，它是由能将被测量转换成压力信号的节流件（孔板、喷嘴等）和差压计相连构成（图 4-61)，其基本计算式为：

$$q_V=\alpha\varepsilon A_0\sqrt{\frac{2\Delta p}{\rho}} \tag{4-61}$$

式中，q_V 为流量（m^3/s）；α 为流量系数；ε 为膨胀校正系数，对不可压缩液体，$\varepsilon=1$，对可压缩流体，$\varepsilon<1$；A_0 为节流孔截面积（m^2）；Δp 为节流装置前后压力差（Pa）；ρ 为流体密度（kg/m^3）。

差压式流量计由于结构简单，性能稳定可靠、应用范围广、使用寿命长而成为工业生产广泛使用的流量计，其中又以孔板流量计最为常用（图 4-62）。

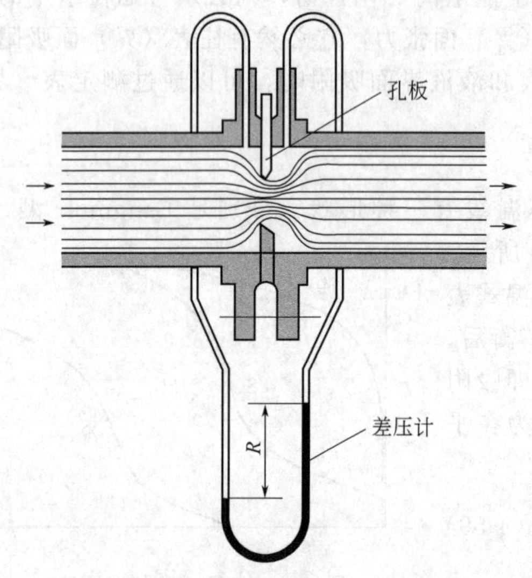

图 4-61　差压式流量计原理图

图 4-62　孔板流量计示意图

若与压差传感器联合使用，则可实现数据在线采集。

(2) 转子流量计　转子流量计是通过改变流通面积的方法测量流量。其由从下向上逐渐扩大的锥形管和置于锥形管中且可以沿管的中心线上下自由运动的转子两部分组成。被测流体从锥形管下端流入，沿锥形管向上流动，流经转子与锥形管之间的环隙，再由锥形管上部流出。无流体通过时，转子沉于底部。当被测流体以一定流量流经转子流量计时，由于流体在环隙中的速度较大，压强减小，于是在转子的下、上端面形成一个压差，造成的升力使位于锥形管中的转子浮起。随着转子的上浮，环隙面积逐渐增大，环隙中流速将减小，转子两端的压差随之降低。当转子上升至某一定高度，转子下、上端压差造成的升力正好等于转子重力时，转子不再上升，悬浮在该高度上。当流量改变，转子两端的压差也随之改变，转子在原来位置的力平衡被破坏，转子将在新的位置上，达到新的力平衡。由此可见，转子的悬浮高度随流量而变，一般是由转子的上端平面指示流量的大小（图 4-63、图 4-64）。

转子流量计具有结构简单、价格便宜、刻度均匀、直观、使用方便、量程比大、能量损失小等特点，特别适合于小流量的测量。

使用远传转子流量计，可实现数据在线采集。

(3) 涡轮流量计　涡轮流量计是一种速度式流量计，是在动量矩守恒原理的基础上设计的。

涡轮流量计由涡轮、轴承、转换装置、前置放大器、显示仪表等组成（图 4-65）。当流体流经涡轮时，涡轮叶片因流动流体冲击而旋转，旋转速度随流量变化而变化，即流量大，涡轮的转速也大。通过适当的转换装置把涡轮的转速转换为相应频率的电脉冲信号，或用适当的装置将电脉冲信号转换成电流输出，从而测取流量。

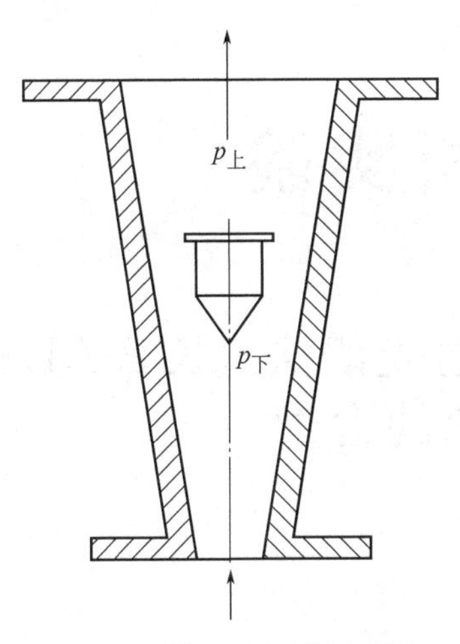

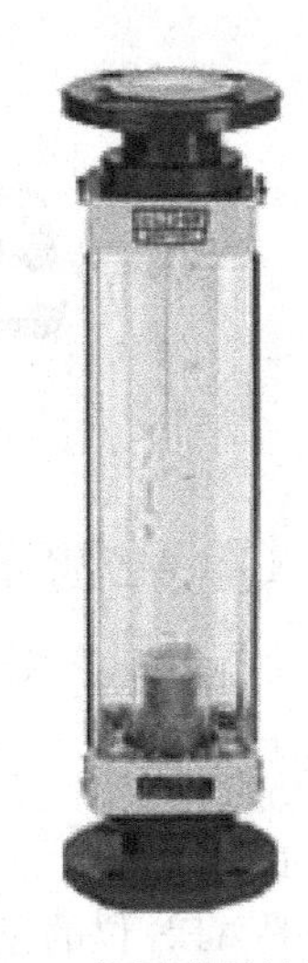

图 4-63 转子流量计原理图　　　　图 4-64 转子流量计示意图

涡轮流量计具有精度高、重复性好、反应速度快、测量范围宽、压力损失小、维修方便等优点，用于封闭管道中测量流体的瞬时体积流量和总量。在工业生产、城市生活等行业中得到广泛的使用。

(4) 质量流量计　前边介绍的几种流量计都是体积流量计，它们所能直接测得的都是单位时间内所流过的被测介质的体积。在工业生产过程中，物料平衡、热量平衡以及储存、经济核算等所需要的往往不是体积流量，而是质量流量。所以，在测量工作中，往往需要将已测量出的体积流量和介质的密度通过换算得到介质的质量流量。由于介质的密度受工作压力、温度、黏度、成分以及相变等许多因素的影响，这些因素使得测量结果往往有较大的误差。

质量流量计是直接测量单位时间内所流过的介质质量，因而测量结果与被测介质的压力、温度、黏度、流体的雷诺（系）数等因素无关，相比于体积流量计换算得到的测量数据，可提高测量精度（图 4-66）。

图 4-65 涡轮流量计示意图　　　　图 4-66 科里奥利质量流量计

质量流量的测量方法主要有直接式和推导式两种。直接式即检测元件直接反映出质量流量；推导式即分别检测出两个相应参数（如体积流量和流体密度），再经过运算仪器输出质量的信号。它们均可以实现数据在线采集。

5 光谱分析实验

实验1 电感耦合等离子体发射光谱法（ICP-AES）测定废水中镉、铬的含量

一、实验目的

1. 了解ICP光源的特性。

2. 了解ICP-AES仪的基本结构与原理。

3. 学习ICP-AES分析的基本操作及其应用。

二、实验原理

电感耦合等离子体光谱仪主要由高频发生器、ICP矩管、耦合线圈、进样系统、分光系统、检测系统及计算机控制、数据处理系统构成。ICP光源具有激发能力强、稳定性好，基体效应小、检出限低等优点。由于ICP光源无自吸现象，标准曲线范围很宽，可达到几个数量级，因而，多数标准曲线是按自吸系数$b=1$绘制，即$I=Ac$（A为分析条件常数，c为浓度）。当有显著的光谱背景时，标准曲线可以不通过原点，曲线方程$I=Ac+D$，D为直线的截距。可以用标准曲线法、标准加入法及内标法进行光谱定量分析。

ICP是由三层同心石英管组成，三石英管之间均通入Ar气。最外层石英管的Ar气为冷却气，可以保护石英管不被烧坏；中间层石英管内通入的Ar气为辅助气，用来点燃和维持等离子焰炬；内管的Ar气为载气，将试样引入等离子体内。三层同心石英管置于高频线圈内。

ICP焰炬是气体放电过程。当高频发生器接通电源时，石英管内的Ar气处在原子状态，不导电。必须借助高压火花使中层管内的Ar气部分电离成电子和离子。当它们进入感应圈所产生的高频磁场内时，电子和离子从约40MHz高频振荡中获得能量，并使更多的Ar原子电离，从而点燃等离子焰炬。在焰炬内的等离子体为导体，高频磁场使等离子体产生闭合的涡流。由于高密度的等离子体的电阻很小，涡电流很大，因而释放出大量的热能，使焰炬温度达10000K。等离子体焰炬的外观像火焰，是一种气体放电，不是化学燃烧火焰。

ICP焰炬有三个温度区域：

① 焰心区　焰炬的最下端，温度高达10000K，试样气溶胶在该区域预热、蒸发。该区所产生的光不应通过透镜进入光谱仪。

② 内焰区　在感应圈上方10～20mm左右处，炬焰为半透明淡蓝色，温度约为6000～8000K。试样在此区原子化、激发。它是光谱分析所利用的区域，称为测光区。测光时在感应圈上的采光高度称为观测高度。

③ 尾焰区　在内焰区的上方，无色透明，温度低于6000K，能发射激发电位较低的谱线。

三、仪器和试剂

仪器：WLY100-1等离子体单道扫描光电直读光谱仪（北京地质仪器厂），Ar气瓶及Ar气，25mL比色管10支，50mL容量瓶5个，100mL容量瓶2个，10mL分度吸量管

2 支。

试剂：镉标准溶液（10μg/mL×100mL），铬标准溶液（10μg/mL×100mL）。

四、实验步骤

1. 测试溶液的制备

在序号为1～5的5只50mL容量瓶中，用吸量管分别加入0.00、1.25mL、2.50mL、3.75mL、5.00mL镉和铬的浓度均为100μg/mL的标准溶液，用水稀释至刻度，摇匀，备用。

2. 分析条件的选择

测定条件的优化与正确选择，对于保证测定结果的准确度和精密度是非常重要的。WLY100-1等离子体单道扫描光电直读光谱仪的工作参数，包括分析线、阳极电压、阳极电流、光栅电流、冷却气流量、辅助气流量、载气压力、积分时间、溶液提升量和光谱观察高度等，可以对各参数进行综合优选。经过优选后，镉和铬的工作参数如下。

分析线波长：Cd 226.502nm、Cr 267.716nm

阳极电压：3000V

阳极电流：0.7A

光栅电流：140mA

冷却气流量：11L/min

辅助气流量：0.5L/min

载气压力：0.05MPa

积分时间：0.2s

溶液提升量：1.4mL/min

光谱观察高度：感应线圈上方12mm

光电倍增管负高压均为：700V

3. ICP点火操作步骤

① 打开通风、水源、总电源，调节电子管旋钮至最大（预热约3min）。

② 打开高压电源开关。

③ 打开载气，调压力表至0.05MPa，排空气约3min。

④ 打开冷却气，调节流量计为10～12L/min，辅助气约0.5L/min。

⑤ 点火：点火前要关载气，“功率调节”在1挡或2挡，点火后调至3挡，同时打开载气阀，调压力表至0.05MPa左右，必要时调节火焰的位置。

4. 标准曲线的绘制

在选定的仪器工作条件下，喷入标准溶液进行测量，并绘制标准曲线。

5. 样品的测定

在与标准溶液相同的测量条件下，测定待测水样，并采集测试数据。

五、数据记录与处理

1. 记录实验条件

（1）仪器型号；

（2）分析线波长（nm）；

（3）阳极电压（V）；

（4）阳极电流（A）；

（5）光栅电流（mA）；

（6）冷却气流量（L/min）；

（7）辅助气流量（L/min）；

（8）载气压力（MPa）；

（9）积分时间（s）；

（10）溶液提升量（mL/min）；

（11）光谱观察高度（mm）；

(12) 光电倍增管负高压 (V)。

2. 记录标准溶液和试样测试数据

分组	元素	浓度/信号				
标准	镉					
	铬					
样品	镉					
	铬					

3. 根据标准溶液的测试数据完成下表

元素	回归方程	相关系数 r	线性范围 /(μg/mL)	标准偏差 S	相对标准偏差 RSD/%	检出限 C_D ($k=3,n=11$)/(μg/mL)
镉						
铬						

4. 求算水样中镉和铬的含量

六、注意事项

1. 首先降低高压、熄灭 ICP 炬，再关冷却气、冷却水。

2. 实验过程中要注意安全，因等离子体发射很强的紫外光，易伤害眼睛，应通过有色玻璃防护窗观察 ICP 炬。

七、思考题

1. 为什么 ICP 光源能够提高原子发射光谱分析的灵敏度和准确度？

2. 简述点燃 ICP 炬的操作过程。

实验 2 电感耦合等离子体发射光谱法测定水样中的铅、铜

一、实验目的

学会用电感耦合等离子体发射光谱法测水中铅、铜的方法（工作曲线法）。

二、实验原理

原子发射光谱法是基于处于激发态的原子或离子向低能态跃迁时可以发射出特征谱线而建立起来的一种分析方法。通常情况下，原子处于基态，在激发光源作用下，原子获得足够的能量，外层电子由基态跃迁到较高的能量状态即激发态。激发态不稳定，可随时跃迁回基态或较低能态，多余能量以光的形式发射出去，两能级能量差与辐射波长的关系如下：

$$\Delta E = E_j - E_0 = h\nu = \frac{hc}{\lambda}$$

式中，E_j 为激发态原子能量；E_0 为基态原子能量；h 为 (Planck) 常数；c 是光速；λ 为波长。

谱线的强度与被测元素浓度之间符合如下关系（a 是与试样的蒸发、激发过程和试样组成有关的一个常数，b 是自吸系数，它的值与谱线的自吸有关，所以，只有控制在一定的条件下，在一定的待测元素含量范围内，a、b 才是常数）。

$$I = aC^b$$

上式取对数：

$$\lg I = b\lg C + \lg a$$

lg$I$ 对 lg$C$ 作图，所得曲线在一定浓度范围内为一直线（工作曲线）。

三、仪器和试剂

仪器：WLY100-1 等离子体单道扫描光电直读光谱仪（北京地质仪器厂），Ar 气瓶及 Ar 气，25mL 容量瓶 6 个，10mL 分度吸量管 2 支。

试剂：铅标准溶液（10μg/mL×100mL），铜标准溶液（10μg/mL×100mL）；分析纯硝酸（6mol/L×100mL）。

四、实验步骤

（1）标准溶液及未知试样的配制　取 6 个洁净的 25mL 容量瓶分别编号，按下表配制溶液。

试　样	1	2	3	4	5	6
铅、铜标准溶液(10μg/mL)	0	1.0mL	2.0mL	3.0mL	4.0mL	水样 5.0mL
HNO_3(6mol/L)	3.0mL	3.0mL	3.0mL	3.0mL	3.0mL	3.0mL
蒸馏水	至刻度	至刻度	至刻度	至刻度	至刻度	至刻度

（2）按仪器操作规程开机，并测量各溶液的谱线强度，记录数据。

（3）测量完毕按仪器操作规程关机。

五、数据处理

绘制 lg$I$-lg$C$ 曲线，根据工作曲线给出的数据计算出原溶液中待测样品的浓度。

$$C_{Pb,Cu}=\frac{25}{5}Cx$$

六、注意事项

1. 严格按照仪器操作规程操作仪器。
2. 实验过程中要仔细、认真。
3. 实验过程中要打开通风设备，使蒸汽排出室外。

七、思考题

1. 通过实验，你体会到工作曲线分析法有哪些特点？
2. 测定水中铅、铜有何意义？

实验 3　原子吸收分光光度法测定自来水中钙、镁的含量

一、实验目的

1. 通过对钙、镁最佳测定条件的选择，了解与火焰性质有关的一些条件参数及对钙、镁测定灵敏度的影响。

2. 了解原子吸收分光光度计的基本结构与原理。

3. 掌握火焰原子吸收光谱分析的基本操作；加深对灵敏度、准确度、空白等概念的认识。

4. 掌握标准曲线法的应用。

二、实验原理

原子吸收光谱分析主要用于定量分析，它的基本原理是：将一束特定波长的光投射到被测元素的基态原子蒸气中，原子蒸气对这一波长的光产生吸收，未被吸收的光则透射过去。在一定浓度范围内，被测元素的浓度（c）、入射光强（I_0）和透射光强（I_t）三者之间的关

系符合 Lambert-Beer 定律：

$$I_t = I_0 \times (10^{-abc})$$

式中，a 为被测组分对某一波长光的吸收系数；b 为光经过的火焰的长度。

根据这一关系可以用校准曲线法或标准加入法来测定未知溶液中某元素的含量。

测定条件的变化（如燃助比、测光高度或者称燃烧器高度）、干扰离子的存在等因素都会严重影响待测元素在火焰中的原子化效率，从而影响测定灵敏度。

原子化效率是指原子化器中被测元素的基态原子数目与被测元素所有可能存在状态的原子总数之比。在火焰原子吸收法中，决定原子化效率的主要因素是被测元素的性质和火焰的性质。电离能、解离能和结合能等物理化学参数的大小决定了被测元素在火焰的高温和燃烧的化学气氛中解离、化合、电离的难易程度。而燃气、助燃气的种类及其配比决定了火焰的燃烧性质，如火焰的化学组成，温度分布和氧化还原性等，它们直接影响着被测元素在火焰中的存在状态。因此在测定样品之前都应对测定条件进行优化。

三、仪器和试剂

仪器：Z-5000 型原子吸收分光光度计（日本日立公司），钙、镁空心阴极灯各 1 支，25mL 比色管 10 支，100mL 容量瓶 2 个，10mL 分度吸量管 2 支。

试剂：钙标准贮备液（100μg/mL×100mL）；镁标准贮备液（50μg/mL×100mL）。

本实验以乙炔气为燃气，空气为助燃气。

四、实验步骤

1. 测试溶液的制备

① 钙标准系列溶液的配制　用分度吸量管取 2.00mL、4.00mL、6.00mL、8.00mL、10.00mL 的 100μg/mL Ca^{2+} 标液于 25mL 比色管中，用去离子水稀释至 25mL 刻度处，摇匀。配成浓度分别为 8.00μg/mL、16.0μg/mL、24.0μg/mL、32.0μg/mL、40.0μg/mL 的 Ca^{2+} 标准系列溶液，用于制作校准曲线。

② 镁标准系列溶液的配制　用分度吸量管取 1.00mL、2.00mL、3.00mL、4.00mL、5.00mL 的 50μg/mL Mg^{2+} 标液于 25mL 比色管中，用去离子水稀释至 25mL 刻度处，摇匀。配成浓度分别为 2.00μg/mL、4.00μg/mL、6.00μg/mL、8.00μg/mL、10.0μg/mL 的 Mg^{2+} 标准系列溶液，用于制作校准曲线。

2. 分析条件的选择

测定条件的优化与正确选择，对于保证测定结果的准确度和精密度是非常重要的。测定条件可分为两类，一类是仪器工作参数，包括分析线、光谱通带、灯电流等，各参数之间交互效应较小，可以对各参数分别进行优选；另一类是原子化条件，包括燃气和助燃气流量、测量高度、进样量等，各参数之间交互效应显著，宜对各参数进行综合优选。

（1）仪器工作参数选择

① 分析线　分析线的选择要兼顾到测定灵敏度、精密度、校正曲线的动态范围、受其他谱线干扰的可能性等。在原子吸收光谱分析中，吸收谱线数目少，相互之间干扰的情况不多，从痕量分析的灵敏度考虑，通常都是选择共振吸收线作为分析线，以获得高的测定灵敏度。但在分析多谱线元素时，要考虑谱线相互之间的干扰，如用共振吸收线 Ni 232.00nm 为分析线，其附近有 Ni 231.98nm、Ni 232.14nm 及离子线 Ni 231.6nm 可能产生干扰。为避免谱线之间的干扰，宁愿选用次灵敏线 Ni 341.48nm 为分析线。As、Bi、Hg、Pb、Se 等元素的共振吸收线位于远紫外区，受到背景、火焰吸收的影响，光源辐射在短波区透射烃火焰的性能欠佳，光能量损失大，所以，也不宜选用共振吸收线为分析线。分析高浓度试样，

为获得较宽的校正曲线的动态范围，亦常选用次灵敏线为分析线。

② 光谱通带 光谱通带是单色器的倒线色散率与狭缝宽度的乘积，对于一台给定的仪器，单色器是固定的，光谱通带的改变是通过调节狭缝宽度来实现的。现代原子吸收光谱仪器都设有几个不同宽度的光谱通带或连续可调的光谱通带。光谱通带的选择，要考虑辐射光源的能量利用效率与光谱干扰的可能性两个因素，其选择原则是在保证干扰谱线和非吸收光不进入光谱通带内的前提下，宜选用较宽的光谱通带，以充分利用辐射光源的能量。因连续背景落在检测器上的量与光谱通带宽度的平方成正比，当火焰的连续背景较强时，应选用窄的光谱通带。对于多谱线元素，通常选用较窄的光谱通带。光谱通带的选择方法是，在不同宽度的光谱通带测定吸光度，以达到稳定的最大吸光度作为欲选用的光谱通带。

③ 灯电流 灯电流的选择应综合考虑辐射光源输出强度、放电的稳定性及灯的使用寿命。灯电流的大小直接影响空心阴极灯和无极放电灯的放电特性。灯电流过小，灯输出强度低，能量弱，工作不稳定；灯电流过大，特别对于一些蒸气压高的元素，引起谱线自吸变宽，稳定性下降，灯寿命缩短。在保证放电稳定与合适光强输出的条件下，尽量选用较低的工作电流。最合适的工作电流通常由吸光度随灯电流的变化曲线决定，以获得所需要的稳定吸光度的灯电流作为欲选用的工作电流。选用的工作电流一般不要超过最大允许使用的灯电流值的2/3。在实际使用中，应将灯预热一定时间，以获得稳定的光强输出。

(2) 原子化条件优化

① 燃气和助燃气流量 燃气和助燃气流量或可燃气的总流量决定了火焰可供给试样蒸发、解离和原子化的总能量，从而决定了最大的允许进样量。燃气和助燃气的比例，决定了火焰的氧化还原特性和原子火焰空间的分布，从而决定了最佳测量高度。进样量对试样利用效率与气溶胶的粒径分布有显著的影响，从而影响所消耗的总热量和传热速度。由此可见，这些因素之间存在相互影响，在优化某一因素时，必须同时兼顾其他相关因素。采用单因素轮换法优化火焰原子化条件时，通常先优化燃气和助燃气的流量及比例，在此基础上再优化其他因素。最好是采用试验设计优化法，对燃气流量、助燃气流量、测量高度和进样量诸因素同时进行优化。

② 测量高度 自由原子在火焰区域内的分布是不均匀的，取决于被测元素化合物的性质。不同元素自由原子随火焰高度的分布，依赖于各火焰区的温度和氧化还原特性。因此，随着燃气和助燃气流量的改变，必须重新调节测量高度，以使测量光束始终从自由原子浓度最高的火焰区通过，从而获得最高的测定灵敏度。最佳测量高度是通过调节燃烧器的位置来寻找的。最佳的测量高度可以通过吸光度随测量高度的变化来确定。要注意的是，最佳测量高度强烈地依赖于燃气和助燃气的流量，一定要与燃气、助燃气流量的优化同时考虑。

③ 进样量 试液喷入火焰内，要消耗大量的热量来蒸发溶剂、分解化合物分子。大量的进样对火焰有强烈的冷却效应，特别是对高温火焰，从而引起火焰温度下降。即使是有机溶剂，如醇、烃等，在火焰中燃烧，能产生附加的热量，但进样量过大仍对火焰有一定的冷却效应。被测元素化合物的有效原子化既取决于火焰传给气溶胶的总热量，又取决于传热速度。试液的吸喷量越大，消耗的总热量越多，若火焰产生的热量小于原子化所消耗的热量，则分析物不能有效地原子化。而且随着进样量增加，较大粒径的气溶胶量增多，在气溶胶经过火焰的短时间内，不能获得足够的能量完成原子化，对原子吸收信号没有贡献，却又消耗大量的热量。进样量过小，产生自由原子的浓度低，自然也会降低测定灵敏度。由此可见，

在一定范围内，增加进样量可以提高测定的灵敏度，而过大的进样量，对火焰产生强烈的冷却效应，不仅不能提高测定的灵敏度，反而降低测定的灵敏度。合适的进样量应通过实验进行选择，以获得最佳吸光度作为选取进样量的评定指标。

通过实验，最终确定如下测定条件。

测量参数	钙	镁	测量参数	钙	镁
吸收线波长 λ/nm	422.7	285.2	负高压 V	527	330
空心阴极灯 I/mA	5	3	时间常数 S	1	1
狭缝宽度 d/mm	1.3	1.3	乙炔流量 Q/(L/min)	2.2	2.4
燃烧器高度 h/mm	7.5	7.5	空气压力/kPa	160	160

(3) 根据实验条件，将原子吸收分光光度计按仪器操作步骤进行调节，待仪器电路和气路系统达到稳定，记录仪基线平直时，即可进样。依次由稀到浓测定所配制的标准溶液的吸光度值。

(4) 在相同的实验条件下，分别测定自来水样溶液中钙、镁的吸光度。

五、数据记录与处理

(1) 记录实验条件

① 仪器型号；

② 吸收线波长（nm）；

③ 空心阴极灯电流（mA）；

④ 狭缝宽度（mm）；

⑤ 燃烧器高度（mm）。

(2) 列表记录钙、镁标准系列溶液的吸光度，并以吸光度为纵坐标以浓度为横坐标分别绘制钙、镁校准曲线。

(3) 由校准曲线查出并计算自来水中钙、镁的含量。

(4) 根据校准曲线计算钙、镁测定的1%吸收灵敏度（或将数据输入微机，以一元线性回归计算程序，计算钙、镁的含量和钙、镁测定的1%吸收灵敏度）。

六、预习内容

1. 原子吸收分光光度计的基本结构与原理。

2. 标准曲线法的应用。

七、思考题

1. 为什么燃助比和燃烧器高度的变化会明显影响钙的测量灵敏度？

2. 为什么原子吸收光谱仪的光源是被测元素空心阴极灯？可以用其他光源吗？

3. 空白溶液的含义是什么？

实验4 冷原子吸收光谱法测定废水和尿中的痕量汞

一、实验目的

了解和熟悉测汞仪的工作原理、操作方法及用途。

二、实验原理

凡溶于水的汞化合物毒性都比较强。汞进入人体后能与组织中的蛋白质结合成汞蛋白盐，引起各种病症。汞的沸点很低，在常温下即可测定汞蒸气对其特征谱线的吸收。这种在室温下进行原子化的方法称为冷原子吸收法，属于非火焰分析法。样品经硝酸、硫酸消化后，使其中的汞转化为汞离子，将汞蒸气导入吸收池，在强酸条件下用氯化亚锡还原成元素汞，测定汞对 253.7nm 波长光的吸收。吸收值与汞的含量呈线性关系，故可用于定量分析。

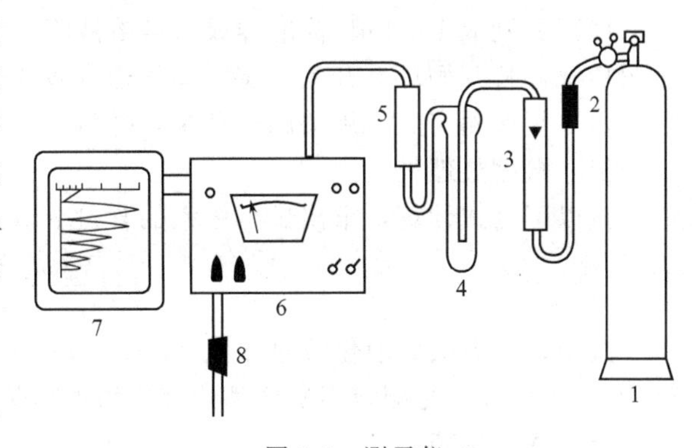

图 5-1 测汞仪

1—压缩空气；2—载气净化；3—转子流量计；4—汞蒸气发生管；5—氯化钙干燥管；6—测汞仪；7—记录仪；8—尾气净化

三、仪器和试剂

仪器：F732-S 型测汞仪（图 5-1），50mL 玻璃烧杯，25mL 容量瓶，2mL、5mL 刻度移液管。

试剂：汞贮备液（准确称取 0.01352g $HgCl_2$ 溶于去离子水中，定容于 100mL 容量瓶，该溶液汞浓度为 0.100mg/mL），汞标准溶液（用吸管吸取贮备液 1.00mL 置于 100mL 容量瓶中，加入 1∶1 H_2SO_4 8mL，2%无汞 $KMnO_4$ 溶液 0.50mL，用去离子水稀释至刻度，摇匀，该溶液汞浓度为 1.00μg/mL。再将此溶液照此法稀释 100 倍，得 0.010μg/mL 汞的标准溶液），10% $SnCl_2$ 溶液（称 $SnCl_2$ 10g，加 10mL 浓 HCl，加热溶解，用去离子水稀释至 100mL，使用前通 N_2 30min），硝酸重铬酸钾溶液（称取 0.05g 重铬酸钾，溶于无汞去离子水，加入 5mL 优级纯硝酸，再用去离子水稀释到 100mL），浓 H_2SO_4（AR）；5% HNO_3；2% $KMnO_4$；10%盐酸羟胺（临用前配）。

四、实验步骤

1. 标准曲线绘制

吸取 0.01μg/mL 汞标液：0、1.00mL、2.00mL、3.00mL、4.00mL、5.00mL 分别置于 10mL 比色管中，再补加 5%硝酸至总体积为 10mL，分别注入汞蒸气发生管内，迅速加入 10%氯化亚锡 1mL，立即通入流量为 1.5L/min 经活性碳处理的空气，汞蒸气经氯化钙干燥管进入测汞仪的光路中，读取测汞仪上的最大吸收值。以各标样的吸收值与相应的汞含量绘制标准曲线。

2. 废水中汞的测定

取水样 15mL 于 50mL 烧杯中，加浓 H_2SO_4 1mL，2% $KMnO_4$ 2mL，在空气浴上加热约 30min，及时添加 $KMnO_4$ 溶液维持试样溶液显示 $KMnO_4$ 紫红色。冷却，滴加盐酸羟胺还原过量的 $KMnO_4$，将此液移入 25mL 容量瓶，用硝酸重铬酸钾溶液稀至刻度，摇匀。取适量此液按标准曲线步骤测定吸光值，查标准曲线计算结果。同时，还应测定一个空白样。

3. 尿汞的测定

取尿样 5mL 于 50mL 烧杯中，加浓硫酸 1mL，2%$KMnO_4$ 5～8mL。以下同实验步骤 2 的操作（盐酸羟胺还原后，溶液应是无色透明，如果是黄色，说明消化不完全，需继续消化）。

4. 测汞仪操作步骤

（1）开启电源开关，泵开关，预热 30min，用空白溶液清洗反应瓶。

（2）打开仪器前盖用一块载玻片插入工作光路中，调节灵敏度旋钮，至显示为≥1000（调好后，测定过程中此旋钮禁止乱动，记录所显示值供以后曲线斜率调整时参考），取出载玻片，仪器显示应回到 $T=100\%$，即 $A=0$（可用调零电位器反复调整）。

（3）分别取10.0mL标准样或试样溶液于20mL反应瓶中，加入氯化亚锡溶液后，迅速塞紧瓶塞，打开循环泵开关，将汞蒸气送入吸收管，记录表头上显示的最大吸收值。

（4）每次测定后必须关闭循环泵，并将指针调至$T=100\%$处，然后再进行下次测量。

五、数据处理

按以下公式计算，求出试样中汞的含量w（mg/kg）。

$$w=\frac{V(m_1-m_0)}{m_s V_1}$$

式中，V为试样消化液总体积（mL）；m_s为试样质量（g）；V_1为测定用试样消化液的体积（mL）；m_1为测定用试样消化液中汞的质量（μg）；m_0为试剂空白中汞的质量（μg）。

六、注意事项

1. 气源一般用高纯N_2，Ar_2也可作气源，其灵敏度较高，但价格较贵。

2. 工作过程中应保持气体流量稳定，否则会影响分析灵敏度和准确性。

3. 如仪器工作正常，而进样后无信号或信号重现性差，应检查气路系统及三通阀部分是否漏气。

4. 仪器的工作温度为10～30℃，湿度≤80%。室温过高过低和湿度过大，会影响仪器正常工作。

七、思考题

1. 试比较原子吸收光谱分析法中各种方法的特点，灵敏度有什么区别。

2. 若试样中同时含有无机汞和有机汞，怎样才能分别测出它们各自的含量？

3. 实验过程中应注意哪些操作？并说明其理由。

实验5　石墨炉原子吸收光谱法测定血清中的痕量铬

一、实验目的

1. 了解石墨炉原子化器工作原理和使用方法。

2. 掌握石墨炉原子吸收光谱仪的操作技术。

3. 学习生化样品的分析方法。

二、实验原理

在常规分析中火焰原子吸收法应用较广，但由于它雾化效率低；火焰气体的稀释使火焰中原子浓度降低；高速燃烧使基态原子在吸收区停留时间短等原因，使该方法灵敏度受到限制。火焰法至少需要0.5～1.0mL试液，对试样较少的样品，分析产生困难。高温石墨炉原子吸收法是一种非火焰原子吸收光谱法，它是目前发展最快、应用最多的一门技术。

在石墨炉中的工作步骤可分为干燥、灰化、原子化和除残渣四个阶段。高温石墨炉利用高温（约3000℃）石墨管，使试样完全蒸发、充分原子化，试样利用率几乎达100%，自由原子在吸收区停留时间长，故灵敏度比火焰法高100～1000倍（10^{-14}g）。试样用量仅5～50μL，而且可以直接分析悬浮液和固体样品。它的缺点是干扰大，必须进行背景扣除，且操作比火焰法复杂。用高温石墨炉法测定血清中痕量元素，灵敏度高，用样量少。为了消除基体干扰，采用标准加入法或配制于葡萄糖溶液中的系列标准溶液。

三、仪器和试剂

仪器：Z-5000型原子吸收分光光度计（日本日立公司），Cr空心阴极灯，Ar气钢瓶，乙炔气钢瓶，石墨管，微量注射器，容量瓶（1000mL 1只，50mL 10只）。

试剂：0.1000mg/mL 铬标准贮备液［称取 0.3735g $K_2Cr_2O_7$（经 150℃干燥）溶于去离子水中，并定容于 1000mL 容量瓶］，20%（*w*/*v*）葡聚糖溶液。

四、实验步骤

1. 系列标准溶液的配制

（1）由 0.1000mg/mL Cr 的贮备液逐级稀释成 0.100μg/mL Cr 的标准溶液。

（2）在 5 个 50mL 容量瓶中分别加入 0.100μg/mL Cr 的标准溶液 0、0.50mL、1.00mL、1.50mL、2.00mL 和葡聚糖溶液 15mL，用去离子水稀至刻度，摇匀，备用。

2. 开机

按仪器操作方法，启动仪器，并预热 20min，开启冷却水和保护气体开关。

设置测量条件：波长 357.9nm；狭缝宽 0.7 挡；灯电流 5mA；干燥温度 100～130℃；干燥时间 100s；灰化温度 1100℃；灰化时间 240s；斜坡升温灰化时间 120s；原子化温度 2700℃；净化温度 1800℃；净化时间 2s；氩气流量 100mL/min；进行背景校正，进样量 50μL。

3. 测量

（1）标准溶液和试剂空白　调好仪器的实验参数，自动升温空烧石墨管调零。然后从稀至浓逐个测量空白溶液和系列标准样品，进样量 50μL，每个溶液测定 3 次，取平均值。

（2）血清样品　在相同实验条件下，测量血清样品三次，取平均值。每次取样 50μL。

4. 结束

实验结束时，按操作要求，关好气源和电源，并将仪器关好、旋钮至于初始位置。

五、数据处理

1. 以吸收光度为纵坐标，铬含量为横坐标制作标准曲线。
2. 从标准曲线中，由血清试样的吸光度查出相应的铬含量。
3. 计算血清中铬的含量（μg/mL）。

六、注意事项

1. 实验前应仔细了解仪器的构造及操作，以便实验能顺利进行。
2. 实验前应检查通风是否良好，确保试样中产生的废气排出室外。
3. 注意用气用电安全，要严格按教师指导进行实验。

七、思考题

1. 非火焰原子吸收光谱法具有哪些特点？
2. 在实验中通 Ar 气的作用是什么？为什么要用 Ar 气？
3. 配制标准溶液时，加入葡聚糖溶液的作用是什么？若不加葡聚糖溶液，还可采用什么方法？

实验 6　荧光分析法测定水中的镁

一、实验目的

了解荧光分析法的基本原理，掌握荧光分析法的实验技术。

二、实验原理

镁与 8-羟基喹啉（Oxine）在 pH6.5 的醋酸盐缓冲溶液中生成强荧光性配合物，此时 8-羟基喹啉本身的荧光强度很低。水中的其他物质不干扰测定。

镁和 8-羟基喹啉的反应如下：

Mg^{2+} + (8-羟基喹啉，OH) $\xrightarrow{pH=6.5}$ (8-羟基喹啉-镁配合物)

$\lambda_{EX}=380nm$，$\lambda_{EM}=510nm$。

8-羟基喹啉-镁配合物的光谱图如图 5-2 所示。

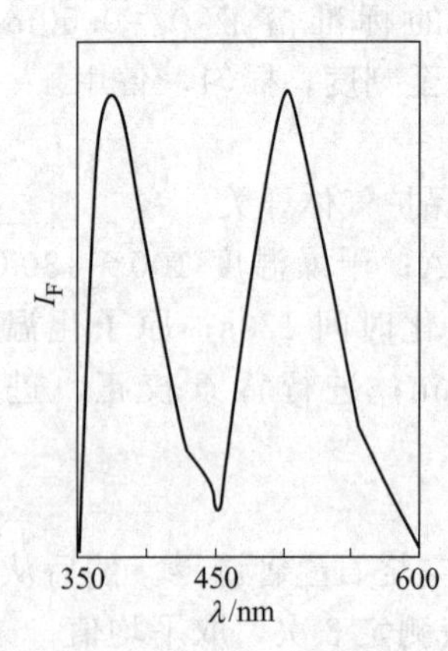

图 5-2 Mg-Oxine 的激发光谱和发射光谱

三、仪器和试剂

仪器：LS-55 荧光分光光度计（英国 P-E 公司），比色管 10mL 5 只，刻度移液管 1mL、5mL 各 1 支。

试剂：8-羟基喹啉乙醇溶液（称 0.5000g 8-羟基喹啉溶于 175mL 乙醇中，加入 25mL pH6.5 的 1.0mol/L 醋酸盐缓冲溶液，摇匀）。

镁标准溶液：称取 20.3mg 分析纯 $MgSO_4 \cdot 7H_2O$，用去离子水溶解，并定容于 100mL 容量瓶中，该溶液含 Mg^{2+} 20μg/mL。

未知水样：①纯净水水样，②自来水水样，③矿泉水水样。

四、实验步骤

(1) 于 3 只比色管中按下面方式配制溶液：

① 0.10mL 去离子水＋3.90mL 8-羟基喹啉乙醇，摇匀；

② 0.10mL Mg^{2+} 标准溶液＋3.90mL 8-羟基喹啉乙醇，摇匀；

③ 0.10mL 未知水样＋3.90mL 8-羟基喹啉乙醇，摇匀。

(2) 用上述 (1) 中②的溶液绘制激发光谱和发射光谱。先固定发射波长为 510nm，在 350～450nm 扫描激发光谱，确定 λ_{EX}（最大激发波长）。再固定激发波长 λ_{EX}，在 450～600nm 扫描发射光谱，确定 λ_{EM}（最大发射波长）。

(3) 在确定的 λ_{EX} 和 λ_{EM} 及其他仪器条件下分别测定 (1) 中①、②、③溶液的荧光强度 I_{Fa}、I_{Fb} 和 I_{Fc}。注意未知水样有三种。

五、数据处理

计算未知水样中 Mg 含量$=\dfrac{I_{Fc}-I_{Fa}}{I_{Fb}-I_{Fa}}\times 20$ (μg/mL)。

六、思考题

1. 为什么荧光光度法比吸光光度法灵敏度高、选择性好？
2. 试从分子结构的角度分析 8-羟基喹啉及其金属配合物的荧光性质。

实验 7 荧光法测定乙酰水杨酸和水杨酸

一、实验目的

1. 掌握用荧光法测定药物中乙酰水杨酸和水杨酸的方法。
2. 进一步掌握 PELS-55 型荧光光谱仪的操作方法。

二、实验原理

通常称乙酰水杨酸为 ASA（阿司匹林），水解即成水杨酸（SA），而在阿司匹林药片中，仍存在少量的水杨酸。用氯仿作为溶剂，用荧光法可以分别测定它们。加少量的醋酸可以增加二者的荧光强度。在 1%醋酸-氯仿中，乙酰水杨酸和水杨酸的激发光谱和荧光光谱如图 5-3。为了消除药片之间的差异，可取几片药片一起研磨，然后取部分有代表性的样品进行分析。

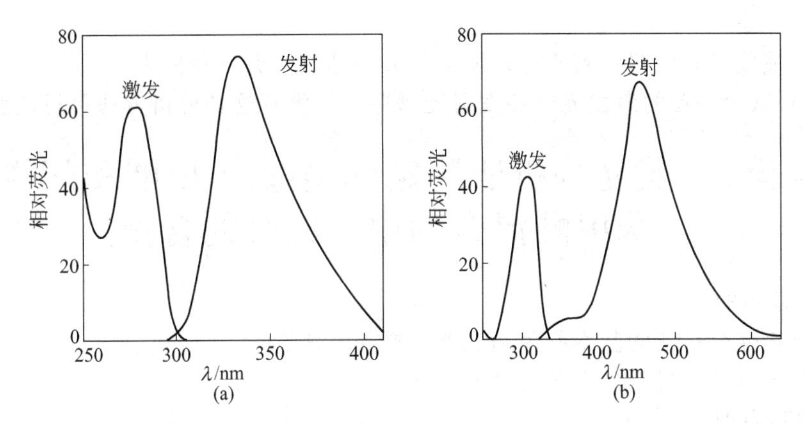

图 5-3 在 1%醋酸-氯仿中乙酰水杨酸（a）和水杨酸（b）的激发光谱和荧光光谱

三、仪器和试剂

仪器：LS-55 荧光分光光度计（英国 P-E 公司），容量瓶 1000mL 2 只、100mL 8 只、50mL 10 只，刻度移液管 10mL 2 支。

试剂：乙酰水杨酸贮备液（称取 0.4000g 乙酰水杨酸溶入 1%醋酸-氯仿溶液中，用 1%醋酸-氯仿溶液定溶于 1000mL 容量瓶中），水杨酸贮备液（称取 0.7500g 水杨酸溶入 1%醋酸-氯仿溶液中，并用 1%醋酸-氯仿溶液定溶于 1000mL 容量瓶中），醋酸，氯仿。

四、实验步骤

1. 绘制 ASA 和 SA 的激发光谱和荧光光谱

将乙酰水杨酸和水杨酸贮备液分别稀释 100 倍（每次稀释 10 倍）。用该溶液分别绘制 ASA 和 SA 的激发光谱和荧光光谱曲线，并分别找到它们的最大激发波长和最大发射波长。

2. 作标准曲线

（1）乙酰水杨酸标准曲线　在 5 只 50mL 的容量瓶中，用移液管分别加入 4.00μg/mL 的 ASA 溶液 2mL、4mL、6mL、8mL、10mL，用 1%醋酸-氯仿溶液稀释至刻度，摇匀。在 ASA 的最大激发波长和最大发射波长下，分别测量它们的荧光强度。

（2）水杨酸标准曲线　在 5 只 50mL 的容量瓶中，用移液管分别加入 7.50μg/mL 的 SA 溶液 2mL、4mL、6mL、8mL、10mL，用 1%醋酸-氯仿溶液稀释至刻度，摇匀。在 SA 的最大激发波长和最大发射波长下，分别测量它们的荧光强度。

3. 阿司匹林药片中乙酰水杨酸和水杨酸的测定

将 5 片阿司匹林药片称量后磨成粉末，称取 400.0mg 用 1%醋酸-氯仿溶液溶解，全部转移至 100mL 容量瓶中，用 1%醋酸-氯仿溶液稀释至刻度。迅速通过定量滤纸干过滤，用该滤液在与标准溶液同样条件下测量 SA 荧光强度。将上述滤液稀释 1000 倍（用三次稀释来完成），与标准溶液同样条件测量 ASA 荧光强度。

五、数据处理

1. 从绘制的 ASA 和 SA 激发光谱和荧光光谱曲线上，确定它们的最大激发波长和最大发射波长。

2. 分别绘制 ASA 和 SA 标准曲线，并从标准曲线上确定试样溶液中 ASA 和 SA 的浓度，并计算每片阿司匹林药片中 ASA 和 SA 的含量（mg），并将 ASA 测定值与说明书上的值比较。

六、注意事项

阿司匹林药片溶解后，应在1h内完成测定，否则ASA的量将降低。

七、思考题

1. 标准曲线是直线吗？若不是，从何处开始弯曲？并解释原因。

2. 从ASA和SA的激发光谱和发射光谱曲线，解释这种分析方法可行的原因。

实验8　荧光分析法测定邻-羟基苯甲酸和间-羟基苯甲酸混合物中二组分的含量

一、实验目的

1. 学习荧光分析法的基本原理和仪器的操作方法。

2. 用荧光分析法进行多组分含量的测定。

二、实验原理

某些具有π-π电子共轭体系的分子易吸收某一波段的紫外光而被激发，如该物质具有较高的荧光效率，则会以荧光的形式释放出吸收的一部分能量而回到基态。建立在发生荧光现象基础上的分析方法，称为分子荧光分析法，而常把被测物称为荧光物质。在稀溶液中，荧光强度I_F与入射光的强度I_0、荧光量子效率φ_F以及荧光物质的浓度c等有关，可表示为：

$$I_F = K\varphi_F I_0 \varepsilon bc$$

式中，K为比例常数，与仪器的参数固定后，以最大激发波长的光为入射光，测定最大发射波长光的强度时，荧光强度I_F与荧光物质的浓度c成正比。

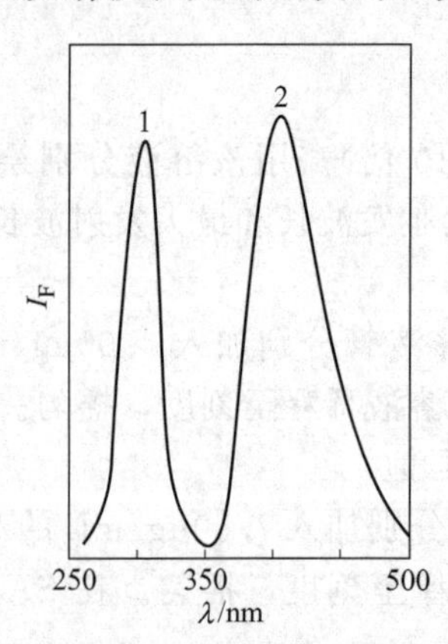

图5-4　水杨酸溶液的荧光光谱曲线图

1—激发光谱；2—发射光谱

在弱酸性水溶液中，邻-羟基苯甲酸（水杨酸）生成分子内氢键，增加分子的刚性而有较强荧光，而间-羟基苯甲酸无荧光。在pH=12的碱性溶液中，二者在310nm附近的紫外光照射下均会发生荧光，且邻-羟基苯甲酸的荧光强度与其在弱酸性时相同。因此，在pH5.5时可测定水杨酸的含量，间-羟基苯甲酸不干扰；另取同量试样溶液调pH至12，从测得的荧光强度中扣除水杨酸产生的荧光即可求出间-羟基苯甲酸的含量。在0～12μg/mL荧光强度与二组分浓度均呈线性关系。对-羟基苯甲酸在此条件下无荧光，因而不干扰测定。

pH5.5时水杨酸溶液的光谱示于图5-4。

三、仪器和试剂

仪器：LS-55荧光分光光度计（英国P-E公司）；比色管25mL 12只；分度吸量管2mL、5mL各2只，1mL 1只。

试剂：邻-羟基苯甲酸标准溶液（称取水杨酸0.1500g用水溶解并定容于1L容量瓶中），间-羟基苯甲酸标准溶液（称取间-羟基苯甲酸0.1500g用水溶解并定容于1L容量瓶中），醋酸-醋酸钠缓冲溶液（称取50g NaAc和6g冰醋酸配成1000mL，pH=5.5的缓冲溶液），0.10mol/L NaOH溶液。

四、实验步骤

1. 配制标准系列溶液和未知溶液

(1) 分别移取水杨酸标准溶液0.40mL、0.80mL、1.20mL、1.60mL、2.00mL于25mL比色管中，各加入2.5mL pH5.5的醋酸盐缓冲溶液，用去离子水稀释至刻度，摇匀。

(2) 分别移取间-羟基苯甲酸标准溶液0.40mL、0.80mL、1.20mL、1.60mL、2.00mL

于 25mL 比色管中，各加入 3mL 0.1mol/L NaOH，用去离子水稀释至刻度，摇匀。

（3）取 1.00mL 未知液两份分别置于 25mL 比色管中，一份加入 2.5mL pH5.5 的醋酸盐缓冲溶液，另一份加入 3.0mL 0.10mol/L NaOH 溶液，分别用去离子水稀释至刻度，摇匀。

2. 激发光谱和发射光谱的测绘

用上一步骤的（1）中第三份溶液和（2）中第三份溶液测绘邻-羟基苯甲酸和间-羟基苯甲酸的激发光谱和发射光谱。先固定激发波长为 300nm，在 300～450nm 测定荧光强度，获得溶液的发射光谱，在 400nm 附近为最大发射波长 λ_{EM}；再固定发射波长为 λ_{EM}，测定激发波长为 200nm 至 λ_{EM} 时的荧光强度，获得溶液的激发光谱，在 300nm 附近为最大激发波长 λ_{EX}。

根据得到的光谱图确定一组测定波长（λ_{EX} 和 λ_{EM}），使之对两组分都有较高的灵敏度。在该组波长下测定 1 中（1）、（2）和（3）各溶液的荧光强度。

五、数据处理

1. 以荧光强度为纵坐标，分别以水杨酸浓度和间-羟基苯甲酸的浓度为横坐标制作标准曲线。

2. 根据 pH 为 5.5 的未知溶液的荧光强度可在水杨酸的标准曲线上确定未知液中水杨酸的浓度。

3. 根据 pH 为 12 的未知液的荧光强度与 pH 为 5.5 的未知液的荧光强度之差值可在间羟基苯甲酸的标准曲线上确定未知液中间-羟基苯甲酸的浓度。

六、思考题

1. 在 pH 为 5.5 的水溶液中，邻-羟基苯甲酸（$pK_{a_1}=3.00$，$pK_{a_2}=12.38$）和间-羟基苯甲酸（$pK_{a_1}=4.05$，$pK_{a_2}=9.85$）的存在形式如何？为什么二者的荧光性质不同？

2. 物质的荧光强度与哪些因素有关？荧光光度计与分光光度计的结构及操作有何异同？

实验 9　分光光度法同时测定维生素 C 和维生素 E

一、实验目的

1. 了解分光光度计的性能、结构及其使用方法。

2. 学习用分光光度法同时测定双组分体系——维生素 C 和维生素 E 的原理和方法。

二、实验原理

当混合物两组分 M 及 N 的吸收光谱互不重叠时，则只要分别在波长 λ_1 和 λ_2 处测定试样溶液中的 M 和 N 的吸光度，就可以得到其相应含量。若 M 和 N 的吸收光谱互相重叠，如图 5-5 所示，则可根据吸光度的加和性质在 M 和 N 的最大吸收波长 λ_1 和 λ_2 处测得总吸光度 $A_{\lambda_1}^{M+N}$ 及 $A_{\lambda_2}^{M+N}$。假如采用 1cm 比色皿，则可由下列方程式求出 M 和 N 组分含量：

$$A_{\lambda_1}^{M+N}=A_{\lambda_1}^{M}+A_{\lambda_1}^{N}=\varepsilon_{\lambda_1}^{M}c_M+\varepsilon_{\lambda_1}^{N}c_N$$

$$A_{\lambda_2}^{M+N}=A_{\lambda_2}^{M}+A_{\lambda_2}^{N}=\varepsilon_{\lambda_2}^{M}c_M+\varepsilon_{\lambda_2}^{N}c_N$$

解此联立方程式，得：

$$c_M=\frac{A_{\lambda_1}^{M+N}\varepsilon_{\lambda_2}^{N}-A_{\lambda_2}^{M+N}\varepsilon_{\lambda_1}^{N}}{\varepsilon_{\lambda_1}^{M}\varepsilon_{\lambda_2}^{N}-\varepsilon_{\lambda_2}^{M}\varepsilon_{\lambda_1}^{N}} \tag{5-1}$$

$$c_N=\frac{A_{\lambda_1}^{M+N}-\varepsilon_{\lambda_1}^{M}c_M}{\varepsilon_{\lambda_1}^{N}} \tag{5-2}$$

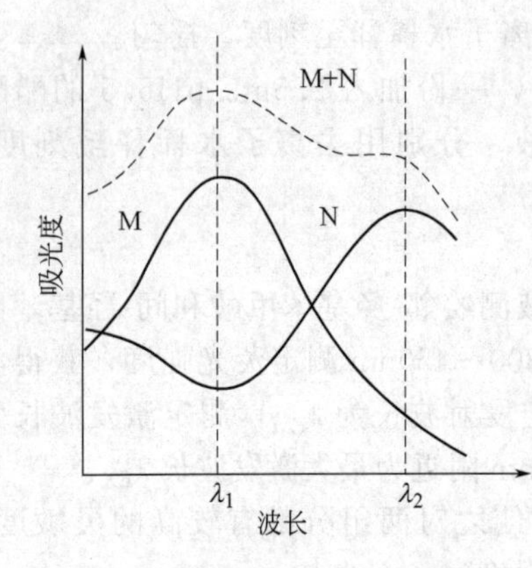

图 5-5　两组分混合物的吸收光谱

式中，$\varepsilon_{\lambda_1}^{M}$、$\varepsilon_{\lambda_2}^{M}$、$\varepsilon_{\lambda_1}^{N}$ 和 $\varepsilon_{\lambda_2}^{N}$ 分别为组分 M 及 N 在 λ_1 和 λ_2 处的摩尔吸光系数。

维生素 C（抗坏血酸）和维生素 E（α-生育酚）起抗氧剂作用，即它们在一定时间内能防止油脂变性。两者结合在一起比单独使用的效果更佳，因为它们在抗氧剂性能方面是“协同的”。因此，他们作为一种有用的组合试剂用于各种食品中。

抗坏血酸是水溶性的，α-生育酚是脂溶性的，但它们都能溶于无水乙醇，因此，能用在同一溶液中测定双组分的原理来测定它们。

三、仪器和试剂

仪器：UV-240 紫外-可见分光光度计，石英比色皿 2 只，50mL 容量瓶 9 只，10mL 吸量管 2 只。

试剂：抗坏血酸［称 0.0132g 抗坏血酸，溶于无水乙醇中，并用无水乙醇定容至 1000mL（7.50×10^{-5}mol/L)］，α-生育酚生育酚［称 0.0488g α-生育酚溶于无水乙醇中，并用无水乙醇定容至 1000mL（1.13×10^{-4}mol/L)］，无水乙醇。

四、实验步骤

1. 配制标准溶液

（1）分别取抗坏血酸贮备液 4.00mL、6.00mL、8.00mL、10.00mL 于 4 只 50mL 容量瓶中，用无水乙醇稀释至刻度，摇匀。

（2）分别取出 α-生育酚贮备液 4.00mL、6.00mL、8.00mL、10.00mL 于 4 只 50mL 容量瓶中，用无水乙醇稀释至刻度，摇匀。

2. 绘制吸收光谱

以无水乙醇为参比，在 320～220nm 测绘出抗坏血酸和 α-生育酚的吸收光谱，并确定 λ_1 和 λ_2。

3. 绘制标准曲线

以无水乙醇为参比，在波长 λ_1 和 λ_2，分别测定步骤 1 配制的 8 个标准溶液的吸光度。

4. 未知液的测定

取未知液 5.00mL 于 50mL 容量瓶中，用无水乙醇稀释至刻度，摇匀。在波长 λ_1 和 λ_2 分别测其吸光度。

五、数据处理

1. 绘制抗坏血酸和 α-生育酚的吸收光谱，确定 λ_1 和 λ_2。

2. 分别绘制抗坏血酸和 α-生育酚在 λ_1 和 λ_2 时的 4 条标准曲线，求出 4 条直线的斜率，即 $\varepsilon_{\lambda_1}^{C}$、$\varepsilon_{\lambda_2}^{C}$、$\varepsilon_{\lambda_1}^{E}$、$\varepsilon_{\lambda_2}^{E}$。

3. 计算未知液中抗坏血酸和 α-生育酚的浓度。

六、注意事项

抗坏血酸会缓慢地氧化成脱氢抗坏血酸，所以必须每次实验时配制新鲜溶液。

七、思考题

1. 写出抗坏血酸和 α-生育酚的结构式，并解释一个是“水溶性”，一个是“脂溶性”的原因。

2. 使用本方法测定抗坏血酸和 α-生育酚是否灵敏？解释原因。

实验 10 分光光度法测定磺基水杨酸合铁的组成和稳定常数

一、实验目的

掌握等摩尔连续变化法测定配合物组成及其稳定常数的原理和方法。

二、实验原理

当溶液中只存在一种配合物时，可采用等物质的量连续变化法测定配合物组成及其稳定常数，由于该方法简单，因而应用极为广泛。该方法是将相同物质的量浓度的金属离子（M）和配体（L），在特定 pH 值条件下，以不同的体积比混合至一定的总体积，在配合物最大吸收波长处测量其吸光度。当溶液中络合物的浓度最大时，配位数 n 为：

$$n=\frac{c_L}{c_M}=\frac{1-f}{f} \tag{5-3}$$

式中，c_M和 c_L分别为金属离子和配体的浓度，$c_M+c_L=c=$常数；f 为金属离子在总浓度中所占分数。

$$f=\frac{c_M}{c} \tag{5-4}$$

以吸光度对 f 作图（见图 5-6）。当 $f=0$ 或 1 时，配合物的浓度为零。图中吸光度值最大处的 f 值，即为配合物浓度达最大时的 f 值。1∶1 型配合物，吸光度值最大处的 f 值为 0.5，1∶2 型的 f 值为 0.34 等。若配合物为 ML，从图中可知，测得的最大吸光度为 A，它略低于延长线交点吸光度 A'，这是因为配合物有一定程度的离解。A'为配合物完全不离解时的吸光度值，A'与 A 之间差别愈小，说明配合物愈稳定。由此可计算出配合物的稳定常数：

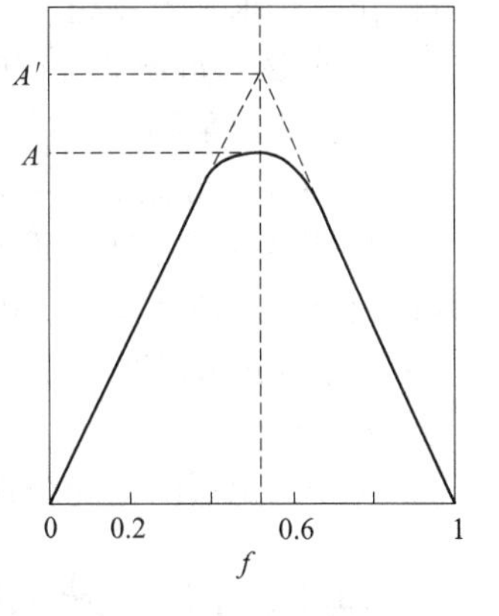

图 5-6 连续变化法测定配合物的组成和不稳定常数

$$K=\frac{[ML]}{[M][L]} \tag{5-5}$$

配合物溶液的吸光度与配合物的浓度成正比，故：

$$\frac{A}{A'}=\frac{[ML]}{c'} \tag{5-6}$$

式中，c'为配合物完全不离解时的浓度。

$$c'=c_M=c_L$$

而
$$[M]=[L]=c'-[ML]=c'-c'\frac{A}{A'}=c'\left(1-\frac{A}{A'}\right) \tag{5-7}$$

将式(5-6) 和式(5-7) 代入式(5-5)，整理后得：

$$K=\frac{A/A'}{(1-A/A')^2c'} \tag{5-8}$$

三、仪器和试剂

仪器：722 型分光光度计，50mL 容量瓶 5 只，10mL 吸量管 2 支。

试剂：0.0100mol/L 磺基水杨酸（在 0.1mol/L $HClO_4$ 中），0.0100mol/L 硝酸铁（在 0.1mol/L $HClO_4$ 中），0.1mol/L $HClO_4$。

四、实验步骤

1. 系列溶液的配制

取 5 只 50mL 容量瓶，按下表加入 0.0100mol/L 的磺基水杨酸和硝酸铁溶液：用

0.1mol/L $HClO_4$ 稀释至刻度，摇匀。

mL

瓶号	0.0100mol/L 磺基水杨酸	0.0100mol/L 硝酸铁溶液
1	1.00	9.00
2	3.00	7.00
3	5.00	5.00
4	7.00	3.00
5	9.00	1.00

2. 配合物吸收曲线的测绘

用步骤 1 中 3 号溶液，以蒸馏水为参比，在波长 400～700nm，每隔 20nm 测量一次吸光度，峰值附近每隔 5nm 测量一次。

3. 系列溶液的测量

将步骤 1 配制的溶液，以蒸馏水为参比，在配合物最大吸收波长处测其吸光度。

五、数据处理

1. 绘制配合物的吸收光谱，并确定其 λ_{max}。

2. 以金属离子物质的量浓度与总物质的量浓度之比（f）为横坐标，吸光度（A）为纵坐标作图，求配合物组成。

3. 求磺基水杨酸合铁的稳定常数（K）。

六、注意事项

1. 溶液配好之后，必须静置 30min 才能进行测定。

2. 当溶液的 pH 值不同时，磺基水杨酸与 Fe^{3+} 形成三种不同配合物：pH<4 时，形成紫色配合物［FeR］；pH 在 4～10，形成红色配离子 $[FeR_2]^{3-}$；在 pH＝10 附近，形成黄色配离子 $[FeR_3]^{6-}$。

七、思考题

连续变化法测定配合物的稳定常数的适用范围是什么？

实验 11　苯和苯衍生物的紫外吸收光谱的测绘及溶剂性质对紫外吸收光谱的影响

一、实验目的

1. 学习并掌握 7500 型紫外-可见分光光度计的使用方法。

2. 通过对苯以及苯的一取代物的紫外吸收光谱的测绘，了解不同助色团对苯的吸收光谱的影响，学会利用吸收光谱进行化合物的鉴定。

3. 了解溶剂效应对 $n\rightarrow\pi^*$ 和 $\pi\rightarrow\pi^*$ 的影响。

二、实验原理

具有不饱和结构的有机化合物，特别是芳香族化合物，在近紫外区（200～400nm）有特征的吸收，为鉴定有机化合物提供了有用的信息。方法是比较未知物与纯的已知化合物在相同条件（溶剂、浓度、pH、温度等）下绘制的吸收光谱，或将绘制的未知物的吸收光谱与标准谱图（如 Sadtler 紫外光谱图）相比较，如果两者一致。说明至少它们的生色团和分子母核是相同的。

苯在 230～270nm 出现的精细结构是其特征吸收峰（B带），中心在 254nm 附近，其最大吸收峰常随苯环上不同的取代基而发生位移。

溶剂的极性对有机物的紫外吸收光谱有一定的影响。溶剂极性增大，$n \rightarrow \pi^*$ 跃迁产生的吸收带发生紫移，而 $\pi \rightarrow \pi^*$ 跃迁产生的吸收带是发生红移。

三、仪器和试剂

仪器：7500 型紫外-可见分光光度计（上海天美公司），带盖石英吸收池（1cm），10mL 具塞比色管 3 支，5mL 具塞比色管 10 支，1mL 吸量管 6 支，0.1mL 吸量管 2 支。

试剂：苯、乙醇、环己烷、氯仿、丁酮、异亚丙基丙酮、正己烷。0.1mol/L HCl，0.1mol/L NaOH，苯的环己烷溶液（1＋250），甲苯的环己烷溶液（1＋250），苯酚的环己烷溶液（0.3mg/mL），苯甲酸的环己烷溶液（0.8mg/mL），苯胺的环己烷溶液（1＋3000），苯酚的水溶液（0.4mg/mL），异亚丙基丙酮，分别用水、氯仿、正己烷配成浓度为 0.4mg/mL 的溶液。

四、实验步骤

1. 苯以及苯的一元取代物的吸收光谱的测绘

（1）在石英吸收池中，加入两滴苯，加盖，用手心温热吸收池下方片刻，在紫外分光光度计上，相对石英吸收池，从 220～300nm 进行波长扫描，得到吸收光谱。

（2）在 5 支 5mL 具塞比色管中，分别加入苯、甲苯、苯酚、苯甲酸、苯胺的环己烷溶液 0.50mL，用环己烷稀释至刻度，摇匀。在带盖的石英吸收池中，相对环己烷从 220～320nm 进行波长扫描，得到吸收光谱。

2. 溶剂性质对紫外吸收光谱的影响

（1）溶剂极性对 $n \rightarrow \pi^*$ 跃迁的影响：在 3 支 5mL 具塞比色管中，各加入 0.02mL 丁酮，分别用水、乙醇、氯仿稀释至刻度，摇匀。用石英吸收池，相对各自的溶剂从 220～350nm 进行波长扫描，得到吸收光谱。

（2）溶剂极性对 $\pi \rightarrow \pi^*$ 跃迁的影响：在 3 支 10mL 具塞比色管中，依次加入 0.20mL 分别用水、氯仿、正己烷配制的异亚丙基丙酮溶液，并分别用水、氯仿、正己烷稀释至刻度，摇匀。用石英吸收池，相对各自的溶剂，从 200～300nm 进行波长扫描，得到吸收光谱。

3. 酸碱性对苯酚吸收光谱的影响

在 2 支 5mL 具塞比色管中，各加入苯酚的水溶液 0.50mL，分别用 0.1mol/L HCl、0.1mol/L NaOH 溶液稀释至刻度，摇匀。用石英吸收池，相对水，从 220～350nm 进行波长扫描，得到吸收光谱。比较吸收光谱的 λ_{max} 的变化，并简单解释之。

五、数据处理

1. 观察实验步骤 1 的各紫外吸收光谱图形，分别找出其 λ_{max}，并算出各取代基使苯的 λ_{max} 红移的距离。

2. 根据实验步骤 2 的紫外吸收光谱图形，比较溶剂性质对 $n \rightarrow \pi^*$ 跃迁和 $\pi \rightarrow \pi^*$ 跃迁紫外吸收光谱 λ_{max} 的影响，并简单解释之。

3. 讨论溶液的酸碱性对苯酚吸收光谱的影响。

六、注意事项

1. 为了获得可靠、分辨率高的吸收光谱图，扫描速度不宜过快，狭缝不宜太宽。

2. 有机溶剂极易挥发，造成环境污染，因此，有机溶液废弃液不能倒入水槽，应倒入回收瓶中。

七、思考题

1. 分子中哪类电子的跃迁将产生紫外吸收光谱？

2. 为什么溶剂极性增大，$n\rightarrow\pi^*$ 跃迁产生的吸收带发生紫移，而 $\pi\rightarrow\pi^*$ 跃迁产生的吸收带则发生红移？

实验 12　有机物红外光谱的测绘及结构分析

一、实验目的

1. 掌握液膜法制备液体样品的方法。
2. 掌握溴化钾压片法制备固体样品的方法。
3. 学习并掌握 IR-408 型红外光谱仪的使用方法。
4. 初步学会对红外吸收光谱图的解析。

二、实验原理

物质分子中的各种不同基团，在有选择地吸收不同频率的红外辐射后，发生振动能级之间的跃迁，形成各自独特的红外吸收光谱。据此可对物质进行定性、定量分析。特别是对化合物结构的鉴定，应用更为广泛。

基团的振动频率和吸收强度与组成基团的原子质量、化学键类型及分子的几何构型等有关。因此根据红外吸收光谱的峰位置、峰强度、峰形状和峰的数目，可以判断物质中可能存在的某些官能团，进而推断未知物的结构。如果分子比较复杂，还需结合紫外光谱、核磁共振谱以及质谱等手段作综合判断。最后可通过与未知样品相同测定条件下得到的标准样品的谱图或已发表的标准谱图（如 Sadtler 红外光谱图等）进行比较分析，做出进一步的证实。如找不到标准样品或标准谱图，则可根据所推测的某些官能团，用制备模型化合物的方法来核实。

乙酰乙酸乙酯有酮式及烯醇式互变异构：

$$CH_3-\underset{\underset{O}{\|}}{C}-CH_2-\underset{\underset{O}{\|}}{C}-O-C_2H_5 \qquad CH_3-\underset{\underset{OH}{|}}{C}=CH-\underset{\underset{O}{\|}}{C}-OC_2H_5 \quad (OH\cdots\cdots O)$$

在红外光谱上能够看出各异构体的吸收带。

三、仪器和试剂

仪器：IR-408 型红外光谱仪，可拆式液池，压片机，玛瑙研钵，氯化钠盐片，标准聚苯乙烯薄膜，快速红外干燥箱。

试剂：苯甲酸（于 80℃下干燥 24h，存于保干器中），溴化钾（于 130℃下干燥 24h，存于保干器中），无水乙醇，苯胺，乙酰乙酸乙酯，四氯化碳。

四、实验步骤

1. 波数检验

将聚苯乙烯薄膜插入 IR-408 型红外光谱仪的样品池处，从 $4000\sim650cm^{-1}$ 进行波数扫描，得到吸收光谱。

2. 测绘无水乙醇、苯胺、乙酰乙酸乙酯的红外吸收光谱

液膜法：戴上指套，取两片氯化钠盐片，用四氯化碳清洗其表面，并放入红外灯下烘干备用。在可拆式液体池的金属池板上垫上橡胶圈，在孔中央位置放一盐片，然后滴半滴液体试样于盐片上，将另一盐片平压在上面（注意不能有气泡），垫上橡胶圈，将另一金属片盖上，对角方向旋紧螺丝（螺丝不宜拧得过紧，否则会压碎盐片）。将盐片夹紧在其中，然后将此液体池插入 IR-408 型红外光谱仪的样品池处，从 $4000\sim650cm^{-1}$ 进行波数扫描，得到吸收光谱。

3. 测绘苯甲酸的红外吸收光谱

溴化钾压片法：取1～2mg苯甲酸，加入100～200mg溴化钾粉末，在玛瑙研钵中充分磨细（颗粒约2μm），使之混合均匀，并将其在红外灯下烘10min左右。取出约80mg混合物均匀铺洒在干净的压模内，于压片机上在29.4MPa压力下，压1min，制成直径为13mm、厚度为1mm的透明薄片。将此片装于固体样品架上，样品架插入IR-408型红外光谱仪的样品池处，从4000～650cm^{-1}进行波数扫描，得到吸收光谱。

4. 未知有机物的结构分析

从教师处领取未知有机物样品。用液膜法或溴化钾压片法制样，测绘未知有机物的红外吸收光谱。

以上红外吸收光谱测定时的参比均为空气。

五、数据处理

1. 将测得的聚苯乙烯薄膜的吸收光谱与仪器说明书或标准聚苯乙烯薄膜卡上的谱图对照。对2850.7cm^{-1}、1601.4cm^{-1}及906.7cm^{-1}处的吸收峰进行检验。在4000～2000cm^{-1}，波数误差不大于±10cm^{-1}。在650～2000cm^{-1}，波数误差不大于±3cm^{-1}。

2. 解析无水乙醇、苯胺、苯甲酸、乙酰乙酸乙酯的红外吸收光谱图。结合课堂所学知识，指出各谱图上主要吸收峰的归属。

3. 观察羟基的伸缩振动在乙醇及苯甲酸中有何不同。

4. 根据教师给定的未知有机物的化学式计算不饱和度，并根据红外吸收光谱图上的吸收峰位置，推断未知有机物可能存在的官能团及其结构式。

六、注意事项

1. 氯化钠盐片易吸水，取盐片时需戴上指套。扫描完毕，应用四氯化碳清洗盐片，并立即将盐片放回干燥器内保存。

2. 固体试样研磨过程中会吸水。由于吸水的试样压片时，易附着在模具上不易取下，水分的存在会产生光谱干扰，所以研磨后的粉末应烘干一段时间。

七、思考题

1. 红外分光光度计与紫外-可见分光光度计在光路设计上有何不同？为什么？

2. 试样含有水分及其他杂质时，对红外吸收光谱分析有何影响？如何消除？

3. 压片法对KBr有哪些要求？为什么研磨后的粉末颗粒直径不能大于2μm？

4. 羟基的伸缩振动在乙醇及苯甲酸中为何不同？

实验13 醛和酮的红外光谱测定

一、实验目的

1. 选择醛和酮的羰基吸收频率进行比较，说明取代效应和共轭效应，指出各个醛、酮的主要谱带。

2. 进一步熟悉压片法及可拆式液体池的制样技术。

二、实验原理

醛和酮在1870～1540cm^{-1}出现强吸收峰，这是C═O的伸缩振动吸收带。其位置相对较固定且强度大，很容易识别。而C═O的伸缩振动受到样品的状态、相邻取代基团、共轭效应、氢键、环张力等因素的影响，其吸收带实际位置有所差别。

脂肪醛在1740～1720cm^{-1}范围有吸收。α-碳上的电负性取代基会增加C═O谱带吸收频率。例如，乙醛在 1730cm^{-1}处吸收，而三氯乙醛在 1768cm^{-1}处吸收。双键与羰基产生共轭效应，会降低 C═O 的吸收频率。芳香醛在低频处吸收。内氢键也使吸收向低频方向移动。

酮的羰基比相应的醛的羰基在稍低的频率处吸收。饱和脂肪酮在 1715cm^{-1}左右有吸收。同样，双键的共轭会造成吸收向低频移动。酮与溶剂之间的氢键也将降低羰基的吸收频率。

三、仪器和试剂

仪器：Magna IR-550（Ⅱ）傅里叶变换红外光谱仪（美国尼高力公司），压片机，压模，样品架，可拆式液体池，盐片，红外灯，玛瑙研钵。

试剂：苯甲醛、肉桂醛、正丁醛、二苯甲酮、环己酮、苯乙酮、滑石粉、无水乙醇、KBr。

四、实验步骤

用可拆式液体池将苯甲醛、肉桂醛、正丁醛、环己酮、苯乙酮等分别制成 0.015～0.025mm 厚的液膜，绘出红外光谱。而二苯甲酮为固体则可按压片法制成 KBr 片剂测其红外光谱。

五、数据处理

1. 确定各化合物的羰基吸收频率，根据各化合物的光谱写出它们的结构式。

2. 根据苯甲醛的光谱，指出在 3000cm^{-1}左右及 750～675cm^{-1}所得到的主要谱带，简述分子中的键或基团构成这些谱带的原因。

3. 根据环己酮光谱，指出在 2900cm^{-1}和 1460cm^{-1}处附近的主要谱带。

4. 比较肉桂醛、苯甲醛与正丁醛的烷基频率，论述共轭效应和芳香性对羰基吸收频率的影响。

5. 注意共轭效应及芳香性对酮的羰基的频率影响。

六、注意事项

1. 氯化钠盐片易吸水，取盐片时需戴上指套。扫描完毕，应用四氯化碳清洗盐片，并立即将盐片放回干燥器内保存。

2. 固体试样研磨过程中会吸水。由于吸水的试样压片时，易附着在模具上不易取下，水分的存在会产生光谱干扰，所以研磨后的粉末应烘干一段时间。

3. 注意保护液体池的盐片。

七、思考题

1. 解释若用氯原子取代烷基，羰基频率会发生位移的原因。

2. 推测苯乙酮 C═O 伸缩的泛频（合频）在什么频率处。

实验 14　红外光谱法测定苯酚、苯甲酸

一、实验目的

1. 掌握红外光谱法的基本原理。

2. 学习红外光谱仪的工作原理，掌握尼高力红外光谱仪的操作方法。

3. 掌握红外光谱测定固体样品的制备方法。

4. 初步学习红外光谱的解析，掌握红外吸收光谱分析的基本方法。

二、实验原理

1. 红外光谱的产生

红外吸收光谱法（Infrared Absorption Spectrometry，IR）是以一定波长的红外光照射物质时，若该红外光的频率能满足物质分子中某些基团振动能级的跃迁频率条件，则该分子就吸收这一波长的红外光的辐射能量，引起偶极矩变化，而由能量较低的基态振动能级跃迁到较高能级的激发态振动能级。检测物质分子对不同波长红外光的吸收强度，就可以得到该物质的红外吸收光谱图。

一般红外光谱的纵坐标以红外光的透过率 $T\%$ 表示，横坐标以红外光的波数（ν/cm^{-1}）或波长（$\lambda/\mu m$）表示，两者关系互为倒数：$\lambda=10^{-4}/\nu$（μm）。

红外区的波长范围如下：

$$12820cm^{-1}\xrightarrow[\text{近红外区}]{}4000cm^{-1}\xrightarrow[\text{中红外区}]{}400cm^{-1}\xrightarrow[\text{远红外区}]{}10cm^{-1}$$

一般红外光谱仪所能测定的波长范围位于中红外区，这是绝大多数有机物、无机物及表面吸附物的振动基频所在的区域，也是化学上最有价值的谱区。

在苯酚分子中，原子基团是一取代的苯环（C_6H_5—）和羟基（—OH），其红外吸收光谱较为简单，故在光谱图上吸收峰为以下两种。

伸缩振动：ν_{O-H} 3246cm^{-1}　　ν_{C-H} 3045cm^{-1}

$\nu_{苯环}$ 1499cm^{-1}，1475cm^{-1}

ν_{C-O} 1238cm^{-1}

弯曲振动：$\delta_{C_6H_5-}$ 753cm^{-1}，691cm^{-1}

在苯甲酸分子中，原子基团是一取代的苯环（C_6H_5—）和羧基（—COOH），其红外吸收光谱较为简单，故在光谱图上主要为两种峰。

伸缩振动：ν_{O-H}（—COOH）3246cm^{-1}

ν_{COOH} 1688cm^{-1}

$\nu_{苯环}$ 1602cm^{-1}，1583cm^{-1}，1454cm^{-1}，1425cm^{-1}

ν_{C-O}（—COOH）1326cm^{-1}，1293cm^{-1}，1185cm^{-1}

弯曲振动：$\delta_{C_6H_5-}$ 708cm^{-1}，668cm^{-1}

2. 固体供试品的压制

KBr 压片法广泛用于红外定性分析和结构分析，通过称量压片扫描等，得到的谱图质量也可方便的用于常量组分的定量分析。制备 KBr 压片时，应取约 2mg 样品研磨，然后与 100～200mg 干燥 KBr 粉末充分混合，并再次研磨，研磨时间将对最终的光谱有显著影响。再转入合适的模具中，使之分布均匀，压成透明薄片。装入压片夹以 KBr 空白压片作参比扫描红外光谱。查谱线索引找出标准谱图对照谱峰位置、形状和相对强度进行鉴定。

三、仪器和试剂

仪器：NicoletIR200 红外光谱仪，玛瑙研钵。

试剂：KBr、苯酚、苯甲酸。

四、实验步骤

（1）设置仪器扫描参数。

波长：4000～400cm^{-1}

分辨率：8

扫描次数：32

室内温度：20～27℃

室内湿度：30%～36%

(2) 实验前应先将 KBr 和待测样品在 110℃下恒温干燥 24h。

(3) 取适量的 KBr 粉末，在玛瑙研钵中研细，转入合适的模具中，使之分布均匀，压成透明薄片。装入压片夹作为空白压片扫描可以得到背景的红外光谱图。

(4) 取 2mg 的待测样品和 100～200mg KBr 混合，在玛瑙研钵中研细并混合均匀，然后对两种不同的待测样品进行制样。

(5) 扫描背景、扫描待测样品，得到红外光谱图。

(6) 对谱图进行基线校正。

(7) 标出各谱图中峰位。

五、数据处理

1. 找出扫描所得到的红外光谱图中各峰的波数及透过率 $T\%$。
2. 解释各峰相对应的振动基团。
3. 对照标准谱图，并指出供试品与标准样品谱图的匹配率。
4. 指出以下基团所对应的振动频率：苯环、羧基、羟基。

六、注意事项

1. 固体样品要求干燥；固体制样时，要求压片均匀透光。
2. 扫描样品、安放样品时，动作要快，样品放入样品仓后，立即关闭。

七、思考题

1. 红外吸收光谱对应于何种跃迁？
2. 红外吸收光谱能提供什么信息？
3. 如何解释红外光谱图？
4. 单独由红外吸收光谱图能否断定未知物？

6 色谱分析实验

实验15　气相色谱填充柱的制备

一、实验目的

1. 了解固定相的制备过程。

2. 掌握气相色谱柱的填充技术和老化方法。

二、实验原理

色谱柱是气相色谱仪的核心部分，所有样品都是依赖柱进行分离和分析的。色谱柱的制备则是气相色谱实验的基本操作技术。在气-液色谱中，填充柱的固定相由载体和涂敷在其表面的固定液所组成，而将固定液均匀的涂敷在载体表面是一项技术性很强的工作。为了制备性能良好的填充柱，一般应遵循以下几条原则：第一，尽可能筛选粒度分布均匀的载体和固定相料；第二，保证固定液在载体表面涂渍均匀；第三，保证固定相填料在色谱柱内填充均匀；第四，避免载体颗粒破碎和固定液的氧化作用等。

气液色谱的填充柱制备通常包括五个步骤：①色谱柱的选择，一般选用长度和内径适当的螺旋形不锈钢管作为色谱柱；②固定相的选择，包括载体的种类和粒度、固定液的种类及其与载体的质量比；③涂渍固定液，即在载体表面涂渍上一层薄而均匀的液膜；④填装色谱柱，即把涂渍过固定液的载体均匀、密致地填入色谱柱；⑤柱的老化处理，把制备好的色谱柱装到气相色谱仪中，控制柱温高于柱使用温度5～10℃和在5～15mL/min的载气流速下老化4～8h。老化的目的是把残留的溶剂、低沸点杂质和低沸点的固定液赶走，并使固定液在载体表面再分布的过程，从而使固定液涂渍得更加均匀牢固。

常用的固定液涂渍方法有三种：溶解-混合-自然挥发（搅拌或不搅拌）；溶解-混合用旋转蒸发器蒸发；溶解-通过载体过滤。本实验采用简化的第二种方法，用接真空系统和手摇代替旋转蒸发。实践证明这种方法的效果是较好的。

三、仪器和试剂

仪器：气相色谱仪、真空泵、天平、变压器、红外灯、微量注射器（10μL）、分液漏斗（100mL）、圆底烧瓶（250mL）、量筒（100mL）、烧杯（500mL）、不锈钢色谱柱（2m×4mm）、玻璃棉、纱布。

试剂：固定液（聚乙二醇1000）、担体（红色6201硅藻土担体，60～80目）、苯、甲苯、盐酸、氢氧化钠、丙酮（都为分析纯）。

四、实验步骤

1. 担体处理

在粗天平上称取60～80目的红色6201硅藻土担体50g于500mL烧杯中，用自来水漂洗至水不浑浊，倾去上层清水，加入浓盐酸，使其覆盖住担体。于煤气灯上加热至沸腾，保温维持微沸 20～30min（戴上防护眼镜，用玻璃棒轻轻搅动，防止酸液暴沸）。冷却后用自来水洗 3 次，再用 5%的氢氧化钠溶液浸泡 15min，用自来水洗至中性后，再用蒸馏水洗3～4 次，倒入瓷盘中，在 100℃左右的烘箱中烘干备用。

2. 固定液的涂渍

将上述处理过的担体过筛（60～80 目），在粗天平上称取 10g 放在 50mL 烧杯中（剩余部分保存于磨口玻璃瓶中）；在分析天平上称取 1.50g 聚乙二醇固定液（使担体与固定液的质量比为 100∶15）于 500mL 烧杯中，加入 100mL 丙酮（加入丙酮的量以能完全浸没 10g 担体颗粒为宜），用玻璃棒搅动，使聚乙二醇完全溶解，成为均匀的丙酮溶液。将称量好的 10g 担体均匀地撒入溶液（要保证所有颗粒都在液面以下），在通风柜内，不时用玻璃棒搅动担体（以防止担体结块），使丙酮自行挥发，待丙酮挥发完后，放在红外灯下烘干备用。

3. 色谱柱的装填

取一根 2m 长、内径为 3～4mm 的不锈钢色谱柱，在粗天平上称出空柱质量。先将柱的一端用铜网堵住（可将过滤豆浆所用的铜网剪下一小片，卷曲成稍大于色谱柱内径的小球，堵塞在柱子一端，目的是起过滤作用，让气流通过，使固定相颗粒留在柱内。但务必注意，铜网小球不能塞入柱内太深，以便柱子装完后取出）。接上安全瓶和真空泵，柱的另一端用橡皮管连接一个小型玻璃漏斗。开动真空泵，将固定相慢慢倒入漏斗，在抽真空的状态下灌进柱子。同时，不断地用一根小木棒轻轻敲打柱子各个部位，使柱内填充均匀。不断倒入固定相，反复敲打振动柱子，直至漏斗内固定相颗粒不再下降，表示已经填满。打开安全瓶活塞，关闭真空泵，取下色谱柱，在连接漏斗的那一端贴上标签，并注明“进气口”（习惯上这一端与色谱仪载气进口连接），取出铜网小球，在柱子两端都堵塞一点玻璃棉。称取其质量，求出并记下固定相的填充量。

4. 色谱柱的老化

将填充好的色谱柱贴有标签的那一端连接到进样管下端的接头上（载气进口），色谱柱的另一端（载气出口）暂时放空（不连接）。打开载气钢瓶的中心阀，调节减压阀使输出压力为 147.1～245.2kPa，打开色谱仪载气稳压阀，调节载气（氮气作载气）流量为每分钟 10mL。打开色谱仪电源开关，缓慢地将柱温升至 120℃，在此温度下保持 8～10h。关掉主机电源，待恒温箱的温度降至室温时，关掉载气，将色谱柱的另一端连接到检测器（比如热导池），老化工作结束。

五、数据处理

记录下色谱柱的装填条件与色谱柱的标记备案。

六、注意事项

1. 装柱前在台秤上称一下空柱质量，装完后再称实柱，以便计算装填量。

2. 色谱柱的老化时间因载体和固定液的种类及质量而异，2～72h 不等。老化温度也可选择为实际工作温度以上 30℃。建议以低速率程序升温至最高老化温度，然后在此温度下老化一定的时间。色谱柱老化好的标志是在实际工作条件下空白运行时，基线稳定，漂移小，无干扰峰。

七、思考题

1. 填充柱的制备应遵循哪些原则？

2. 色谱柱为什么必须老化？

3. 填充柱老化时，柱子的尾端为什么不能与检测器连接？

实验 16 流动相速度对柱效的影响

一、实验目的

1. 熟悉理论塔板数及理论塔板高度的概念及计算方法。

2. 绘制 H-u 曲线，深入理解流动相速度对柱效的影响。

二、实验原理

在选择好固定相，并制备好色谱柱后，必然要测定柱的效率。表示柱效高低的参数是：理论塔板数（n）和理论塔板高度（H）。人们总希望有众多的理论塔板数和很小的理论塔板高度。计算 n 和 H 的一种方法如下：

$$n=5.54\left(\frac{t_r}{W_{1/2}}\right)^2 \tag{6-1}$$

$$H=\frac{L}{n} \tag{6-2}$$

式中，t_r为组分的保留时间；$W_{1/2}$为半峰宽；L 为柱长。

对气液色谱柱来说，有许多参数影响 H 值。但对给定的色谱柱来说，当其他实验参数都确定不变以后，流动相线速（u）对 H 的影响可由实验测得。将流动相线速（u）以外的参数作常数，则 H 与 u 的关系可用简化的范氏方程来表示：

$$H=A+\frac{B}{u}+Cu \tag{6-3}$$

式中，A、B 和 C 为常数。

上式中三项分别代表涡流扩散、纵向分子扩散及两相传质阻力对 H 的贡献。由此可见，u 过小，使组分分子在流动相中的扩散加剧；u 过大，使组分在两相中的传质阻力增加。两者均导致柱效下降。显然，在 u 的选择上发生了矛盾。但总可以找到一个合适的流速 u，在此流速下，兼顾了分子扩散和传质阻力的贡献，柱效最高，H 值最小。此流速称为最佳流速（u_{opt}），相应的 H 值称为最小理论塔板高度（H_{min}）。

流动相速度可用线速度（u）表示也可用体积速度表示。线速度用下式表示：

$$u=\frac{L}{t_0} \tag{6-4}$$

式中，L 为柱长（cm）；t_0 为非滞留组分的保留时间，也称为死时间（s）；使用热导检测器时，空气的保留时间即 t_0；使用氢火焰离子化检测器时，甲烷的保留时间作为 t_0。

柱后体积速度可用皂膜流量计测量，单位为 mL/min。

三、仪器和试剂

仪器：气相色谱仪，热导检测器（TCD），色谱柱（5%邻苯二甲酸二壬酯，2m×3mm 不锈钢柱），三气发生器，皂膜流量计，秒表，微量注射器。

试剂：正己烷（AR）。

四、实验步骤

（1）按先通气后通电的顺序，先开启三气发生器，使载气（H_2）通入色谱仪。在气路管道的连接处检漏。若有漏气，则应迅速关闭载气阀门，并报告指导教师进行处理（更换进样口密封垫，拧紧螺母）。在确证整个色谱仪系统处于气密状态后，方可进行以下实验。

（2）设置色谱实验条件如下：载气流速 10mL/min；柱温 70℃；汽化温度及热导检测器

温度 80℃；热导池电流 120mA；衰减自选。

(3) 调节载气流速至某一值，待基线稳定后，注入 0.5μL 正己烷，同时按下秒表（或“开始”按钮）。当色谱峰达到顶端时，停走秒表，记下保留时间（t_r）。再注入 0.1mL 空气，记下保留时间（t_0），并用皂膜流量计测定流速。重复以上操作 1～2 次。

(4) 再分别改变 5 种不同流速（20mL/min、40mL/min、60mL/min、80mL/min、100mL/min），每改变一种流速后，按步骤（3）进行。重复以上操作 1～2 次，计算时取平均值。

(5) 实验结束，按操作说明书要求，先将柱温、汽化温度及热导检测器温度降至室温，再关电，最后关气。

五、数据处理

1. 记录下气相色谱实验的各种实验条件以及不同条件下的实验数据。
2. 作出 H-u 图，并求出最佳线速及最佳理论塔板高度。
3. 将另一组同学的 H-u 图数据也绘制在同一方格纸上，并加以比较和讨论。

六、注意事项

1. 先通入载气，再开电源。否则，会有热导池钨丝被烧毁的危险。实验结束时，应先关掉电源，再关载气。
2. 旋动色谱仪的旋钮及阀时，要细心缓慢。
3. 微量注射器使用不当，极易损坏。必须严格遵守教师的操作要求，正确使用微量注射器。
4. 色谱峰过大或过小，应利用“衰减”旋钮调整。

七、思考题

1. 过高或过低的流动相流速，为什么使柱效下降？
2. 若载气改变为 N_2、He 后，预测 H-u 曲线的变化，并解释原因。
3. 测定色谱柱的 H-u 曲线，有何实用意义？

实验 17　气相色谱定性和定量分析

一、实验目的

1. 了解气相色谱各种定性定量方法的优缺点。
2. 掌握纯标样对照、保留值定性的方法。
3. 掌握面积和峰高归一化定量方法。

二、实验原理

气相色谱是一种分离技术，但其定性鉴定能力相对较弱。一般检测器只能“看到”有物质从色谱中流出，而不能直接识别其为何物。若与强有力的鉴定技术如质谱及傅里叶变换红外光谱等联用，则能大大提高气相色谱的定性能力。在实际工作中，有时遇到的样品其成分是大体已知的，或者是可以根据样品来源等信息进行推测的。这时利用简单的气相色谱定性方法往往能解决问题。气相色谱定性方法主要有以下几种：

(1) 标准样品对照定性；

(2) 相对保留值定性；

(3) 利用调整保留时间与同系物碳数的线性关系定性；

(4) 利用调整保留时间与同系物沸点的线性关系定性；

（5）利用 Kovats 保留指数定性；

（6）双柱定性或多柱定性；

（7）仪器联用定性，如用质谱、红外光谱及原子发射光谱检测器。

本实验采用标准样品对照和相对保留值定性方法。

气相色谱常用的定量方法有峰面积百分比法、内部归一化法、内标法和外标法等。峰面积百分比法适合于分析响应因子十分接近的组分的含量，它要求样品中所有组分都出峰。内部归一化法定时准确，但它不仅要求样品中所有组分都出峰，而且要求具备所有组分的标准品，以便测定校正因子。内标法是精度最高的色谱定量方法，但要选择一个或几个合适的内标物并不总是易事，而且在分析样品之前必须将内标物加入样品中。外标法简便易行，但定量精度相对较低，且对操作条件的重现性要求较严。本实验采用内部归一化法，其计算公式如下：

$$A_i\% = \frac{A_i f_{mi}}{\sum A_i f_{mi}} \times 100\% \tag{6-5}$$

式中，A_i 为组分 i 的峰面积；f_{mi} 为组分 i 的相对校正因子。

f_{mi} 可由计算相对响应值 S' 的方法求得：

$$f_m - \frac{1}{S'} - \frac{S_s}{S_i} - \frac{A_s x}{y A_i}$$

式中，S_s、S_i 分别为标准物（常为苯）和被测物的响应因子；A_s、y、A_i、和 x 分别为标准物和被测物的色谱峰面积及进样量。有些工具书或参考书记录了文献发表的一些 f_m 或 S' 值。据以上公式，只要用标准物求得有关被测物的 f_m 或 S' 值，再由待测样品测得峰面积，便可得到定量结果。A 的求法可用近似计算法，也可用手动积分仪。还可用剪纸称重法，但误差较大。目前最好的方法是用计算机色谱数据处理软件。

若用峰高 h 代替上述归一化公式中的峰面积 A，即所谓峰高归一化法。此时也用 h 来求 f_m 或 S' 值。峰高归一化法可简化计算手续，但因基于 h 的 f_m 或 S' 值会随实验参数的波动而变化，故其定量精度往往比峰面积法稍差一些。

三、仪器和试剂

仪器：气相色谱仪，氢火焰检测器。色谱柱：30m×0.32mm×0.25μm（SGE OV-17）。

试剂：环己烷、苯、甲苯（均为分析纯）。

试样：环己烷、苯和甲苯的混合物（1+1+1）。

四、实验步骤

（1）打开三气发生器的空气开关，待空气压力达到 0.4MPa 后，再打开氢气、氮气开关。待三者表压稳定后，打开氮气阀门及气体净化器开关，使色谱柱内的氮气压力稳定到 0.12MPa。

（2）启动色谱仪，设置实验条件如下：柱温度 70℃，汽化室温度 150℃，检测器温度 130℃；氮气为载气，流速自定，衰减自选。

（3）t_0 的测定　待仪器稳定后，注入 1μL 甲烷，记录其保留时间，即死时间 t_0。

（4）t_r 的测定　分别吸取 0.2μL 的环己烷、甲苯和苯的标准样品进样，记录各自完整的色谱图。

（5）f_m 的测定　分别移取 0.5mL 环己烷、甲苯和苯于具塞试管中混合均匀，吸取 0.5μL 的标准混合液进样，记录完整的色谱图。重复一次。

（6）吸取 0.5μL 的未知试样进样，记录完整的色谱图。重复一次。

五、数据处理

1. 记录各实验条件和进样量。

2. 求出三种标准物质的 t_r 值，并计算相邻两峰的相对保留值 α，以便对未知试样中各物质进行定性分析。

3. 以苯为基准物，计算各物质的 f_m。

4. 未知试样中各组分含量计算。

六、注意事项

1. 点燃氢火焰时，应先将氢气流量开大，以保证顺利点燃。确认氢火焰已点燃后，再将氢气流量缓慢地降至规定值。氢气流量降得过快，会熄火。

2. 为保证实验结果的准确性，本实验每次操作都应重复进样三次，取平均值计算。

3. 由于混合样品中各组分的沸点不同，所以挥发度亦不同。为此，在实验过程中一定要避免样品的挥发。不要将样品放在温度高的地方，少开瓶盖，快速进样。

七、思考题

1. 从实验结果看，用 t_r、α 值定性时，哪种方法误差最小，为什么？

2. 为什么归一化法对进样量要求不太严格？

3. 影响色谱分离效果的因素有哪些？

实验 18 反相液相色谱法分离芳香烃

一、实验目的

1. 学习高效液相色谱仪的操作。

2. 了解反相液相色谱法分离非极性化合物的基本原理。

3. 掌握用反相液相色谱法分离芳香烃类化合物。

二、实验原理

高效液相色谱法是重要的色谱法。它选用颗粒很细的高效固定相，采用高压泵输送流动相，分离、定性及定量全部分析过程都通过仪器来完成。除了有快速、高效的优点外，它能分离沸点高、分子量大、热稳定性差的试样。

根据使用的固定相及分离原理不同，一般将高效液相色谱法分为分配色谱、吸附色谱、离子交换色谱和空间排斥色谱等。在分配色谱中，组分在色谱柱的保留程度取决于它们在固定相和流动相之间的分配系数 K：

$$K=\frac{\text{组分在固定相中的浓度}}{\text{组分在流动相中的浓度}}$$

显然，K 越大，组分在固定相上的停留时间越长，固定相与流动相间的极性差值也越大。因此，相应出现了流动相为非极性而固定相为极性物质的正相液相色谱法和流动相为极性而固定相为非极性物质的反相液相色谱法。目前应用最广的固定相是通过化学反应的方法将固定液键合到硅胶表面上，即所谓的键合固定相。若将正构烷烃等非极性物质（n-C_{18}烷）键合到硅胶基质上，以极性溶剂（如甲醇和水）为流动相，则可分离非极性或弱极性的化合物。据此，采用反相液相色谱法可分离烷基类化合物。

三、仪器和试剂

仪器：美国 Waters 公司 1100 型高效液相色谱仪，自动进样器，二极管阵列检测器。色谱柱：250mm×4.6mm，n-C_{18}柱。

试剂：苯、甲苯、乙苯、*n*-丙基苯、*n*-丁基苯（均为AR），未知样品。流动相：80%甲醇+20%水。

四、实验步骤

（1）用流动相溶液（80%甲醇+20%水）配制浓度为10mg/mL的标准样品。

（2）在教师指导下，按下述色谱条件操作色谱仪。柱温25℃；流动相流速1.0mL/min；UV检测波长254nm。

（3）待显示屏上基线稳定后，分别进苯、甲苯、乙苯、*n*-丙基苯、*n*-丁基苯标准样品各2μL，每个样品需平行做二次。五种标准样的色谱图后，注入未知样品5μL，记录保留时间。重复两次。

实验结束后，按要求关好仪器。

五、数据处理

1. 测定每一个标准样的保留时间（进样标记至色谱峰顶尖的时间）。
2. 确定未知样中各组分的出峰次序。
3. 求取各组分的相对定量校正因子。
4. 求取样品中各组分的百分含量。

六、思考题

1. 观察分离所得的色谱图，解释未知试样中不同组分之间的洗脱顺序。
2. 说明苯甲酸在本实验的色谱柱上，是强保留还是弱保留？为什么？

实验19 高效液相色谱法测定饮料中的咖啡因

一、实验目的

1. 学习高效液相色谱仪的操作。
2. 了解高效液相色谱法测定咖啡因的基本原理。
3. 掌握高效液相色谱法进行定性及定量分析的基本方法。

二、实验原理

咖啡因又称咖啡碱，是由茶叶或咖啡中提取而得的一种生物碱，它属黄嘌呤衍生物，化学名称为1,3,7-三甲基黄嘌呤。咖啡因能兴奋大脑皮层，使人精神兴奋。咖啡中含咖啡因约为1.2%～1.8%，茶叶中约含2.0%～4.7%。可乐饮料、APC药片等中均含咖啡因。其分子式为$C_8H_{10}O_2N_4$，结构式为：

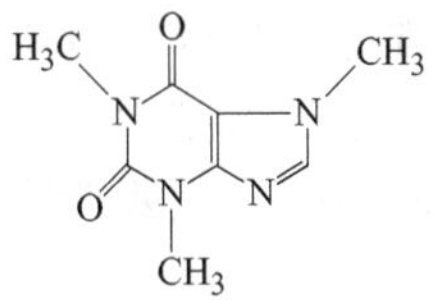

定量测定咖啡因的传统分析方法是采用萃取分光光度法。用反相高效液相色谱法将饮料中的咖啡因与其他组分（如：单宁酸、咖啡酸、蔗糖等）分离后，将已配制的浓度不同的咖啡因标准溶液注入色谱系统。如流动相流速和泵的压力在整个实验过程中是恒定的，测定它们在色谱图上的保留时间t_r和峰面积A后，可直接用t_r定性，用峰面积A作为定量测定的参数，采用工作曲线法（即外标法）测定饮料中的咖啡因含量。

三、仪器和试剂

仪器：高效液相色谱仪，平头微量注射器。色谱柱：Kromasil C_{18}，5μ 150mm×

4.6mm。

试剂：1000mg/L 咖啡因标准贮备溶液：将咖啡因在110℃下烘干1h。准确称取0.1000g咖啡因，用二次蒸馏水溶解，定量转移至100mL容量瓶中，并稀释至刻度。流动相：30%甲醇（色谱纯）+70%高纯水；流动相进入色谱系统前，用超声波发生器脱气10min。待测饮料试液：可乐，茶叶，速溶咖啡。

四、实验步骤

(1) 用标准贮备液配制质量浓度分别为20μg/mL、40μg/mL、60μg/mL、80μg/mL的标准系列溶液。

(2) 色谱仪器条件：泵的流速1.0mL/min；检测波长275nm；进样量10μL；室温。

(3) 待仪器基线稳定后，进咖啡因标准样，浓度由低到高。

(4) 样品处理如下：①将约25mL可口可乐置于一100mL洁净、干燥的烧杯中，剧烈搅拌30min或用超声波脱气5min，以赶尽可乐中二氧化碳。②准确称取0.04g速溶咖啡，用90℃蒸馏水溶解，冷却后待用。③准确称取0.04g茶叶，用20mL蒸馏水煮沸10min，冷却后，取上层清液，并按此步骤再重复一次，将两次的清液全部转移至50mL容量瓶中。将上述三种样品分别转移至50mL容量瓶中，并定容至刻度。

(5) 将上述三份样品溶液分别进行干过滤（即用干漏斗、干滤纸过滤），弃去前过滤液，取后面的过滤液，备用。

(6) 分别取5mL可乐、咖啡饮料和茶叶水用0.45μm的过滤膜过滤后，注入2mL样品瓶中备用。

(7) 按“Agilent 1100 高效液相色谱仪操作规程”分析饮料试液。

五、数据处理

根据实验数据完成下表并求取样品中咖啡因的浓度。

序号	标样浓度/(μg/mL)	保留时间 t_R	色谱峰面积 S	色谱峰高度 H
1	20			
2	40			
3	60			
4	80			
5	速溶咖啡			
6	茶叶			
7	可乐			

六、注意事项

1. 不同品牌的可乐、茶叶、咖啡中咖啡因含量不大相同，称取的样品量可酌量增减。

2. 若样品和标准溶液需保存，应置于冰箱中。

3. 为获得良好结果，标准和样品的进样量要严格保持一致。

七、思考题

1. 用标准曲线法定量的优缺点是什么？

2. 根据结构式，咖啡因能用离子交换色谱法分析吗？为什么？

3. 若标准曲线用咖啡因浓度对峰高作图，能给出准确结果吗？与本实验的标准曲线相比何者优越？为什么？

4. 在样品干过滤时，为什么要弃去前过滤液？这样做会不会影响实验结果？为什么？

5. 高效液相色谱柱一般可在室温进行分离，而气相色谱柱则必须恒温，为什么？高效液相色谱柱有时也实行恒温，这又为什么？

7 化学热力学测量实验

实验20 燃烧热测定

一、实验目的

1. 学会用氧弹热量计测定有机物燃烧热的方法。

2. 明确燃烧热的定义，了解恒压燃烧热与恒容燃烧热的差别。

3. 掌握用雷诺法和公式法校正温差的两种方法。

4. 掌握压片技术，熟悉高压钢瓶的使用方法。

5. 学会用精密电子温差测量仪测定温度的改变值。

二、实验原理

1. 燃烧与量热

有机物的燃烧焓 $\Delta_c H_m^{\ominus}$ 是指1mol的有机物在 $p^{\ominus}$ 时完全燃烧所放出的热量，通常称燃烧热。燃烧产物指定该化合物中C变为 $CO_2(g)$，H变为 $H_2O(l)$，S变为 $SO_2(g)$，N变为 $N_2(g)$，Cl变为HCl(aq)，金属都成为游离状态。

燃烧热的测定，除了有其实际应用价值外，还可用来求算化合物的生成热、化学反应的反应热和键能等。

量热方法是热力学的一个基本实验方法。热量有 Q_p 和 Q_V 之分。用氧弹热量计测得的是恒容燃烧热 Q_V，从手册上查到的燃烧热数值都是在298.15K、101.325kPa条件下，即标准摩尔燃烧焓，属于恒压燃烧热 Q_p。由热力学第一定律可知，在不做其他功的条件下：$Q_V=\Delta U$；$Q_p=\Delta H$。若把参加反应的气体和反应生成的气体都作为理想气体处理，则它们之间存在以下关系：

$$\Delta H=\Delta U+\Delta(pV) \tag{7-1}$$

$$Q_p=Q_V+\Delta nRT \tag{7-2}$$

式中，Δn 为反应前后生成物和反应物中气体的物质的量之差；R 为气体常数；T 为反应的热力学温度（量热计的外桶温度，环境温度）。

2. 氧弹量热计

氧弹量热计的基本原理是能量守恒定律。样品完全燃烧后所释放的能量使得氧弹本身及其周围的介质和量热计有关附件的温度升高，则量热介质在燃烧前后体系温度的变化值，就可求算该样品的恒容燃烧热。在本实验中，设有 m g样品物质在氧弹中燃烧，可使 $m_水$ g水及量热器本身由 T_1 升高到 T_2，令 $C_计$ 代表量热器的热容，Q_V 为该有机物的恒容摩尔燃烧热，则：

$$-\frac{m}{M}Q_V-lQ_l=(m_水 C_水+C_计)\Delta T \tag{7-3}$$

式中，m 和 M 为样品的质量和摩尔质量；Q_V 为样品的恒容燃烧热；l 和 Q_l 为点火铁丝的长度和单位长度燃烧热；$m_水$ 和 $C_水$ 为（水作为介质时）水的质量和比热容；$C_计$ 为量热计的热容；ΔT 为样品燃烧前后水温的变化值。

为了保证样品完全燃烧，氧弹中充以高压氧气。

实验前需阅读“4.1.3　量热技术”，了解并熟悉氧弹量热计和氧弹的结构。

三、仪器和试剂

仪器：氧弹量热计1套，压片机1台，温差测定仪1台，调压变压器2个，拨动开关1只，氧气钢瓶（需大于7845.32kPa的压力），氧气减压器1个，万用表1个，充氧导管1根，铁丝若干，容量瓶（1000mL 1只，2000mL 1只）。

试剂：萘（分析纯），苯甲酸（分析纯）。

四、实验步骤

1. 量热计水当量的测定

（1）样品压片　压片前先检查压片用钢模是否干净，否则应进行清洗并使其干燥，用台秤称0.8g苯甲酸，并用直尺准确量取长度为20cm左右的细铁丝一根，准确称量并把其双折后在中间位置打环，置于压片机的底板压模上，装入压片机内，倒入预先粗称的苯甲酸样品，使样品粉末将铁丝环浸埋，用压片机螺杆徐徐旋紧，稍用力使样品压牢（注意用力均匀适中，压力太大易使铁丝压断，压力太小样品疏松，不易燃烧完全），抽去模底的托板后，继续向下压，用干净滤纸接住样品，去除周围的粉末，将样品置于称量瓶中，在分析天平上用减量法准确称量后供燃烧使用。

（2）装置氧弹　拧开氧弹盖，将氧弹内壁擦干净，特别是电极下端的不锈钢接线柱更应擦干净。在氧弹中加1mL蒸馏水。将样品片上的铁丝小心地绑牢于氧弹中两根电极6与8上（参见“4.1.3　量热技术”部分的图4-9氧弹剖面图）。旋紧氧弹盖，用万用电表检查两电极是否通路。若通路，则旋紧排气孔5后即可充氧气。图7-1是氧弹充氧过程示意图。

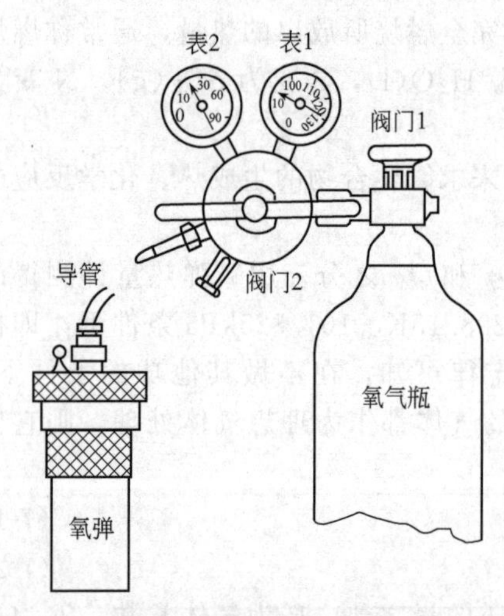

图7-1　氧弹充氧示意图

按图7-1所示，连接氧气钢瓶和氧气表，并将氧气表头的导管与氧弹的进气管接通，此时减压阀门2应逆时针旋松（即关紧），打开氧气钢瓶上端氧气出口阀门1（总阀）观察表1的指示是否符合要求（至少在4MPa），然后缓缓旋紧减压阀门2（即渐渐打开），使表2指针指在表压2MPa，氧气充入氧弹中。1～2min后旋松（即关闭）减压阀门2，关闭阀门1，再松开导气管，氧弹已充入约2MPa的氧气，可供燃烧之用。但是阀门2至阀门1之间尚有余气，因此要旋紧减压阀门2以放掉余气，再旋松阀门2，使钢瓶和氧气表头复原。氧气减压器的使用参见“1.2.2　气体钢瓶的安全使用”。

（3）燃烧和测量温差　按图4-8所示将氧弹量热计测量装置装配好。

① 用精度为0.1℃的水银温度计准确测量量热计水夹层A（外套）的实际温度。

② 打开温差测定仪，让其预热，并将测温探头插入外套测温口中。

③ 在水盆中放入自来水（约4000mL），用1/10的水银温度计测量水盆里的自来水温度，用加冰或加热水的方法调节水温低于外套温度1.5～2.0℃。

④ 把充好氧气的氧弹放入已事先擦洗干净的内筒C中。用容量瓶准确量取3000mL已调好温度的水，置于内筒C中。

⑤ 检查点火开关是否置于“关”的位置，插上点火电极，盖上绝热胶木板。

⑥ 开启搅拌马达，调节温差测定仪设定旋钮，使温差测定仪上指示为1.000，此时对应的实际温度为外套温度。

⑦ 迅速把测温探头置于内筒 C 上端的测温口中，观察温差测定仪的读数，一般应在 0.000～0.500（太低或太高都要重新调节水温，以保证外套水温在燃烧升温曲线的中间位置）。报时器每半分钟响一次，响时即记录温差测定仪上温度的读数，至少读5～10min。

⑧ 插好点火电源，将点火开关置于“开”的位置并立即拨回“关”的位置。在几十秒内温差测定仪的读数骤然升高，继续读取读数，直至读数平稳（约 25 个数，每半分钟一次。如果在 1～2min 内，温差测定仪的读数没有太大的变化，表示样品没有燃烧，这时应仔细检查，请教老师后再进行处理）。停止记录，拔掉点火电源。

取出氧弹，打开放气阀，排出废气，旋开氧弹盖，观察燃烧是否完全，如有黑色残渣，则证明燃烧不完全，实验需重新进行。如燃烧完全，量取剩余的铁丝长度，计算实际燃烧掉的铁丝长度。

2. 萘恒容燃烧热的测定

称取 0.6g 的萘，按上述操作步骤，压片、称重、燃烧等实验操作重复一次。测量萘的恒容燃烧热 Q_V，计算 Q_p，与手册作比较，计算实验的相对误差。

五、数据记录及处理

1. 数据记录

室温：__________℃；实验温度__________℃。

时间/s										
温度/℃										
时间/s										
温度/℃										

苯甲酸质量/g	
萘的质量/g	
铁丝密度/(kg/m³)	
铁丝长/cm	
剩余铁丝长/cm	

2. 作苯甲酸和萘的雷诺温度校正图（参阅“4.1.3 量热技术”部分的图 4-10），准确求出二者的 ΔT，由此计算水当量和萘的燃烧热 Q_V，并计算恒压燃烧热 Q_p。

3. 根据所用的仪器的精度，正确表示测量结果，计算绝对误差，并讨论实验结果的可靠性。20℃，标准压力下苯甲酸和萘的恒压燃烧焓见表 7-1。

表 7-1 苯甲酸和萘的恒压燃烧焓

恒压燃烧焓	kJ/mol	测定条件
苯甲酸	−3226.9	20℃，$p^\ominus$
萘	−5153.8	20℃，$p^\ominus$

4. 铁丝的燃烧焓为−2.9J/cm。

六、注意事项

1. 压片时应将铁丝压入片内。

2. 氧弹充完氧后一定要检查，确保其不漏气，并用万用表检查两极间是否通路。

3. 将氧弹放入量热仪前，一定要先检查点火控制键是否位于“关”的位置。点火结束后，应立即将其关闭。

4. 氧弹充氧的操作过程中，人应站在侧面，以免意外情况下弹盖或阀门向上冲出，发生危险。

七、思考题

1. 固体样品为什么要压成片状？

2. 在量热学测定中，还有哪些情况可能需要用到雷诺温度校正方法？

3. 如何用萘的燃烧热数据来计算萘的标准生成热？

4. 如何利用燃烧热测定，实验测定苯的共振能？

实验 21　凝固点降低法测分子量

一、实验目的

1. 测定环己烷的凝固点降低值，计算萘的分子量。

2. 掌握溶液凝固点的测定技术。

3. 掌握数字贝克曼温度计的使用方法。

二、实验原理

物质的摩尔质量是一个重要的物理化学数据，其测定方法有许多种。凝固点降低法测定物质的摩尔质量是一个简单而比较准确的测定方法，在实验和溶液理论的研究方面都具有重要意义。

稀溶液降温过程中凝固析出纯固体溶剂时，溶液的凝固点低于纯溶剂的凝固点，其降低值与溶液的质量摩尔浓度成正比。即：

$$\Delta T = T_f^* - T_f = k_f m_B \tag{7-4}$$

式中，T_f^*是纯溶剂的凝固点；T_f 是溶液的凝固点；m_B 是溶液中溶质 B 的质量摩尔浓度；k_f 是溶剂的质量摩尔凝固点降低常数，它的数值仅与溶剂的性质有关。

若称取一定量的溶质 $m(B)$ 和溶剂 $m(A)$，配成稀溶液，则此溶液的质量摩尔浓度 m_B 为：

$$m_B = \frac{m(B)}{M_B m(A)} \times 10^{-3} \tag{7-5}$$

式中，M_B 为溶质的分子量。将式(7-5) 代入式(7-4)，整理得：

$$\Delta T = K_f \frac{m(B)}{M_B m(A)} \times 10^{-3} \tag{7-6}$$

若已知某溶剂的凝固点降低常数 k_f 值，通过实验测定此溶液的凝固点降低值 ΔT，即可计算溶质的分子量 M_B。

通常测凝固点的方法是将溶液逐渐冷却，但冷却到凝固点，并不析出晶体，往往成为过冷溶液。然后由于搅拌或加入晶种促使溶剂结晶，由结晶放出的凝固热，使体系温度回升，当放热与散热达到平衡时，温度不再改变。此固液两相共存的平衡温度即为溶液的凝固点。但过冷或寒剂温度过低，则凝固热抵偿不了散热，此时温度不能回升到凝固点，在温度低于凝固点时完全凝固，就得不到正确的凝固点。从相律看，溶剂与溶液的冷却曲线形状不同。对纯溶剂两相共存时，自由度 $f^* = 1 - 2 + 1 = 0$，冷却曲线出现水平线段，其形状如图 7-2

(a) 所示。对溶液两相共存时，自由度 $f^*=2-2+1=1$，温度仍可下降，但由于溶剂凝固时放出凝固热，使温度回升，但回升到最高点又开始下降，所以冷却曲线不出现水平线段，如图 7-2(b) 所示。由于溶剂析出后，剩余溶液浓度变大，显然回升的最高温度不是原浓度溶液的凝固点，严格的做法应作冷却曲线，并按图 7-2(b) 中所示方法加以校正。但由于冷却曲线不易测出，而真正的平衡浓度又难于直接测定，实验总是用稀溶液，并控制条件使其晶体析出量很少，所以以起始浓度代替平衡浓度，对测定结果不会产生显著影响。

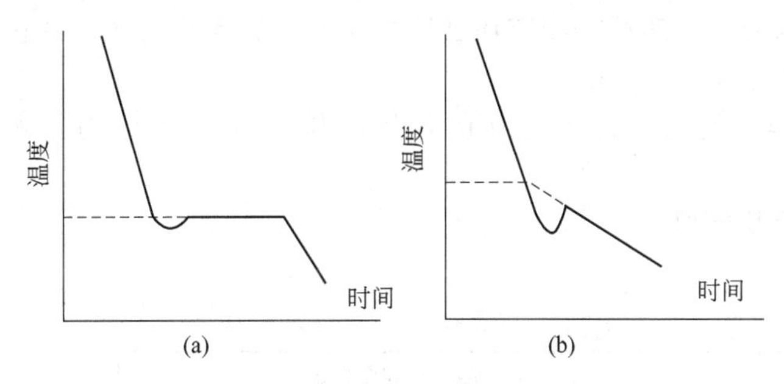

图 7-2 溶剂与溶液的冷却曲线

本实验测纯溶剂与溶液凝固点之差，由于差值较小，所以测温需用较精密仪器，本实验使用数字贝克曼温度计。

三、仪器和试剂

仪器：凝固点测定仪 1 套，烧杯 2 个，数字贝克曼温度计 1 台，普通温度计 (0～50℃) 1 只，压片机 1 个，移液管 (50mL) 1 只。

试剂：环己烷 (分析纯)，萘 (分析纯)。

四、实验步骤

1. 将内管洗净烘干

2. 仪器安装

按图 7-3 将凝固点测定仪安装好。凝固点管、数字式贝克曼温度计探头及搅拌棒均须清洁和干燥，防止搅拌时搅拌棒与管壁或温度计相摩擦。

3. 寒剂温度的调节

冰槽中的冰水混合物为寒剂。调节冰和水的量使其温度保持在 276.2～277.2K (寒剂的温度以不低于所测溶液的凝固点 3K 为宜)。在实验过程中用搅拌棒经常搅拌并间断地补充少量的冰，使寒剂的温度保持恒定。

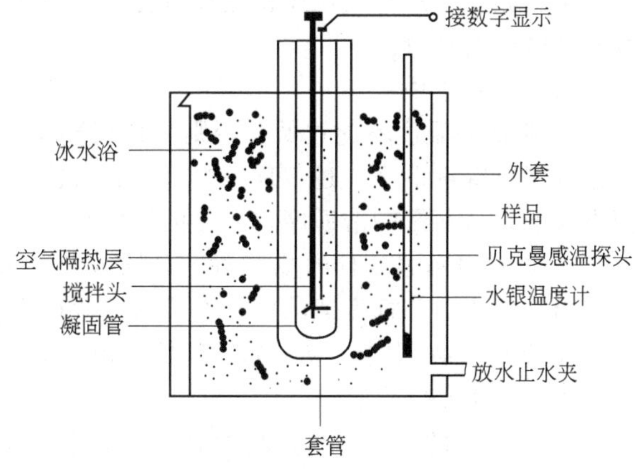

图 7-3 凝固点测定仪示意图

4. 凝固点的测定

(1) 将仪表后面的电源线接通电路。

(2) 将电源开关置于断的位置，拔下开关旁插头，取出搅拌器。

(3) 加冰口处加入冰水混合物。

(4) 用移液管取 25mL 环己烷加入内试管中。

(5) 将搅拌器插入内试管中，插入测温探头，连接插头。

(6) 打开电源开关，通过窗口看搅拌情况，待温度显示为 9℃左右时开始读取数字贝克曼温度计表上数据。一般每分钟记一次，但在温度-时间变化的斜率减小时应每隔 30s 记录数据，待过冷状态破坏后，温度回升并恒定数分钟即可停止读数。

(7) 取出内试管，使环已烷晶体溶化，可用手温热环已烷晶体，使之熔化，再插入内管中，重复上述数据记录步骤，重复测定 2～3 次，要求溶剂凝固点的绝对平均误差小于 0.003℃。

(8) 取出内试管，用手温热环已烷晶体，使之熔化，准确称取 0.15g 左右萘加入内试管中，搅拌使其全部溶解。然后按测定环已烷凝固点的步骤测定含萘溶液的凝固点。要求凝固点的绝对平均误差小于 0.003℃。

(9) 实验完毕，将电源开关置断的位置，排净冰水混合物，内试管擦干净置于体系中。

五、数据记录及处理

1. 数据记录

室温：____________（℃）。

样品	质量/g	凝固点测定数据/℃				下降值 Δt	萘相对分子质量 M
		t_1	t_3	t_3	平均		
纯溶剂							
加萘(溶液)							

2. 用下面公式计算室温时环已烷的密度，然后算出所取环已烷的质量：

$$\rho_t/(\mathrm{g\cdot cm^{-3}})=0.7971-0.8879\times10^{-3}t/℃$$

3. 由计算得到的萘的分子量，判断萘在环已烷中的存在方式。

4. 文献值：萘的相对分子质量 $M_r=128.11$。

根据误差理论，萘的分子量是各直接测量量平均误差传递的结果，要求落在 $M=127\pm4$ 的范围，测值一般比真值略低一点。不用外推法的测量，所测相对分子质量在 124～128。

本实验要求用平均误差传递或者标准偏差传递进行误差计算，从而对实验结果进行准确度和精密度的评价。

六、注意事项

1. 寒剂的温度不能过低，否则易造成冷却所吸收热量的速度大于凝固放热的速度，则体系温度将继续下降，过冷现象严重，且凝固的溶剂过多，溶液的浓度变化过大，测得的凝固点偏低，从而影响溶质摩尔质量的测定结果。

2. 带有电阻温度计的搅拌器一旦插入装有溶液（剂）的内管后，最好不要从内管中完全拿出，防止溶剂挥发或滴漏，造成溶液浓度发生变化。

3. 移动搅拌器时，应先关闭搅拌器电源开关，否则将烧毁搅拌器保险管，搅拌器工作时必须保持水平状态。

4. 加入萘的时候，尽量将萘直接放入溶剂中，注意不要将萘附着在内管壁上，造成溶液浓度的误差。

七、思考题

1. 当溶质在溶液中有离解、缔合和形成配合物时，对摩尔质量有何影响？

2. 根据何原则考虑溶质的用量？太多或太少有何影响？

3. 用凝固点降低法测定摩尔质量在选择溶剂时应考虑哪些因素？

4. 冰槽温度应调节到 276.2～277.2K，过高或过低有什么影响？

实验 22 纯液体饱和蒸气压的测定

一、实验目的

1. 明确气液两相平衡的概念和液体饱和蒸气压的定义，了解纯液体饱和蒸气压与温度之间的关系。

2. 测定环己烷在不同温度下的饱和蒸气压，并求在实验温度范围内的平均摩尔汽化热。

3. 熟悉和掌握真空泵、恒温槽和气压计的构造和使用。

二、实验原理

1. 饱和蒸气压、正常沸点和平均汽化热

液体在密闭的真空容器中蒸发，当液体上方蒸气的浓度不变时，气液两相达平衡，此时气体的压力称为饱和蒸气压或液体的蒸气压。当液体的饱和蒸气压与大气压相等时，液体就会沸腾，此时的温度就叫该液体的正常沸点。而液体在其他各压力下的沸腾温度称为沸点。

当纯液体 B 与其蒸气之间建立平衡时：

$$B(\mathrm{l}) \rightleftharpoons B(\mathrm{g})(p,T) \tag{7-7}$$

热力学上可以证明，平衡时 p 与 T 有如下关系：

$$\frac{\mathrm{d}p}{\mathrm{d}T}=\frac{\Delta S}{\Delta V} \tag{7-8}$$

式中，$\mathrm{d}p$ 和 $\mathrm{d}T$ 为由纯物质组成的两相始终呈平衡的体系中 p 和 T 的无限小变化；ΔS 和 ΔV 为在恒定的 p 和 T 下由一相转变到另一相时 S 和 V 的变化。

因相变式(7-7) 是恒温恒压可逆过程，ΔG 为零，故 ΔS 可用 $\Delta H/T$ 代替，ΔH 即为平均摩尔汽化热 $\Delta_{\mathrm{vap}}H_{\mathrm{m}}$。

$$\frac{\mathrm{d}p}{\mathrm{d}T}=\frac{\Delta H}{T\Delta V}=\frac{\Delta_{\mathrm{vap}}H_{\mathrm{m}}}{T(V_{\mathrm{g}}-V_{\mathrm{s}})}\approx\frac{\Delta_{\mathrm{vap}}H_{\mathrm{m}}}{TV_{\mathrm{g}}} \tag{7-9}$$

式(7-8) 和式(7-9) 分别为克拉贝龙 (Clapeyron) 方程和克劳修斯-克拉贝龙 (Clausius-Clapeyron) 方程式。

当在讨论蒸气压小于 101.325kPa 范围内的气液平衡时，可以引进两个合理的假设：一是液体的摩尔体积 V_{l} 与气体的摩尔体积 V_{g} 相比可略而不计，则 $\Delta V=V_{\mathrm{g}}$；二是蒸气可看成是理想气体，则 $\Delta_{\mathrm{vap}}H_{\mathrm{m}}$ 与温度无关，在实验温度范围内可视为常数。由此得到：

$$\frac{\mathrm{d}p}{\mathrm{d}T}=\frac{\Delta_{\mathrm{vap}}H_{\mathrm{m}}}{T(RT/p)}$$

即：

$$\frac{\mathrm{d}\ln p}{\mathrm{d}T}=\frac{\Delta_{\mathrm{vap}}H_{\mathrm{m}}}{RT^2} \tag{7-10}$$

式(7-10) 积分后得：

$$\ln p=-\frac{\Delta_{\mathrm{vap}}H_{\mathrm{m}}}{RT}+c' \tag{7-11}$$

或：

$$\lg p=-\frac{\Delta_{\mathrm{vap}}H_{\mathrm{m}}}{2.303RT}+c \tag{7-12}$$

式中，p 为液体在温度 T (K) 时的饱和蒸气压；c 和 c' 为积分常数。

实验测得各温度下的饱和蒸气压后，以 $\lg p$ 对 $1/T$ 作图，可得一直线，其斜率为：

$$-\frac{\Delta_{\mathrm{vap}}H_{\mathrm{m}}}{2.303R} \tag{7-13}$$

由此即可求得平均摩尔汽化热 $\Delta_{vap}H_m$。

2. 测定饱和蒸气压的方法

① 静态法　在一定温度下，直接测量饱和蒸气压。此法适用于具有较大蒸气压的液体。

② 动态法　测量沸点随施加的外压力而变化的一种方法。液体上方的总压力可调，而且用一个大的缓冲瓶维持给定值，汞压力计测量压力值，加热液体待沸腾时测量其温度。

③ 饱和气流法　在一定温度和压力下，用干燥气体缓慢地通过被测纯液体，使气流为该液体的蒸气所饱和。用吸收法测量蒸气量，进而计算出蒸气分压，此即该温度下被测纯液体的饱和蒸气压。该法适用于蒸气压较小的液体。

本实验采用静态法测定环己烷在不同温度下的饱和蒸气压。所用仪器是等压计（也叫等位计），如图 7-4 所示。

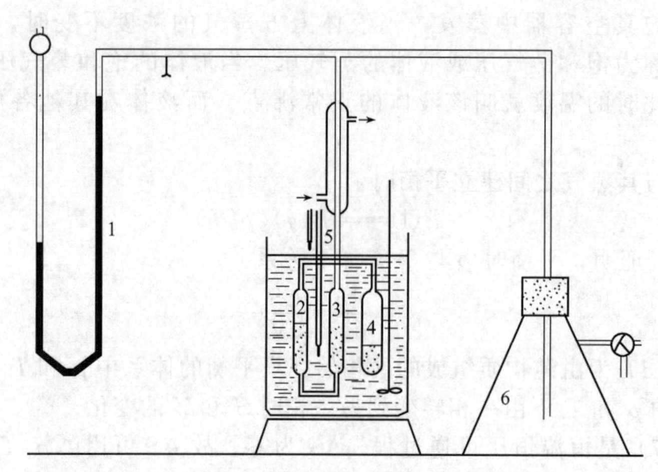

图 7-4　纯液体饱和蒸气压测定装置示意图

1—U 形水银压力计；2—等压计左支管；3—等压计中管；
4—等压计右支管；5—温度计；6—缓冲瓶

管 4 中盛待测液体，本实验为环己烷，2、3 管中液体可以认为是管 4 中液体蒸发后冷凝而成，当然与管 2 中是同一种纯液体。管 2、3 之间的这部分液体具有两方面作用：一是隔绝空气浸入管 2 与管 4 之间的气体空间，当该空间只有被测纯物质气体所充满时，气液达平衡，此时气相所具有的压力才是饱和蒸气压；另一个作用是用作测量的标度，当管 2 与管 4 之间气体部分纯粹是被测物质的蒸气时，调节管 3 上面压力使管 3 与管 2 液面处于同一水平面，此时管 3 上面的压力与饱和蒸气压相等，通过测定此时管 3 上面的压力就可以达到测定饱和蒸气压的目的。平衡管 3 上面与系统连接，系统压力由开口水银 U 形压力计测定，由压力计读出压力差 Δh，则系统内的压力可由下式求得：

$$p = p_0 - \Delta h \rho g \tag{7-14}$$

式中，p_0 为大气压（Pa）；ρ 为水银密度（$13.6\times10^3\,kg/m^3$）；g 为重力加速度，其值为 $9.80665\,m/s^2$。

三、仪器和试剂

仪器：饱和蒸气压测定成套装置，普通温度计 1 支，磁力搅拌器，真空泵。

试剂：环己烷（分析纯）。

四、实验步骤

（1）装样　将等压计内装入适量环己烷。

(2) 检漏 首先转动缓冲瓶上的三通活塞，使真空泵与大气相通，插上电源插头，泵开始工作后，再转动三通活塞使泵与系统相通，将体系内空气抽出。系统压力逐渐降低，抽至U形压力计压力差约6700Pa（相当于Δh约500mmHg），转动三通活塞使系统与大气及泵隔绝，而让泵与大气相通。观察U形压力计内水银面是否有变动，若无变化就表示系统不漏气，可以停泵进行下面的实验操作；若有变化，则说明漏气，应仔细检查各接口处，漏气处重新密封，直至不漏气为止。

本实验可用精密压力差测量仪代替U形管压力计。

(3) 驱赶空气 首先接通冷凝水，然后缓慢加热水浴，同时开启搅拌器匀速搅拌，其目的是使等压计内外温度平衡。随着温度升高，管4中的液体逐渐被增大的蒸气压压入管3中（见图7-4），并开始有气泡由管4向管3放出，气泡逸出的速度以一个一个地逸出为宜，不能成串成串地冲出，为此可用进气活塞（三通活塞）来加以调节，也可以通过调节电加热器功率来控制。不过，用活塞调节易于控制，调节效果迅速，但必须细心操作，严防进气速度过快致使系统空气倒灌入管4中。为了使系统压力增加或减少速度能缓慢进行，可将三通活塞中与大气相通的口拉成毛细管状，如图7-5所示。

调节电加热器功率虽也可以达到控制的目的，但由于热扩散滞后现象，对初学者，操作起来易出现超调。将两种方法结合使用效果最佳。管2和管4上面的压力开始时包括两部分：一是环己烷的蒸气压，二是一部分空气的压力。在测定时必须将其中的空气驱赶干净后，才能保证该液面上的压力纯粹为环己烷的蒸气压，否则所测得的将是空气与环己烷蒸气的混合压力。为此可用下述方法将其中的空气排净：按上述方法控制，使管2、4之间的空气不断随环己烷蒸气经管3逸出，如此保持2min以上，根据经验可知残留的空气分压已降至实验误差以下，不影响测试结果，可认为已排净空气。如想确切知道空气是否完全排净，可用下法加以验证（实验操作时该步骤可免做）。

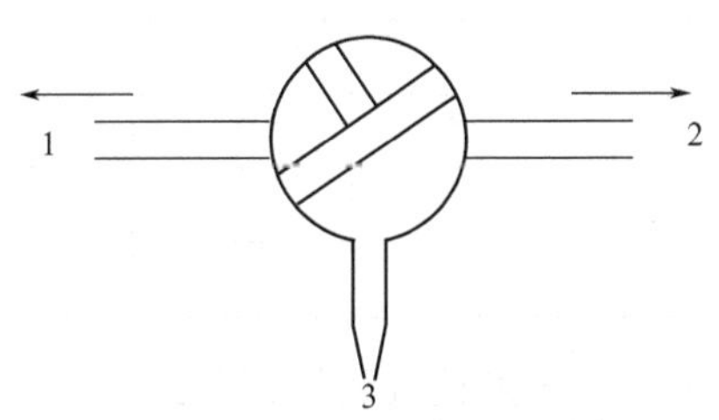

图7-5 三通活塞工作状态示意图

1—接系统；2—接真空泵；3—通大气

恒定某一温度，保持上述排气状态1～2min后，通过进气活塞调节，使管3、4液面在同一水平面上，记下此时U形水银压力计两水银柱压力差$\Delta h'$，然后再重新保持排气1～2min，按同样的方法再读一次U形水银压力计压差$\Delta h''$，重新操作，直至邻近两次所读压力差相差无几［不大于±67Pa（±0.5mmHg)］，即表示管2、4间空气完全排净。

(4) 测定 管4上面空气排净后即可进行测定。缓慢加热水浴，保证匀速搅拌，当温度上升到所需温度时停止加热，待温度变化较慢时（因热传递滞后，停止加热后水浴温度还要继续上升，当升至最高温度时，温度变化最慢，蒸气压变化最小，管4和管2液面变化最小，读取数据准确、方便），调节进气活塞使2、3管液面处在同一水平面，立即记下温度和压力计读数。在调节进气活塞时切不可太快，以免空气倒灌入管4上方。如果发生空气倒灌，则需要重新驱赶空气。测完第一个温度点的蒸气压后，开通加热器，重复上述操作，依次测10～12个温度点的数据。低温区（313K以下），每升高4～5K测1次；高于313K，每升高2～3K测1次。

实验完毕后，关闭所有电源，将体系放入空气，整理好仪器装置，但不要拆装置。

另外，也可以沿温度降低方向测定。温度降低，环己烷饱和蒸气压减小。为了防止空气倒灌，必须在测定过程中始终开启真空泵以使系统减压。降温的方法可用在烧杯中加冷水的方法来达到。其他操作与上面相同。

五、数据记录及处理

1. 数据记录

室温：＿＿＿＿＿＿＿＿＿＿K；大气压 p_0＝＿＿＿＿＿＿＿＿＿＿Pa。

沸点/K	辅助温度计读数	校正后沸点/K	右支汞高/m	左支汞高/m	压差/Pa	蒸气压/Pa	lg(p/Pa)	1/(T/K)

2. 温度读数的校正公式

$$T_{校}=T_{实}+1.64\times10^{-4}h(T_{实}-T_{环}) \tag{7-15}$$

式中，$T_{校}$ 为校正后温度；$T_{实}$ 为实测温度；$T_{环}$ 为环境温度，校正用的辅助温度计读数，辅助温度计水银球应在测量温度计露出水面部分水银柱中间处；h 为露出于被测体系之外的水银柱长度，称为露茎高度，以温度差值（K）表示（参阅“4.1.1 温度测量”）。

3. 以饱和蒸气压 p 对温度 T 作图。

4. 以 $\lg p$ 对 $1/T$ 作图，求出平均摩尔汽化热 $\Delta_{vap}H_m$ 和正常沸点。

5. 文献值

(1) 环己烷的正常沸点为 (353.7±1)K。

(2) 环己烷在 308.2～353.2K 蒸气压见表 7-2。

表 7-2 环己烷在 308.2～353.2K 蒸气压

T/K	308.2	313.2	318.2	323.2	328.2	333.2	338.2	343.2	348.2	353.2
p/Pa	20065	24625	29971	36237	43503	51889	61515	72501	84980	99085

(3) 平均摩尔汽化热 $\Delta_{vap}H_m=32.06\text{kJ}\cdot\text{mol}^{-1}$。

六、注意事项

1. 真空泵在开启或停止时，应当使泵与大气相通，尤其是在抽好气之后停止之时，因系统内压力低，以防油泵中的油倒流。

2. 本实验真空系统几乎全由玻璃器具构成，其中还有水银压力计，又共用同一个真空泵，实验中特别要细心，认真按正确的操作方法进行实验。

3. 升温、降温时要随时注意调节进气活塞，使系统压力与饱和蒸气压基本相等，这样才能保证不发生剧烈沸腾，也不至于空气倒灌入管 4 和管 2 中。

4. 本实验关键在于：当管 3、4 中液面平齐时立即读数，这时既要读沸点温度，还要读辅助温度计温度，同时还要读出U形压力计两支水银柱高度，并且要及时调节升温变压器。因此，同组人员必须注意力集中，还要配合密切，严防实验事故的发生。

七、思考题

1. 在停止抽气时，若先拔掉电源插头会有什么情况出现？
2. 本实验主要误差来源是什么？
3. 本实验方法能否用于测定溶液的蒸气压？为什么？
4. 在实验过程中若放入空气过多，会出现什么情况？为什么一旦开始实验，空气就不能再进入管2和管4的上方？
5. 缓冲瓶有什么作用？
6. 汽化热与温度有无关系？
7. 克劳修斯-克拉贝龙方程在什么条件下才能用？

实验23 双液系的气-液平衡相图

一、实验目的

1. 绘制在$p^{\ominus}$下环己烷-乙醇双液系的气-液平衡相图，了解相图和相律的基本概念。
2. 掌握测定双组分液体沸点的方法。
3. 掌握用折射率确定二元液体组成的方法。

二、实验原理

任意两个在常温时为液态的物质混合起来组成的体系称为双液系。两种溶液若能按任意比例进行溶解，称为完全互溶双液系；若只能在一定比例范围内溶解，称为部分互溶双液系。环己烷-乙醇二元体系为完全互溶双液系。

双液系蒸馏时的气相组成和液相组成并不相同。通常用几何作图的方法将双液系的沸点对其气相和液相的组成作图，所得图形叫双液系的沸点（T）组成（x）图，即T-x图。它表明了在沸点时的液相组成和与之平衡的气相组成之间的关系。

双液系的T-x图有三种情况：

(1) 理想溶液的T-x图［图7-6(a)］，它表示混合液的沸点介于A、B二纯组分沸点之间。这类双液系可用分馏法从溶液中分离出两个纯组分。

(2) 有最低恒沸点体系的T-x图［图7-6(b)］和有最高恒沸点体系的T-x图［图7-6(c)］。这类体系的T-x图上有一个最低和一个最高点，在此点相互平衡的液相和气相具有相同的组成，分别叫做最低恒沸点和最高恒沸点。对于这类的双液系，用分馏法不能从溶液

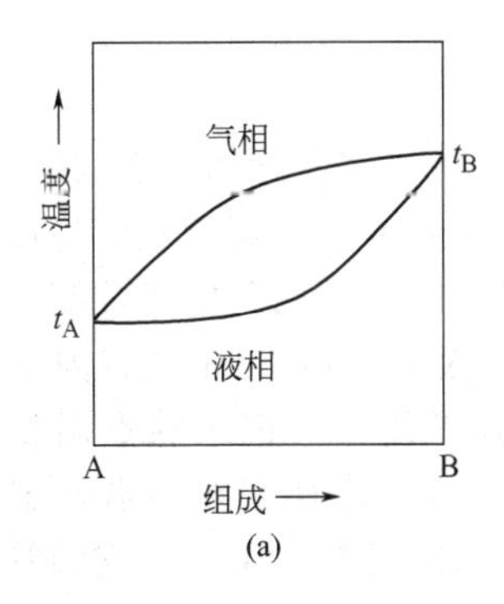

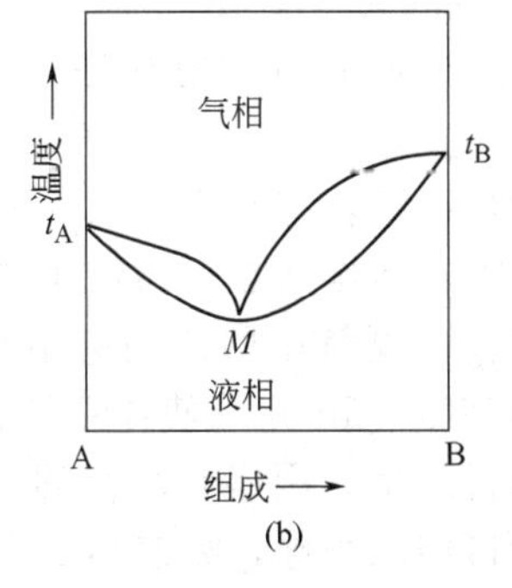

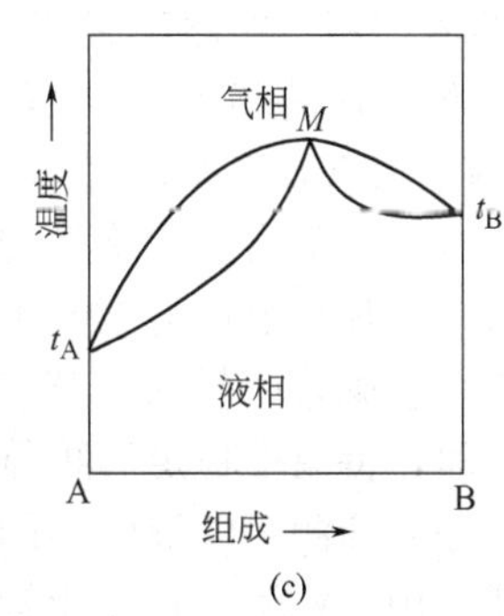

图7-6 双液系的T-x图

中分离出两个纯组分。

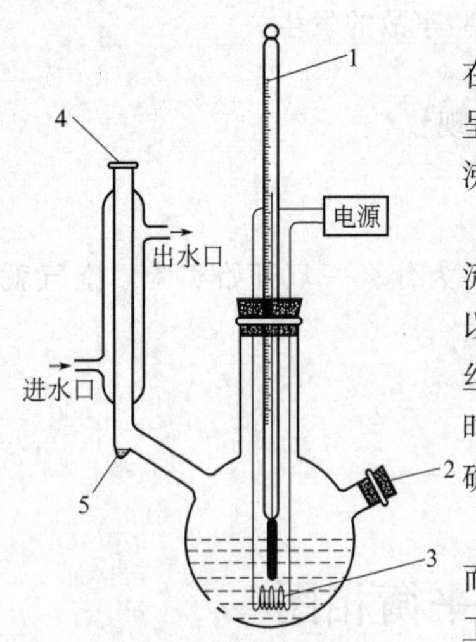

图 7-7 沸点测定仪

1—温度计；2—加液口；3—电热丝；4—气相冷凝液取样口；5—冷凝液收集管

本实验选择一个具有最低恒沸点的环己烷-乙醇体系。在 $p^{\ominus}$ 下测定一系列不同组成的混合溶液的沸点及在沸点时呈平衡的气液两相的组成，绘制 T-x 图，并从相图中确定恒沸点的温度和组成。

测定沸点的装置叫沸点测定仪（图 7-7）。这是一个带回流冷凝管的长颈圆底烧瓶。冷凝管底部有一半球形小室，用以收集冷凝下来的气相样品。电流通过浸入溶液中的电阻丝。这样可以减少溶液沸腾时的过热现象，防止暴沸。测定时，温度计水银球要一半在液面下，一半在气相中，以便准确测出平衡温度。

溶液组成分析：由于环己烷和乙醇的折射率相差较大，而折射率的测定又只需少量样品，所以，可用折射率-组成工作曲线来测得平衡体系的两相组成。用阿贝（Abbe）折射仪测定液体的折射率（参阅本系列教材之《现代化学基础实验》阿贝折射仪的光学原理及使用方法）。

三、仪器和试剂

仪器：沸点测定仪 1 个，阿贝折射仪 1 台，直流稳压电源 1 台，取样管 10 支。

试剂：环己烷（分析纯），无水乙醇（分析纯）。

四、实验步骤

1. 纯液体折射率的测定

分别测定乙醇和环己烷的折射率，重复 2～3 次。

2. 工作曲线的绘制

根据室温下乙醇和环己烷的密度，精确配制环己烷的物质的量分数为 0.1，0.2，0.3，0.4，…，1.0 的双液系，配好后立即盖紧，依次在室温下测定各溶液的折射率（本实验已配制标准溶液供直接测定），绘制工作曲线。

溶液的折射率与温度有关。严格说来，折射率的测定应在恒温条件下进行。

3. 测定沸点-组成数据

① 安装沸点测定仪　将干燥的沸点测定仪按图 7-7 安装好，检查带有温度计的橡皮塞是否塞紧。加热用的电阻丝要靠近底部中心，温度计的水银球不能接触电阻丝，而且每次更换溶液后，要保证测定条件尽量平行（包括水银温度计和电阻丝的相对位置）。

② 溶液配制　粗略配制环己烷的质量分数为 0.05，0.1，0.2，0.45，0.55，0.6，0.7，0.8，0.9 等组成的环己烷-乙醇溶液约 50mL（已配好）。

③ 测定沸点及平衡的气液相组成　取掉塞子，加入所要测定的溶液（约 40mL），其液面以在水银球中部为宜。接好加热线路，打开冷凝水，再接通电源。调节直流稳压电源电压调节旋钮，使加热电压为 10～15V，缓慢加热。当液体沸腾后，再调节电压控制之，使液体沸腾时能在冷凝管中凝聚。蒸气在冷凝管中回流高度不宜太高，以 2cm 左右为好。如此沸腾一段时间，待温度稳定后再维持 3～5min 以使体系达到平衡，再记录沸点温度。然后停止加热，并立即测定气液两相的折射率。用盛有冰水的 250mL 烧杯套在沸点测定仪底部使体系冷却。用干燥滴管自冷凝管口伸入小球，吸取其中全部冷凝液。用另一支滴管由支管吸取圆底烧瓶内的溶液约 1mL。上述两者即可认为是体系平衡时气、液两相的样品。分别迅

速测定它们的折射率。每个样品测定完毕，应将溶液倒回原瓶，再以相同方法测另一样品，得到一系列不同组成的环己烷-乙醇的沸点及对应的气-液两相的折射率。根据这些数据，由工作曲线确定气-液两相的组成。

五、数据记录及处理

室温：____________________；大气压：____________________。

1. 标准曲线。

$x_{环己烷}$	0.0	0.1	0.2	0.3	0.4	0.5	0.6	0.7	0.8	0.9	1.0
折射率											

2. 环己烷-异丙醇溶液沸点及气液两相的平衡组。

溶液大约组成	沸点/℃	折射率								组成	
		气相				液相				气相	液相
		1	2	3	平均	1	2	3	平均		
0.05											
0.10											
0.20											
0.45											
0.55											
0.60											
0.70											
0.80											
0.90											

3. 绘制工作曲线，即环己烷-乙醇标准溶液的折射率与组成关系曲线。

4. 根据工作曲线确定各待测溶液气相和液相平衡组成，填入表中。以组成为横轴，沸点为纵轴，绘出气相与液相的平衡曲线，即双液系相图。

5. 由图确定最低恒沸点的温度和组成。

6. 文献值

(1) 环乙烷-乙醇体系的折射率-组成关系见表 7-3。

表 7-3 25℃时环己烷-乙醇体系的折射率-组成关系

$x_{乙醇}$	$x_{环乙烷}$	n_D^{25}	$x_{乙醇}$	$x_{环乙烷}$	n_D^{25}
1.00	0.0	1.35935	0.4016	0.5984	1.40342
0.8992	0.1008	1.36867	0.2987	0.7013	1.40890
0.7948	0.2052	1.37766	0.2050	0.7950	1.41356
0.7089	0.2911	1.38412	0.1030	0.8970	1.41855
0.5941	0.4059	1.39216	0.00	1.00	1.42338
0.4983	0.5017	1.39836			

(2) 标准压力下的恒沸点数据见表 7-4。

表 7-4 标准压力下环己烷-乙醇体系相图的恒沸点数据

沸点/℃	乙醇质量分数	$x_{环乙烷}$	沸点/℃	乙醇质量分数	$x_{环乙烷}$
64.9	40.0	1.000	64.8	31.4	0.545
64.8	29.2	0.570	64.9	30.5	0.555

六、注意事项

1. 在精密温度测量时，需对温度计读数作校正。除了温度计的零点和刻度误差等因素外，还应作露茎校正（参阅“4.1.1 温度测量”）。

2. 在 $p^{\ominus}$ 下测得的沸点为正常沸点。通常外界压力并不恰好等于 101.325kPa，因此应对实验测得值作压力校正。校正式系从特鲁顿（Trouton）规则及克劳修斯-克拉贝龙方程推导而得。

$$\Delta t_{压}/℃=\frac{(273.15+t_A/℃)}{10}\times\frac{(101325-p/Pa)}{101325}$$

3. 经校正后的体系正常沸点应为：

$$\Delta t_{沸}=t_A+\Delta t_{压}+\Delta t_{露}$$

4. 根据乙醇和环己烷的沸点判断是否需要对温度计零点和刻度作校正。

5. 有些型号的阿贝折射仪，在折射率数值标尺的旁边，还有一个 0～99 的标尺。这个标尺显示的是“糖度”，可以通过测量折射率给出含糖水溶液的浓度。

七、思考题

1. 待测溶液的浓度是否需要精确计量？为什么？

2. 本实验未测纯环己烷、纯乙醇的沸点，而直接用 $p^{\ominus}$ 下的数据，这样会带来什么误差？

3. 使用阿贝折射仪时要注意些什么问题？如何正确使用才能测准数据？

4. 冷凝液收集管体积太大，对测量有何影响？

5. 平衡时，气液两相温度是否应该一样？实际是否一样？怎样防止温度的差异？

6. 沸腾之后，如何控制条件使温度稳定？

实验 24 二组分金属相图的绘制

一、实验目的

1. 用热分析法测绘 Sn-Pb 二组分金属相图。

2. 掌握热电偶测量温度的原理及校正方法。

3. 了解热分析法测量技术。

二、实验原理

相图是通过图形来描述多相平衡体系的宏观状态与温度、压力及组成的相互关系，具有重要的生产实际意义。

对于二组分体系，$C=2$，$f=4$，由于所讨论的体系至少有一个相，所以自由度数最多为 3。即二组分体系的状态由三个独立变量所决定，这三个变量通常为温度、压力及组成，所以二组分体系的状态图需用三维空间立体图表示。由于立体图在平面纸上表示不方便，因此一般固定一个变量，如压力，制作两变量状态图。在二组分体系中，温度-组成（T-x）图表示体系状态与组成之间的相互关系。

测绘金属相图常用的实验方法是热分析法，其基本原理见“4.1.4 热分析法”。

用热分析法测绘相图时，被测体系必须处于或接近相平衡状态，因此必须保证冷却速度足够慢才能得到较好的效果。此外，在冷却过程中，一个新的固相出现以前，常常发生过冷现象，轻微过冷有利于测量相变温度，但过冷太多，则会使折点发生起伏，难以确定相变温度，如图 7-8 所示。遇此情况，可延长 dc 线与 ab 线相交，交点 e 即为转折点。

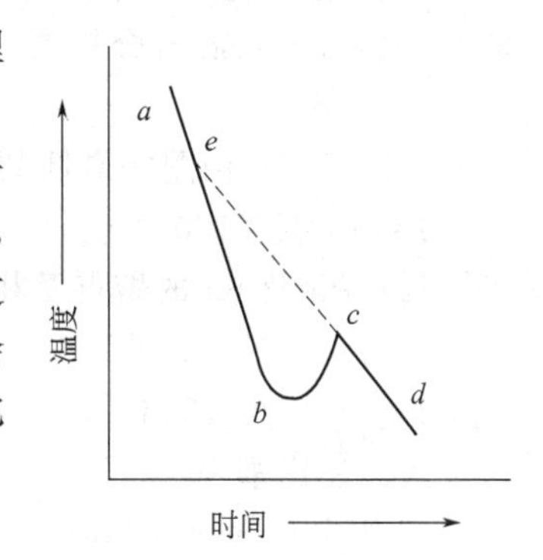

图 7-8 有过冷现象时的步冷曲线

三、仪器和试剂

仪器：立式加热炉，冷却保温炉，长图自动平衡记录仪，调压器，镍铬-镍硅热电偶，样品坩埚，玻璃套管，烧杯(250mL)。

试剂：Sn（化学纯），Pb（化学纯），石蜡油，石墨粉。

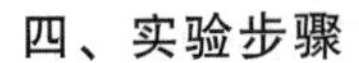
四、实验步骤

1. 热电偶的制备

取 60cm 长的镍铬丝和镍硅丝各一段，将镍铬丝用小绝缘瓷管穿好，将其一端与镍硅丝的一端紧密地扭合在一起（扭合头为 0.5cm），将扭合头稍稍加热立即蘸以硼砂粉，并用小火熔化，然后放在高温焰上小心烧结，直到扭头熔成一光滑的小珠，冷却后将硼砂玻璃层除去。

也可购买商品镍铬-镍硅热电偶直接使用。

2. 热电偶的校正

用纯 Pb、纯 Sn 的熔点及水的沸点对热电偶进行校正。

3. 样品配制

用感量 0.1g 的台秤分别称取纯 Sn、纯 Pb 各 50g，另配制含锡 30%、61.9%、80% 的铅锡混合物各 50g，分别置于坩埚中，在样品上方各覆盖一层石墨粉。

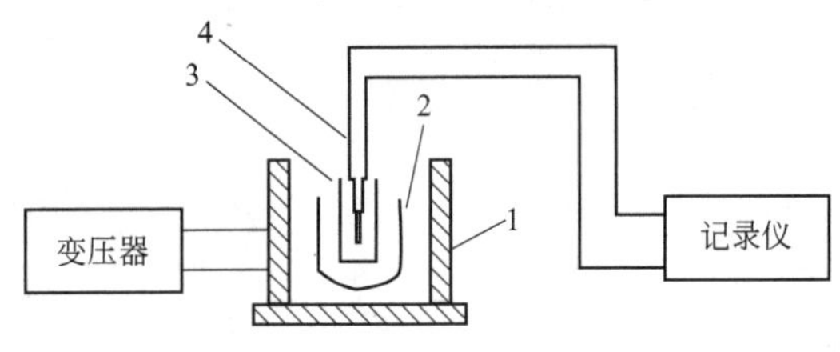

图 7-9 步冷曲线测量装置

1—加热炉；2—坩埚；3—玻璃套管；4—热电偶

4. 绘制步冷曲线

① 将热电偶及测量仪器如图 7-9 连接好。

② 将盛样品的坩埚放入加热炉内加热。待样品熔化后停止加热，用玻璃棒将样品搅拌均匀，并将石墨粉拨至样品表面，以防止样品氧化。

③ 将坩埚移至保温炉中冷却，此时热电偶的尖端应置于样品中央，以便反映出体系的真实温度，同时开启记录仪绘制步冷曲线，直至水平线段以下为止。

④ 用上述方法绘制所有样品的步冷曲线。

⑤ 用小烧杯装一定量的水，在电炉上加热，将热电偶插入水中绘制出水沸腾时的水平线。

五、数据记录及处理

1. 用已知纯 Pb、纯 Sn 的熔点及水的沸点作横坐标，以纯物质步冷曲线中的平台温度为纵坐标作图，画出热电偶的工作曲线。

2. 找出各步冷曲线中拐点和平台对应的温度值。

3. 从热电偶的工作曲线上查出各拐点温度和平台温度，以温度为纵坐标，以组成为横坐标，绘出 Pb-Sn 合金相图。

4. 文献值

(1) Pb-Sn 相图的最低共熔点

$T=456\text{K}$（180℃） $x_{Sn}=0.47$ $w_{Sn}=61.9\%$

(2) Pb 及 Sn 的熔点及相应的熔化焓

$T_{Pb}=599\text{K}$（326℃） $\Delta_{fus}H_m=5.12\text{kJ/mol}$

$T_{Sn}=505\text{K}$（323℃） $\Delta_{fus}H_m=7.196\text{kJ/mol}$

六、注意事项

1. 用电炉加热样品时，注意温度要适当，温度过高样品易氧化变质；温度过低或加热时间不够则样品没有全部熔化，测不出步冷曲线转折点。

2. 热电偶热端应插到样品中心部位，在套管内注入少量的石蜡油，将热电偶浸入油中，以改善其导热情况。搅拌时要注意勿使热端离开样品，金属熔化后常使热电偶玻璃套管浮起，这些因素都会导致测温点变动，必须消除。

3. 在测定一样品时，可将另一待测样品放入加热炉内预热，以便节约时间，合金有两个转折点，必须待第二个转折点测完后方可停止实验，否则须重新测定。

七、思考题

1. 对于不同成分的混合物的步冷曲线，其水平段有什么不同?

2. 绘制相图还有哪些方法?

3. 通常认为，体系发生相变时的热效应很小，用热分析法很难得到准确的相图，为什么？在 30%和 80%的二样品的步冷曲线中的第一个转折点哪个明显？为什么？

4. 步冷曲线上为什么会出现转折点？纯金属、低共熔物及合金等的转折点各有几个？曲线形状有何不同？为什么?

实验 25 碘和碘离子反应平衡常数的测定

一、实验目的

1. 测定碘和碘离子反应的平衡常数。

2. 测定碘在四氯化碳和水中的分配系数。

3. 了解温度对分配系数及平衡常数的影响

二、实验原理

碘溶于碘化物（如 KI）溶液中，主要生成 I_3^-，形成下列平衡：

$$I_2+I^- \rightleftharpoons I_3^- \tag{7-16}$$

其平衡常数 K 为：

$$K=\frac{a_{I_3^-}}{a_{I_2}a_{I^-}}=\frac{c_{I_3^-}}{c_{I_2}c_{I^-}}\times\frac{\gamma_{I_3^-}}{\gamma_{I_2}\gamma_{I^-}} \tag{7-17}$$

式中，a、c、γ 分别为活度、浓度和活度系数。

在浓度不大的溶液中：

$$\frac{\gamma_{I_3^-}}{\gamma_{I_2}\gamma_{I^-}}\approx 1$$

故得：
$$K=\frac{c_{I_3^-}}{c_{I_2}c_{I^-}} \tag{7-18}$$

若测得水溶液中 I_3^-、I^- 和 I_2 的平衡浓度，即可求出平衡常数 K。

但是，不可能用碘量法直接测出 KI 溶液中平衡时各物质的浓度，因为当用 $Na_2S_2O_3$ 滴定 I_2 时，式(7-16) 平衡向左移动，直至 I_3^- 消耗完毕，这样测得的 I_2 量实际上是 I_2 及 I_3^- 量之和。为解决此问题，本实验用有适量碘的四氯化碳和 KI 溶液混合振荡，达成复相平衡。I^- 和 I_3^- 不溶于 CCl_4，而 KI 溶液中的 I_2 不仅与水层中的 I^- 和 I_3^- 成平衡，而且与 CCl_4 中的 I_2 也建立平衡，如图 7-10 所示。

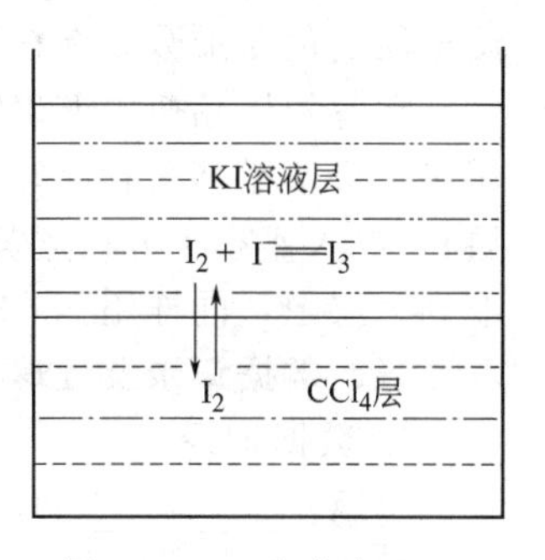

图 7-10 I_2 在水和 CCl_4 中的平衡

由于一定温度下达平衡时，碘在四氯化碳层中的浓度和在水溶液中的浓度之比为一常数 K_d，称为分配系数。
$$K_d=\frac{c_{I_2}(CCl_4)}{c_{I_2}(H_2O)} \tag{7-19}$$

因此，当测定了碘在四氯化碳层中的浓度后，便可通过预先测定的分配系数求出 I_2 在 KI 溶液中的浓度。
$$c_{I_2}(\text{KI 溶液})=\frac{c_{I_2}(CCl_4)}{K_d} \tag{7-20}$$

而分配系数 K_d 可借助于 I_2 在 CCl_4 和纯水中的分配来测定式(7-19)。再分析测定 KI 溶液中的总碘量得 c_{I_2}(KI 溶液)$+c_{I_3^-}$，减去 c_{I_2}(KI 溶液)即得 $c_{I_3^-}$。

由于形成一个 I_3^- 要消耗一个 I^-，所以平衡时 I^- 的浓度为：
$$c_{I^-}=c_{I^-}^0\text{（即 KI 溶液中的原始浓度）}-c_{I_3^-}$$

将 c_{I_2}（KI 溶液）、$c_{I_3^-}$ 和 c_{I^-} 代入式(7-18) 即得平衡常数 K。

三、仪器和试剂

仪器：恒温水浴 1 套，量筒 100mL 1 个，量筒 25mL 1 个，碱式滴定管 25mL 1 个，移液管 25mL 1 支，移液管 5mL 2 支，锥形瓶 250mL 4 支，碘量瓶 2 个。

试剂：0.04mol/L I_2（CCl_4）溶液，0.02％I_2 的水溶液，0.0250mol/L $Na_2S_2O_3$ 标准液，0.5％淀粉指示剂，KI 固体，0.100mol/L KI 溶液。

四、实验步骤

(1) 控制恒温水温度约比室温高 10℃，槽温误差为±0.05℃。

(2) 取 2 个碘量瓶，标上号码，按下表配制系统，配好，塞紧塞子。

编号	0.02％I_2 的水溶液	0.100mol/L KI 溶液	0.04mol/L I_2(CCl_4)
1	100mL	—	25mL
2	—	100mL	25mL

(3) 将配好的系统均匀振荡，然后置于恒温槽中恒温 1h，恒温期间应经常振荡，每个样品至少要振荡五次，如要取出水槽外振荡，每次不要超过半分钟，以免温度改变，影响结果。最后一次振荡后，须将附在水层表面的 CCl_4 振荡下去，待两液层充分分离后，才能吸取样品进行分析。

(4) 在各号样品瓶中，准确吸取 25mL 水溶液层样品两份，用标准 $Na_2S_2O_3$ 溶液滴定，滴至淡黄色时加数滴淀粉指示剂，此时溶液呈蓝色，继续用 $Na_2S_2O_3$ 溶液滴至蓝色刚消失。

在各号样品瓶中准确吸取 5mL CCl_4 层样品两份（为了不让水层样品进入移液管，必须用一指头塞紧移液管上端口，直插入 CCl_4 层中或者边向移液管吹气边通过水层插入 CCl_4 层），放入盛有 10mL 蒸馏水的锥形瓶中，加入少许固体 KI，以保证 CCl_4 层中的 I_2 完全提取到水层中，同样用 $Na_2S_2O_3$ 标准液滴定。

五、数据记录及处理

1. 数据记录

室温：_________℃；$Na_2S_2O_3$ 标准液浓度：_________；KI 溶液浓度：_________。

编号	1				2			
取样体积	25mL 水层		5mL CCl_4 层		25mL 水层		5mL CCl_4 层	
消耗 $Na_2S_2O_3$ 体积/mL								
消耗 $Na_2S_2O_3$ 平均体积								

2. 计算分配系数 K_d。

3. 计算 c_{I_2}、$c_{I_3^-}$、c_{I^-} 和平衡常数 K。

4. 文献值：$K(293.15K)=670$；$K(298.15K)=709$。

六、注意事项

1. 本实验玻璃仪器要洁净干燥，移液要准确，以免影响结果。

2. 摇动锥形瓶加速平衡时，勿将溶液荡出瓶外，摇后可开塞放气，再盖严。

3. 滴定终点的掌握是分析准确的关键之一，在分析水层时，用 $Na_2S_2O_3$ 滴至溶液呈淡黄色。再加入淀粉指示剂，至浅蓝色刚刚消退至无色即为终点。在分析 CCl_4 层时，由于 I_2 在 CCl_4 层中不易进入 H_2O 层，须充分摇动且不能过早加入淀粉指示剂，终点必须以 CCl_4 层不再有浅蓝色为准。

4. 由 1 号样品计算分配系数，实际上可按下式直接计算：

$$K_d=\frac{25}{5}\times\frac{V(CCl_4)}{V(H_2O)}$$

式中，$V(CCl_4)$、$V(H_2O)$ 分别为滴定 5mL CCl_4 层样品及 25mL 水层样品所消耗的 $Na_2S_2O_3$ 溶液体积。

5. 碘溶于碘化物溶液中时，还形成少量的 I_7^- 等离子，但因量少，可忽略不计。

6. 测分配系数 K_d 时，为了使系统较快达到平衡，水中预先溶入超过平衡时的碘量（约 0.02%），使水中的碘向 CCl_4 层移动，达到平衡。

七、思考题

1. 测定平衡常数及分配系数为什么要在同一温度下恒温？

2. 本实验为什么要通过分配系数的测定求化学反应平衡常数？

3. 如何加速平衡的到达？分析水层和 CCl_4 层时应注意些什么？

实验 26　三元相图的绘制与微乳状液制备

一、实验目的

1. 在宏观乳状液的基础上初步了解微乳状液的基本性质。

2. 掌握用滴定技术制备微乳状液的方法。

3. 了解和掌握液体体系三元相图的绘制方法。

二、实验原理

通常意义上的乳状液是由油、水、表面活性剂等组分构成的多相分散体系，其分散相颗粒大小常在0.2～0.5μm，在普通显微镜下可观测到。称为宏观（或粗）乳状液（Macroemulsion）。从外观看，除极少数分散相和分散介质的折射指数相近的情况外，乳状液一般都是乳白色，不透明的体系。1943年，Schulman等人向宏观乳状液中滴加脂肪醇，制得透明或半透明，均匀并长期稳定的体系。研究发现此体系中的分散相颗粒很小，一般在0.01～0.20μm。此种由油、水、表面活性剂和助表面活性剂（如醇）等组分以适当比例自发形成的透明或半透明的稳定体系，称之为微乳状液（Microemulsion）。

1. 微乳状液的形成

（1）在宏观乳状液中加入更多量的表面活性剂及适量的助剂，可使其转变为微乳状液。或者先按一定比例把油、表面活性剂、助剂混合，然后以水滴定，在一定的组成范围内往往能形成微乳状液。

（2）在浓的胶束溶液中，加入一定数量的油及助剂，也可以得到微乳状液。此种方法制得的微乳状液可视为被油溶胀了的胶束。

由此可见，微乳状液的形成一般有一普遍的规律。即除油、水主体及作为乳化剂的表面活性剂外，还需加入适当量的助剂。一般而言，以阳离子表面活性剂为乳化剂时常以脂肪胺为助剂，以阴离子表面活性剂为乳化剂时常以脂肪醇为助剂。但这并非绝对如此。目前制备微乳状液多以脂肪醇为助剂。有些非离子表面活性剂作乳化剂时，也可不需助剂即可形成微乳状液。

当以离子型表面活性剂制备微乳状液时，脂肪醇类助表面活性剂的作用主要表现在两个方面。一是在油/水界面上与表面活性剂协同形成混合吸附膜，正是这种膜产生非常低的界面张力，有助于界面面积的扩大，促进极细小的微乳液滴的形成。二是适量的醇聚集在油/水界面上，使得环绕着微乳液滴周围的混合膜具有一定的柔韧性，界面易于弯曲、变形使得所形成的微乳液滴具有相当高的稳定性。这是离子型表面活性剂体系中微乳状液能够自发形成且能长期稳定存在的主要原因。但是，在微乳形成过程中，并非含醇量越高越好。作为两亲化合物，醇在体系中的含量将影响混合吸附膜的亲水亲油平衡。在一定的含醇量范围内，醇的加入对表面活性剂的亲水亲油平衡不会产生显著的影响，但当体系中的醇过量时，由于其在油相和水相均有一定的溶解度，不论所形成的是油包水还是水包油型微乳，其内相中必含有一定的醇分子，它能与表面活性剂分子的极性头缔合而使膜变得松散；另外，膜层中的醇量增多，必然导致膜的强度下降，使形成的微乳的稳定性降低。因此，在微乳制备过程中，需要实验确定组成一定的体系其乳化剂中醇与表面活性剂的质量比K_m为多少形成的微乳区最大。

2. 微乳状液的性质

微乳状液为澄清、透明或半透明的分散体系，多数有乳光，但在显微镜下观察不到质点。由此可知，其质点大小在0.2μm以下。用电子显微镜观察时，发现颗粒越细，分散度越窄，当颗粒大小为0.03μm时，颗粒皆为同样大小的圆球。微乳状液很稳定，长时间放置亦不分层和破乳。在微乳状液体系中，油/水界面张力往往低至不可测量（10^{-6}～10^{-2}mN/m）。与宏观乳状液一样，微乳状液有油包水（W/O）和水包油（O/W）类型。水为分散介质时，导电性较好；油为分散介质时则导电性较差。微乳状液既然有W/O型，也有O/W型，当然也会变型。变型条件有温度的改变、加入对称性药剂、改变某一组分的含量、加入无机盐等。当微乳状液从一种类型转变为另一种类型时往往形成一种油与水均为局部连续的“二连续型”结构。通过测定体系的电导率、各组分的扩散系数等可以确定微乳状液发生结构转变时的转变点（组成、温度、盐度等)。

3. 形成机理

一种机理认为，微乳状液体系中油水界面在一定条件下可产生负界面张力，从而使液滴的分散过程自发进行。无表面活性剂时，一般油/水界面张力大约是 30～50mN/m。有表面活性剂时，界面张力下降。若再加入一定量的极性有机物（脂肪醇、胺等)，可将界面张力降至不可测量程度。当表面活性剂与助剂的量足够时，油水体系的界面张力可能暂时小于零(为负值)，而负界面张力是不可能稳定存在的。体系欲趋于平衡，必须扩大界面，使液滴高度分散，最终形成微乳状液，此时界面张力自负值变为零。这即是微乳状液形成的负界面张力之说。

显见，与宏观乳状液不同，微乳状液的形成是一自发过程。质点的热运动使质点易于聚结；一旦质点变大，则又形成暂时的负界面张力，从而又必须使质点分散，以扩大界面积，消除负界面张力，体系趋于平衡。因此微乳状液是一多相微不均匀热力学稳定体系，分散相微粒不聚结，不分层。

有一种看法认为，界面张力是一宏观性质，是否可以应用于质点几近于分子大小（有些大分子比微乳状液质点还大）的体系？在微乳状液中，分散相粒子如此之小，油水之间是否真的存在一界面？若无界面，又何谓界面张力？这些疑问，使微乳状液的负界面张力形成机理没有被广泛接受。但微乳体系具有极低的界面张力确是不争的事实。

另一种机理认为，微乳状液与胶束溶液均为澄清透明的热力学稳定体系，而粒子的大小则介于胶束溶液与宏观乳状液之间。据此可以认为，微乳状液的形成，实际上就是在一定条件下表面活性剂胶束溶液对油或水加溶的结果，形成溶胀了的胶束。

以上两种说法均缺乏足够的理论基础，不能完全令人信服，只能说明部分实际体系。有关微乳状液的形成机理，仍待进一步的研究探索。

4. 微乳状液的应用

实际上，微乳状液早已应用于生产中。早期的一些地板抛光蜡液，机械切削油等均为微乳状液。至 20 世纪 60 年代以后，微乳状液在石油开采的三次采油中具有良好的应用前景，据报道可使采收率提高 10%以上。近年来，微乳状液在化妆品，食品等使用宏观乳状液的行业中有部分替代宏观乳状液的趋势。微乳状液具有相当好的稳定性，且外观澄清、透明。在制药学中，某些微量即有高效的药物成分可以制成微乳状液，吞服后药效能够缓慢释放，充分利用。把反应试剂分别制成微乳状液，然后让其在微乳环境中反应，是目前制备具有量子尺寸的新型功能材料的有效方法之一。有些化学反应在微乳环境中进行时具有独特的动力学特征。

5. 拟三元相图

某些非离子表面活性剂可以在无助表面活性剂时形成微乳液，此时，为三组分体系，在固定温度和压力条件下，可用平面三角坐标描述体系的相平衡。大多数能形成微乳液的体系需要助表面活性剂，故体系中至少存在表面活性剂、助表面活性剂、油和水四个组分，此时，常把表面活性剂和助表面活性剂两个组分合并为一个组分，称为乳化剂，这样的体系称为拟三组分体系，仍可用三角坐标描述体系的相平衡，称为拟三元相图。

三角坐标组成表示法（图 7-11）有如下特点：

① 三个顶点分别表示三个纯组分，即单组分单相体系。

② 三条边分别表示三个二组分体系，边上的每一点可表示出该二组分体系的组成（沿逆时针方向表示各组分含量)。

③ 三角形内部任意一点代表一个三组分体系。其组成按如下方法确定。

以 m 点为例：过 m 点作 AC、AB 的平行线 mG、mD，分别交于第三边 BC 的 G、D 两点，则 m 点组成为：BD 线长度为 C 的含量；CG 线长度为 B 的含量；DG 线长度即为顶点组分 A 的含量。从图中可直接读出组成：40%的 C，40%的 B，20%的 A。

④ 平行于等边三角形一边的直线上，其顶角组分的含量在线上的各点相同。如 HF 线上任意点 A 的含量都相同，m 点含 A 为 20%，其他各点含 A 皆为 20%。EI 线上各点含 A 均为 60%。

⑤ 从任一个二组分体系开始，向其中加入第三个组分，则体系的总组成一定沿着从始点向连接第三个组分顶点坐标的连线方向移动。如开始只有 B 与 C 组成的二组分体系，物系点在 D 点（含 B 60%，含 C 40%），向其中加入 A 组分，物系点沿着图中箭头所指方向（$D \rightarrow A$）移动，在线上的任意一点 A 的含量不同，B 与 C 的质量比不变。

三、仪器和试剂

仪器：100mL 带塞锥形瓶 10 个，5mL 带刻度移液管 2 支，50mL 和 10mL 碱式滴定管各 1 支。

试剂：十六烷基三甲基溴化铵[$C_{16}H_{33}(CH_3)_3N^+Br^-$，简称 CTAB]，正丁醇（$C_4H_9OH$），分析纯，正庚烷（$C_7H_{16}$），分析纯，蒸馏水。

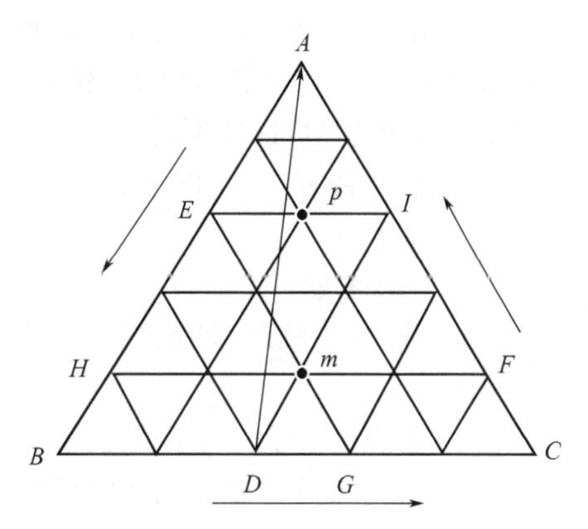

图 7-11　三角坐标组成表示法

四、实验步骤

取 10 个干燥洁净的 100mL 带磨口塞锥形瓶，编号 1～10。按表 7-5 所示各组分之量先称取十六烷基三甲基溴化铵，然后分别移入正丁醇、正庚烷，盖好瓶塞防止组分挥发。然后用蒸馏水分别滴定之。1～3 号瓶用 50mL 滴定管滴定，其他样品用 10mL 滴定管滴定。初期一滴一滴的滴入水，边滴边摇动，以使表面活性剂尽快溶解。当固体表面活性剂完全溶解体系呈透明状时，记录耗用水的体积 $V_1(H_2O)$，继续缓慢滴定，可适当加快滴水速度至体系刚出现混浊止，记录此时耗用水的体积 $V_2(H_2O)$。记录室温。

表 7-5　$C_{16}H_{33}(CH_3)_3N^+Br^-$-$C_4H_9OH$-$C_7H_{16}$-$H_2O$ 拟三元相图的制备（$K_m=3$）

序号	起始含油量 m(oil)/%	起始 C_7H_{16} 质量 m/g	起始 EM 质量/g		V_1 时体系的组成/%				V_2 时体系的组成/%			
			CTAB	C_4H_9OH	V_1/mL	H_2O	C_7H_{16}	EM	V_2/mL	H_2O	C_7H_{16}	EM
1	5	0.2500	1.1875	3.5625								
2	10	0.5000	1.1250	3.3750								
3	20	1.0000	1.0000	3.0000								
4	30	1.5000	0.8750	2.6250								
5	40	2.0000	0.7500	2.2500								
6	50	2.5000	0.6250	1.8750								
7	60	3.0000	0.5000	1.5000								
8	70	3.5000	0.3750	1.1250								
9	80	4.0000	0.2500	0.7500								
10	90	4.5000	0.1250	0.3750								

注：1. 起始含量指未滴水时各组分的含量，未滴水时各组分质量之和等于 5.0000g。

2. 液体试液可先测定其密度，然后把质量换算成体积，以移液管加样。

3. 1 号样品的 V_2＝150mL 时，体系仍澄清透明。故滴水至 50mL 时即可。此点体系的组成可近似视为含水量为 100%。

五、数据记录及处理

1. 分别计算出每个样品在 $V_1(H_2O)$ 和 $V_2(H_2O)$ 时体系中各组分的百分含量及体系的起始组成。表面活性剂与助剂的混合物称为乳化剂（EM），合并作为一个组分计算含量。把计算结果填入表中。

2. 以乳化剂$[C_{16}H_{33}(CH_3)_3N^+Br^- + C_4H_9OH]$、油（正庚烷）、水（$H_2O$）为三个顶点坐标，把各样品的 V_1、V_2 点组成分别连成两条线，绘制 $C_{16}H_{33}(CH_3)_3N^+Br^-$-$C_4H_9OH$-$C_7H_{16}$-$H_2O$ 四组分体系的拟三元相图。标出各区域存在的相平衡，两线包围的区域即为微乳状液区域（Origin 软件具有绘制三组分相图的功能，实验者可试之）。

六、注意事项

1. 实验的关键在于准确判断澄清和混浊点。因此，水的滴入速度一定要控制好，特别在滴定初期和末期。

2. 本实验中各个样品的助表面活性剂与表面活性剂的质量比 $m(C_4H_9OH)/m[C_{16}H_{33}(CH_3)_3N^+Br^-]=K_m$ 恒等于 3。K_m 是可以变化的，在不同的 K_m 和温度下制得的相图中微乳状液的形成区域不同。

3. 在保持 $K_m=3$ 的前提下，每个样品的起始组成可以随意变化，表中所列数据仅供参考。

七、思考题

1. 若先把表面活性剂溶于一定量的水中，加入正庚烷后，用正丁醇来滴定，能否制得微乳状液？

2. 若滴定过量，如何回到滴定终点？

3. 微乳状液与宏观乳状液的主要区别何在？如何确定微乳状液的类型？

实验 27 差热分析

一、实验目的

1. 掌握差热分析原理，了解差热分析仪的构造，并学会操作方法。

2. 用差热分析仪对硫酸铜进行差热分析，并会对差热图谱进行定性解释。

二、实验原理

许多物质在加热或冷却过程中会发生熔化、凝固、晶型转变、分解、化合、吸附、脱附等物理化学变化。这些变化必将伴随有体系焓的改变，因而产生热效应。其表现为该物质与外界环境之间有温度差。选择一种对热稳定的物质作为参比物，将其与样品一起置于可按设定速率升温的电炉中。分别记录参比物的温度以及样品与参比物间温度差。以温差对温度作图就可得到一条差热分析曲线，或称差热图谱（理想的差热曲线如图 4-13 所示）。可以说，差热分析是在程序控制温度下被测物质与参比物之间温度差对温度的一种技术。

有关差热分析的基本原理和差热分析仪的工作原理可参见“4.1.5 差热分析技术”部分。

三、仪器和试剂

仪器：CDR 系列差热分析仪 1 套。

试剂：硫酸铜（分析纯），α-Al_2O_3（分析纯）。

四、实验步骤

1. 准备工作

（1）取两只空坩埚放在样品杆上部的两只托盘上。

（2）通水和通气：接通冷却水，开启水源使水流畅通，保持冷却水流量 200～300mL/min；根据需要在通气口通入一定流量的保护气体。

（3）开启仪器电源开关，然后开启计算机和打印机电源开关。

（4）零位调整：将差热放大器单元的量程选择开关置于“短路”位置，转动“调零”旋钮，使“差热指示”表头指在“0”位。

（5）将升温速度设定为 10℃/min。

（6）斜率调整：将差热放大单元量程选择开关置于±50μV 或±100μV 挡，然后开始升温，同时记录温差曲线，该曲线应为一条直线，称为“基线”。如发现基线漂移，则可用“斜率调整”旋钮来进行校正。基线调好后，一般不再调整。

2. 差热测量

（1）将待测样品放入一只坩埚中精确称重（约 5mg），在另一只坩埚中放入重量基本相等的参比物 α-Al_2O_3。然后将其分别放在样品托的两个托盘上，盖好保温盖。

（2）微伏放大器量程开关置于适当位置，如±50μV 或±100μV。

（3）在一定的气氛下，将升温速度设定为 10℃/min，开始升温。

（4）记录升温曲线和差热曲线，直至温度升至发生要求的相变且基线变平后，停止记录。

五、数据处理

1. 图谱分析；指出样品差热图中各峰的起始温度和峰温。

2. 写出各出峰位置所对应的热反应方程。

六、注意事项

1. 试样需研磨成与参比物粒度相仿（约 200 目），两者装填在坩埚中的紧密程度尽可能相同。

2. 样品和参比物坩埚不能放反。

3. 加热炉通电前应先通入冷却水。

七、思考题

1. 差热分析实验中如何选择参比物？常用的参比物有哪些？

2. 差热曲线的形状与哪些因素有关？影响差热分析结果的主要因素是什么？

3. 差热分析和简单热分析（步冷曲线法）有何异同？

8 化学动力学测量实验

实验28 旋光法测定蔗糖转化反应的速率常数

一、实验目的

1. 测定蔗糖转化反应的速率常数和半衰期。

2. 了解旋光仪的基本原理，掌握旋光仪的使用方法。

二、实验原理

(1) 蔗糖转化的反应式为：

$$C_{12}H_{22}O_{11}(\text{蔗糖})+H_2O \xrightarrow{H^+} C_6H_{12}O_6(\text{葡萄糖})+C_6H_{12}O_6(\text{果糖})$$

在纯水中此反应的速度极慢，通常需要在 H^+ 催化作用下进行，该反应为二级反应。但是由于水是大量存在的，尽管有部分水分子参加了反应，但仍可认为在反应过程中水的浓度是恒定的，而 H^+ 起催化作用，其浓度也保持不变。因此，蔗糖转化反应可看作是一级反应。一级反应的速率方程表达式如下：

$$-\frac{dc}{dt}=kc \tag{8-1}$$

积分可得：

$$\ln c=-kt+\ln c_0 \tag{8-2}$$

式中，c 为反应时间为 t 时的反应物浓度；c_0 为反应物起始浓度；t 为反应时间；k 为反应速率常数。

当 $c=1/2c_0$ 时，时间 t 可用 $t_{1/2}$ 表示，即反应的半衰期：

$$t_{1/2}=\frac{\ln 2}{k}=\frac{0.693}{k} \tag{8-3}$$

由式(8-2) 可以看出，$\ln c$ 对 t 作图，为一直线，直线的斜率为反应速率常数 k。若要直接测量不同时刻的反应物浓度，非常困难，但蔗糖及其转化产物都有旋光性，且旋光能力不同，故可以利用系统在反应过程中旋光度的变化来度量反应的进程。

(2) 测量旋光性所用的仪器称为旋光仪 溶液的旋光度与溶液中所含旋光物质的旋光能力、溶剂性质、溶液的浓度、样品管长度、光源及温度等均有关系。当其他条件固定时，旋光度 α 与反应物浓度 c 呈线性关系：

$$\alpha=\beta c \tag{8-4}$$

式中，β 为比例系数，与旋光物质的本性有关。

蔗糖是右旋物质，而反应产物混合物中，葡萄糖是右旋的，果糖是左旋的，但其旋光能力较葡萄糖大，所以从总体上反应产物呈左旋性质。随着反应的进行，系统的右旋角不断减小，反应至某一瞬间，系统的旋光度恰好等于零，而后就变成左旋，直到蔗糖完全转化，这时左旋角达到最大值 α_∞。因此有：

$$\alpha_0=\beta_{\text{反}}c_0(\text{蔗糖尚未分解}，t=0) \tag{8-5}$$

$$\alpha_{\infty}=\beta_{产}c_0(\text{蔗糖全部转化，}t=\infty) \tag{8-6}$$

式中，$\beta_{反}$、$\beta_{产}$ 分别为反应物与产物之比例系数；c_0 为反应物的起始浓度，亦是生成物最后的浓度。

当时间为 t 时，蔗糖的浓度为 c，旋光度为 α_t。则有：

$$\alpha_t=\beta_{反}c+\beta_{产}(c_0-c) \tag{8-7}$$

由式(8-5)、式(8-6) 和式(8-7) 得：

$$c_0=\frac{\alpha_0-\alpha_{\infty}}{\beta_{反}-\beta_{产}}=\beta'(\alpha_0-\alpha_{\infty}) \tag{8-8}$$

$$c=\frac{\alpha_t-\alpha_{\infty}}{\beta_{反}-\beta_{产}}=\beta'(\alpha_t-\alpha_{\infty}) \tag{8-9}$$

将式(8-8) 和式(8-9) 代入到式(8-2) 得：

$$\ln(\alpha_t-\alpha_{\infty})=-kt+\ln(\alpha_0-\alpha_{\infty}) \tag{8-10}$$

以 $\ln(\alpha_t-\alpha_{\infty})$ 对 t 作图为一直线，从直线斜率可求出反应速率常数 k。

因为任意时刻反应物的浓度总是起始浓度的分数，故一级反应的速率常数实际上与反应物起始浓度无关，反应速率常数的测定可以从任意时刻开始。

三、仪器和试剂

仪器：自动旋光仪 WZZ 型 1 台，水浴锅 1 个，普通温度计 1 支，50mL 移液管 2 个，100mL 烧杯 2 个。

试剂：蔗糖（分析纯），HCl 溶液（4mol/L）。

四、实验步骤

（1）了解和熟悉 WZZ 型旋光仪的使用方法（仔细阅读仪器说明书）。

（2）反应速率常数的测定　配制浓度约为 20%（质量分数）的蔗糖溶液 25mL，如有混浊应过滤。然后将 25mL 蔗糖溶液与 25mL 浓度为 4mol/L 的 HCl 溶液混合，并迅速以此混合液荡洗盛液管 2 次，然后装满盛液管。擦去管外的溶液，将盛液管安置在旋光仪的暗室中，开始测定旋光度。以开始时刻为 t_0，每隔 2min 读数 1 次，20min 后每隔 3min 读数 1 次，再读 7 个数据即可。然后关闭电源。

测 α_{∞}：将盛液管取出，将反应液倒在烧杯里，连同原液一起在烧杯中用水浴加热，约 30min。水浴温度不要超过 50℃，冷至室温测得旋光度 α_{∞}。

五、数据记录及处理

1. 数据记录

室温：__________℃；α_{∞}＝__________。

时间 t/min	α_t	$\alpha_t-\alpha_{\infty}$	$\ln(\alpha_t-\alpha_{\infty})$
2			
4			
6			
8			
10			
12			
14			
16			
18			

续表

时间 t/min	α_t	$\alpha_t-\alpha_\infty$	$\ln(\alpha_t-\alpha_\infty)$
20			
23			
26			
29			
32			
35			
38			
41			

2. 以 $\ln(\alpha_t-\alpha_\infty)$ 对 t 作图，画出有代表性的直线。

3. 求出反应速率常数 k 和半衰期 $t_{1/2}$。

4. 文献值见表 8-1。

表 8-1 温度与盐酸浓度对蔗糖水解速率常数的影响

c_{HCl}/(mol/L)	$k/10^3 min^{-1}$		
	298.2K	308.2K	318.2K
0.0502	0.4169	1.738	6.213
0.2512	2.255	9.355	35.85
0.4137	4.043	17.00	60.62
0.9000	11.16	46.76	148.8
1.214	17.455	75.97	

E=108kJ/mol

六、注意事项

1. 反应液酸度很大，一定要擦净后再放入旋光仪暗箱内，以免腐蚀仪器。实验结束后，将盛液管洗净。

2. 每隔 20min 记录 1 次室温，取平均值，作为测量温度，并在不读数时，打开暗箱散热，读数前 0.5min 盖上。

七、思考题

1. 本实验是否需要校正仪器零点？为什么？

2. 在混合蔗糖和 HCl 溶液时，总是把 HCl 溶液加到蔗糖溶液中，而不把蔗糖溶液加入 HCl 溶液中，为什么？

3. 如果所用蔗糖不纯，对实验有什么影响？

实验 29 乙酸乙酯皂化反应速率常数和活化能的测定

一、实验目的

1. 测定乙酸乙酯皂化反应的速率常数和活化能。

2. 了解二级反应的特点，学会用图解法求二级反应的速率常数。

3. 熟悉电导率仪的使用。

二、实验原理

1. 乙酸乙酯皂化反应速率方程

乙酸乙酯皂化反应是双分子反应，其反应为：

$$CH_3COOC_2H_5 + Na^+ + OH^- \longrightarrow CH_3COO^- + Na^+ + C_2H_5OH$$

在反应过程中，各物质的浓度随时间而改变。不同反应时间的 OH^- 浓度，可用标准酸滴定求得，也可以通过间接测量溶液的电导率而求出。为处理方便，设 $CH_3COOC_2H_5$ 和 NaOH 起始浓度相等，用 a 表示。设反应进行至某一时刻 t 时，所生成的 CH_3COONa 和 C_2H_5OH 浓度为 x，则此时 $CH_3COOC_2H_5$ 和 NaOH 浓度为 $a-x$。即：

	$CH_3COOC_2H_5$	+ NaOH	$\longrightarrow$ CH_3COONa	+ C_2H_5OH
$t=0$	a	a	0	0
$t=t$	$a-x$	$a-x$	x	x
$t=\infty$	$(a-x)\to 0$	$(a-x)\to 0$	$x\to a$	$x\to a$

上述反应是一典型的二级反应。其反应速率可用下式表示：

$$\frac{dx}{dt}=k(a-x)^2 \tag{8-11}$$

式中，k 为二级反应速率常数。

将上式积分得：

$$k=\frac{1}{ta}\times\frac{x}{a-x} \tag{8-12}$$

从式(8-12) 可以看出，已知起始浓度 a，只要测出 t 时之 x 值，即可以算出反应速度常数 k 值。或将式(8-12) 写成：

$$\frac{1}{a-x}=kt+\frac{1}{a} \tag{8-13}$$

以 $\frac{1}{a-x}$ 对 t 作图为一条直线，斜率就是反应速率常数 k。k 的单位是 $L\cdot mol^{-1}\cdot min^{-1}$（SI 单位是：$m^3\cdot mol^{-1}\cdot s^{-1}$）。如果知道两个温度下的反应速率常数 k_T，按阿伦尼乌斯（Arrhenius）公式可计算出反应的活化能 E：

$$E=\frac{RT_1T_2}{T_2-T_1}\ln\frac{k_{T_2}}{k_{T_1}} \tag{8-14}$$

2. 电导法测定速率常数

乙酸乙酯皂化反应中，参加导电的离子有 OH^-、Na^+ 和 CH_3COO^-，由于反应体系是稀水溶液，可认为 NaAc 是全部电离的，因此，反应前后 Na^+ 的浓度不变，随着反应的进行，仅仅是导电能力很强的 OH^- 逐渐被导电能力弱的 CH_3COO^- 所取代，致使溶液的电导逐渐减小，因此可用电导率仪测量皂化反应进程中电导率随时间的变化，从而达到跟踪反应物浓度随时间变化的目的。

令 G_0 为 $t=0$ 时溶液的电导，G_t 为时间 t 时混合溶液的电导，G_∞ 为 $t=\infty$（反应完毕）时溶液的电导。则稀溶液中，电导值的减少量与 CH_3COO^- 浓度成正比，设 K 为比例常数，则

$$t=t\text{ 时，}x=x,\ x=K(G_0-G_t)$$
$$t=\infty\text{时，}x\to a,\ a=K(G_0-G_\infty)$$

由此可得：

$$a-x=K(G_t-G_\infty)$$

所以 $a-x$ 和 x 可以用溶液相应的电导表示，将其代入式(8-12) 得：

$$\frac{1}{a}\times\frac{G_0-G_t}{G_t-G_\infty}=kt$$

重排得：

$$G_t=\frac{1}{ak}\times\frac{G_0-G_t}{t}+G_\infty \tag{8-15}$$

只要测不同时间溶液的电导值 G_t 和起始溶液的电导值 G_0，然后以 G_t 对 $\frac{G_0-G_t}{t}$ 作图得一直线，直线的斜率为 $\frac{1}{ak}$，由此求出某温度下的反应速率常数 k 值。

溶液电导（G）的大小与两电极之间的距离（l）成反比，与电极的面积（A）成正比：

$$G=\kappa\frac{A}{l}=\frac{\kappa}{K_{cell}} \tag{8-16}$$

式中，l/A 为电导池常数，以 K_{cell} 表示；κ 为电导率（其物理意义：在两平行而相距 1m，面积均为 $1m^2$ 的两电极间，电解质溶液的电导称为该溶液的电导率）。

把式(8-16) 代入式(8-15) 式得：

$$\kappa_t=\frac{1}{ak}\times\frac{\kappa_0-\kappa_t}{t}+\kappa_\infty \tag{8-17}$$

通过实验测定不同时间溶液的电导率 κ_t 和起始溶液的电导率 κ_0，以 κ_t 对 $\frac{\kappa_0-\kappa_t}{t}$ 作图，得一直线，从直线的斜率即可求出反应速率常数 k 值。

三、仪器和试剂

仪器：DDP-210 型电导率仪 1 台，恒温槽 1 套，移液管（10mL）2 支。

试剂：乙酸乙酯（AR），NaOH 水溶液（0.0200mol/L）。

四、实验步骤

1. 电导率仪的调节

DDS-210 型电导仪的使用方法参见“4.3.1　电导的测量”及仪器使用说明书。

2. 配制溶液

配制与 NaOH 准确浓度（约 0.0200mol/L）相等的乙酸乙酯溶液。其方法是：找出室温下乙酸乙酯的密度，进而计算出配制 250mL 0.0200mol/L 的乙酸乙酯水溶液所需的乙酸乙酯的体积 V，然后用移液管吸取 V mL 乙酸乙酯注入 250mL 容量瓶中，稀释至刻度，即为 0.0200mol/L 的乙酸乙酯水溶液。

3. 调节恒温槽温度至（25.0±0.1)℃

4. 溶液起始电导率 κ_0 的测定

在干燥的 50mL 大试管中，用移液管加入 10mL 0.0200mol/L 的 NaOH 溶液和同体积数量的电导水，混合均匀后，倒出少量溶液洗涤电导池和电极，然后将剩余溶液倒入电导池（盖过电极上沿约 2cm），恒温约 15min，并轻轻摇动数次，然后将电极插入溶液，测定溶液电导率，直至不变为止，此数值即为 κ_0。

5. 反应时电导率 κ_t 的测定

用移液管移取 10mL 0.0200mol/L 的乙酸乙酯，加入干燥的带磨口塞的大试管中，用另一只移液管取 10mL 0.0200mol/L 的 NaOH，加入另一干燥的带磨口塞的大试管中。将两个试管置于恒温槽中恒温 15min，并摇动数次。然后将恒温好的 NaOH 溶液迅速倒入盛有乙酸乙酯的试管中，同时开动停表，作为反应的开始时间，迅速将溶液混合均匀，并用少量溶液洗涤电极，然后将电极放入溶液中，密封试管管口，测定溶液的电导率 κ_t，在 4min、6min、8min、10min、12min、15min、20min、25min、30min、35min 和 40min 各测电导率一次，记下 κ_t 和对应的时间 t。

6. 活化能的测定

调节恒温槽的温度，控制在 (35.0±0.1)℃，重复实验步骤 4、5 操作，分别测定该温度下的 κ_0 和 κ_t。

实验结束后，关闭电源，取出电极，用蒸馏水冲洗干净后浸泡在蒸馏水中。

五、数据记录及处理

1. 温度为：(25.0±0.1)℃，κ_0 =__________。

将 t、κ_t、$\frac{\kappa_0-\kappa_t}{t}$ 数据列表：

t/min	4	6	8	10	12	15	20	25	30	35	40
κ_t/(S/m)											
$\frac{\kappa_0-\kappa_t}{t}$											

2. 温度为：(35.0±0.1)℃，κ_0 =__________。

将 t、κ_t、$\frac{\kappa_0-\kappa_t}{t}$ 数据列表：

t/min	4	6	8	10	12	15	20	25	30	35	40
κ_t/(S/m)											
$\frac{\kappa_0-\kappa_t}{t}$											

3. 以 κ_t 对 $\frac{\kappa_0-\kappa_t}{t}$ 作图，计算两个温度下的速率常数 k 和反应半衰期 $t_{1/2}$。

4. 计算乙酸乙酯皂化反应的活化能。

5. 文献值

(1) $k(298.2\text{K})=(6\pm1)\text{L}\cdot\text{mol}^{-1}\cdot\text{min}^{-1}$；$k(308.2\text{K})=(10\pm2)\text{L}\cdot\text{mol}^{-1}\cdot\text{min}^{-1}$。

(2) $\lg k=-1780T^{-1}+0.00754T+4.53$。

六、注意事项

1. 溶液必须随用随配，且 NaOH 和 $CH_3COOC_2H_5$ 溶液浓度相等。

2. 实验过程中要很好地控制恒温槽温度，使其波动限制在±0.1℃以内。

3. 混合使反应开始时同时按下秒表计时，保证计时的连续性，直至实验结束。

4. 保护好铂黑电极，电极插头要插入电导仪上电极插口内（到底），一定要固定好。

5. 电导率仪的面板有一个“温度补偿”旋钮（手动）。电导率仪设置“温度补偿”的目的，是将“温度补偿”旋钮指示温度下的电导率折算成 25℃下的电导率，以便进行比较。使用“温度补偿”功能时，需要事先测出待测溶液的温度，并将“温度补偿”旋钮调至该温度处，此时面板上显示的数值是该溶液 25℃的电导率。本实验需要的是指定温度下的实际电导率值，因此不需要开启电导率仪的温度补偿功能，应把“温度补偿”旋钮自始至终对准 25℃刻度线。

七、思考题

1. 为什么要使 NaOH 和 $CH_3COOC_2H_5$ 两种溶液浓度相等？如何配制指定浓度的溶液？

2. 如果 NaOH 和 $CH_3COOC_2H_5$ 起始浓度不相等，应怎样计算 k 值？
3. 用作图外推求 κ_0 与测定相同浓度 NaOH 所得 κ_0 是否一致？
4. 如果 NaOH 与 $CH_3COOC_2H_5$ 溶液为浓溶液，能否用此法求 k 值？为什么？
5. 为何本实验要在恒温条件下进行？而且反应物在混合前必须预先恒温？

实验 30 丙酮碘化反应的速率方程

一、实验目的

1. 掌握用孤立法确定反应级数的方法。
2. 测定酸催化作用下丙酮碘化反应的速率常数。
3. 通过本实验加深对复杂反应特征的理解。

二、实验原理

大多数化学反应是由若干个基元反应组成的。这类复杂反应的反应速率和反应物活度之间的关系大多不能用质量作用定律预示。以实验方法测定反应速率和反应物活度的计量关系，是研究动力学的一个重要内容。对复杂反应，可采用一系列实验方法获得可靠的实验数据，并据此建立反应速率方程式，以实验反应速率方程式为基础，推测反应机理、提出反应模式。

孤立法是动力学研究中常用的一种方法。设计一系列溶液，其中只有某一种物质的浓度不同，而其他物质的浓度均相同，借此可以求得反应对该物质的级数。同样亦可得到各种作用物的级数，从而确定速率方程。

本实验以丙酮碘化为例，说明如何应用孤立法和稳定态近似条件来推得速率方程以及可能的反应机理。丙酮碘化反应是一个复杂反应，其反应式为：

$$H_3C-\overset{\overset{\displaystyle O}{\|}}{C}-CH_3 + I_2 \xrightleftharpoons{H^+} H_3C-\overset{\overset{\displaystyle O}{\|}}{C}-CH_2I + I^- + H^+$$

实验表明，丙酮碘化反应的速率与丙酮及氢离子的浓度密切相关，而和碘的浓度无关。此反应的动力学方程式可表示为：

$$-\frac{dc_{碘}}{dt}=kc_{丙}^{x}\ c_{H^+}^{y}\ c_{碘}^{z} \tag{8-18}$$

式中，x、y、z 分别为对丙酮、氢离子和碘的反应级数。

将该式取对数得：

$$\lg\left(-\frac{dc_{碘}}{dt}\right)=\lg k+x\lg c_{丙}+y\lg c_{H^+}+z\lg c_{碘} \tag{8-19}$$

在上述三种物质中，首先固定其中两个物质的浓度，配制出第三种物质浓度不同的一系列溶液。如此，反应速率只是该物质浓度的函数。以 $\lg(-dc_{碘}/dt)$ 对该组分浓度的对数作图，所得直线的斜率即为该物质在此反应中的反应级数。同理，可以得到其他两个物质的反应级数。

碘在可见光区有一个比较宽的吸收带，所以可利用分光光度法来测定丙酮碘化反应过程中碘的浓度随时间的变化关系。

按照朗伯-比耳（Lambert-Beer）定律：

$$A=-\lg T=-\lg\frac{I}{I_0}=abc_{碘} \tag{8-20}$$

式中，T 为透光率；I 和 I_0 分别为某一定波长的光线通过待测溶液和空白溶液后的光强；a 为摩尔吸光系数；b 为样品池光径长度。

以 A 对时间 t 作图，其斜率应为 $ab(-\mathrm{d}c_{碘}/\mathrm{d}t)$，如已知 a 和 b，则可计算出反应速率。a 和 b 可通过测定一已知浓度的碘溶液的吸光度 A，由式(8-20）求得。

若丙酮和酸的初始浓度远大于碘的浓度，可以发现 A-t 图为一直线。显然（$-\mathrm{d}c_{碘}/\mathrm{d}t$）不随时间而改变时，该直线关系才成立。表明反应速率与碘的浓度无关，因此丙酮碘化反应对碘的级数为零，即：$z=0$。则式(8-19）简化为：

$$\lg\left(-\frac{\mathrm{d}c_{碘}}{\mathrm{d}t}\right)=\lg k+x\lg c_{丙}+y\lg c_{H^+} \tag{8-21}$$

本实验首先选定丙酮浓度为 0.2mol/L，碘的浓度为 0.002mol/L，氢离子浓度分别为 0.1mol/L、0.2mol/L、0.3mol/L、0.4mol/L 和 0.5mol/L。反应过程中可近似认为丙酮和酸的浓度保持不变。测定上述五个反应系统 A-t 的关系，从而求出 $\lg(-\mathrm{d}c_{碘}/\mathrm{d}t)$，再作 $\lg(-\mathrm{d}c_{碘}/\mathrm{d}t)$-$\lg c_{H^+}$ 图，直线的斜率即为对酸的反应级数。同理，可以选定酸的浓度为 0.2mol/L 不变，碘的浓度为 0.002mol/L，丙酮浓度为 0.1mol/L、0.2mol/L、0.3mol/L、0.4mol/L 和 0.5mol/L。测定 A-t 的关系，求出 $\lg(-\mathrm{d}c_{碘}/\mathrm{d}t)$，作 $\lg(-\mathrm{d}c_{碘}/\mathrm{d}t)$-$\lg c_{丙}$ 图，直线的斜率即为对丙酮的反应级数。

求出各个物质的反应级数后，即可由式(8-18）计算得到丙酮碘化反应的速率常数。

三、仪器和试剂

仪器：722 型分光光度计，样品池，容量瓶（50mL），移液管（10mL）。

试剂：碘溶液（0.02mol/L），丙酮溶液（2mol/L），标准盐酸溶液（2mol/L）。

四、实验步骤

1. 对光

在 3cm 的比色皿样品池里装 2/3 的蒸馏水，置比色皿于座架中的第一格，对准光路。将波长调节到 520nm 处，先打开试样室盖（光门自动关闭），调节 0%T 旋钮使数字显示为“000.0”，然后合上盖板（光门打开），调节 100%T 旋钮使数字显示为“100.0%”。再打开试样室盖，调节 0%T 旋钮使数字显示为“000.0”，合上盖板，调节 100%T 旋钮使数字显示为“100.0%”，如此反复至系统稳定后，倒出蒸馏水。

2. 配制溶液

（1）第一个系列溶液的配制（固定酸的浓度不变）

在五个 50mL 容量瓶中分别配制含丙酮的浓度为 0.1mol/L、0.2mol/L、0.3mol/L、0.4mol/L 和 0.5mol/L，同时含有碘的浓度为 0.002mol/L，酸的浓度固定为 0.2mol/L。

（2）第二个系列溶液的配制（固定丙酮的浓度不变）

在另外五个 50mL 容量瓶中分别配制含酸的浓度为 0.1mol/L、0.2mol/L、0.3mol/L、0.4mol/L 和 0.5mol/L，同时含有碘的浓度为 0.002mol/L，丙酮的浓度固定为 0.2mol/L。

每一个溶液应在测量之前配制，配好后立即开始计时，进行吸光度测定。

3. 测量

用待测溶液荡洗样品池三次，并尽快倒入样品池中，尽可能保证在 3min 之内能测到第一个数据。以后每隔 30s 读数一次，每次记录数据时间共计 10min。

4. 测定摩尔吸光系数 a

配制含 0.002mol/L 的碘和 0.2mol/L 盐酸的溶液，测定该溶液的吸光度，根据式(8-20）计算得到 ab 值。

五、数据记录及处理

1. 数据记录

(1) ab 的测定 标准碘的浓度________mol/L，吸光度 A ________。

(2) 酸的浓度固定为0.2mol/L，碘的初始浓度为0.002mol/L，不同丙酮浓度的反应系统吸光度随时间的关系

时间/s	丙酮浓度/(mol/L)				
	0.1	0.2	0.3	0.4	0.5
	吸光度(A)				
180					
210					
240					
300					
330					
360					
390					
420					
450					
480					
510					
540					
570					
600					

(3) 丙酮的浓度固定为0.2mol/L，碘的初始浓度为0.002mol/L，不同酸浓度的反应系统吸光度随时间的关系

时间/s	酸浓度/(mol/L)				
	0.1	0.2	0.3	0.4	0.5
	吸光度(A)				
180					
210					
240					
300					
330					
360					
390					
420					
450					
480					
510					
540					
570					
600					

2. 数据处理

（1）ab 的计算。

（2）分别将测得的各组反应液的吸光度 A 对时间 t 作图，求出斜率。以该斜率对该组分浓度作双对数图，从其斜率求得反应对各物质的级数 x、y 和 z。

（3）计算反应的总速率常数 k。

3. 文献值

（1）吸光系数 a 为：180mol/(L·cm)。

（2）$x=y=1$，$z=0$。

（3）反应速率常数见表 8-2。

表 8-2 反应速率常数

t/℃	0	25	27	35
$10^5k/(L \cdot mol^{-1} \cdot s^{-1})$	0.115	2.86	3.60	8.80
$10^3k/(L \cdot mol^{-1} \cdot min^{-1})$	0.69	1.72	2.16	5.28

（4）活化能：$E=86.2$kJ/mol。

六、注意事项

1. 温度影响反应速率常数，实验时体系始终要恒温。

2. 实验所需溶液均要准确配制。

3. 混合反应溶液时要在恒温槽中进行，操作必须迅速准确。

七、思考题

1. 本实验是将丙酮溶液加到盐酸和碘的混合液中，但没有立即计时，而是当混合物稀释至 50mL，摇匀倒入恒温比色皿测透光率时才开始计时，这样做是否影响实验结果？为什么？

2. 影响本实验结果的主要因素是什么？

9 电分析与电化学测量实验

实验 31 氟离子选择电极测定自来水中含氟量

一、实验目的

1. 了解离子选择电极的主要特性，掌握离子选择电极法测定的原理、方法及实验操作。
2. 了解总离子强度调节缓冲液的意义和作用。
3. 掌握用标准曲线法测定未知物浓度的方法。

二、实验原理

氟离子选择电极（简称氟电极）是晶体膜电极，见示意图 9-1。它的敏感膜是由难溶盐 LaF_3 单晶（定向掺杂 EuF_2）薄片制成，电极管内装有 0.1mol/L NaF 和 0.1mol/L NaCl 组成的内充液，浸入一根 Ag-AgCl 内参比电极。测定时，氟电极、饱和甘汞电极（外参比电极）和含氟试液组成下列电池：

氟离子选择电极 | F^- 试液（$c=x$）‖ 饱和甘汞电极

一般离子计上氟电极接负极（−），饱和甘汞电极（SCE）接正极（+），测得电池的电位差为：

$$E_{cell}=\varphi_{SCE}-\varphi_{膜}-\varphi_{AgCl\text{-}Ag}+\varphi_a+\varphi_j \tag{9-1}$$

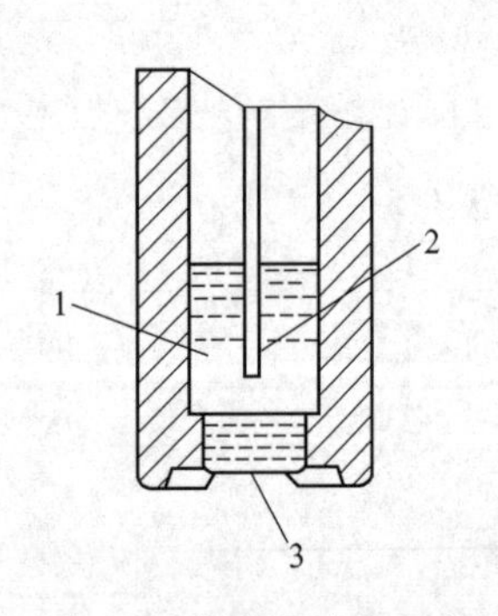

图 9-1 氟离子电极示意图
1—0.1mol/L NaF，0.1mol/L NaCl 内充液；2—Ag-AgCl 内参比电极；3—掺 EuF_2 的 LaF_3 单晶

在一定的实验条件下（如溶液的离子强度，温度等），外参比电极电位 φ_{SCE}、活度系数 γ、内参比电极电位 $\varphi_{AgCl\text{-}Ag}$、氟电极的不对称电位 φ_a 以及液接电位 φ_j 等都可以作为常数处理。而氟电极的膜电位 $\varphi_{膜}$ 与 F^- 活度的关系符合 Nernst 公式，因此上述电池的电位差 $E_{电池}$ 与试液中氟离子浓度的对数呈线性关系，即：

$$E_{电池}=K+\frac{2.303RT}{F}\lg a_{F^-} \tag{9-2}$$

式中，K 为常数；R 为摩尔气体常数；T 为热力学温度；F 为法拉第常数 96485C/mol。

因此，可以用直接电位法测定 F^- 的浓度。

当有共存离子时，可用电位选择性系数来表征共存离子对响应离子的干扰程度：

$$E_{电池}=k+\frac{2.303RT}{zF}\lg(a_i+K_{i,j}^{Pot}a_j^{z/m}) \tag{9-3}$$

式中，a_i 为特定离子的活度；a_j 为共存离子的活度；z 为特定离子的电荷数；m 为共存离子的电荷数；$K_{i,j}^{Pot}$ 为电位选择性系数，该值越小，表示 i 离子抗 j 离子的干扰能力越大。

本实验用标准工作曲线法，测定牙膏和自来水中氟离子的含量。测量的 pH 值范围为 5～6，加入含有柠檬酸钠、硝酸钠及 NaOH 的总离子强度调节缓冲溶液（TISAB）来控制酸度、保持一定的离子强度和消除干扰离子对测定的影响。

三、仪器和试剂

仪器：PHS-3C 型 pH 计或其他型号的离子计；电磁搅拌器；氟离子选择电极和饱和甘汞电极各一支；玻璃器皿一套。

试剂：

TISAB 溶液（总离子强度调解缓冲液）：称取氯化钠 58g，柠檬酸钠 10g，溶于 800mL 去离子水中，再加入冰醋酸 57mL，用 40%的 NaOH 溶液调节 pH 至 5.0，然后加去离子水稀释至总体积为 1L。

0.100mol/L NaF 标准贮备液：准确称取 2.100g NaF（已在 120℃烘干 2h 以上）放入 500mL 烧杯中，加入 100mL TISAB 溶液和 300mL 去离子水溶解后转移至 500mL 容量瓶中，用去离子水稀释至刻度，摇匀，保存于聚乙烯塑料瓶中备用。

四、实验步骤

1. 氟离子选择电极的准备

按要求调好 PHS-3C 型 pH 计至“mV”挡，装上氟电极和参比电极（SCE）。将氟离子选择电极浸泡在 1.0×10^{-1}mol/L 的 F^- 溶液中，约 30min，然后用新制的去离子水清洗数次，直至测得的电极电位值达到本底值（约－370mV）方可使用（此值各支电极不同，由电极的生产厂标明）。若氟离子选择电极暂不使用，宜干放保存。

2. 标准溶液系列的配制

取 5 个干净的 50mL 容量瓶，在第一个容量瓶中加入 10mL TISAB 溶液，其余加入 9mL TISAB 溶液。用 5mL 移液管吸取 5.0mL 0.1mol/L NaF 标准贮备液放入第一个容量瓶中，加去离子水至刻度，摇匀即为 1.0×10^{-2}mol/L F^- 溶液。再用 5mL 移液管从第一个容量瓶中吸取 5.0mL 刚配好的 1.0×10^{-2}mol/L F^- 溶液放入第二个容量瓶中，加去离子水至刻度，摇匀即为 1.0×10^{-3}mol/L F^- 溶液。依此类推配制出 $10^{-6}\sim10^{-2}$mol/L F^- 溶液。

3. 校准曲线的测绘

将步骤 2 所配好的一系列溶液分别倒少量到对应的 50mL 干净塑料烧杯中润洗，然后将剩余的溶液全部倒入对应的烧杯中，放入搅拌子，插入氟离子选择电极和饱和甘汞电极，在电磁搅拌器上搅拌 3～4min，电极电位读数稳定后读取电位值。测量的顺序是由稀至浓，这样在转换溶液时电极不必用水洗，仅用滤纸吸去附着电极和搅拌子上的溶液即可。注意电极不要插得太深，以免搅拌子打破电极。

测量完毕后将电极用去离子水清洗，直至测得电极电位值为－370mV 左右待用。

4. 试样中氟离子含量的测定

（1）自来水中氟含量的测定　移取 25mL 水样于 50mL 容量瓶中，加入 10mL TISAB，用去离子水稀释至刻度，待用。

（2）空白实验　以去离子水代替试样，重复上述测定。

5. 选择性系数 $K_{i,j}^{Pot}$ 的测定

（1）取一个洁净的 50mL 容量瓶，加入 10mL TISAB 溶液，用 20mL 胖肚移液管移取 20mL 0.1mol/L NaCl 至容量瓶内，然后再移取 0.2mL 0.1mol/L NaF 溶液至容量瓶内，用去离子水定容。

（2）按步骤 3 测其电位值。

（3）用式(9-2) 计算出常数 K 后，即可利用式(9-3) 计算氟离子电极对 F^- 的电位选择性系数 $K_{F^{-1},Cl^{-1}}^{Pot}$，此时 $[F^-]/[Cl^-]=1:100$。显然 $K_{F^{-1},Cl^{-1}}^{Pot}$ 越小越好。

五、数据处理

1. 以测得的电位值 φ(mV) 为纵坐标，以 $\lg c_{F^-}$ 为横坐标作图，绘制校准曲线。

2. 从标准曲线上求出氟离子选择电极的实际斜率和线性范围。

3. 由 φ_x 值求牙膏和自来水试样中 F^- 的含量。

六、注意事项

1. 清洗玻璃仪器时，应先用大量的自来水清洗实验所使用的烧杯、容量瓶、移液管，然后用少量去离子水润洗。

2. 测量时浓度由稀至浓，每次测定后用被测试液清洗电极、烧杯以及搅拌子。

3. 制标准曲线时，测定一系列标准溶液后，应将电极清洗至原空白电位值，然后再测定未知试液的电位值。

4. 测定过程中更换溶液时，“测量”键必须处于断开位置，以免损坏离子计。

5. 测定过程中搅拌溶液的速度应恒定。

七、思考题

1. 写出离子选择电极的电极电位的完整表达式。

2. 为什么要加入离子强度调节剂？说明离子选择电极法中用 TISAB 溶液的意义。

3. 从标准曲线上可以得到离子选择电极的哪些特性参数？

实验 32　极谱分析中的氧波、极大现象及迁移电流的消除

一、实验目的

1. 熟悉极谱分析的基本原理。

2. 掌握在极谱测量中如何消除干扰电流的方法。

二、实验原理

极谱法是在静止溶液中以滴汞电极（DME）为工作电极的伏安方法。参阅的“4.3.3　极谱与伏安测量”了解极谱分析的方法原理。图 9-2 为极谱法的基本装置和电路示意图。在通常的极谱分析中，滴汞周期约为 3～5s，施加在 DME 上的线性变化电压很慢，约为 0.2V/min。记录连续滴落汞滴上的 i-E 曲线呈 S形，称为极谱图，如图 9-3 和图 9-4 所示。

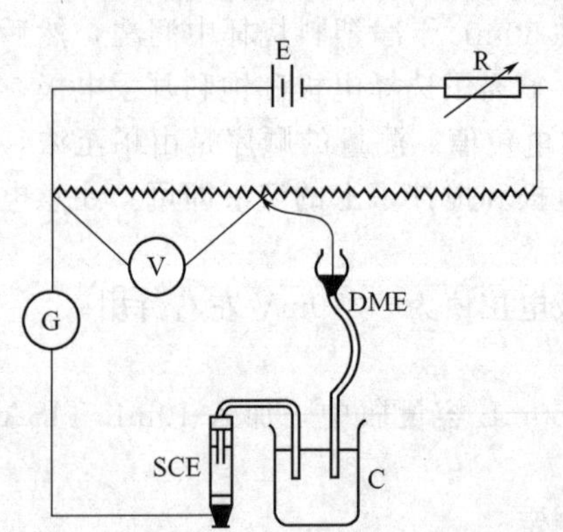

图 9-2　极谱法的基本装置和电路
E—电源；R—可变电阻；G—电流表；
V—电压表；DME—滴汞电极；
SCE—甘汞电极；C—电解池

由于滴汞电极的“电位窗口”相对参比电极在负值区，溶液中的溶解氧在此范围产生两个还原波（参见“4.3.3　极谱与伏安测量”，图 4-42 氧的极谱图），干扰大多数物质的测定，因此必须采取适当的方法以消除氧的干扰。在不同的介质中，需先用不同的除氧方法。本实验是在中性溶液中，可用通纯 N_2 除氧。

极谱分析时，一些物质在滴汞电极上反应，电流随极化电压的增加而迅速增加到一极大值，然后下降到扩散电流的正常值。如图 9-5 所示。这种极谱曲线上出现的比扩散电流大得多的不正常“电流畸峰”，称为“极谱极大”。影响极谱极大的产生，形成，形状以及大小的因素很多。一般说来，溶液愈稀，极大现象愈明显。然而极谱极大的大小与被测物质的浓度没有简单函数关系，故应除去。在溶液中加入少量的表面活性物质，能抑制极大现象。常用的试剂有明胶、聚乙烯醇、Triton X-100 等。

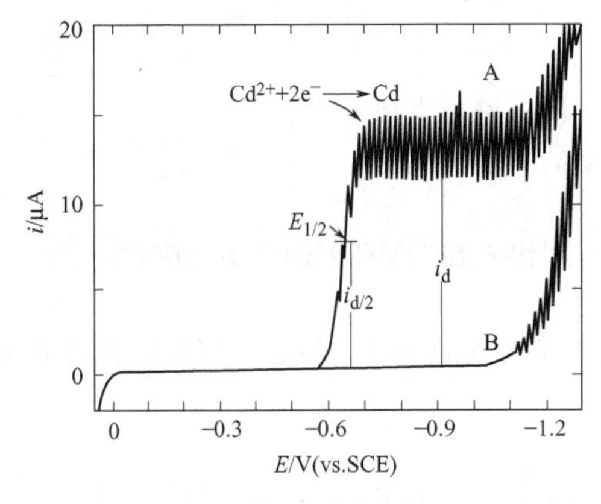

图 9-3 Cd^{2+}的极谱图

A—支持电解质，1mol/L HCl；

B—5×10^{-4}mol/L Cd^{2+}在 1mol/L HCl 中

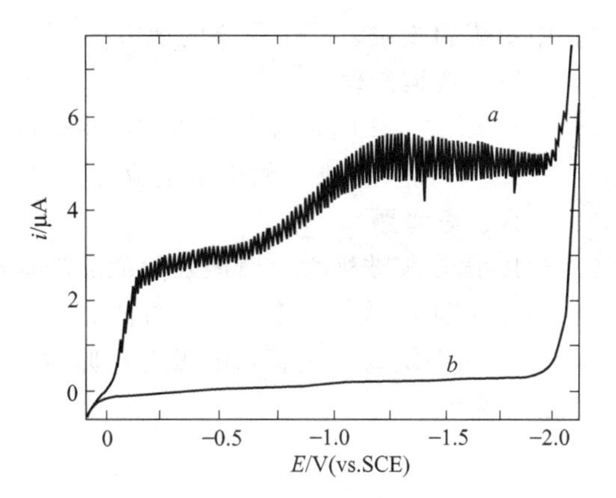

图 9-4 0.1mol/L KCl 的极谱图

a—用空气饱和；b—氮气除氧后

迁移电流是被测离子在外加电场作用下，正离子向负极移动，负离子向正极移动，分别在电极上产生被还原和氧化的电流。迁移电流与被测离子没有定量关系，也必须除去。消除的方法是在极谱试液中加入大量的“惰性支持电解质”。常用的支持电解质有 NH_4Cl、KCl、KNO_3、HCl 等。

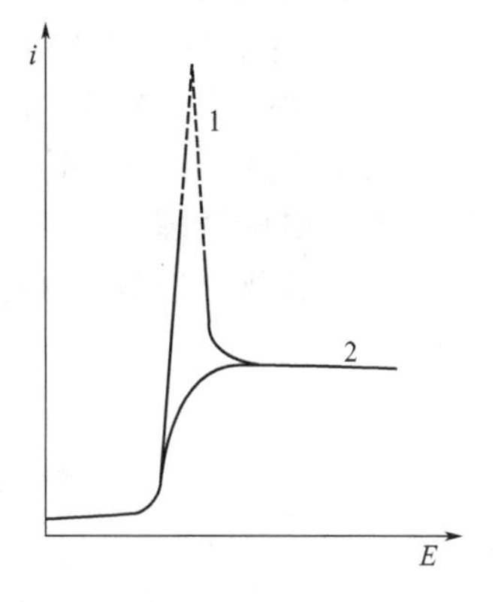

图 9-5 极谱极大

1—极大极谱波；

2—消除极大极谱波

三、仪器和试剂

仪器：VA757 极谱仪（瑞士万通公司）。

试剂：氯化钾溶液（0.1mol/L，0.01mol/L）；0.010mol/L $PbCl_2$ 溶液；0.5%明胶溶液。

四、实验步骤

1. 溶解氧的极谱波和极大现象

取 1.0mL 0.01mol/L KCl 溶液，置极谱电解池中，再加入 9.0mL 蒸馏水，采用移液管挤入空气气泡，使试液中的溶解氧尽量达到饱和。然后提高储汞瓶，等汞滴滴出后，用蒸馏水吹洗电极，并用滤纸吸干，插入盛有电解液的电解池中，调节汞柱高度，使滴汞周期为 3～5s。外加电压 0～2.0V，记录极谱波。

2. 极大现象的抑制

在上述测量溶液中，滴加 2 滴明胶（此时明胶的浓度约为 0.005%），搅匀。在 0～2.0V 记录极谱图。

3. 氧波的消除

在实验步骤 2 测定过的溶液中通纯氮气 10min。然后再次记录极谱波。

4. 迁移电流及其消除

（1）取 0.01mol/L $PbCl_2$ 1.0mL 于 10mL 小烧杯中，滴加 0.5%明胶 2 滴，加蒸馏水 9.0mL，通纯氮气 5min。在－0.2～0.7V 记录极谱图。

（2）分别取 0.01mol/L $PbCl_2$ 溶液 1.0mL 置于两个 10mL 小烧杯中，其中一个烧杯中加入 0.1mol/L KCl 溶液 9.0mL，另一个烧杯加入 0.01mol/L KCl 溶液 9.0mL。分别滴加 0.5%明胶 2 滴，通 N_2 气 5min，在－0.2～0.7V 记录它们的极谱图。

实验完毕后，移去电解池，用蒸馏水吹洗电极几次，滤纸吸干后，降下储汞瓶。回收实验中滴落的废汞，储于安全的地方。

五、数据处理

1. 用文字注明每幅极谱图的实验条件，并标明极谱极大和氧波。

2. 列表记录 Pb^{2+} 的极谱电流 i_d 与 KCl 浓度的关系。

六、思考题

1. 比较氧波极大、氧波及除氧后的极谱波，写出氧在 DME 上的化学反应式。

2. 简述极谱测定中的除氧方法。

3. 如果阴离子在滴汞电极上还原时，由于迁移电流的存在，将会如何影响被测物质的测量结果？

实验 33 单扫描极谱法同时测定铅和镉

一、实验目的

1. 熟悉单扫描极谱法的基本原理和特点。

2. 掌握 VA757 极谱仪的基本使用方法。

3. 测定水样中铅和镉的含量。

二、实验原理

单扫描极谱法是快速电分析测量技术之一，VA757 型极谱仪的基本测量原理示意图见图 9-6。

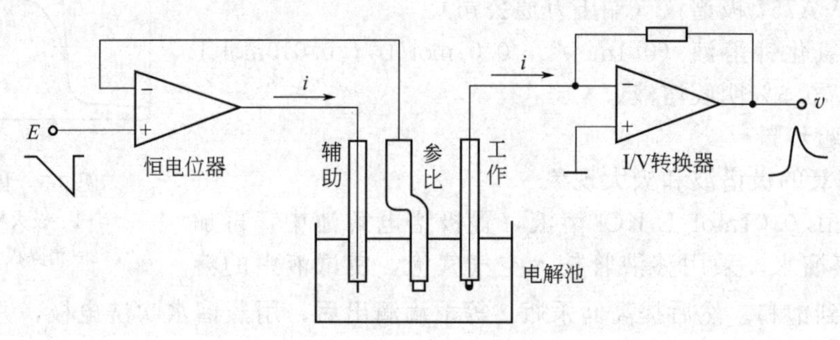

图 9-6 极谱仪原理示意图

单扫描极谱法与经典极谱法主要不同处是：所用扫描速度较快，大于 250mV/s 时，施加极化电压仅在一滴汞的生长后期 1～2 秒内，可以完成一个完整的极谱图（图 9-7），因此，所得到的曲线是光滑的。由于扫描是快速的，当扫描电压达到被测离子分解电位的瞬间，电极附近的被测离子全部被还原在电极上，使电流急速上升，这时，被测离子在电极附近的浓度趋于零，电流又下降到一个取决于该被测离子向电极扩散速度的平衡值上，因而形成了一个有畸峰状的极谱波。图形出现在显示器上，可由专用微机控制，进行全自动智能分析。定量分析依据的电流方程服从 Randles-Sevcik 方程，在 25℃对反应物质溶于汞及溶液的可逆过程，有下列波高电流值的近似表达式：

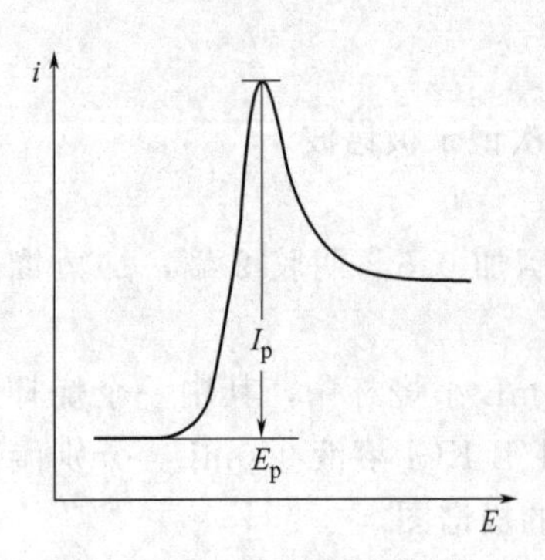

图 9-7 常规极谱图

$$I_p = 2344 n^{3/2} m^{2/3} t_p^{2/3} D^{1/2} \left(\frac{dE}{dt}\right) c$$

式中，I_p 为波高电流值（μA）；n 为参加反应物质的电子转移数；m 为滴汞电极的汞滴流速（mg/s）；t_p 为出现波峰的时间（s）；D 为扩散系数（cm^2/s）；dE/dt 为电压变化速率（V/s）；c 为被测离子的浓度（mmol/L）。

此式指出，当 D（受温度影响）、dE/dt（扫描速率）、m（决定于毛细管孔径并受汞池高度控制）、t_p（决定于静止时间和原点电位）都保持定值，波峰电流 I_p 正比于被测离子的浓度 c。即使对于那些反应产物不溶于汞的半可逆过程或完全不可逆过程，虽然波高电流值的表达式不同，但 $I_p \propto c$ 的关系仍然是确定的（I_p 用前谷测量）。除 D 以外，上述参数的恒定，由仪器提供充分保证。

为了进一步提高仪器的测量灵敏度和分辨率，使仪器能更准确地自动测量波高，本仪器采用导数极谱法，用微分放大器来取得一次导数极谱波 $\frac{di}{dE}$-E（图 9-8）和二次导数极谱波 $\frac{d^2i}{dE^2}$-E（图 9-9）。

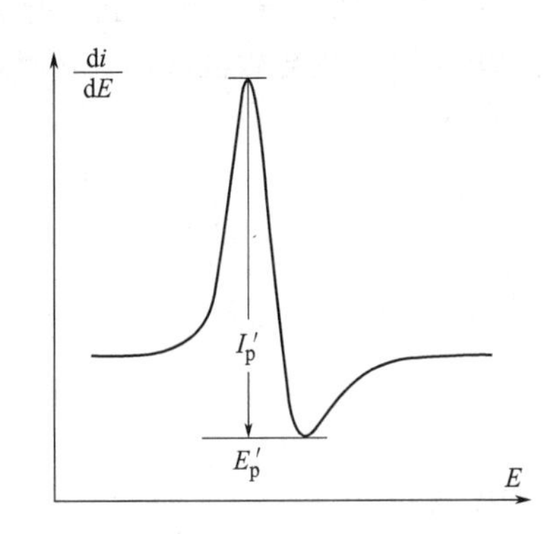

图 9-8 一次导数极谱波图

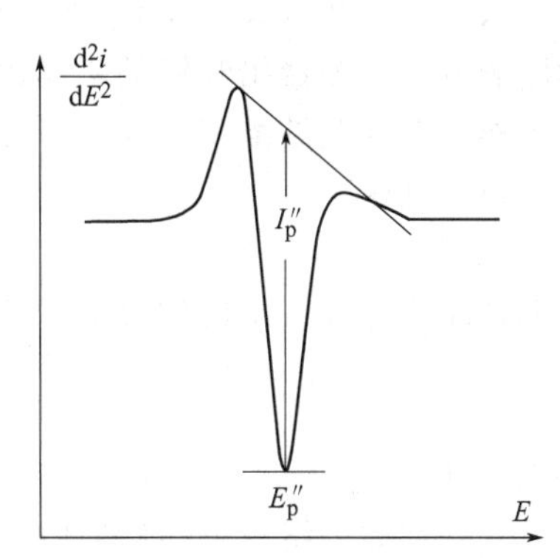

图 9-9 二次导数极谱波图

图中 E'_p、E''_p 为导数极谱波的波峰电位，波高电流 I'_p（用“后谷”测量），I''_p（用“切线”拟合测量）在一般情况下仍然与被测离子具有正比关系。I''_p 也可用负峰与其前、后正峰（“前谷”或“后谷”）间的高差来表示。

峰电位 E_p 与普通极谱波的半波电位的关系为：$E_p = E_{\frac{1}{2}} - \frac{1.1RT}{nF} = E_{\frac{1}{2}} - \frac{0.28}{n}$，对可逆波来说，还原波的峰电位要比氧化波负 $56/n$(mV)。

使用者应根据测试方法以及实测的波形，正确地选用上述三种波高基准。

实验所用仪器目前可用三种定量方法自动计算出待测物质的浓度。

扣除本底：样品物质的极谱波是叠加在空白底液的本底曲线之上的。仪器设置的扣除本底功能可获得实时的不含本底的纯样品极谱波。

三、仪器和试剂

仪器：VA757 极谱仪（瑞士万通公司）。

试剂：0.01mol/L 铅离子标准溶液；0.01mol/L 镉离子标准溶液；6mol/L 盐酸溶液；0.5%明胶溶液。

四、实验步骤

在约 2.5mol/L HCl 介质中，Pb^{2+} 和 Cd^{2+} 均能在滴汞电极上产生良好的可逆极谱波。波峰电位分别在 −0.48V 和 −0.70V 左右（vs. SCE）。用常规波和导数波都可同时测定铅和镉。

实验用标准比较法：依据样品与标准成正比的方法来计算样品浓度含量。先测量并存储标准的波高 I_s，并输入标准的含量 c_s。测量样品时，其含量 c_x 即可根据所测得的波高 I_y 计算出来。

(1) 底液的配制　于 50mL 容量瓶中，准确加入 6mol/L 盐酸溶液 10mL，0.5%明胶溶液 1.0mL。用二次蒸馏水稀释至刻度，摇匀，备用。

(2) 本底曲线的测量　移取底液 10mL 置于小烧杯中，极谱仪上以 -300mV 为起扫电位，-1300mV 为终止电位，测量本底曲线。

(3) 铅离子标准溶液极谱波的测量　在步骤 (2) 测量液中，加入 0.01mol/L 铅离子标准溶液 0.2mL，搅匀，用与步骤 (2) 相同的方法，测量铅的阴极化常规波峰电流和电位一次导数波波高，并打印。

(4) 镉离子标准溶液极谱波的测量　在步骤 (3) 溶液中再加入 0.01mol/L 镉离子标准溶液 0.2mL，搅匀，用与步骤 (2) 相同的方法，测量镉的阴极化常规波峰电流和电位，一次导数波波高，并打印。

(5) 水样中铅和镉离子的测量　另取一份底液 10mL，并加入水样 0.2mL，用与步骤 (2) 相同的方法，测量铅和镉的阴极化常规波峰电流和电位、一次导数波波高。用标准比较法计算水样中铅和镉的浓度，并打印出实验结果。

五、数据处理

1. 标准比较法

依据样品与标准成正比的方法来计算样品浓度含量。

$$c_x = c_s \frac{I_y}{I_s}$$

2. 标准曲线法

依据线性回归分析导出线性回归方程来计算样品浓度含量。

$$c_x = \frac{I_y - I_0}{K}$$

3. 标准加入法

依据线性回归分析导出线性回归方程并用外推的办法来计算样品浓度含量。

$$c_x = \frac{I_0}{K}$$

六、思考题

1. 单扫描极谱法的主要特点是什么？
2. 极谱波形特征是什么？为什么极谱分析经常选用导数的波形？
3. 怎么进行定量计算？

实验 34　电导法测定水的电导率

一、实验目的

1. 掌握电导分析法的基本原理。
2. 掌握测定水的电导率和电导池常数的方法。
3. 学会使用电导率仪。

二、实验原理

水溶液中的离子，在电场作用下具有电导能力。电导能力称为电导 (G)，其单位是西门子 (S)。电导 G 与电阻 R 的关系为：

$$G=1/R$$

而导体的电阻与其长度（l）和截面积（A）的关系可用下式表示：

$$R=\rho \frac{l}{A}$$

式中，ρ为电阻率（$\Omega \cdot cm$）。

电阻率的倒数（$1/\rho$）称为电导率（κ），由此，电导与电导率的关系可表示为：

$$G=\kappa \frac{A}{l}=\frac{\kappa}{K_{cell}}$$

式中，K_{cell}为电导池常数，$K_{cell}=\frac{l}{A}$，即电极间距离（l）与其面积（A）之比。一支电导电极的池常数为确定值。

锅炉用水、工业废水、环境监测和实验室用的蒸馏水、去离子水、二次亚沸蒸馏水等都要求检测水的质量，可用电导法来进行评价。水的电导率越小，即水中离子总量愈小（或电阻率越大），表示水的纯度越高。但对于水中细菌、悬浮杂质的非导电性物质和非离子状态的杂质对水质纯度的影响不能检测。

纯水的理论电导率为 $0.055\mu S/cm$。通常，普通蒸馏水的电导率约为 $3\times10^{-6}\sim5\times10^{-6}$ S/cm，离子交换水的电导率为 $1\mu S/cm$。

三、仪器和试剂

仪器：DDP-210 型电导率仪，光亮电极和铂黑电极。

试剂：0.1000mol/L KCl 标准溶液；新制备的二次亚沸蒸馏水等。

四、实验步骤

连接电极，用试液清洗电导池，并选择合适的旋钮参数。

1. 测定自来水的电导率

使用铂黑电极测定自来水的电导率。

使用铂黑电极和 1.000×10^{-2}mol/L KCl 标准溶液测定其电导池常数。

2. 测定蒸馏水和二次亚沸蒸馏水的电导率

使用光亮电极分别测定蒸馏水和二次亚沸蒸馏水的电导率。

使用光亮电极和 1.000×10^{-4}mol/L KCl 标准溶液测定其电导池常数。

五、数据处理

1. 计算电导池常数。

2. 计算出在 25℃时，自来水、蒸馏水和二次亚沸蒸馏水的电导率。由计算结果说明何者的质量较好。

六、注意事项

1. 电极引线不应潮湿，否则会影响测量结果。

2. 新制备的高纯水放入电导池后应立即测定，以免空气中 CO_2 溶入后改变电导率。

3. 测量应在恒温（25±0.2）℃条件下进行。否则可按下式将试验温度时测得的电导率换算成 25℃时的电导率：

$$k=\frac{k_t}{1+0.022(t-25)}$$

式中，t 为实验时温度（℃）；k_t 为 t℃时测得的电导率。

七、思考题

1. 测量电导，为什么要用交流电流？能不能用直流电源？

2. 电导法测量高纯水时，随试液在空气中的放置时间增长，电导而增大，可能影响的因素是什么？

3. 列举几种制备高纯水的方法。

实验 35 循环伏安法测定铁氰化钾

一、实验目的

1. 学习固体电极表面的处理方法。
2. 掌握循环伏安仪的使用技术。
3. 了解扫描速率和浓度对循环伏安图的影响。

二、实验原理

循环伏安法是在电极上施加一个线性扫描电压，当到达某设定的终止电位后，再反向回扫至某设定的起始电位。进行正向扫描时若溶液中存在氧化态 Ox，电极上将发生还原反应：

$$\mathrm{Ox}+ne^- \Longrightarrow \mathrm{Red}$$

反向回扫时，电极上的还原态 Red 将发生氧化反应：

$$\mathrm{Red} \Longrightarrow \mathrm{Ox}+ne^-$$

峰电流可表示为：

$$i_p=2.69\times10^5 n^{3/2}Av^{1/2}D^{1/2}c$$

式中，i_p 为峰电流；n 为电子转移数；D 为扩散系数；v 为电压扫描速度；A 为电极面积；c 为被测物质浓度。

从循环伏安图可获得氧化峰电流 i_{pa} 与还原峰电流 i_{pc}，氧化峰电位 φ_{pa} 与还原峰电位 φ_{pc}。对于可逆体系，氧化峰电流 i_{pa} 与还原峰电流 i_{pc} 绝对值的比值 $(i_{pa}/i_{pc})=1$；氧化峰电位 φ_{pa} 与还原峰电位 φ_{pc} 之差为：

$$\Delta\varphi=\varphi_{pa}-\varphi_{pc}=\frac{0.0565}{n}(\mathrm{V})$$

半波电位为：

$$\varphi_{1/2}=\frac{\varphi_{pa}+\varphi_{pc}}{2}$$

铁氰化钾离子 $[Fe(CN)_6]^{3-}$-亚铁氰化钾离子 $[Fe(CN)_6]^{4-}$ 氧化还原电对的标准电极电位（相对于标准氢电极）为：

$$[Fe(CN)_6]^{3-}+e^- \longrightarrow [Fe(CN)_6]^{4-} \qquad \varphi^{\ominus}_{[Fe(CN)_6]^{3-}|[Fe(CN)_6]^{4-}}=0.36\mathrm{V}$$

电极电位的 Nernst 方程式为：

$$\varphi=\varphi^{\ominus}+\frac{RT}{F}\ln\frac{c_{\mathrm{Ox}}}{c_{\mathrm{Red}}}$$

在一定扫描速率下，从起始电位（+0.8V）负向扫描到转折电位（−0.2V）期间，溶液中 $[Fe(CN)_6]^{3-}$ 被还原生成 $[Fe(CN)_6]^{4-}$，产生还原电流；当正向扫描从转折电位（−0.2V）变到原起始电位（+0.8V）期间，在指示电极表面生成的 $[Fe(CN)_6]^{4-}$ 被氧化生成 $[Fe(CN)_6]^{3-}$，产生氧化电流。为了使液相传质过程只受扩散控制，应在加入电解质和溶液处于静止下进行电解。在 0.1mol/L NaCl 溶液中 $K_3[Fe(CN)_6]$ 的扩散系数为 $D=6.3\times10^{-10}\mathrm{m^2/s}$；电子转移速率大，为可逆体系。溶液中的溶解氧具有电活性，用通入惰性气体除去。

三、仪器和试剂

仪器：LK98B 循环伏安仪（或 CHI660 型电化学工作站、或恒电位仪等）；铂丝或铂片电极；玻碳电极；饱和甘汞电极；电解池。

试剂：0.50mol/L $K_3[Fe(CN)_6]$；1.0mol/L NaCl。

四、实验步骤

（1）指示电极的预处理　玻碳电极用 Al_2O_3 粉末（粒径 0.05μm）将电极表面抛光，然后用去离子水清洗。

（2）$K_3[Fe(CN)_6]$ 溶液的循环伏安图　在电解池中放入 30mL 1.0mol/L NaCl 溶液，加入 500μL 0.5mol/L 的 $K_3[Fe(CN)_6]$ 溶液，搅拌均匀，待溶液稳定后，插入电极，以新处理的玻碳电极为工作电极，铂丝或铂片电极为辅助电极，饱和甘汞电极为参比电极，进行循环伏安仪设定，扫描速率为 50mV/s；起始电位为＋0.8V，终止电位为－0.2V，开始循环伏安扫描，记录循环伏安图。再向溶液中加入 500μL 0.5mol/L $K_3[Fe(CN)_6]$ 溶液，记录循环伏安图。重复此操作两次。

（3）不同扫描速率下的 $K_3[Fe(CN)_6]$ 溶液的循环伏安图　在上述一定浓度的 $K_3[Fe(CN)_6]$ ＋ 支持电解质溶液中，以 10mV/s、50mV/s、100mV/s、150mV/s、200mV/s 的不同扫描速率，在＋0.8V 至－0.2V 电位范围内扫描，分别记录循环伏安图。

五、数据处理

1. 从 $K_3[Fe(CN)_6]$ 溶液的循环伏安图，测量 i_{pa}、i_{pc}、φ_{pa} 和 φ_{pc} 的值，并计算 i_{pa}/i_{pc}、$\varphi_{1/2}$ 及 $\Delta\varphi$ 值，判断 $K_3[Fe(CN)_6]$ 在 NaCl 溶液中发生氧化还原电对反应的可逆性。

浓度/(mol/L)	φ_{pa}/V	i_{pa}/μA	φ_{pc}/V	i_{pc}/μA	i_{pa}/i_{pc}	$\varphi_{1/2}$	$\Delta\varphi$

2. 对某一确定浓度的溶液，分别以 i_{pa}、i_{pc} 对 $v^{1/2}$ 作图，说明峰电流与扫描速率之间的关系；计算玻碳电极的表面积。

扫描速率/(mV/s)	φ_{pa}/V	i_{pa}/μA	φ_{pc}/V	i_{pc}/μA	i_{pa}/i_{pc}

六、注意事项

1. 为了使液相传质过程只受扩散控制，应在加入支持电解质和溶液处于静止下进行电位扫描。

2. 实验前电极表面要处理干净。

七、思考题

1. $K_3[Fe(CN)_6]$ 与 $K_4[Fe(CN)_6]$ 溶液的循环伏安图是否相同？为什么？

2. 设计一测定扩散系数的电化学方法。

3. 若实验中测得的半波电位值和 $\Delta\varphi$ 值与文献值有差异，说明原因。

实验 36 离子迁移数的测定

一、实验目的

1. 掌握希托夫法测定离子迁移数的原理及方法。

2. 明确迁移数的概念。

3. 了解电量计的使用原理及方法。

二、实验原理

当电流通过电解质溶液时，溶液中的正负离子各自向阴、阳两极迁移，由于各种离子的迁移速度不同，各自所带过去的电量也不同。每种离子所带过去的电量与通过溶液的总电量之比，称为该离子在此溶液中的迁移数。若正负离子传递电量分别为 q_+ 和 q_-，通过溶液的总电量为 Q，则正负离子的迁移数分别为：

$$t_+=\frac{q_+}{Q} \qquad t_-=\frac{q_-}{Q} \tag{9-4}$$

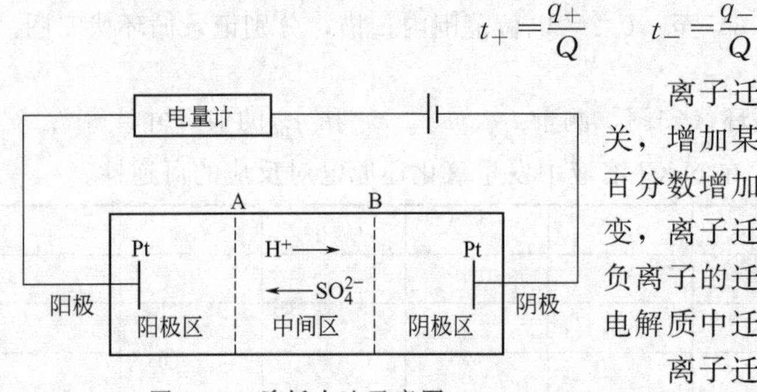

图 9-10 希托夫法示意图

离子迁移数与浓度、温度、溶剂的性质有关，增加某种离子的浓度则该离子传递电量的百分数增加，离子迁移数也相应增加；温度改变，离子迁移数也会发生变化，但温度升高正负离子的迁移数差别较小；同一种离子在不同电解质中迁移数不同。

离子迁移数可以直接测定，方法有希托夫法、界面移动法和电动势法等。本实验采用希托夫法测定离子迁移数，其示意图如图 9-10 所示。

将已知浓度的硫酸溶液装入迁移管中，若有 Q 库仑电量通过体系，在阴极和阳极上分别发生如下反应：

阳极： $$2OH^- - 2e^- \longrightarrow H_2O + \frac{1}{2}O_2$$

阴极： $$2H^+ + 2e^- \longrightarrow H_2$$

此时溶液中 H^+ 向阴极方向迁移，SO_4^{2-} 向阳极方向迁移。电极反应与离子迁移引起的总结果是阴极区的 H_2SO_4 浓度减少，阳极区的 H_2SO_4 浓度增加，且增加与减小的浓度数值相等。由于流过小室中每一截面的电量都相同，因此离开与进入假想中间区的 H^+ 数相同，SO_4^{2-} 数也相同，所以中间区的浓度在通电过程中保持不变。由此可得计算离子迁移数的公式如下：

$$t_{SO_4^{2-}}=\frac{\text{阴极区}\left(\frac{1}{2}H_2SO_4\right)\text{减少的量(mol)}\times F}{Q}=\frac{\text{阳极区}\left(\frac{1}{2}H_2SO_4\right)\text{增加的量(mol)}\times F}{Q} \tag{9-5}$$

$$t_{H^+}=1-t_{SO_4^{2-}}$$

式中，F 为法拉第（Farady）常数；Q 为总电量。

图 9-10 所示的三个区域是假想分割的，实际装置必须以某种方式给予满足。图 9-11 的实验装置提供了这一可能，它使电极远离中间区，中间区的连接处又很细，能有效地阻止扩散，保证了中间区浓度不变。

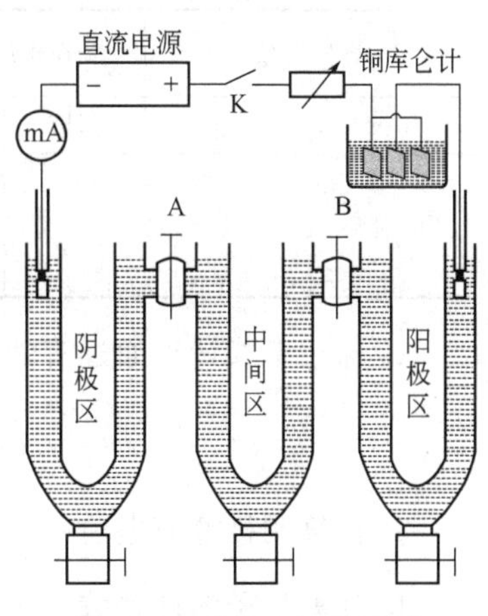

图 9-11 希托夫法装置图

式(9-5) 中阴极液通电前后$\frac{1}{2}H_2SO_4$减少的量 n 可通过下式计算

$$n=\frac{(c_0-c)V}{1000} \tag{9-6}$$

$$V=W/\rho$$

式中，c_0 为$\frac{1}{2}H_2SO_4$原始浓度；c 为通电后$\frac{1}{2}H_2SO_4$浓度；V 为阴极液体积（cm^3）；W 为阴极液的质量；ρ 为阴极 H_2SO_4 液的密度。

不同温度下 0.1mol/L H_2SO_4 的密度按如下公式计算：

$$\rho_{20}=\rho_t[1+0.000025(20-t)-0.0005(20-t)]$$

式中，ρ_{20} 为 20℃时 0.1mol/L H_2SO_4 的密度，为 $1.002g/cm^3$；ρ_t 是实验测定温度下 0.1mol/L H_2SO_4 的密度；0.000025 为密度计玻璃膨胀系数；t 为测定时试样的温度（℃）；0.0005 为温度校正系数。

通过溶液的总电量可用图 9-11 中的铜库仑计测定。

三、仪器和试剂

仪器：希托夫迁移管 1 套，铂电极 2 支，精密稳流电源 1 台；铜库仑计 1 套，分析天平 1 台，碱式滴定管（25mL，3 支），三角瓶（100mL，3 只），移液管（10mL，3 支），烧杯（50mL，3 只），容量瓶（250mL，1 只），导线、铁架台。

试剂：H_2SO_4（AR），NaOH（0.1000mol/L），电解铜片（99.999%），HNO_3（6mol/L），无水乙醇（AR），镀铜液（100mL 水中含 15g $CuSO_4\cdot5H_2O$，5mL 浓硫酸，5mL 乙醇）。

四、实验步骤

(1) 配制 $c\left(\frac{1}{2}H_2SO_4\right)$为 0.1mol/L 的 H_2SO_4 溶液 250mL，并用标准 NaOH 溶液标定其浓度。然后用该 H_2SO_4 溶液冲洗迁移管 3 次后，装满迁移管。

(2) 铜电极放在 6mol/L HNO_3 溶液中稍微洗涤一下，以除去表面的氧化层，用蒸馏水冲洗后，将作为阳极的两片铜电极放入盛有镀铜液的库仑计中。将铜阴极用无水乙醇淋洗一下，用热空气将其吹干（温度不能太高，防止氧化），在天平上称重 m_1，然后放入库仑计。

(3) 按图接好线路，将稳流电源的“调压旋钮”旋至最小处。接通开关 K，打开电源开关，旋转“调压旋钮”使电流强度为 10～15mA，通电约 1.5h 后，立即夹紧两个连接处的夹子，并关闭电源。

(4) 取出库仑计中的铜阴极，用蒸馏水冲洗后，用无水乙醇淋洗，再用热空气将其吹干，然后称重得 m_2。

(5) 分别将阴极液和阳极液放入已知质量的洁净干燥的烧杯中称重。中间液放入另一洁净干燥的烧杯。

(6) 分别取 10mL 阴极液和阳极液放入三角瓶内，用标准 NaOH 溶液标定。再取 10mL 中间液标定之，检查中间液浓度是否变化。

五、数据记录及处理

1. 将所测数据列表

室温______℃；大气压______Pa；标准 NaOH 溶液浓度______mol/L。

烧杯重/g		烧杯+溶液重/g		溶液重/g		消耗 V_{NaOH}/mL		$c\left(\frac{1}{2}H_2SO_4\right)$	
阳极	阴极	阳极	阴极	阳极	阴极	阳极	阴极	阳极	阴极

2. 通过下式计算通过溶液的总电量 Q：

$$Q=\frac{2F(m_2-m_1)}{M_{Cu}}$$

3. 计算阴极液通电前后 $\frac{1}{2}H_2SO_4$ 减少的量 n。

4. 计算离子的迁移数 t_{H^+} 及 $t_{SO_4^{2-}}$。

5. 文献值：25℃时，$t_{H^+}=0.81$，$t_{SO_4^{2-}}=0.19$。

六、注意事项

1. 通电过程中，迁移管应避免振动。
2. 中间管与阴极管、阳极管连接处不留气泡。
3. 阴极管、阳极管上端的塞子不能塞紧。
4. 铜电极用热空气吹干时温度不能太高，防止电极氧化而影响结果。
5. 希托夫法测得的迁移数又称为表观迁移数，计算过程中假定水是不动的。由于离子的水化作用，离子迁移时实际上是附着水分子的，所以由于阴、阳离子水化程度不同，在迁移过程中会引起浓度的改变。若考虑水的迁移对浓度的影响，则算出阳离子或阴离子的迁移数，称为真实迁移数，可利用界面移动法来进行测定。

七、思考题

1. 本实验中，若中间区浓度通电前后有所改变说明什么？如何防止？
2. 影响本实验的因素有哪些？

实验 37　原电池电动势和电极电势的测定

一、实验目的

1. 测定 Cu-Zn 原电池的电动势及 Cu、Zn 电极的电极电势。
2. 学会几种电极和盐桥的制备方法。
3. 掌握可逆电池电动势的测量原理和 EM-3C 型数字式电位差计的操作技术。

二、实验原理

凡把化学能转变为电能的装置称为化学电源（或电池、原电池）。电池是由两个电极和连通两个电极的电解质溶液组成的。如图 9-12 所示。

把 Zn 片插入 $ZnSO_4$ 溶液中构成 Zn 电极，把 Cu 片插在 $CuSO_4$ 溶液中构成 Cu 电极。用盐桥（其中充满电解质）把这两个电极连接起来就成为 Cu-Zn 电池。可逆电池应满足如下条件：

（1）电池反应可逆，即电池电极反应可逆。

（2）电池中不存在任何不可逆的液接界。

（3）电池必须在可逆的情况下工作，即充放电过程必须在平衡态下进行，允许通过电池的电流为无限小。

因此在制备可逆电池、测定可逆电池的电动势时应符合上述条件，在精确度不高的测量中，常用正负离子迁移数比较接近的盐类构成“盐桥”来消除液接电位。用电位差计测量电动势也可满足通过电池电流为无限小的条件。

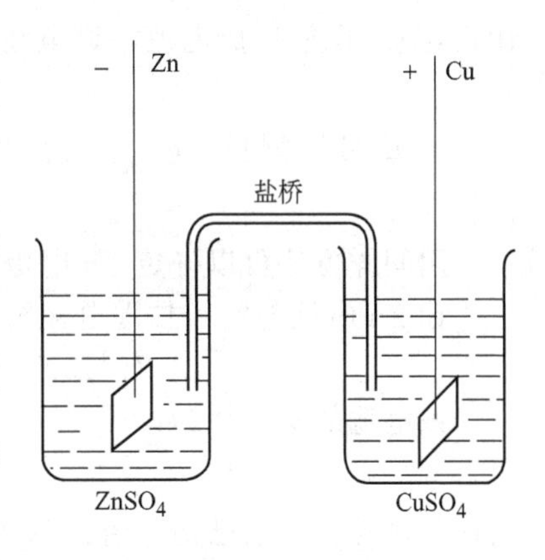

图 9-12 Zn-Cu 电池示意图

在电池中，每个电极都具有一定的电极电势。当电池处于平衡态时，两个电极的电极电势之差就等于该可逆电池的电动势，按照常用习惯，规定电池的电动势等于正、负电极的电极电势之差。即：

$$E=\varphi_{+}-\varphi_{-} \tag{9-7}$$

式中，E 为原电池的电动势；φ_{+} 和 φ_{-} 分别为正、负极的电极电势。

其中：

$$\varphi_{+}=\varphi_{+}^{\ominus}-\frac{RT}{nF}\ln\frac{a_{还原}}{a_{氧化}} \tag{9-8}$$

$$\varphi_{-}=\varphi_{-}^{\ominus}-\frac{RT}{nF}\ln\frac{a_{还原}}{a_{氧化}} \tag{9-9}$$

式中，$\varphi_{+}^{\ominus}$、$\varphi_{-}^{\ominus}$ 分别为正、负电极的标准电极电势；R 为常数，$R=8.314\text{J}/(\text{mol}\cdot\text{K})$；$T$ 为绝对温度；n 为反应中得失电子的数量；F 为法拉第常数，$F=96485\text{C/mol}$；$a_{氧化}$、$a_{还原}$ 分别为参与电极反应的氧化态与还原态物质的活度。

对于 Cu-Zn 电池，电池表示式为：

$$Zn|ZnSO_4(m_1)\|CuSO_4(m_2)|Cu$$

电极反应为：

$$(-):Zn(s)-2e^{-}\longrightarrow Zn^{2+}(a_{Zn^{2+}})$$

$$(+):Cu^{2+}(a_{Cu^{2+}})+2e^{-}\longrightarrow Cu(s)$$

电池总反应为：

$$Zn(s)+Cu^{2+}(a_{Cu^{2+}})\longrightarrow Zn^{2+}(a_{Zn^{2+}})+Cu(s)$$

电动势为：

$$E=\varphi_{Cu^{2+},Cu}-\varphi_{Zn^{2+},Zn} \tag{9-10}$$

$$\varphi_{Cu^{2+},Cu}=\varphi_{Cu^{2+},Cu}^{\ominus}-\frac{RT}{nF}\ln\frac{1}{a_{Cu^{2+}}} \tag{9-11}$$

$$\varphi_{Zn^{2+},Zn}=\varphi_{Zn^{2+},Zn}^{\ominus}-\frac{RT}{nF}\ln\frac{1}{a_{Zn^{2+}}} \tag{9-12}$$

在式(9-11) 和式(9-12) 中，Cu^{2+}、Zn^{2+} 的活度可由其浓度 m 和相应电解质溶液的平均活度系数 $\gamma_{\pm}$ 计算出来。

$$a_{Cu^{2+}}=\gamma_{\pm}m_2 \tag{9-13}$$

$$a_{Zn^{2+}}=\gamma_{\pm}m_1 \tag{9-14}$$

如果能由实验通过电动势 E 确定出 $\varphi_{Cu^{2+},Cu}$ 和 $\varphi_{Zn^{2+},Zn}$，则其相应的标准电极电势 $\varphi_{Cu^{2+},Cu}^{\ominus}$ 和 $\varphi_{Zn^{2+},Zn}^{\ominus}$ 即可被确定。

怎样测定 Cu 电极和 Zn 电极的电极电势呢？既然电池的电动势等于正、负极的电极电势之差，则可以选择一个电极电势已经确知的电极，如饱和甘汞电极（$Hg\text{-}Hg_2Cl_2$ 电极），让它与 Cu 电极组成电池，该电池的电动势为：

$$E=\varphi_{Cu^{2+},Cu}-\varphi_{Hg_2Cl_2,Hg} \tag{9-15}$$

电动势 E 可以测量，$\varphi_{Hg_2Cl_2,Hg}$ 已知，所以 $\varphi_{Cu^{2+},Cu}$ 可以被确定，进而可由式(9-11)求出 $\varphi^{\ominus}_{Cu^{2+},Cu}$。

用同样方法可以确定 Zn 电极的电极电势 $\varphi_{Zn^{2+},Zn}$ 和标准电极电势 $\varphi^{\ominus}_{Zn^{2+},Zn}$。

让 Zn 电极与饱和甘汞电极组成电池：

$$Zn|ZnSO_4(m_1)\|KCl(饱和)|Hg_2Cl_2\text{-}Hg(l)$$

该电池的电动势为：

$$E=\varphi_{Hg_2Cl_2,Hg}-\varphi_{Zn^{2+},Zn} \tag{9-16}$$

测量 E，$\varphi_{Hg_2Cl_2,Hg}$ 已知，由式(9-12)求出 $\varphi^{\ominus}_{Zn^{2+},Zn}$。

本实验测得的是实验温度下的电极电势 φ_T 和标准电极电势 $\varphi^{\ominus}_T$，为了比较方便起见（和附录中所列出的 $\varphi^{\ominus}_{298}$ 比较），可采用下式求出 298K 时的标准电极电势 $\varphi^{\ominus}_{298}$，即：

$$\varphi^{\ominus}_T=\varphi^{\ominus}_{298}+\alpha(T-298)+\frac{1}{2}\beta(T-298)^2 \tag{9-17}$$

式中，α、β 为电池中电极的温度系数。

对 Cu-Zn 电池来说：

Cu 电极：$\alpha=0.016\times10^{-3}\,V/K$，$\beta=0$

Zn 电极：$\alpha=0.010\times10^{-3}\,V/K$，$\beta=0.62\times10^{-6}\,V/K^2$

关于电位差计的测量原理和 EM-3C 型数字式电位差计的使用方法，参见“4.3.2 原电池电动势的测量”。

三、仪器和试剂

仪器：EM-3C 型数字式电位差计，恒温槽一套，检流计，镀 Cu 池，Cu、Zn 电极，Ag-AgCl 电极。

试剂：浓硝酸，0.1mol/kg $ZnSO_4$ 溶液，6mol/L H_2SO_4 溶液，稀盐酸，0.1mol/kg $CuSO_4$ 溶液，饱和 KCl 溶液，镀 Cu 溶液，饱和 $Hg_2(NO_3)_2$ 溶液，KCl（分析纯），琼脂。

四、实验步骤

1. 制备 Zn 电极

取一 Zn 条（或片）放在稀硫酸中，浸数秒钟，以除去锌条上可能生成的氧化物，之后用蒸馏水冲洗，再浸入饱和硝酸亚汞溶液中数秒钟，使其汞齐化，用镊子夹住湿滤纸擦拭 Zn 条，使 Zn 条表面有一层均匀的汞齐。最后用蒸馏水洗净，插入盛有 0.1mol/kg $ZnSO_4$ 的电极管内即为 Zn 电极。将 Zn 极汞齐化的目的是使该电极具有稳定的电极电位，因为汞齐化能消除金属表面机械应力不同的影响。

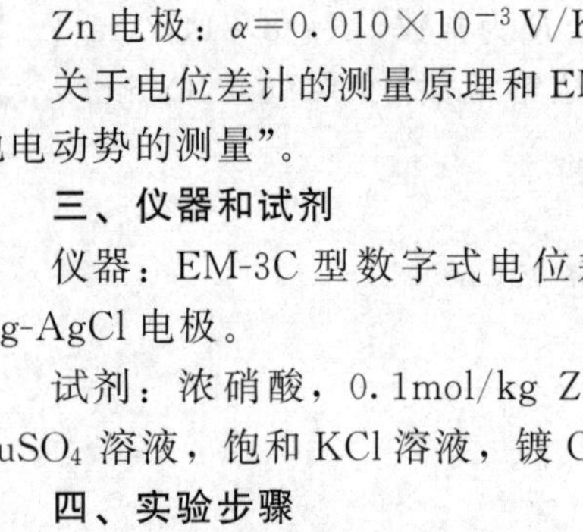

2. 制备 Cu 电极

取一粗 Cu 棒（或片），放在稀 H_2SO_4 中浸泡片刻，取出用蒸馏水冲洗，把它放入镀 Cu 池内作阴极。另取一 Cu 丝或 Cu 片，作阳极进行电镀。电镀的线路如图 9-13 所示。调节滑线电阻，使阴极上的电流密度为 $25mA/cm^2$（电流密度是单位面积上的电流强度）。电流密度过大，会使镀层质量下降。电镀 20min 左右，取出阴极，用蒸馏水洗净，插入盛有 0.1mol/kg $CuSO_4$ 的电极管内即成 Cu 电极（也可用洁净的 Cu 丝经处理后直接

图 9-13 电镀示意图

作 Cu 电极)。

镀 Cu 液的配方:100mL 水中含有 15g $CuSO_4 \cdot 5H_2O$、5g H_2SO_4 和 5g 乙醇。

若用一纯 Cu 棒,用稀 H_2SO_4 浸洗处理,擦净后用蒸馏水洗净,亦可直接作为 Cu 电极。

3. 制备饱和 KCl 盐桥

在 1 个锥形瓶中,加入 3g 琼脂和 100mL 蒸馏水,在水浴上加热直到完全溶解,再加入 30g KCl,充分搅拌 KCl 后,趁热用滴管将此溶液装入 U 形管内,静置,待琼脂凝结后即可使用。不用时放在饱和 KCl 溶液中(已制备好)。

4. 测量 Cu-Zn 电池的电动势

如图 9-12,用盐桥把 Cu 电极和 Zn 电极连接起来,把该电池的 Zn 极(负极)与电位差计的负极接线柱相接,Cu 极(正极)与电位差计的正极接线柱相连。每隔 3min 测一次电动势 E。每测一次后都要将开关推向标准,对电位差计进行校准。若连续测量的几次数据不是朝一个方向变动,或在 15min 内,其变动小于 0.5mV,可以认为其电动势是稳定的,取最后几次连续测量的平均值作为该电池的电动势。

5. 测量 Zn 电极与饱和甘汞电极所组成的电池的电动势

用盐桥连接这两个电极,以步骤 4 中的方法测量其电动势。在这个电池中,饱和甘汞电极是正极,Zn 电极为负极。

6. 测量 Cu 电极与 Ag-AgCl 电极所组成的电池的电动势

用盐桥连接这两个电极,以步骤 4 中的方法测量其电动势。在该电池中,饱和甘汞电极为负极,Cu 电极为正极。

五、数据记录及处理

室温:________;气压:________。

1. 数据记录

电池	电动势测量值			平均值
	1	2	3	
Cu-Zn 电池				
Cu-饱和甘汞电池				
饱和甘汞-Zn 电池				

2. 计算实验温度下饱和甘汞电极的电极电势。饱和甘汞电极电势和温度的关系为:

$$\varphi_{SCE}=0.2415-7.61\times10^{-4}(T-298)(V)$$

3. 计算实验温度下 Zn 电极的电极电势 $\varphi_{Zn^{2+},Zn}$、标准电极电势 $\varphi^{\ominus}_{Zn^{2+},Zn}$ 以及 298K 时的 $\varphi^{\ominus}_{Zn^{2+},Zn}$,并和文献值比较。

4. 计算实验温度下 Cu 电极的电极电势 $\varphi_{Cu^{2+},Cu}$、标准电极电势 $\varphi^{\ominus}_{Cu^{2+},Cu}$ 以及 298K 时的 $\varphi^{\ominus}_{Cu^{2+},Cu}$,并和文献值比较[$\varphi^{\ominus}_{Zn^{2+},Zn}$(298K)=-0.7628V,$\varphi^{\ominus}_{Cu^{2+},Cu}$(298K)=0.3370V]。

5. 计算 298K 时 Cu-Zn 电池的标准电动势。

六、注意事项

1. 因 $Hg_2(NO_3)_2$ 为剧毒物质,所以在将 Zn 电极汞齐化时所用的滤纸不能随便乱扔,做完实验后应立即将其收集,另行处理。盛 $Hg_2(NO_3)_2$ 的瓶塞要及时盖好。

2. 标准电池属精密仪器,使用时一定要注意,切记不能倒置。

3. 在测量电池电动势时,尽管采用的是对消法,但在对消点前,测量回路将有电流通过，所以在测量过程中不能一直按下电键按钮，否则回路中将一直有电流通过，电极就会产生极化，溶液的浓度也会发生变化，测得的就不是可逆电池电动势，所以应按一下调一下，直至平衡。

七、思考题

1. 对消法测电动势的基本原理是什么？为什么用伏特表不能准确测定电池电动势？

2. 电位差计、标准电池、检流计及工作电池各有什么作用？

3. 如何维护和使用标准电池及检流计？

4. 参比电极应具备什么条件？它有什么作用？

5. 盐桥有什么作用？应选择什么样的电解质作盐桥？

6. 如果电池的极性接反了，会有什么结果？工作电池、标准电池和未知电池中任一个没有接通会有什么结果？

7. 利用参比电极可测电池电动势，简述电动势法测定活度及活度系数的步骤。参比电极应具备什么条件？

实验 38　极化曲线的测定

一、实验目的

1. 掌握恒电流和恒电位法测定金属极化曲线的原理。

2. 测定镍在硫酸溶液中的恒电位阳极极化曲线及其钝化电位。

3. 测定氯离子存在下，镍在硫酸溶液中的极化曲线，探讨实验结果以及参数意义。

二、实验原理

1. 极化曲线的测定

金属作为阳极时在一定的外电势下发生的阳极溶解过程，如下式所示：

$$M \longrightarrow M^{n+} + ne^-$$

此过程只有在电极电位正于其平衡电位时才能发生，这种电极电位偏离平衡电位的现象，称之为极化。阳极的溶解速度随电位变正而逐渐增大。但当阳极电位正到某一数值时，其溶解速度达到最大。此后阳极溶解速度随着电位变正而大幅度的降低，这种现象称为金属的钝化现象。

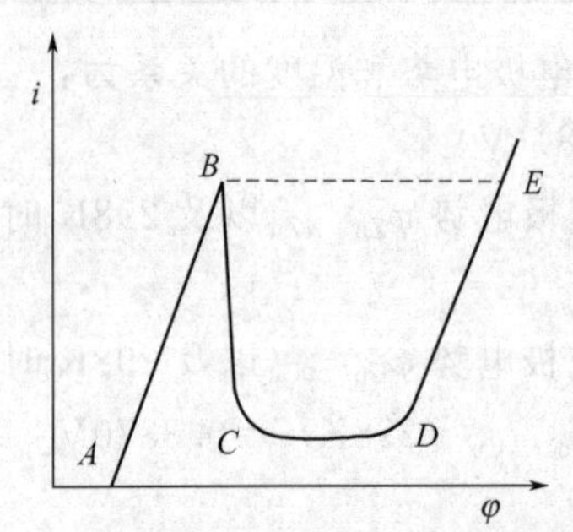

图 9-14　金属极化曲线（恒电位法）

AB—活性溶解区；*BC*—过渡钝化区；*CD*—稳定钝化区；*DE*—过钝化区

图 9-14 为金属氧化通过电流密度和电极电位之间的关系曲线，称之为极化曲线，电位从 *A* 点开始上升（即电位向正方向移动），电流密度也随之增加，电位超过 *B* 点以后，电流密度迅速减至很小，这是因为在金属表面上生成了一层电阻高、耐腐蚀的钝化膜。到达 *C* 点以后，电位再继续上升，电流仍保持在一个基本不变的很小的数值上，电位到达 *D* 点时，电流又随电位的上升而增大。因此，极化曲线可分为四个部分：（1）*AB* 段为阳极的活性溶解区，电流随电位增加而增大，溶解速率加快；（2）*BC* 段为过渡钝化区，电流随电位增大而降低，溶解速率减慢；（3）*CD* 段为稳定钝化区，电流基本不随电位增加而变化；（4）*DE* 段为过钝化区，电流又随电位增加而增大，原因可能是高价离子的产生或氧化膜被破坏。

2. 影响金属钝化过程的因素

金属钝化现象是常见的，人们已对它进行了大量的研究工作。影响金属钝化过程及钝化性质的因素，可归纳为以下几点。

(1) 溶液成分　在中性溶液中，金属一般比较容易钝化，而在酸性或某些碱性的溶液中，钝化则困难得多，这与阳极反应产物的溶解度有关系。卤素离子（如 Cl^-）的存在，明显阻止了金属的钝化过程，且使金属的阳极溶解速度重新增大。溶液中存在某些具有氧化性的阴离子（如 CrO_4^{2-}）则可以促进金属的钝化。

(2) 金属的组成和结构　各种纯金属的钝化能力不尽相同，以铁、镍、铬三种金属为例，钝化能力为铬＞镍＞铁。因此，添加铬、镍可以提高钢铁的钝化能力，提高钢铁的稳定性。

(3) 外界因素　一般来说，温度升高以及搅拌加剧，可以推迟或防止钝化过程的发生，这显然与离子的扩散有关。

3. 极化曲线的测量

恒电位法：将研究电极上的电位维持在某一数值上，然后测量对应于该电位下的电流。由于电极表面状态在未建立稳定状态之前，电流会随时间而变，故一般测出来的曲线为“暂态”极化曲线。恒电位法常用来研究一些快速电化学反应和电极反应过程中发生很大变化的电极反应。在实际测量中，常采用的控制电位测量方法有以下两种。

(1) 静态法　将电极电位较长时间地维持在某一恒定值，同时测量电流随时间的变化，直到电流值基本上达到某一稳定值。如此逐点地测量各个电极电位下的稳定电流值，从而获得完整的极化曲线。

(2) 动态法　控制电极电位以较慢的速度连续地扫描，测定对应电位下的瞬时电流值，并以瞬时电流与对应的电极电位作图，得到极化曲线。所采用的扫描速度（即电位变化的速度）需要根据研究体系的性质选定。一般来说，电极表面建立稳态的速度愈慢，则扫描速度也应愈慢，这样才能使所测得的极化曲线与采用静态法的接近。

上述两种方法都已被广泛应用。比较两种方法的测量结果发现，静态法测量结果虽较接近稳定值，但测量时间长，所以在实际工作中，常采用动态法。本实验亦采用动态法。

恒电流法：将研究电极的电流恒定在某数值，测量对应的电极电位，得到一系列不同电流下的电极电位值，电位和电流的关系曲线称之为极化曲线。由于在测量金属的阳极，尤其是具有钝化行为的阳极极化曲线时，恒电流法测定不能得到完整的极化曲线，只能得到图9-14中 *ABE* 线的形式。但恒电流法易于控制，可广泛用于一些不受扩散控制的电极过程和电极表面状态不发生很大变化的电化学反应。

三、仪器和试剂

仪器：CHI660 型电化学工作站 1 台，恒温槽及其配件，饱和甘汞电极 1 只（参比电极），电磁搅拌器 1 台，镍电极 1 只，铂片电极（辅助电极），三室电解池一套（图9-15）。

试剂：石蜡，硫酸溶液（0.5mol/L），0.5mol/L H_2SO_4 + 0.02mol/L KCl，氮气，0.5mol/L H_2SO_4 + 5mmol/L KCl，0.5mol/L H_2SO_4 + 0.1mol/L KCl。

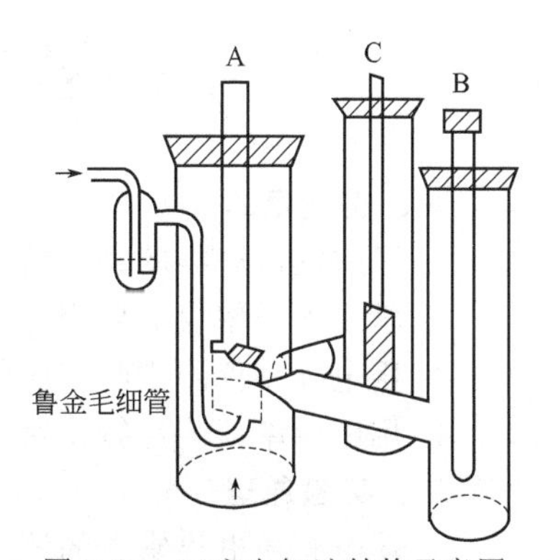

图 9-15　三室电解池结构示意图
A—研究电极；B—参比电极；C—辅助电极

四、实验步骤

本实验首先测量镍在硫酸溶液中阳极极化曲线，再观察氯离子对镍阳极钝化的影响。

(1) 电解池用去污粉洗净后，再用铬酸洗液浸泡一天，用自来水冲洗干净，并用蒸馏水浸泡一昼夜后备用。

(2) 注入 0.5mol/L H_2SO_4 溶液于电解池，装好辅助电极（铂片电极）、盐桥和参比电极（饱和甘汞电极）等。

(3) 将研究电极（Ni 电极）用金相砂纸磨至镜面光亮，然后在丙酮中清洗除油，用石蜡涂封好多余的面积，再用 0.5mol/L H_2SO_4 溶液冲洗后，即可置于电解池中。打开电磁搅拌器，在搅拌中通入高纯 N_2，除氧 10min。

(4) 电位扫描法测量阳极极化曲线。电位从 0～1.8V，扫描速率为 5mV/s，采用电化学工作站中的线性扫描技术测量极化曲线。

(5) 更换溶液和重新处理研究电极。使 Ni 电极依次在 0.5mol/L H_2SO_4 ＋5mmol/L KCl，0.5mol/L H_2SO_4 ＋0.02mol/L KCl，0.5mol/L H_2SO_4 ＋0.1mol/L KCl 溶液中进行阳极极化。重复上述步骤，并同样记录电化学工作站测量的极化曲线。

(6) 测量完毕后，关闭电化学工作站，倾出电解池中的电解液，洗净电解池及三支电极备用。

五、数据记录及处理

室温：________；实验温度：________。

1. 将实验数据列成表格。

2. 以电流密度为纵坐标，电极电位（相对于参比电极）为横坐标，绘出阴极和阳极的极化曲线。

3. 根据镍在硫酸中的阳极极化曲线求算钝化电位、钝化电流、钝态区间及钝态电流。

4. 根据不同氯离子浓度存在下镍的极化曲线，探讨实验结果以及参数意义。

六、注意事项

1. 按操作规程使用电化学工作站。

2. 按照实验要求，严格进行电极处理，否则很难得到重现的实验结果。

3. 采用三电极电解池，其中参比电极设计成鲁金毛细管，工作电极必须尽可能靠近鲁金毛细管以减小溶液欧姆降对测量的影响。

七、思考题

1. 什么叫恒电位法？什么叫恒电流法？测定钝化曲线时必须采用那种方法，为什么？

2. 测量极化曲线时，为什么要选用三电极电解池？能否选用二电极电解池测量极化曲线，为什么？

实验 39　电导率测定的应用

一、实验目的

1. 了解溶液电导的基本概念。

2. 学会电导率仪的使用方法。

3. 用电导率仪测定醋酸的电离常数。

4. 用电导率仪测定氟化钙的溶度积常数。

二、实验原理

1. 弱电解质电离常数的测定

AB 型弱电解质在溶液中电离达到平衡时，电离平衡常数 K_c 与原始浓度 c 和电离度 α 有以下关系：

$$K_c=\frac{c\alpha^2}{1-\alpha} \tag{9-18}$$

在一定温度下 K_c 是常数，因此可以通过测定 AB 型弱电解质在不同浓度时的 α 代入式(9-18) 求出 K_c。

将电解质溶液放入电导池内，溶液电导（G）的大小与两电极之间的距离（l）成反比，与电极的面积（A）成正比，见式(8-16)。

由于电极的 l 和 A 不易精确测量，因此在实验中用一种已知电导率值的溶液先求出电导池常数 K_{cell}，然后把欲测溶液放入该电导池测出其电导值，再根据式(9-19) 求出其电导率。

溶液的摩尔电导率是指把含有 1mol 电解质的溶液置于相距为 1m 的两平行板电极之间的电导。以 Λ_m 表示，其单位以 SI 单位制表示为 $S \cdot m^2/mol$（以高斯单位制表示为 $S \cdot cm^2/mol$）。

摩尔电导率与电导率的关系：

$$\Lambda_m=\frac{\kappa}{c} \tag{9-19}$$

式中，c 为该溶液的浓度，其单位以 SI 单位制表示为 mol/m^3。对于弱电解质溶液来说，可以认为：

$$\alpha=\frac{\Lambda_m}{\Lambda_m^\infty} \tag{9-20}$$

Λ_m^∞ 是溶液在无限稀释时的摩尔电导率。对于强电解质溶液（如 KCl、NaAc），其 Λ_m 和 c 的关系为 $\Lambda_m=\Lambda_m^\infty(1-\beta\sqrt{c})$。对于弱电解质（如 HAc 等），$\Lambda_m$ 和 c 则不是线性关系，故它不能像强电解质溶液那样，从 Λ_m-$\sqrt{c}$的图外推至 $c=0$ 处求得 Λ_m^∞。但可以认为，在无限稀释的溶液中，每种离子对电解质的摩尔电导率的贡献是独立的，不受其他离子影响，对电解质 $M^{\nu^+}A^{\nu^-}$ 来说，即：

$$\Lambda_m^\infty=\nu_+\lambda_{m_+}^\infty+\nu_-\lambda_{m_-}^\infty$$

因此，弱电解质 HAc 的 Λ_m^∞ 可由强电解质 HCl、NaAc 和 NaCl 的 Λ_m^∞ 的代数和求得，

$$\Lambda_m^\infty=\lambda_m^\infty(H^+)+\lambda_m^\infty(Ac^-)=\Lambda_m^\infty(HCl)+\Lambda_m^\infty(NaAc)-\Lambda_m^\infty(NaCl)$$

把式(9-21) 代入式(9-18) 可得：

$$K_c=\frac{\Lambda_m^2}{\Lambda_m^\infty(\Lambda_m^\infty-\Lambda_m)} \tag{9-21}$$

或：

$$\frac{1}{\Lambda_m}=\frac{1}{\Lambda_m^\infty}+\frac{c\Lambda_m}{K_c(\Lambda_m^\infty)^2} \tag{9-22}$$

以$\frac{1}{\Lambda_m}$对 $c\Lambda_m$ 作图，其直线的截距即为$\frac{1}{\Lambda_m^\infty}$，根据直线的斜率即可求得 K_c。

2. CaF_2 饱和溶液溶度积 K_{sp}的测定

利用电导法能方便地求出微溶盐的溶解度，再利用溶解度得到其溶度积值。CaF_2 的溶解平衡可表示为：

$$CaF_2 \longrightarrow Ca^{2+}+2F^-$$

$$K_{sp}=c_{Ca^{2+}}c_{F^-}^2=4c^3 \tag{9-23}$$

微溶盐的溶解度很小，饱和溶液的浓度则很低，所以式(9-20) 中 Λ_m 可以认为就是 Λ_m^∞(盐)，c 为饱和溶液中微溶盐的溶解度。

$$\Lambda_m^\infty(\text{盐})=\frac{\kappa(\text{盐})}{c} \tag{9-24}$$

κ(盐) 是纯微溶盐的电导率。实验中所测定的饱和溶液的电导率值为盐与水的电导之和：

$$\kappa(\text{盐})=\kappa(\text{溶液})-\kappa(\text{电导水}) \quad (9\text{-}25)$$

因此实验可由测得的微溶盐饱和溶液的电导利用式(9-25) 求出 κ(盐)，进而求出 K_{sp}。

三、仪器和试剂

仪器：DDP-210 型电导率仪 1 台，电导池 1 只，容量瓶 100mL 6 只，移液管 10mL 3 只，恒温槽 1 套，电导电极 1 只，大试管（带磨口塞）50mL 10 个，烧杯 100mL 一个。

试剂：电导水，HAc 溶液（0.1mol/L），KCl 溶液（0.0100mol/L），CaF_2（AR）。

四、实验步骤

1. HAc 电离常数的测定

(1) 用移液管将原始浓度为 0.10mol/L 的醋酸稀释为浓度 0.05mol/L，0.02mol/L，0.01mol/L，0.005mol/L 和 0.002mol/L 的溶液（在 100mL 容量瓶中进行）。

(2) 将恒温槽温度调至（25.0±0.1)℃。

(3) 测定电导池常数 K_{cell}　倾去电导池中蒸馏水（电导池不用时，应把两铂黑电极浸在蒸馏水中，以免干燥致使表面发生改变）。将电导池和铂电极用少量 0.01mol/L KCl 溶液洗涤 2～3 次后，装入 0.01mol/L KCl 溶液，恒温后，用电导仪测其电导，重复三次。

(4) 测定电导水的电导率　倾去电导池中的 KCl 溶液，用电导水洗净电导池和铂电极，然后注入电导水，恒温后测其电导率值，重复测定三次。

(5) 测定 HAc 溶液的电导率　倾去电导池中电导水，将电导池和铂电极用少量待测 HAc 溶液洗涤 2～3 次，最后注入待测 HAc 溶液。恒温后，测定电导率，重复测定三次。

按照浓度由小到大的顺序，测定各种不同浓度 HAc 溶液的电导率。

2. CaF_2 饱和溶液溶度积 K_{sp} 的测定

取约 1g CaF_2，加入约 80mL 电导水，煮沸 3～5min，静置片刻后倾掉上层清液。再加电导水、煮沸、再倾掉清液，连续进行五次，第四次和第五次的清液放入恒温槽中恒温(25.0±0.1)℃，分别测其电导率。若两次测得的电导率值相等，则表明 CaF_2 中的杂质已清除干净，清液即为饱和 CaF_2 溶液。

五、数据记录及处理

室温：________；实验温度：________。

1. 醋酸的电离常数测定

(1) 电导池常数 K_{cell}

实验温度时，0.0100mol/L KCl 溶液电导率：________。

实验次数	G/S	$\overline{G}$/S	K_{cell}/m^{-1}
1			
2			
3			

(2) 醋酸溶液的电离常数

$c/(mol\cdot L^{-1})$	$\kappa/(S\cdot m^{-1})$	$\Lambda_m/(S\cdot m^2\cdot mol^{-1})$	$\frac{1}{\Lambda_m(S\cdot m^2\cdot mol^{-1})}$	$c\Lambda_m/(S\cdot m^{-1})$	K_c	$\overline{K_c}$
0.050						
0.020						
0.010						
0.005						
0.002						

（3）以$\frac{1}{\Lambda_m}$对 $c\Lambda_m$ 作图，据直线的斜率求出 K_c。并与上述结果进行比较。

2. CaF_2 的 K_{sp}测定

κ(溶液)/(S·m^{-1})	κ(盐)/(S·m^{-1})	κ(水)/(S·m^{-1})	c/(mol·L^{-1})	K_{sp}

3. 文献值：298K 时，K_c(醋酸)$=1.80\times10^{-5}$；$K_{sp}(CaF_2)=3.9\times10^{-11}$。

六、注意事项

1. 实验中温度要恒定，测量必须在同一温度下进行。

2. 每次测定前，都必须将电导电极及电导池洗涤干净，清洗电导电极时，两个铂片不能有机械摩擦，可用电导水淋洗，后将其竖直，用滤纸轻吸，将水吸净。不能使滤纸沾洗内部铂片，以免影响测定结果。

3. 实验需用电导水，并避免接触空气及灰尘杂质落入。

4. 电极在冲洗后必须擦干，以保证溶液浓度的准确，电极在使用过程中其极片必须完全浸入到所测溶液中。

七、思考题

1. 测电导时为什么要恒温？实验中测电导池常数和溶液电导，温度是否要一致？

2. 查阅相关资料，了解电导率测定的其他应用。

10 表面和胶体化学测量实验

实验 40　溶液中的等温吸附

一、实验目的

1. 测定活性炭在醋酸水溶液中对醋酸的吸附作用，求出吸附等温线。

2. 确定弗罗因德利希（Freundlich）经验公式的常数。

3. 根据所测数据，运用朗缪尔吸附等温式作图，并推算活性炭的比表面积。

二、实验原理

吸附剂吸附能力的大小用吸附量 Γ 表示，通常指每克吸附剂吸附溶质的物质的量。在恒定温度下，吸附量与吸附物质在溶液中的平衡浓度 c 有关，Freundlich 从吸附量与平衡浓度的关系曲线总结得出一经验方程：

$$\Gamma=\frac{x}{m}=k'c^{n} \tag{10-1}$$

式中，Γ 为吸附量，即每克吸附剂吸附溶质的物质的量；m 为吸附剂克数；x 为被吸附溶质的物质的量；k'为吸附经验常数，取决于吸附剂、吸附质和溶剂的性质以及温度；n 为吸附指数（n 数值在 0～1），取决于吸附剂、吸附质和溶剂的性质以及温度。

将式(10-1) 取对数得：

$$\lg\Gamma=n\lg c+\lg k' \tag{10-2}$$

以 $\lg\Gamma$ 对 $\lg c$ 作图可得一直线，由斜率和截距即可求得 n 和 k'。Freundlich 经验公式是一经验方程式，只适用于浓度不太大也不太小的溶液，从表面上看，k'应为 $c=1$ 时的 Γ，但此时公式已经可能不适用了，一般吸附剂和吸附质改变时 n 的变化不大，而 k'值变化很大。

Langmuir 吸附等温式假定吸附为单分子层，即吸附剂表面一旦被吸附质占据后就不能再吸附；吸附达到平衡后，吸附速度和脱附速度相等。设 Γ_∞ 为饱和吸附量，即吸附剂表面被吸附质铺满一层分子时的吸附量，在平衡浓度为 c 时的吸附量 Γ 用下式表示：

$$\Gamma=\Gamma_\infty\frac{kc}{1+kc} \tag{10-3}$$

将式(10-3) 整理得：

$$\frac{c}{\Gamma}=\frac{c}{\Gamma_\infty}+\frac{1}{\Gamma_\infty k} \tag{10-4}$$

以 c/Γ 对 c 作图得一直线，由直线的斜率和截距可求得 Γ_∞ 和 k。

根据 Γ_∞ 的数值，按照 Langmuir 单分子层吸附的模型，假定吸附质分子在吸附剂表面是直立的，每个分子所占据的面积以 24.3Å^2 计算（此数据是根据水-空气界面上对于直链正脂肪酸测定的结果而得），则吸附剂的比表面积 S_0 可按下式计算：

$$S_0=\frac{24.3\Gamma_\infty L}{10^{20}}(\mathrm{m^2/g}) \tag{10-5}$$

式中，L 为阿伏伽德罗常数；10^{20} 是由于 $1\mathrm{m}^2=10^{20}$ Å^2 而引入的换算因子。

根据上述方法得到的比表面积要比实际数值小一些，其原因有二：一是忽略了界面上被溶剂占据的部分；二是吸附剂表面有些微孔脂肪酸钻不进去。故这一方法所得的比表面积一般要小，但用这种方法测定手续简便，又不需要特殊仪器，仍是一种了解吸附剂性能的简便方法。

三、仪器和试剂

仪器：锥形瓶（带磨口塞）250mL 6个，漏斗 6个，碱式滴定管 1支，锥形瓶 250mL 6个，漏斗架 3个，振荡器，移液管 5mL、10mL、25mL、50mL 各一支。

试剂：活性炭（120℃烘过的），标准 NaOH(0.100mol/L)，醋酸（0.400mol/L），酚酞。

四、实验步骤

1. 样品配制

将 6 个带磨口塞的干燥的 250mL 锥形瓶编上号，用移液管按下列比例配制不同浓度的醋酸溶液。

瓶号	1	2	3	4	5	6
0.400mol/L 醋酸/mL	100	75	50	25	10	5
水/mL	0	25	50	75	90	95

2. 自溶液中的吸附

在以上各瓶中称入约 3g 活性炭（用电子分析天平准确称重）。塞紧塞子放在振荡器上于恒温下振荡，以达到吸附平衡。因稀溶液较易达到平衡，浓溶液相对较慢达到平衡，在振荡半小时后，可先取稀溶液进行过滤滴定，浓溶液继续振荡半小时后再过滤滴定。

3. 吸附平衡浓度的测定

为了求得吸附量，应准确标定醋酸的原始浓度 c_0（取 5mL 原始醋酸溶液）和吸附后的平衡浓度 c，用 0.100mol/L 的标准 NaOH 溶液进行滴定。吸附达到平衡后的溶液滴定前必须事先过滤除去溶液中的活性炭，方法如下。

将各份溶液依次用漏斗分别过滤，分别用 6 个干净的锥形瓶接收滤液，滤纸不能用水浸湿，若初滤液有少许活性炭漏下，应弃去。然后分别用移液管移取 1 号滤液 5mL，2 号滤液 10mL，3 号滤液 15mL，4 号滤液 25mL，5 号、6 号滤液各 50mL，用标准 NaOH 滴定，求得醋酸的平衡浓度。滴定前，浓溶液都应冲稀到 30～40mL。

五、数据记录及处理

1. 原始醋酸的浓度 c_0

标准 NaOH 的浓度：________ mol/L；移取原始醋酸的体积：________ mL；滴定前读数：________ mL；滴定后读数：________ mL；原始醋酸的浓度 c_0：________ mol/L。

2. 吸附剂重量及吸附平衡浓度

瓶号	1	2	3	4	5	6
活性炭重量 m/g						
吸附前浓度 c_0/(mol/L)						
平衡后移取体积/mL						
标准 NaOH 体积/mL						
吸附平衡浓度 c/(mol/L)						
吸附量 Γ/(mol/g)						
$\lg[\Gamma/(\mathrm{mol/g})]$						
$\lg[c/(\mathrm{mol/L})]$						
$[c/(\mathrm{mol/L})]/[\Gamma/(\mathrm{mol/g})]$						

3. 计算出各瓶中溶液的初始浓度 c_0 和平衡浓度 c，并按照下式计算出吸附量：

$$\Gamma=\frac{(c_0-c)\times 100}{m\times 1000}$$

式中，m 为加入到溶液中吸附剂的重量（g）。

4. 作 Γ-c 吸附等温线。

5. 作 $\lg\Gamma$-$\lg c$ 图，求出 n 和 k'。

6. 计算$\frac{c}{\Gamma}$，作$\frac{c}{\Gamma}-c$ 图，求得 Γ_∞ 和 k，将 Γ_∞ 值用虚线作一水平线于 Γ-c 图上，这一虚线即为吸附量 Γ 的渐近线。

7. 计算活性炭的比表面积。

六、注意事项

1. 锥形瓶塞子必须塞紧，各瓶编号不能弄错。

2. 操作过程中要防止浓醋酸溶液的挥发，以免引起误差；防止醋酸挥发和确保吸附平衡是做好本实验的主要因素，其中平衡所需时间（0.5～2h）与搅拌情况、活性炭粒度、湿度和浓度有关，最好另备一较浓样品，在不同时间，取样滴定，以检查是否达到吸附平衡。

3. 本实验用不含 CO_2 的去离子水配制溶液。

七、思考题

1. 吸附作用决定于哪些因素？它有何用途？

2. 为什么最初部分的滤液应该弃去？滤纸能否用水润湿？为什么？

实验 41　最大泡压法测定溶液的表面张力

一、实验目的

1. 了解表面张力的性质，表面自由能的意义以及表面张力和吸附的关系。

2. 掌握用最大泡压法测定表面张力的原理和技术。

3. 通过测定不同浓度的正丁醇水溶液的表面张力，计算表面吸附量与浓度的关系及吸附量和正丁醇分子的横截面积。

二、实验原理

1. 表面自由能

物体表面的分子和内部分子所处的环境不同，表面层的分子受到向内的拉力，所以液体表面都有自动缩小的趋势。把一个分子自内部迁移到表面，需要对抗拉力做功，故表面分子的能量比内部分子大。增加体系的表面，即增加了体系的总能量。体系产生新的表面（ΔA）所需耗费功（W）的大小与 ΔA 成比，即：

$$W=\gamma\Delta A \tag{10-6}$$

式中，γ 为液体的表面自由能，亦称为表面张力，它表示液体表面自动收缩趋势的大小，其量值与液体的成分、溶质的浓度、温度及表面气氛等因素有关。

2. 溶液的表面吸附

纯液体的表面组成与内部组成相同，它降低自身表面自由能的唯一途径是尽可能缩小其表面积。而溶液作为液体除可通过缩小表面积降低表面自由能外，溶质的含量也会影响溶液的表面张力。表面层中溶质的浓度大于溶液内部浓度时，溶液的表面张力降低，反之则升高。把溶质在表面层和溶液内部浓度不同的现象称为“吸附”。

在指定温度和压力下，溶质的吸附量与溶液的表面张力及溶液的浓度间遵从 Gibbs 吸附等温式：

$$\Gamma=-\frac{c}{RT}\left(\frac{\mathrm{d}\gamma}{\mathrm{d}c}\right)_T \tag{10-7}$$

式中，Γ 为表面吸附量（mol/m^2）；R 为气体常数；c 为溶液浓度（mol/m^3）；T 为热力学温度（K）；γ 为溶液的表面张力（N/m）。

$(\mathrm{d}\gamma/\mathrm{d}c)_T<0$ 时，$\Gamma>0$，称为正吸附；$(\mathrm{d}\gamma/\mathrm{d}c)_T>0$，$\Gamma<0$ 称为负吸附。本实验研究的是正吸附情况。

能显著降低溶剂表面张力的一类物质称为表面活性物质。表面活性物质由亲水的极性基团和憎水的非极性基团构成。表面活性物质的极性部分一般为$—NH_3^+$、—OH、—SH、—COOH、$—SO_2OH$ 等，而非极性部分为 $RCH_2—$，它们在水溶液表面排列的情形随其在溶液中的浓度不同而有所差异。当浓度很小时，溶液分子平躺在溶液表面上；浓度逐渐增加时，分子的极性基团取向溶液内部，而非极性基团基本取向空间；当浓度增大到一定程度时，表面活性物质分子占据了所有表面形成了单分子的饱和吸附层，其情形如图 10-1 所示。

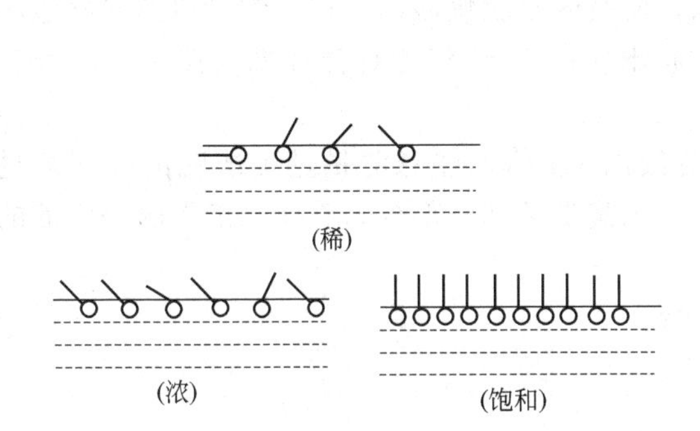

图 10-1 表面活性物质分子在水溶液表面的排列情况示意图

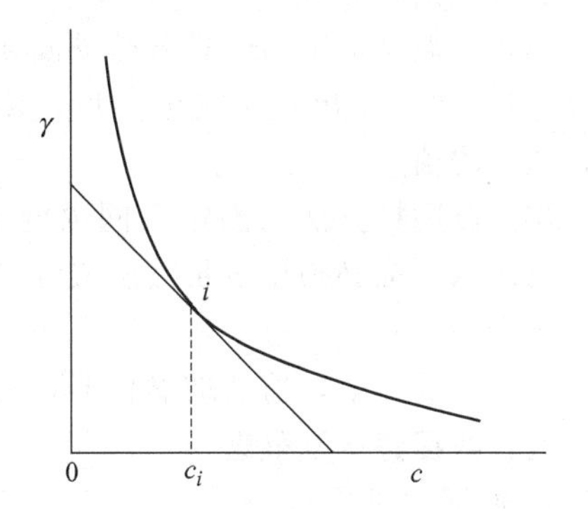

图 10-2 表面张力与浓度的关系

以表面张力对浓度作图，可得到 γ-c 曲线（图 10-2）。由图可见，开始时 γ 随浓度的增加而迅速下降，以后的变化比较缓慢。在 γ-c 曲线上任意选一点 i 做切线，即可得曲线在该点所对应浓度 c_i 时的斜率 $(\mathrm{d}\gamma/\mathrm{d}c_i)_T$，将其代入式(10-7)，可求出不同浓度时的吸附量 Γ。

3. 饱和吸附量与溶质分子的横截面积

在一定温度下，吸附量与浓度之间的关系由 Langmuir 吸附等温式表示：

$$\Gamma=\Gamma_\infty\frac{Kc}{1+Kc} \tag{10-8}$$

式中，Γ_∞ 为饱和吸附量；K 为经验常数，与溶质的表面活性大小有关。将式(10-8) 化成直线方程：

$$\frac{c}{\Gamma}=\frac{c}{\Gamma_\infty}+\frac{1}{K\Gamma_\infty} \tag{10-9}$$

以 c/Γ 对 c 作图得一直线，由直线斜率可求出 Γ_∞。

假设在饱和吸附的情况下，在气液界面上铺满一单分子层，由此可得每个溶质分子在表面所占据的横截面积 σ_B，式中 L 为阿伏伽德罗常数。

$$\sigma_B=\frac{1}{\Gamma_\infty L} \tag{10-10}$$

因此，若测得不同浓度溶液的表面张力，从 γ-c 曲线上求出不同浓度的吸附量 Γ，再从

c/Γ-c 直线上求出 Γ_∞，便可计算出溶质分子的横截面积 σ_B。

4. 最大泡压法测液体的表面张力

方法原理可参阅“4.6.1 表面与界面”，实验装置见图 4-54。

三、仪器和试剂

仪器：表面张力测定装置 1 套，10mL 移液管 1 支，50mL 容量瓶 7 个，恒温水浴 1 套，2mL 刻度移液管 1 支，洗耳球 1 只。

试剂：正丁醇水溶液（0.5mol/L）。

四、实验步骤

（1）用容量瓶及所给正丁醇水溶液稀释配制浓度分别为 0.005mol/L、0.01mol/L、0.02mol/L、0.05mol/L、0.1mol/L、0.15mol/L、0.2mol/L 的正丁醇水溶液。

（2）充分洗净测定管，在测定管中注入适量蒸馏水，使毛细管端刚和液面垂直相切。

（3）将测定管安装在恒温水浴内，在广口瓶中装入 $\frac{1}{3}$～$\frac{1}{2}$ 体积的水，分液漏斗中装入水。

（4）当温度恒定后，打开分液漏斗的活塞，使瓶内水缓慢滴出，待毛细管口逸出气泡的速度稳定（6～8s 出一个气泡）后，读出气泡脱出瞬间 U 形气压计液面的高度差。共读三次，取平均值。

（5）以同样方法，测定不同浓度正丁醇溶液的 Δh 值，注意测量过程浓度由稀到浓进行。每次测量前必须用少量被测液洗涤测定管，尤其是毛细管部分，确保毛细管内外溶液的浓度一致。

（6）实验完毕，清洗玻璃仪器，整理实验台。

五、数据记录及处理

1. 数据记录

室温 t＝________℃；纯水的最大压力差 Δh_0＝________ mm。

浓度 c/(mol/L)	Δh_1/mm	Δh_2/mm	Δh_3/mm	平均 Δh/mm	γ/(N/m)
0					
0.005					
0.01					
0.02					
0.05					
0.1					
0.15					
0.2					
0.5					

2. 以纯水测量结果按照式(4-43) 计算 K' 值。

3. 分别计算不同浓度正丁醇水溶液的表面张力值。

4. 作 γ-c 图，并在曲线上取 10 个点，分别作出切线，并求得相应的斜率。

5. 根据式(10-7) 求算各浓度的吸附量，作 c/Γ-c 图，由直线斜率求其 Γ_∞，并计算 σ_B 值。

6. 文献值：25℃时不同浓度正丁醇水溶液的表面张力列于表 10-1。

表 10-1　25℃时不同浓度正丁醇水溶液的表面张力

正丁醇在水中的质量百分数	$\gamma/(N/m)$	正丁醇在水中的质量百分数	$\gamma/(N/m)$
0.0	0.0719	3.0	0.0377
0.5	0.0578	4.9	0.0307
1.0	0.0510	6.9	0.0263
1.5	0.0467		

六、注意事项

1. 做好本实验的关键在于测定用的毛细管一定要清洗干净，否则气泡不能连续稳定地通过，而使压力计读数不稳定；控制好出泡速度，不要使气泡连串地脱出。读取压力计的压差时，应取气泡单个逸出时的最大压力差；洗涤毛细管时不能用热风吹干或烘烤，避免毛细管的结构发生变化。

2. 为了提高压力读数的精确度，应选取相对密度小，蒸气压和黏度都比较低的液体作为U形压力计的工作液体。

3. 表面活性剂在工业和日常生活中广泛被用作去污剂、乳化剂、润湿剂以及起泡剂等。它们的主要作用发生在界面上，所以研究这些物质的表面效应是有现实意义的。对于离子型表面活性剂，式(10-7) 不适用，其表面吸附公式应为：

$$\Gamma=\frac{1}{2RT}\left(\frac{\partial\gamma}{\partial\ln c}\right)_T$$

4. 实验测得各种直链醇的分子截面积为 0.274～0.289nm^2，直链有机酸为 0.302～0.310nm^2，直链胺约为 0.27nm^2。这说明直链有机物的非极性尾巴竖立于溶液表面上。由饱和吸附量 Γ_∞，溶质的摩尔质量 M 和密度ρ还可以求出吸附层的厚度δ：

$$\delta=\Gamma_\infty M/\rho$$

七、思考题

1. 测量中，如果抽气速度过快，对测量结果有何影响？

2. 可以将毛细管末端插入到溶液内部进行测量吗？为什么？

3. 本实验中为什么要读取最大压力差？

实验 42　电导法测定水溶液中表面活性剂的临界胶束浓度

一、实验目的

1. 用电导法测定十二烷基硫酸钠的临界胶束浓度。

2. 了解表面活性剂的特性及胶束形成机理。

二、实验原理

具有明显“两亲”性质的分子，既含有足够长的亲油（大于10个碳原子）烃基，又含有亲水的极性基团（通常是离子化的）。由这一类分子组成的物质称为表面活性剂，如肥皂和各种合成洗涤剂等。表面活性剂分子都是由极性部分和非极性部分组成的，按离子的类型分为三大类。

(1) 阴离子型表面活性剂：如羧酸盐（肥皂，$C_{17}H_{35}COONa$)，烷基硫酸盐［十二烷基硫酸钠，$CH_3(CH_2)_{11}SO_4Na$］，烷基磺酸盐［十二烷基苯磺酸钠，$CH_3(CH_2)_{11}C_6H_5SO_3Na$］等。

(2) 阳离子型表面活性剂：如十二烷基三甲基叔胺［$C_{12}H_{25}N(CH_3)_3Cl$］和十六烷基三甲基溴化铵［$C_{16}H_{33}N(CH_3)_3Br$］等。

(3) 非离子型表面活性剂：如聚氧乙烯类 [$R—O—(CH_2CH_2O)_nH$]。

表面活性剂进入水中后，在极低浓度时呈单分子状态。随浓度逐渐增大，表面活性剂分子开始三三两两地把亲油基团靠拢而分散在水中，形成预胶束。当溶液浓度增大到一定程度时，表面活性剂分子的极性基团朝向水，非极性的烃链相互靠拢，形成球形聚集体，称为"胶束"。把表面活性剂在水中形成胶束所需的最低浓度称为临界胶束浓度，以 CMC 表示。表面活性剂浓度在 CMC 以上，溶液中胶束的数量增多。其情形如图 10-3 所示。

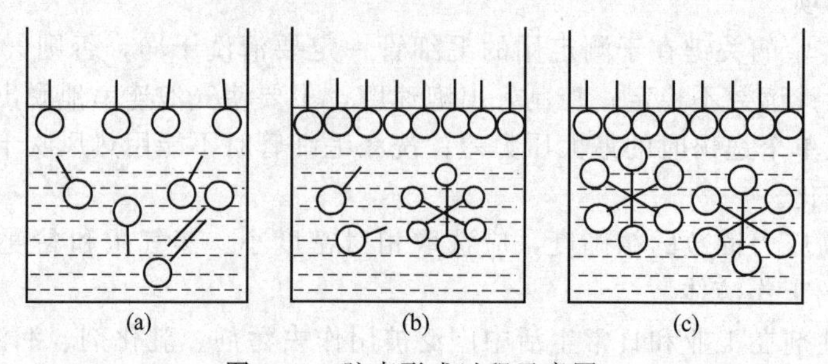

图 10-3　胶束形成过程示意图

(a) 浓度<CMC；(b) 浓度=CMC；(c) 浓度>CMC

在浓度=CMC 时，由于胶束的形成使溶液的某些物理及化学性质（如表面张力、电导、渗透压、浊度、光学性质等）发生突变，在溶液性质与浓度关系曲线上出现明显转折，如图 10-4 所示。该现象是测定 CMC 的实验依据，也是表面活性剂的一个重要特性。

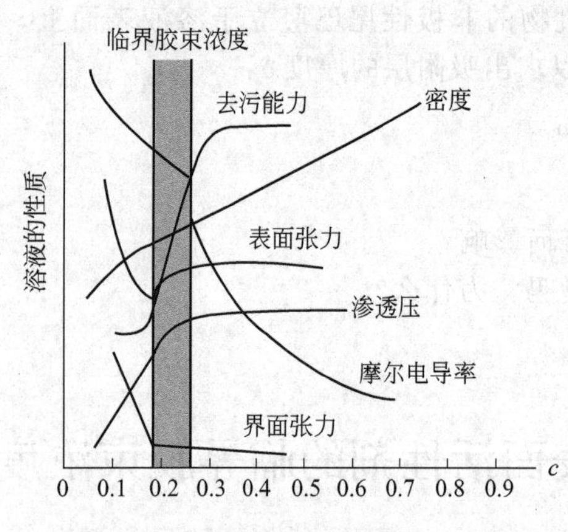

图 10-4　25℃时十二烷基硫酸钠水溶液的物理性质和浓度的关系

本实验利用 DDS-210 型电导仪测定不同浓度十二烷基硫酸钠水溶液的电导值（也可换算成摩尔电导率），并作电导值（或摩尔电导率）与浓度的关系图，从图中的转折点求得临界胶束浓度。

三、仪器和试剂

仪器：DDP-210 型电导率仪 1 台，260 型电导电极 1 支，CS501 型恒温水浴 1 套，容量瓶 (100mL) 12 只，容量瓶 (1000mL) 12 只。

试剂：氯化钾（分析纯），十二烷基硫酸钠（分析纯），电导水。

四、实验步骤

(1) 用电导水或重蒸馏水准确配制 0.01mol/L 的 KCl 标准溶液。

(2) 取十二烷基硫酸钠在 80℃烘干 3h，用电导水或重蒸馏水准确配制 0.002mol/L，0.004mol/L，0.006mol/L，0.007mol/L，0.008mol/L，0.009mol/L，0.010mol/L，0.012mol/L，0.014mol/L，0.016mol/L，0.018mol/L，0.020mol/L 的十二烷基硫酸钠溶液各 100mL。

(3) 调节恒温水浴温度至 25℃或其他合适温度。

(4) 用 0.01mol/L KCl 标准溶液标定电导池常数。

(5) 用 DDP-210 型电导率仪从稀到浓分别测定上述各溶液的电导值。用后一个溶液荡洗前一个溶液的电导池三次以上，各溶液测定时必须恒温 10s，每个溶液的电导读数三次，取平均值。

(6) 列表记录各溶液对应的电导，并换算成电导率或摩尔电导率。

五、数据记录及处理

1. 记录数据

浓度/(mol/L)	0.002	0.004	0.006	0.007	0.008	0.009
电导率/(S/m)						
摩尔电导率/($S \cdot m^2/mol$)						
浓度/(mol/L)	0.010	0.012	0.014	0.016	0.018	0.020
电导率/(S/m)						
摩尔电导率/($S \cdot m^2/mol$)						

2. 作出电导率（或摩尔电导率）与浓度的关系图，从图中转折点处找出临界胶束浓度。

3. 文献值：40℃时，十二烷基硫酸钠的 CMC 为 0.0087mol/L。

六、讨论

表面活性剂的渗透、润湿、乳化、去污、分散、增溶和起泡作用等基本原理广泛应用于石油、煤炭、机械、化工、冶金、材料及轻工业，农业生产中，研究表面活性剂溶液的物理化学性质（吸附）和内部性质（胶束形成）有着重要意义。衡量一种表面活性剂表面活性的大小主要有三个指标：一是临界胶束浓度（CMC），CMC 越小，表面活性越高；二是在 CMC 时溶液的表面张力数值，表面张力越低，表面活性越高，如碳氟表面活性剂在 CMC 时往往可以把水的表面张力降至 20～30mN/m，比一般碳氢表面活性剂的表面活性高；三是把表面张力降至最低所需要的时间，时间越短，表面活性越高。临界胶束浓度是表面活性剂溶液性质发生显著变化的一个“分水岭”。因此，表面活性剂的大量研究工作都与各种体系中的 CMC 测定有关。

测定 CMC 的方法很多，常用的有表面张力法、电导法、染料法、增溶作用法、光散射法等。这些方法，原理上都是从溶液的物理化学性质随浓度变化关系出发求得。其中表面张力和电导法比较简便准确。

表面张力法除了可求得 CMC 之外，还可以求出表面吸附等温线。此外，无论对于高表面活性还是低表面活性的表面活性剂，其 CMC 的测定都具有相似的灵敏度，此法不受无机盐的干扰，也适合非离子表面活性剂。

电导法是经典方法，简便可靠。只限于离子性表面活性剂，此法对于有较高活性的表面活性剂准确性高，但过量无机盐存在会降低测定灵敏度，因此配制溶液应该用电导水。

七、思考题

1. 判断所测得的临界胶束浓度是否准确，可用什么实验方法验证之？

2. 溶液的表面活性剂分子与胶束之间的平衡同温度和浓度有关，其关系式可表示为：

$$\frac{\mathrm{d}\ln c_{\mathrm{CMC}}}{\mathrm{d}T}=-\frac{\Delta H}{2RT^2}$$

试问如何测出其热能效应 ΔH 值？

3. 非离子型表面活性剂能否用本实验方法测定 CMC？若不能，可用何种方法测之？

实验 43 电 泳

一、实验目的

1. 学会制备氢氧化铁溶胶。

2. 掌握电泳法测定氢氧化铁溶胶电动势的原理和方法。

3. 通过实验观察熟悉胶体的电泳现象。

二、实验原理

溶胶的制备方法可分为分散法和凝聚法。分散法是用适当方法把较大的物质颗粒变为胶体大小的质点；凝聚法是先制成难溶物的分子（或离子）的过饱和溶液，再使之相互结合成胶体粒子而得到溶胶。氢氧化铁溶胶的制备是采用化学法即通过化学反应使生成物呈过饱和状态，然后粒子再聚结成胶体分散于水中形成溶胶。

胶体本身发生电离，或胶体从分散介质中有选择地吸附一定量的离子，使胶粒带有一定量的电荷，与胶粒带相反电荷的离子由于静电作用和热运动会呈浓度梯度分布在胶粒周围，形成双电层结构。双电层中紧密层的外界面与本体溶液处的电位差称为ξ电位。测定ξ电位，对研究胶体系统的稳定性具有很大意义。溶胶的聚结稳定性与胶体的ξ电位大小有关。对一般溶胶，ξ电位愈小，溶胶的聚结稳定性愈差，当ξ电位等于零时，溶胶的聚结稳定性最差。所以，无论制备胶体或破坏胶体，都需要了解所研究胶体的ξ电位。原则上，任何一种胶体的电动现象（电泳、电渗、流动电位、沉降电位）都可以用来测定ξ电位，但普遍使用电泳法测定ξ电位。

在外电场作用下，荷电的胶粒在分散介质中发生相对运动，若分散介质不动，胶粒向正极或负极移动，这种现象称为电泳。

电泳法可分为两类，即宏观法和微观法。宏观法是观察胶体溶液与另一不含胶粒的辅助导电液体间的界面在电场中的移动速度。微观法则是直接测定单个胶粒在电场中的移动速度。对于高分散度的溶胶（胶粒的浓度大），如氢氧化铁胶体，不易观察个别粒子的运动，只能用宏观法。对于颜色太浅或浓度过稀的溶胶，则适宜用微观法。本实验采用宏观法。

宏观法测定$Fe(OH)_3$的ξ电位时，在U形管中先放入棕红色的$Fe(OH)_3$溶胶，然后小心地在溶胶面上注入无色的辅助溶液，使溶胶和溶液之间有明显的界面，在U形管的两端各放一根电极，通电一定时间后，可观察到溶胶与溶液的界面一端上升，另一端下降。胶体的ξ电位可依电泳公式计算得到。

当带电的胶粒在外电场作用下迁移时，若胶粒的电荷为q，两极间的电位梯度为ω，胶粒受到的静电力F_1为：

$$F_1=q\omega \tag{10-11}$$

球形胶粒在介质中运动受到的阻力按斯托克斯（Stokes）定律为：

$$F_2=6\pi\eta ru \tag{10-12}$$

式中，η为介质的黏度（0.1Pa·s）；r为胶粒的半径；u为胶粒运动速度。

若胶粒运动速度u达到恒定，则：

$$q\omega=6\pi\eta ru \tag{10-13}$$

$$u=\frac{q\omega}{6\pi\eta r} \tag{10-14}$$

胶体的ξ电位定义为：

$$\xi=\frac{q}{\varepsilon r} \tag{10-15}$$

代入式(10-14)中得：

$$u=\frac{\xi\varepsilon\omega}{6\pi\eta} \tag{10-16}$$

式(10-16)适用于球形胶粒，对于棒状胶粒，电泳速度为：

$$u=\frac{\xi\varepsilon\omega}{4\pi\eta} \tag{10-17}$$

若外电场在两极间的电位差用 E 表示（单位：V），两极间的距离用 L 表示（单位：m），则电位梯度 ω（单位：V/m）计算式为：

$$\omega=\frac{E}{L} \tag{10-18}$$

三、仪器和试剂

仪器：电泳测定管 1 套，直流稳压器 1 台，停表 1 块，铂电极（或铜电极）2 根，100mL 量筒 1 个，100mL 烧杯 2 个，饱和 $FeCl_3$ 溶液，10mL 刻度移液管 1 个。

试剂：稀 HCl 溶液，稀 HNO_3 溶液。

四、实验步骤

1. 渗析半透膜的制备

在预先洗净烘干的 150mL 锥形瓶中加入约 10mL 胶棉液（溶剂为 1∶3 乙醇-乙醚液），小心转动锥形瓶，使胶棉液在瓶内壁形成一均匀薄膜，同时倾出多余的胶棉液。将锥形瓶倒置于铁圈上，使溶剂挥发完。然后将蒸馏水注入胶膜和瓶壁之间，小心取出胶膜，将其置于蒸馏水中浸泡待用，同时检查是否有漏洞。

2. $Fe(OH)_3$ 胶体的制备及纯化

量取 50mL 蒸馏水，置于 100mL 烧杯中，煮沸 2min，滴加饱和 $FeCl_3$ 溶液 3～4 滴，再继续煮沸 2min，得到棕红色 $Fe(OH)_3$ 胶体，冷却后装入制备好的渗析半透膜内，浸泡在蒸馏水中渗析直至无氢离子存在为止。

3. 电泳实验

电泳测定装置如图 4-58 所示。将电极浸入稀 HNO_3 溶液中数秒，然后用蒸馏水洗净，滤纸拭干后备用。将纯化好的 $Fe(OH)_3$ 胶体溶液由小漏斗加入电泳测定管底部至适当地方，然后用滴管沿着管壁缓慢向电泳测定管的左右两臂加稀 HCl 溶液，初期应小心维持界面清晰。保持 U 形管左右两臂的稀 HCl 溶液量相同。然后轻轻将电极插入上层稀 HCl 溶液中，左右深度相等，距离界面一定长度，记下界面的位置。将两电极接于 30～50V 直流电源上，打开开关，同时开始计时，每隔 10min 记录一次界面位置，约 40min 后，记下界面下降距离，读取电压。沿 U 形管中线量出两电极间的实际距离，此数值测量 5～6 次，取平均值。

4. 实验结束

关闭电源，回收胶体溶液，整理实验用品。

五、数据记录及处理

1. 数据记录

电压 E/V	迁移时间 t/s	迁移距离 d/cm	电极间距离 l/cm

2. 计算电泳速度。
3. 计算电位梯度 ω。
4. 计算胶体的 ξ 电势。
5. 计算中涉及的一些参数。

（1）水的介电常数和温度的关系：

$$\frac{\varepsilon}{\varepsilon_0}=80-0.4\times(T/\mathrm{K}-293) \quad (\text{真空介电常数：}\varepsilon_0=8.854\times10^{-12}\mathrm{F/m})$$

(2) 水的黏度见附录10。

六、注意事项

1. 制备胶体时，一定要缓慢向沸水中逐滴加入 $FeCl_3$ 溶液，并不断搅拌，否则，得到的胶体颗粒太大，稳定性差。

2. 电泳测定管须洗净，以免其他离子干扰。

3. 量取两电极的距离时，要沿电泳管的中心线量取，电极间距离的测量须尽量精确。

4. 计算 ξ 电势时，所有物理量的单位都需用SI制。

七、思考题

1. 电泳速度的快慢与哪些因素有关?

2. 辅助溶液的作用是什么？对辅助溶液的选择有什么要求？

3. 胶粒带电的原因是什么？如何判断胶粒所带电荷的符号？

实验44　黏度法测定水溶性高聚物相对分子质量

一、实验目的

1. 掌握用乌氏（Ubbelohde）黏度计测定黏度的原理和方法。

2. 测定线形高聚物聚乙二醇的平均相对分子质量。

二、实验原理

高聚物溶液的特点是黏度大，原因是其分子链长远大于溶剂分子，加上溶剂化作用，使其在流动时受到较大的内摩擦力。

黏性流体在流动过程中，必须克服内摩擦阻力而做功。黏性液体在流动过程中所受阻力的大小可用黏度系数（简称黏度 η，单位为：$kg \cdot m^{-1} \cdot s^{-1}$）来表示。高聚物稀溶液的黏度是液体流动时内摩擦力大小的反映。纯溶剂黏度反映了溶剂分子间的内摩擦力，记作 η_0，高聚物溶液的黏度则是高聚物分子间的内摩擦力、高聚物分子与溶剂分子间的内摩擦以及 η_0 三者之综合表现。在相同温度下，通常 $\eta > \eta_0$。

溶液黏度与纯溶剂黏度的比值称为相对黏度 η_r：

$$\eta_r = \frac{\eta}{\eta_0} \tag{10-19}$$

溶液黏度增加的分数称为增比黏度，记作 η_{sp}：

$$\eta_{sp} = \frac{\eta - \eta_0}{\eta_0} = \eta_r - 1 \tag{10-20}$$

显然，η_{sp} 表示已扣除了溶剂分子间的内摩擦效应，仅反映高聚物分子与溶剂分子间和高聚物分子间的内摩擦大小。

高聚物溶液的增比黏度 η_{sp} 往往随质量浓度 c 的增加而增大。为方便比较，将单位浓度所表现出的增比黏度 $\frac{\eta_{sp}}{c}$ 称为比浓黏度，而把 $\frac{\ln\eta_r}{c}$ 称为比浓对数黏度。当溶液无限稀释时，高聚物分子彼此相隔很远，其间相互作用可忽略，此时有：

$$\lim_{c \to 0} \frac{\eta_{sp}}{c} = \lim_{c \to 0} \frac{\ln\eta_r}{c} = [\eta] \tag{10-21}$$

[η] 称为特性黏度，它反映的是无限稀释溶液中高聚物分子与溶剂分子间的内摩擦，

其值取决于溶剂的性质及高聚物分子的大小和形态。[η] 的单位为浓度单位的倒数。

在足够稀的高聚物溶液中，如下经验关系式成立：

$$\frac{\eta_{sp}}{c}=[\eta]+\kappa[\eta]^2c \tag{10-22}$$

高聚物溶液的特性黏度与高聚物摩尔质量之间的关系，通常用经验方程来表示：

$$[\eta]=K\overline{M}^{\alpha} \tag{10-23}$$

式中，$\overline{M}$ 为大分子的平均分子量；α 是特性常数，与溶质、溶剂的本性和温度等有关，其数值在 0.5～1（在良溶剂中，大分子较舒展，α 接近于 1；在不良溶剂中，大分子呈线团状卷曲，其值接近于 0.5）；K 为比例常数，与体系的性质关系不大，但与温度有关。

欲应用式(10-23) 通过测定 [η] 求出 $\overline{M}$，必须先借助测分子量的其他方法确定出 α 和 K 值。

本实验通过测定一定体积的液体流经一定长度和半径的毛细管所需时间而获得黏度。当液体在重力作用下流经毛细管时，遵守 Poiseuille 定律：

$$\eta=\frac{\pi pr^4t}{8lV}=\frac{\pi h\rho gr^4t}{8lV} \tag{10-24}$$

式中，η为液体的黏度（$kg\cdot m^{-1}\cdot s^{-1}$）；$p$ 为液体流动时在毛细管两端间的压力差（即是液体密度ρ、重力加速度 g 和流经毛细管液体的平均液柱高度 h 这三者的乘积，$kg\cdot m^{-1}\cdot s^{-2}$）；$r$ 为毛细管半径（m）；V 为流经毛细管的液体体积（m^3）；t 为 V 体积的液体流经毛细管的时间（s）；l 为毛细管长度（m）。

用同一支毛细管黏度计在相同条件下测定两个液体黏度时，它们的黏度之比等于密度与流出时间之比：

$$\frac{\eta_1}{\eta_2}=\frac{p_1t_1}{p_2t_2}=\frac{\rho_1t_1}{\rho_2t_2} \tag{10-25}$$

若溶液的浓度不大，溶液的密度与溶剂的密度近似相等，则有：

$$\eta_r=\frac{\eta}{\eta_0}=\frac{t}{t_0} \tag{10-26}$$

所以，只需测定溶液和溶剂在毛细管中的流出时间就可得到相对黏度，进而可计算得到η_{sp}、η_{sp}/c、$\ln\eta_r/c$ 值。配置一系列不同浓度的溶液分别进行测定，以η_{sp}/c 和 $\ln\eta_r/c$ 为纵坐标，c 为横坐标作图，得两条直线，分别外推到 $c=0$ 处，其截距即为 [η]（图 10-5），代入式(10-23) 计算，即可得到 M。

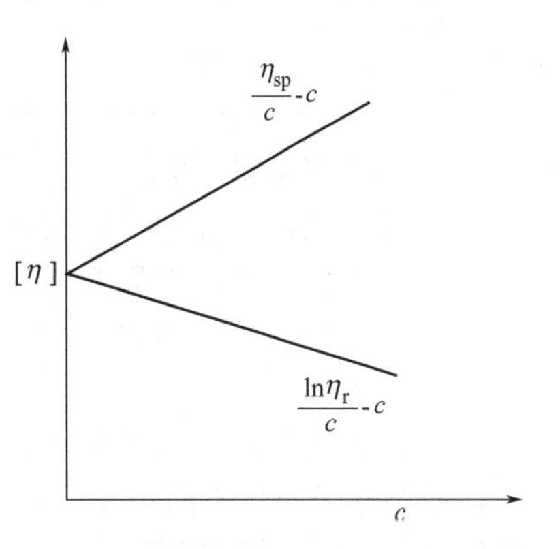

图 10-5 外推法求 [η] 示意图

本实验使用乌贝路德（Ubbelohde）黏度计进行测定，乌氏黏度计的结构可参阅图 4-59。

三、仪器和试剂

仪器：恒温水浴装置 1 套，5mL 移液管 2 只，容量瓶（50mL）1 只，乌氏黏度计 1 支，10mL 吸液管 2 支，停表（0.01s）1 只。

试剂：聚乙二醇（分析纯）。

四、实验步骤

(1) 将恒温水浴的温度控制在 25℃(±0.1℃) 或 30℃(±0.1℃)。

(2) 溶液配制　称取聚乙二醇 1.5g 左右，加入约 30mL 蒸馏水，在水浴中加热溶解至溶液完全透明，取出自然冷却至室温，再用50mL容量瓶定容。

(3) 洗涤黏度计，先用热洗液浸泡，再用自来水、蒸馏水冲洗。

(4) 测定溶剂流出时间　将黏度计垂直固定在恒温槽内，将10mL纯溶剂自A管注入黏度计中，恒温数分钟，夹紧C管上连接的乳胶管，在B管上接洗耳球慢慢抽气，待液体升至G球的一半左右停止抽气，打开C管上的夹子使毛细管内液体同D球分开，用停表测定液面流经ab间所需时间。重复测定三次，每次相差不超过0.2～0.3s，取平均值。

(5) 测定溶液流出时间　取出黏度计，倒出溶剂，吹干。用移液管取10mL已恒温的聚乙二醇高聚物水溶液，自A管注入黏度计中，同上法测定流经时间。然后依次向黏度计中加入2.00mL、3.00mL、5.00mL和10.00mL纯水，每次稀释后将稀释液抽洗黏度计的E球，使黏度计内各处溶液的浓度相等，按同样方法测定。

(6) 实验结束后，将溶液倒入瓶内，用溶剂仔细冲洗黏度计3次，最后用溶剂浸泡，备用。

五、数据记录及处理

1. 原始数据记录

室温 $t=$______℃；聚乙二醇质量 $m=$______g；聚乙二醇原始浓度 $c_0=$______g/cm^3。

项　目	0	c_0	$\frac{10}{12}c_0$	$\frac{10}{15}c_0$	$\frac{10}{20}c_0$	$\frac{10}{30}c_0$
t_1						
t_2						
t_3						
$t_{平均}$						
η_r						
η_{sp}						
η_{sp}/c						
$\ln\eta_r$						
$\ln\eta_r/c$						

2. 作图法求得 $[\eta]$。

3. 计算聚乙二醇的平均相对分子质量 M。

4. 文献值：聚乙二醇20000水溶液在25℃时：$K=0.156cm^3/g$，$\alpha=0.5$；在30℃时：$K=0.0125cm^3/g$，$\alpha=0.78$。

六、讨论

1. 高聚物是由小分子单体聚合而成，其相对分子质量是表征高聚物特性的基本参数之一，相对分子质量不同，高聚物的性能差异很大。所以不同材料、不同的用途对相对分子质量的要求不同。不同相对分子质量聚乙二醇的性质见表10-2。

表10-2　不同相对分子质量聚乙二醇（PEG）的性质

指标牌号	外观(25℃)	pH值 (1%H_2O)	黏度(40℃) /(mm^2/s)	凝固点	色号(铂-钴)	固含量/% ≥
PEG-200	无色透明	4.0～7.0	21～24	4.0～7.0	≤30	98.0
PEG-400	无色透明	4.0～7.0	37～45	4.0～7.0	≤30	98.0

续表

指标牌号	外观(25℃)	pH值(1% H_2O)	黏度(40℃)/(mm^2/s)	凝固点	色号(铂-钴)	固含量/% ≥
PEG-600	无色透明	4.0～7.0	56～62	4.0～7.0	≤30	98.0
PEG-800	白色膏体	4.0～7.0	2.2～2.4	4.0～7.0	≤30	98.0
PEG-1000	白色膏状	4.0～7.0	8.0～11.0	33～38	—	98.0
PEG-1500	白色膏状	4.0～7.0	3.0～4.0	41～46	—	98.0
PEG-4000	白色片状	4.0～7.0	5.0～9.0	50～54	—	98.0
PEG-6000	白色片状	4.0～7.0	11～17	53～58	—	98.0
PEG-8000	白色片状	4.0～7.0	18～21	57～62	—	98.0
PEG-10000	白色片状	4.0～7.0	21～24	60～64	—	98.0
PEG-20000	白色片状	4.0～7.0	30～40	—	—	98.0

2. 高聚物相对分子质量大小不一，参差不齐，一般在 $10^3 \sim 10^7$，所以通常所测高聚物的相对分子质量是平均相对分子质量。测定高聚物相对分子质量的方法很多，对线型高聚物，各方法适用的范围如表 10-3 所示。

表 10-3 测定高聚物相对分子质量的分析方法

分析测定方法	高聚物相对分子质量(M_r)
端基分析	$<3\times10^4$
沸点升高，凝固点降低，等温蒸馏	$<3\times10^4$
渗透压	$10^4\sim10^6$
光散射	$10^4\sim10^7$
超离心沉降及扩散	$10^4\sim10^7$
黏度法	$10^4\sim10^7$

七、思考题

1. 乌氏黏度计中 C 管的作用是什么？能否除去 C 管改为双管黏度计使用？
2. 高聚物溶液的 η_{sp}、η_r、η_{sp}/c、$[\eta]$ 的物理意义是什么？
3. 黏度法测定高聚物的摩尔质量有何局限性？该法适用的高聚物摩尔质量范围是多少？

11 物质结构测量实验

实验 45　偶极矩的测定

一、实验目的

1. 用溶液法测定乙酸乙酯的偶极矩。
2. 了解偶极矩与分子电性质的关系。
3. 掌握溶液法测定偶极矩的主要实验技术。

二、实验原理

1. 偶极矩与极化度

分子结构可以近似地看成是由电子云和分子骨架（原子核及内层电子）所构成。由于其空间构型不同，正负电荷中心可以是重合的，也可以不重合。前者称为非极性分子，后者称为极性分子。

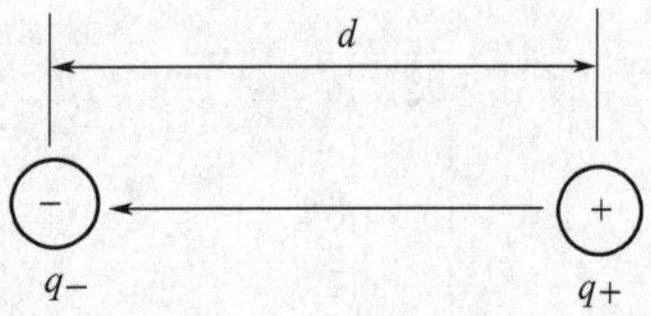

图 11-1　电偶极矩示意图

1912 年德拜提出“偶极矩”（$\hat{\mu}$）的概念来度量分子极性的大小，如图 11-1 所示，其定义是：

$$\hat{\mu}=qd \tag{11-1}$$

式中，q 为正负电荷中心所带电量；d 为正负电荷中心间距离；$\hat{\mu}$ 为一个向量，其方向规定为从正到负（因分子中原子间距离的数量级为 10^{-10} m，电荷的数量级为 10^{-20} C，所以偶极矩的数量级是 10^{-30} C·m）。

通过偶极矩的测定，可以了解分子结构中有关电子云的分布和分子的对称性，可以用来鉴别几何异构体和分子的立体结构等。

极性分子具有永久偶极矩，但由于分子的热运动，偶极矩指向某个方向的机会均等。所以偶极矩的统计值等于零。若将极性分子置于均匀的电场 E 中，则偶极矩在电场的作用下趋向电场方向排列（图 11-2）。此时称这些分子被极化了，极化的程度可用摩尔转向极化度 $P_{转向}$ 来衡量，$P_{转向}$ 与永久偶极矩 $\hat{\mu}^2$ 的值成正比，与绝对温度 T 成反比：

$$P_{转向}=\frac{4}{3}\pi L\frac{\hat{\mu}^2}{3kT}=\frac{4}{9}\pi L\frac{\hat{\mu}^2}{kT} \tag{11-2}$$

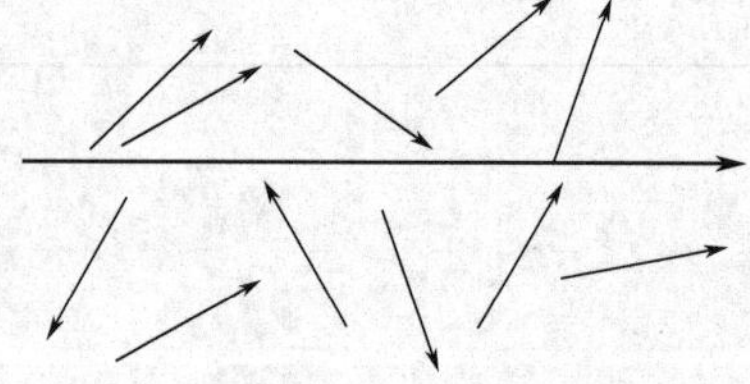

图 11-2　极性分子在电场作用下的定向

式中，k 为玻尔兹曼常数；L 为阿伏伽德罗常数。

在外电场作用下，不论极性分子或非极性分子，都会发生电子云对分子骨架的相对移动，分子骨架也会发生形变，称为诱导极化或变形极化。用摩尔诱导极化度 $P_{诱导}$ 来衡量。显然，$P_{诱导}$ 为电子极化度 $P_{电子}$ 和原子极化度 $P_{原子}$ 之和，即 $P_{诱导}=P_{电子}+P_{原子}$。$P_{诱导}$ 与外电场强度成正比，与温度无关。

如果外电场是交变场，极性分子的极化情况则与交变场的频率有关。当处于频率小于

$10^{10}\,s^{-1}$的低频电场或静电场中，极性分子所产生的摩尔极化度 P 是转向极化、电子极化和原子极化的总和。

$$P = P_{转向} + P_{电子} + P_{原子} \tag{11-3}$$

当频率增加到 $10^{12} \sim 10^{14}\,s^{-1}$的中频（红外频率）时，电子的交变周期小于分子偶极矩的松弛时间，极性分子的转向运动跟不上电场的变化，即极性分子来不及沿电场方向定向，因此有 $P_{转向}=0$，此时极性分子的摩尔极化度等于摩尔诱导极化度 $P_{诱导}$。当交变电场的频率进一步增加到大于 $10^{15}\,s^{-1}$的高频（可见光和紫外频率）时，极性分子的转向运动和分子骨架变形都跟不上电场的变化。此时极性分子的摩尔极化度等于电子极化度 $P_{电子}$。

因此，原则上只要在低频电场下测得极性分子的摩尔极化度 P，在红外频率下测得极性分子的摩尔诱导极化度 $P_{诱导}$，两者相减得到极性分子摩尔转向极化度 $P_{转向}$，然后代入式(11-2）就可算出极性分子的永久偶极矩。

2. 极化度的测定

克劳修斯、莫索和德拜从电磁场理论得到了摩尔极化度 P 与介电常数 ε 之间的关系式：

$$P = \frac{\varepsilon - 1}{\varepsilon + 2} \times \frac{M}{\rho} \tag{11-4}$$

式中，M 为被测物质的分子量；ρ 为该物质的密度；ε 可以通过实验测定。

式(11-4）是假定分子与分子间无相互作用而推导得出，所以它只适用于温度不太低的气相体系，对某些物质难以甚至根本无法获得气相状态，因此，后来提出了用溶液法来解决这一问题。溶液法的基本想法是，在非极性溶剂的无限稀释溶液中，溶质分子所处的状态和气相状态相近，于是无限稀释溶液中溶质的摩尔极化度 P_2^{∞}，可以看作式(11-4）中的 P。

海德斯特兰首先利用稀溶液的近似公式：

$$\varepsilon_{溶} = \varepsilon_1 (1 + \alpha x_2) \tag{11-5}$$

$$\rho_{溶} = \rho_1 (1 + \beta x_2) \tag{11-6}$$

再根据溶液的加和性，推导出无限稀释时溶质摩尔极化度的公式：

$$P = P_2^{\infty} = \lim_{x_2 \to 0} P_2 = \frac{3\alpha\varepsilon_1}{(\varepsilon_1 + 2)^2} \times \frac{M_1}{\rho_1} + \frac{\varepsilon_1 - 1}{\varepsilon_1 + 2} \times \frac{M_2 - \beta M_1}{\rho_1} \tag{11-7}$$

式中，$\varepsilon_{溶}$、$\rho_{溶}$ 为溶液的介电常数和密度；M_2、x_2 为溶质的分子量和摩尔分数；ε_1、ρ_1、M_1 分别为溶剂的介电常数、密度和分子量；α、β 分别为与 $\varepsilon_{溶}$-x_2 和$\rho_{溶}$-x_2 直线斜率有关的常数。

前已述及，在红外频率的电场下，可以测得极性分子摩尔诱导极化度 $P_{诱导} = P_{电子} + P_{原子}$。但由于实验条件的限制，很难做到这一点，所以，一般是在高频电场下测定极性分子的电子极化度 $P_{电子}$。

根据光的电磁理论，在同一频率的高频电场作用下，透明物质的介电常数 ε 与折射率 n 的关系为：

$$\varepsilon = n^2 \tag{11-8}$$

习惯上用摩尔折射度 R_2 来表示高频区测得的极化度，此时，$P_{转向}=0$，$P_{原子}=0$，则：

$$R_2 = P_{电子} = \frac{n^2 - 1}{n^2 + 2} \times \frac{M}{\rho} \tag{11-9}$$

稀溶液时可用近似公式：

$$n_{溶} = n_1 (1 + \gamma x_2) \tag{11-10}$$

同样，从式(11-9）可以推导得出无限稀释时，溶质的摩尔折射度公式：

$$P_{电子}=R_2^{\infty}=\lim_{x_2\to 0}R_2=\frac{n_1^2-1}{n_1^2+2}\times\frac{M_2-\beta M_1}{\rho_1}+\frac{6n_1^2M_1\gamma}{(n_1^2+2)^2\rho_1} \tag{11-11}$$

式中，$n_{溶}$ 为溶液的折射率；n_1 为溶剂的折射率；γ 为与 $n_{溶}$-x_2 直线斜率有关的常数。

3. 偶极矩的测定

考虑到原子极化度通常只有电子极化度的 5%～15%，而且 $P_{转向}$ 又比 $P_{电子}$ 大得多，故常常忽视原子极化度。

由式(11-2)、式(11-3)、式(11-7) 和式(11-11) 可得：

$$P_{转向}=P_2^{\infty}-R_2^{\infty}=\frac{4}{9}\pi L\frac{\hat{\mu}^2}{kT} \tag{11-12}$$

式(11-12) 把物质分子的微观性质偶极矩和宏观性质介电常数、密度、折射率联系起来，分子的永久偶极矩就可用下面简化式计算：

$$\hat{\mu}=0.04274\times 10^{-30}\sqrt{(P_2^{\infty}-R_2^{\infty})T}(\text{C}\cdot\text{m}) \tag{11-13}$$

在某种情况下，若需要考虑 $P_{原子}$ 影响时，只需对 R_2^{∞} 作部分修正。

上述测求极性分子偶极矩的方法称为溶液法。溶液法测溶质偶极矩与气相测得的真实值间存在偏差。造成这种现象的原因是由于非极性溶剂与极性溶质分子相互间的作用——“溶剂化”作用。这种偏差现象称为溶剂法测量偶极矩的“溶剂效应”。

此外，测定偶极矩的方法还有多种，如温度法、分子束法、分子光谱法及利用微波谱的斯塔克法等。此处不一一介绍。

4. 介电常数的测定

介电常数可通过测定电容，计算而得。如果在电容器的两个极板间充以某种电解质，电容器的电容量会增大。若维持极板上的电荷量不变，充电解质的电容器极板间电势差就会减少。设 C_0 为极板间处于真空时的电容量，C 为充以电解质时的电容量，则 C 与 C_0 之比值 ε 称为该电解质的介电常数：

$$\varepsilon=\frac{C}{C_0} \tag{11-14}$$

法拉第在 1837 年就解释了这一现象，认为这是由于电解质在电场中极化而引起的。极化作用形成一反向电场，如图 11-3 所示，因而抵消了一部分外加电场。

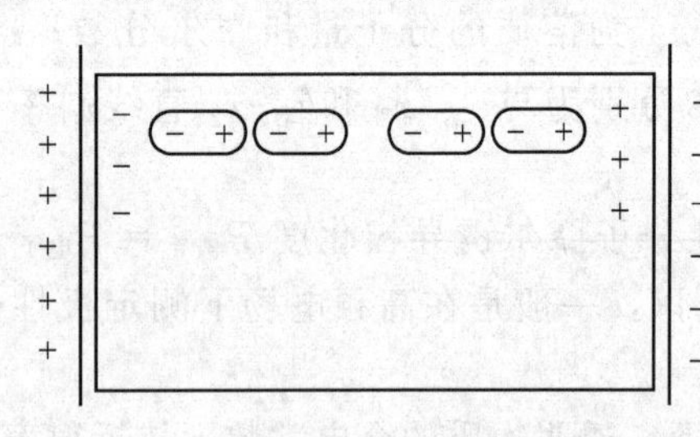

图 11-3 电解质在电场作用下极化而引起的反向电场

测定电容的方法一般有电桥法、拍频法和谐振法，后二者为测定介电常数所常用，抗干扰性能好，精度高，但仪器价格较贵。本实验采用电桥法，选用的仪器为 PGM-1A 型小电容测定仪。

但小电容测量仪所测之电容 C_x 是样品的电容 $C_{样}$ 和整个测试系统中的分布电容 C_d 之和，即：

$$C_x=C_{样}+C_d \tag{11-15}$$

显然，$C_{样}$ 值随介质而异，而 C_d 对同一台仪器是一个定值，称为仪器的本底值。如果直接将 C_x 值当作 $C_{样}$ 值来计算，会引进误差。因此，必须先求出 C_d 值，并在以后的各次测量中予以扣除。

测求 C_d 的方法如下：用一个已知介电常数的标准物质测得电容 $C'_{标}$：

$$C'_{标}=C_{标}+C_d \tag{11-16}$$

再测电容池中不放样品时的电容：

$$C'_{空}=C_{空}+C_d \tag{11-17}$$

式中，$C_{标}$、$C_{空}$ 分别为标准物质和空气的电容。

可作近似：$C_{空}=C_0$，则有：

$$C'_{标}-C'_{空}=C_{标}-C_{空}=C_{标}-C_0 \tag{11-18}$$

$$\varepsilon=\frac{C_{标}}{C_0}\approx\frac{C_{标}}{C_{空}} \tag{11-19}$$

由式(11-17)、式(11-18) 和式(11-19) 可得：

$$C_0=\frac{C'_{标}-C'_{空}}{\varepsilon_{标}-1} \tag{11-20}$$

$$C_d=C'_{空}-C_0=C'_{空}-\frac{C'_{标}-C'_{空}}{\varepsilon_{标}-1} \tag{11-21}$$

三、仪器和试剂

仪器：小电容测定仪 1 台，阿贝折射仪 1 台，电容池 1 只，容量瓶（10mL）5 个，超级恒温水浴 1 台，烧杯（10mL）5 个，移液管（5mL 带刻度）1 只，电吹风 1 只，干燥器 1 只，电子天平 1 台。

试剂：四氯化碳（分析纯），乙酸乙酯（分析纯）。

四、实验步骤

1. 溶液配制

将 5 个干燥的容量瓶编号，分别称量空瓶重。在 2～5 号空瓶内分别加入 0.5mL、1.0mL、1.5mL 和 2.0mL 的乙酸乙酯再称重。然后在 1～5 号的 5 个瓶内加四氯化碳至刻度，再称重。操作时应注意防止溶质、溶剂的挥发以及吸收极性较大的水气。为此，溶液配好后应迅速盖上瓶塞，并置于干燥器中。

2. 折射率的测定

用阿贝折射仪测定四氯化碳及各配制溶液的折射率。

测定前先用少量样品清洗棱镜镜面两次，用洗耳球吹干镜面。测定时滴加的样品应均匀分布在镜面上，迅速闭合棱镜，调节反射镜，使视场明亮。转动右边的消色散旋钮，使右镜筒内呈现一条清晰的明暗临界线。转动左边调节旋钮，使临界线移动至准丝交点上，此时可在左镜筒内读取右列的折射率读数。每个样品要求测定 2 次，每次读取两个读数，这些数据之间相差不能超过 0.0003。

3. 介电常数的测定

本实验采用四氯化碳作为标准物质测定电容 C_0 和 C_d，其介电常数的温度公式为：

$$\varepsilon_{四氯化碳}=2.238-0.002(t-20) \tag{11-22}$$

式中，t 为测定时的温度（℃）。

插上小电容测量仪的电源插头，打开电源开关、预热 10min。

用配套的测试线将数字小电容测量仪上的“电容池座”插口与电容池上的“Ⅱ”插座相连，将另一根测试线的一端插入数字小电容测量仪的“电容池座”插口，另一端暂时不接。待数显稳定后，按下校零按钮，数字表头显示为零。

在电容池样品室干燥、清洁的情况下（电容池不清洁时，可用已醚或丙酮冲洗数次，并用电吹风吹干），将测试线未连接的一端插入电容池上的“Ⅰ”插座，待数显稳定后，数字表头指示的便为空气电容值 $C'_{空}$。

拔出电容池“Ⅰ”插座一端的测试线，打开电容池的上盖，用移液管量取 1mL 四氯化碳注入电容池样品室（样品过多会腐蚀密封材料，不可多加），每次加入的样品量必须相同。待数显稳定后，按下校零按钮，数字表头显示为零。将拔下的测试线的一端插入电容池上的

“Ⅰ”插座，待数显稳定后，数字表头显示的便为四氯化碳的电容值。吸去电容池内的四氯化碳，重新装样，再次测量电容值，两次测量电容的平均值即为$C'_{四氯化碳}$。

用吸管吸出电容池内的液体样品，用电吹风对电容池吹气，使电容池内液体样品全部挥发，至数显的数字与$C'_{空}$的值相差无几（<0.05pF），才能加入新样品，否则需再吹。

将$C'_{空}$、$C'_{四氯化碳}$值代入式(11-20)、式(11-21)，可解出C_0和C_d值。

4. 溶液电容的测定

与测纯四氯化碳的方法相同。重复测定时，不但要吸去电容池内的溶液，还要用电吹风将电容池样品室和电极吹干。然后复测$C'_{空}$值，以检验样品室是否还有残留样品。再加入该浓度溶液，测出电容值。两次测定数据的差值应小于0.05pF，否则要继续复测。所测电容读数取平均值，减去C_d，即为溶液的电容值$C_{溶}$。由于溶液浓度因组分挥发而改变，故加样时动作要迅速。

五、数据记录及处理

1. 计算四氯化碳的密度ρ_1和各溶液的密度$\rho_{溶}$及物质的量分数x_2。

按下式计算四氯化碳和各溶液的密度：

$$\rho_t=\frac{m_2-m_0}{m_1-m_0}\rho^t_{H_2O}$$

式中，m_0为空比重管质量（g）；m_1为（水＋比重管）质量（g）；m_2为四氯化碳或溶液＋比重管的质量（g）；ρ_t为温度t（℃）时四氯化碳或各溶液密度（g/cm^3）；$\rho^t_{H_2O}$为温度t（℃）时水的密度（查附录10，kg/m^3）。

编号	1	2	3	4	5
瓶重/g					
瓶＋酯重/g					
瓶＋溶液重/g					
瓶容积/mL					
酯重/g					
四氯化碳重/g					
溶液重/g					
密度ρ/(g/cm^3)					
物质的量分数x_2					

2. 四氯化碳及各溶液的折射率n。

编号	1	2	3	4	5
n_1					
n_2					
n					

3. 计算C_0、C_d及各溶液的介电常数ε。

编号	空气	1	2	3	4	5
C'_1						
C'_2						
C'						
ε						

C_0＝________

C_d＝________

4. 作 ε-x_2 图，由直线斜率求得 α；作ρ-x_2 图，由直线斜率求得 β；作 n-x_2 图，由直线斜率求得 γ。

5. 将ρ_1、ε_1、α、β 值代入式(11-7)，求得 P_2^{∞}；将ρ_1、ε_1、β、γ 值代入式(11-11)，求得 R_2^{∞}。

6. 将 P_2^{∞} 和 R_2^{∞} 值代入式(11-13) 计算乙酸乙酯的永久偶极矩 μ。

7. 文献值见表 11-1。

表 11-1 乙酸乙酯分子的偶极矩

μ/D	$\mu/(10^{-30}\mathrm{C\cdot m})$	状态或溶剂	温度/℃
1.78	5.94	气	30～195
1.83	6.10	液	25
1.73	5.87	CCl_4	25

注：$1\mathrm{D}=3.33564\times10^{-30}\mathrm{C\cdot m}$。

六、注意事项

1. 本实验所用试剂均易挥发，配制溶液时动作应迅速，以免影响浓度。
2. 测定电容时，应防止溶液的挥发及吸收空气中极性较大的水分，以免影响测定值。
3. 测折射率时，样品滴加要均匀，用量不能太少，滴管不要触及棱镜，以免损坏镜面。
4. 电容池各部件的连接应注意绝缘。

七、思考题

1. 试分析本实验中误差的主要来源，如何改进？
2. 准确测定溶质摩尔极化度和摩尔折射度时，为什么要外推至无限稀释？
3. 属于什么点群的分子有永久偶极矩？

实验 46 配合物的磁化率测定

一、实验目的

1. 了解磁化率的意义及磁化率和分子结构的关系。
2. 掌握古埃（Gouy）法测定物质的磁化率。

二、实验原理

1. 物质的磁化率

物质的磁化率表征着物质的磁化能力。物质置于外加磁场 H 中，该物质内部的磁感应强度为：

$$\hat{B}=(1+4\pi\chi)\hat{H} \tag{11-23}$$

χ称为物质的体积磁化率，是物质一种宏观磁性质。化学上常用单位质量磁化率χ_{m}或摩尔磁化率χ_M来表示物质的磁性质。它们的定义是：

$$\chi_{\mathrm{m}}=\frac{\chi}{\rho} \tag{11-24}$$

$$\chi_M=M\chi_{\mathrm{m}}=\frac{M\chi}{\rho} \tag{11-25}$$

式中，ρ是物质的密度；M是物质的摩尔质量。

χ无量纲，χ_m的单位是 m^3/kg，χ_M的单位是 m^3/mol。

$\chi_M<0$ 的物质称为反磁性物质。原子分子中电子自旋已配对的物质一般是反磁性物质。反磁性的产生在于内部电子的轨道运动，在外磁场作用下产生拉摩运动，感应出一个诱导磁矩。磁矩的方向与外磁场相反。

$\chi_M>0$ 的物质称为顺磁性物质。顺磁性一般是具有自旋未配对电子的物质。因为电子自旋未配对的原子或分子具有分子磁矩（亦称永久磁矩）μ_m，由于热运动，μ_m 指向各个方向的机会相同，所以该磁矩的统计值等于 0，在外磁场作用下，一方面分子磁矩会按着磁场方向排列，其磁化方向与外磁场方向相同，其磁化强度与外磁场成正比、另一方面物质内部电子的轨道运动也会产生拉摩运动，感应出诱导磁矩，其磁化方向与外磁场方向相反。所以顺磁性物质的摩尔磁化率χ_M是摩尔顺磁化率χ_μ和摩尔反磁化率χ_0两部分之和：

$$\chi_M=\chi_\mu+\chi_0 \tag{11-26}$$

但由于$\chi_\mu\gg|\chi_0|$，故顺磁性物质 $\mu>1$，$\chi_M>0$，可以近似地把χ_μ当作χ_M，即：

$$\chi_M\approx\chi_\mu \tag{11-27}$$

物质被磁化的强度与外界磁场强度之间不存在正比关系，而是随着外磁场强度的增加而剧烈增强，当外磁场消失后，这种物质的磁性并不消失，呈现出滞后现象，这种物质称为铁磁性物质。

2. 顺磁磁化率χ_μ和分子永久磁矩 μ_m 的关系

一般服从居里定律：

$$\chi_\mu=\frac{L\mu_m^2\mu_0}{3kT}=\frac{C}{T} \tag{11-28}$$

式中，L 为阿伏伽德罗常数；k 为玻尔兹曼常数；μ_0 为真空磁导率，等于 $4\pi\times10^{-7}$ H/m；T 为热力学温度。

分子的摩尔逆磁磁化率是由诱导磁矩产生的，它与温度的依赖关系很小，因此有：

$$\chi_M=\chi_0+\frac{L\mu_m^2\mu_0}{3kT}\approx\frac{L\mu_m^2\mu_0}{3kT} \tag{11-29}$$

由此式知，只要实验测得χ_M即可算出永久磁矩 μ_m。

3. 物质的永久磁矩 μ_m 和它所包含的未成对电子数 n 的关系

物质的顺磁主要来自于和电子自旋相关的磁矩（由于化学键使其轨道“冻结”）。电子有两个自旋状态，如果原子、分子或离子中有两个自旋状态的电子数不相等，则该物质在外磁场中就呈现顺磁性。这是由于每一个轨道上成对电子自旋所产生的磁矩是相互抵消的。所以只有尚未成对电子的物质才具有分子磁矩，它在外磁场中表现为顺磁性。

物质的分子磁矩 μ_m 和它所包含的未成对电子数 n 的关系可用下式表示：

$$\mu_m=\sqrt{n(n+2)}\mu_B \tag{11-30}$$

μ_B 称为玻尔（Bohr）磁子，其物理意义是单个自由电子自旋所产生的磁矩：

$$\mu_B=\frac{eh}{4\pi m_e}=9.274078\times10^{-24}\ \mathrm{A\cdot m^2} \tag{11-31}$$

式中，h 为普朗克常数；m_e 为电子质量；e 为电子电荷。

由实验测定χ_M，代入式(11-29)，求出 μ_m，再代入式(11-30) 求出未成对的电子数 n。理论值与实验值一定有误差，这是由于轨道磁矩完全被冻结的缘故。

4. 根据未成对电子数判断配合物的配键类型

由式(11-30) 算出的未成对电子数 n，对于研究原子或离子的电子结构，判断配合物的配键类型很有意义。

配合物的价键理论认为：配合物可分为电价配合物和共价配合物。电价配合物是指中央离子与配位体之间靠静电库仑力结合起来，这种化学键称为电价配键。这时中央离子的电子结构不受配位体影响，基本上保持自由离子的电子结构。共价配合物则是以中央离子的空的价电子轨道接受配位体的孤对电子以形成共价电子重排，以腾出更多空的价电子轨道，并进行“杂化”，来容纳配位体的电子对。

例如，Fe^{2+} 在自由离子状态下的电子结构如图 11-4 所示。

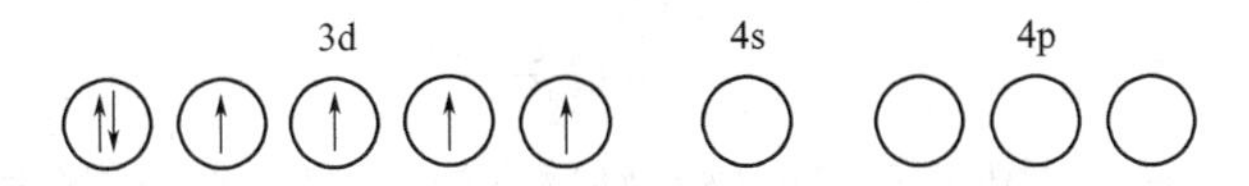

图 11-4　Fe^{2+} 在自由离子状态下的外层电子组态示意图

当它与 6 个水配位体形成络离子 $[Fe(H_2O)_6]^{2+}$ 时，中央离子 Fe^{2+} 仍能保持着上述自由离子状态下的电子结构，故此配合物是电价配合物。当 Fe^{2+} 与 6 个 CN^- 配位体形成络离子 $[Fe(CN)_6]^{4-}$ 时，铁的电子重排，6 个 d 电子集中在三个 d 轨道上，空出的 2 个 d 轨道和空的 s 和 p 轨道，进行杂化变成 d^2sp^3 杂化轨道（图 11-5），以此来容纳 6 个 CN^- 中的 C 原子上的孤对电子，形成 6 个共价配键，电子自旋全部配对，是反磁性物质。

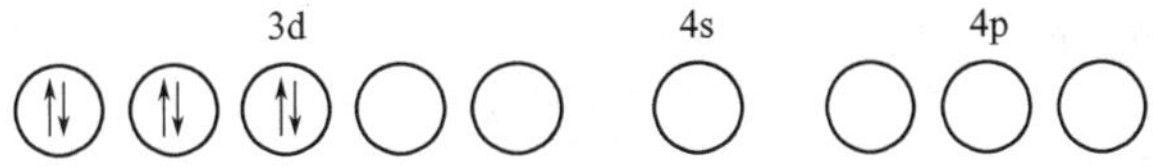

3d　4s　4p

图 11-5　Fe^{2+} 外层电子组态重排示意图

5. 古埃（Gouy）法测定磁化率 χ_M

本实验采用古埃磁天平法测定物质的 χ_M。如图 11-6 所示，将圆柱形样品管悬挂在天平的一个臂上，使样品管下端处于电磁铁两极中心，亦即磁场强度 H 最强处。样品应足够长，使其上端所处的磁场强度 H 可忽略不计，这样，圆形样品管就处在一个不均匀磁场中，磁场对样品作用力 f 为：

$$f=\int_{H}^{H_0}(\chi-\chi_{空})AH\frac{\partial H}{\partial S}\mathrm{d}S \tag{11-32}$$

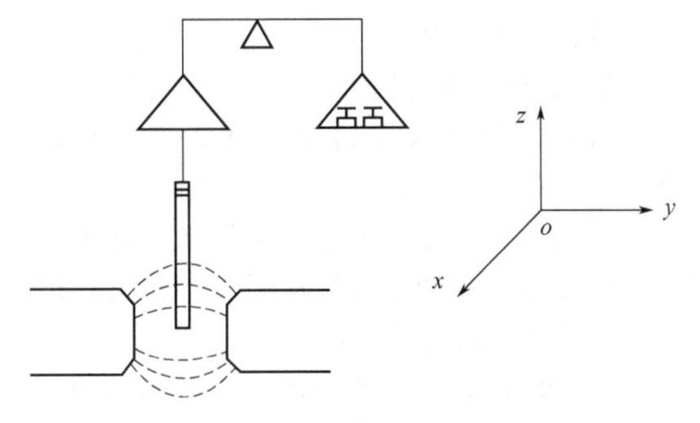

图 11-6　古埃磁天平示意图

式中，A 为样品截面积；$\chi_{空}$ 为空气的磁化率；S 为样品管轴方向；$\frac{\partial H}{\partial S}$ 为磁场强度梯度；H 为磁场中心强度；H_0 为样品顶端磁场强度。

假定空气的磁化率可以忽略，且 $H_0=0$，式(11-32) 积分得：

$$f=\frac{1}{2}\times H^2A \tag{11-33}$$

由天平称得装有被测样品的样品管和不装样品的空样品管在加与不加磁场时的重量变化，求出：

$$f_1=\Delta W_{空管}g \tag{11-34}$$

$$f_2=\Delta W_{样品+空管}g \tag{11-35}$$

显然，作用于样品的力 $f=f_2-f_1$，于是有：

$$\frac{1}{2}\chi H^2 A=(\Delta W_{样品+空管}-\Delta W_{空管})g \tag{11-36}$$

把式(11-24) 代入式(11-36) 中，同时将$\rho=\frac{W}{hA}$代入，则有：

$$\chi_M=\frac{2(\Delta W_{样品+空管}-\Delta W_{空管})ghM}{WH^2}=\frac{(\Delta W_{样品+空管}-\Delta W_{空管})hM\alpha}{W} \tag{11-37}$$

式中，g 为重力加速度；M 为样品摩尔质量；h 为样品实际高度（cm）；W 为样品在无磁场时的实际质量。

$$\alpha=\frac{2g}{H^2}$$

由于重力加速度 g 为常数，且当电磁铁励磁电流 I 一定时，磁场强度 H 一定，即 I=常数时，H=常数，则 α=常数。

用已知磁化率的标准样品，测定出空瓶样品 $\Delta W_{样品+空管}$、$\Delta W_{空管}$、W 和 h，通过式(11-37) 可求出该励磁电流下的 α。

本实验用硫酸亚铁铵 $(NH_4)_2SO_4 \cdot FeSO_4 \cdot 6H_2O$ 为标准样品，已知其单位质量磁化率为：

$$\chi_M=4\pi\times\frac{9500}{T+1}\times10^{-9}\ (m^3/kg)$$

式中，T 为绝对温度。

三、仪器和试剂

仪器：古埃磁天平，温度计 1 支，玻璃样品管 1 支，装样品工具（角匙、小漏斗、竹针），电吹风 1 个。

试剂：$FeSO_4 \cdot 7H_2O$(分析纯)，$(NH_4)_2SO_4 \cdot FeSO_4 \cdot 6H_2O$(分析纯)，$K_4Fe(CN)_6 \cdot 3H_2O$（分析纯）。

四、实验步骤

1. 磁天平的使用

(1) 古埃磁天平包括电光天平、悬线、电磁线、励磁电源，外接电源为 220V 交流电压。

(2) 磁天平工作前，必须接通冷却水。

(3) 励磁电源的升降应平稳、缓慢，严防突发性断电，以防止励磁线圈产生的反电动势将晶体管等元件击穿。

具体操作如下：加磁场，打开电源开关，逐渐调节电位器，让电流逐渐上升至需要强度。去磁场，逐渐调节电位器，使电流逐渐减为零，然后关闭电源。

(4) 每次称量后应将天平盘托起。

2. 样品管 $\Delta W_{空管}$ 的测定

小心将一个清洁、干燥的空样品管挂在古埃磁天平的挂钩上，使样品管底部与磁极中心平齐，准确称得空样品管重量。接通冷却水，打开励磁电源开关，使稳压器预热 15min 后，由小到大慢慢旋转调节器，使电流表指示 3A（即对电磁铁输入 3A 的电流）。此时电磁铁产生一个稳定的磁场，在外加磁场下称取空样品管的重量。将电流缓慢降至零。再由小到大旋转调节器，使电流表指向 3A，再称重量。若与上一次测得数值接近，就取它们的平均值作为加磁场时空样品管重量。

再把调节器旋转至零，断开电源开关，再称其空管重量，与第一次称重取平均值，作为不加磁场时空样品管重量。

3. 用硫酸亚铁铵标定 α 值

取下空样品管，将研细的 $(NH_4)_2SO_4 \cdot FeSO_4 \cdot 6H_2O$ 装入样品管（通过漏斗）。装填时，不断将样品管底部敲击桌面，使粉末样品均匀填实。样品装至 12～15cm 左右，用直尺准确测量样品高度 h（精确至毫米）。将管挂在磁天平挂钩上，同上法，在相应的励磁电流下（加磁场时电流仍为 3A）准确称量加磁场前后的重量，最后记录测定时的温度。

测定完毕，将样品管中的 $(NH_4)_2SO_4 \cdot FeSO_4 \cdot 6H_2O$ 倒入回收瓶中。样品管洗净、干燥备用。

4. 测定 $FeSO_4 \cdot 7H_2O$ 的磁化率 χ_M

在同一样品管中，装入 $FeSO_4 \cdot 7H_2O$，测定方法同步骤 3。

5. 测定 $K_4Fe(CN)_6 \cdot 3H_2O$ 的磁化率 χ_M

在同一样品管中，装入 $K_4Fe(CN)_6 \cdot 3H_2O$，测定方法同步骤 3。

五、数据记录及处理

1. 由 $(NH_4)_2SO_4 \cdot FeSO_4 \cdot 6H_2O$ 的质量磁化率和实验数据计算 α 值。

2. 由 $FeSO_4 \cdot 7H_2O$ 和 $K_4Fe(CN)_6 \cdot 3H_2O$ 的测定数据计算它们的 χ_M，判断是顺磁物质还是反磁性物质。若是顺磁性物质，计算永久磁矩 μ_m 和未成对电子数 n。

3. 讨论 $FeSO_4 \cdot 7H_2O$ 和 $K_4Fe(CN)_6 \cdot 3H_2O$ 的配键类型。

六、思考题

1. 从理论上讲，不同励磁电流下测得的样品的摩尔磁化率 χ_M 是否相同？

2. 本实验计算公式做了哪些近似计算？

12 化工过程基本参数测量实验

实验47 雷诺实验

一、实验目的

1. 观察层流时圆管中流体速度分布曲线形状。

2. 观察层流和湍流两种流动型态，建立流动型态的感性认识。

3. 确立流动型态与 Re 之间有一定联系的概念。

二、实验原理

实践证明，当流体在圆形直管内作层流流动时，流体速度分布曲线呈抛物线形状。管中心速度最大，渐近管壁则速度渐小，管壁处速度为零，平均速度为管中心最大速度的一半。若以清水为介质，有色墨水为示踪剂，在透明的玻璃管中进行实验，便可观察到如上所述的现象。

流体在流动过程中有两种截然不同的流动型态，即层流和湍流。它取决于流体流动时雷诺数 Re 值的大小。

$$Re=\frac{du\rho}{\mu} \tag{12-1}$$

式中，d 为管内径（m）；u 为流体流速（m/s）；ρ 为流体密度（kg/m^3）；μ 为流体黏度（Pa·s）。

实验证明，流体在圆形直管内流动时，当 $Re<2000$ 时属层流；当 $Re\geqslant 4000$ 时属湍流；当 Re 在两者之间，可能是层流，也可能是湍流，这与外界条件有关，称为不稳定的过渡区。

本实验以一定温度的清水为介质，在固定的导管中流动，故 d、ρ、μ 均为定值，Re 值只与流速 u 有关。通过改变水在管中的流速，便可观察到流体的流动形态及其变化，并可计算出雷诺数。

三、实验装置

实验装置如图12-1所示。自来水进入高位水槽，槽内设有进水缓冲器及溢流装置用以维持槽内平稳而又恒定的液面。水由高位槽流入实验玻璃管，经流量调节阀、转子流量计后排入地沟。墨水由墨水瓶流出，沿软胶管经墨水针阀、墨水注入针注入实验玻璃管。

四、实验步骤

(1) 开启高位槽进水阀，让水进入高位槽，应注意控制进水量，使其稍大于用水量即可（此时可见溢流管有少量水流下）。如果进水量过大，液面波动严重，必然影响实验效果。

(2) 缓慢打开流量调节阀，使水徐徐流过玻璃管，此时管内水的流速低，处于层流状态。

(3) 稍开墨水针阀，让墨水注入玻璃管，待墨水成一条稳定的直线后，记录转子流量计的读数。

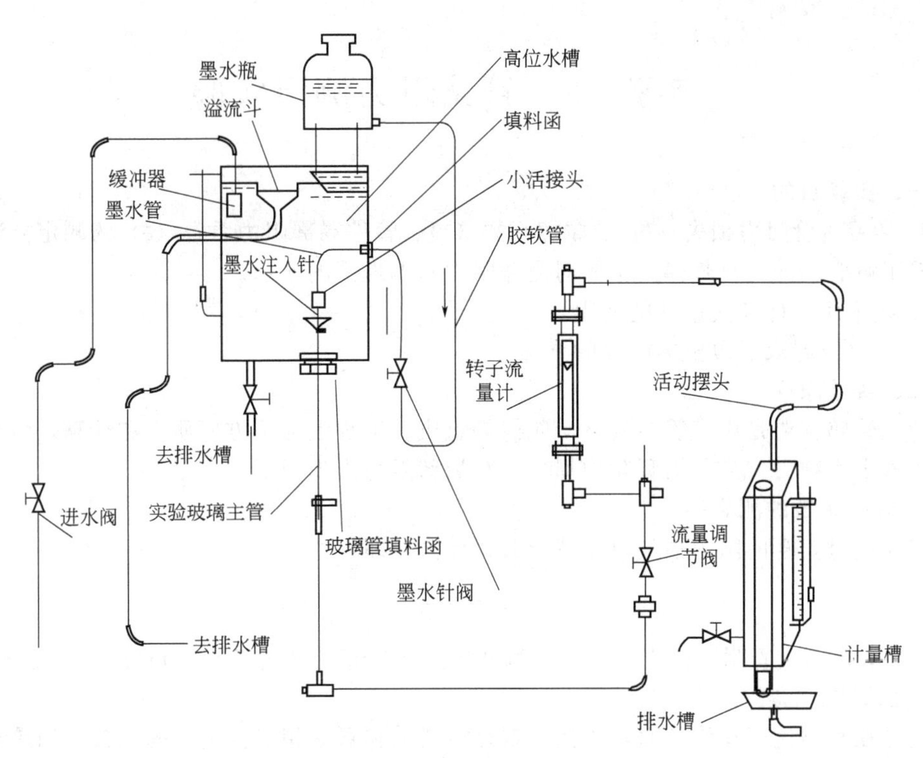

图 12-1　雷诺实验装置

(4) 逐渐加大水的流速，观察玻璃管内水流状态，并记录墨水线开始波动以及墨水与清水开始全部混合时的流量计读数。

(5) 再将水量由大变小，重复以上观察，记录各转折点处的流量计读数。

(6) 先关闭墨水针阀和流量调节阀，使玻璃管内的水停止流动。再开墨水针阀往玻璃管内注入少量墨水后关回。

(7) 慢慢打开流量调节阀，使管内流体作层流流动，便可观察到抛物线状的速度分布曲线。

五、数据记录及处理

设备编号＿＿＿＿＿＿；管内径＿＿＿＿＿＿ m；水温＿＿＿＿＿＿℃；水的密度＿＿＿＿＿＿ kg/m^3；水的黏度＿＿＿＿＿＿ Pa·s。

项目 序号	流量计读数/(L/h)	流速/(m/s)	雷诺数 Re	流动型态	
				实际观察	由 Re 判断
1					
2					
3					
4					
5					
6					

六、思考题

1. 如果管不是透明的，无法直接观察判断管内的流动型态，则如何来判断？

2. 影响流体流动型态的因素有哪些？

实验 48 管路阻力测定实验

一、实验目的

1. 学习直管阻力损失（h_f）、摩擦系数（λ）、管件局部阻力系数（ξ）的测定方法，并通过实验了解它们的变化规律，巩固对流体阻力基本理论的认识。

2. 熟悉压差计及流量计的使用。

3. 学习绘制双对数坐标曲线的方法。

二、实验原理

化工管路主要是由直管和管件、阀门等组成。工程上为了方便研究和计算，将阻力损失分成直管阻力损失（亦称沿程阻力损失）和局部阻力损失两部分。

1. 摩擦系数的测定

流体流过直管的阻力损失可用范宁公式计算，即：

$$h_f=\lambda \frac{l}{d}\frac{u^2}{2g} \tag{12-2}$$

式中，h_f为直管阻力损失（m）；l 为直管长度（m）；d 为管径（m）；u 为流速（m/s）；λ 为摩擦系数。

流体在管内作湍流流动时，摩擦系数是雷诺数和管壁相对粗糙度的函数，如果相对粗糙度一定，则 λ 只与 Re 有关。对已知长度、管径的直管，只要测出流速及阻力损失，就可按式(12-2) 求出摩擦系数。流速可由流量来计算，阻力损失则可由直管上两截面间的能量衡算方程来计算：

$$z_1+\frac{p_1}{\rho g}+\frac{u_1^2}{2g}+H_e=z_2+\frac{p_2}{\rho g}+\frac{u_2^2}{2g}+\sum h_f \tag{12-3}$$

式中，H_e 为外加压头。

对于等直径的水平直管，$z_1=z_2$，$u_1=u_2$，$\sum h_f=h_f$，由于 $H_e=0$，上式便简化为：

$$h_f=\frac{p_1-p_2}{\rho g} \tag{12-4}$$

两截面间管段的压力差（p_1-p_2）可用倒 U 形管压差计测量，故可计算出 h_f。

用孔板流量计测定流体通过已知直管段的流量 q_V，流速由式 $q_V=\frac{\pi}{4}d^2u$ 计算，由流体的温度可查得流体的密度ρ、黏度 μ，因此对于每一组测得的数据可分别计算出对应的 λ 和 Re。

2. 局部阻力系数的测定

根据局部阻力系数的定义：

$$h_f=\xi\frac{u^2}{2} \tag{12-5}$$

式中，ξ 为局部阻力系数。

只要测出流体经过管件时的阻力损失 h_f 以及流体通过管路的流速 u，即可算出局部阻力系数。不过在测定阻力损失时，测压孔不能在紧靠管件处，否则静压强差难以测准。另外，还有一个重要原因，即管件的阻力损失不仅是流体通过管件的损失，还包括由于流体通过管件时，其前后扰动加强，增大了前后一小段管内的摩擦损失。通常测压孔都开设在距管件一定距离的管上，这样测出的阻力损失包括了管件和直管两部分，因此，计算管件阻力损失时应扣除直管的阻力损失。

三、实验装置

实验装置如图 12-2 所示。

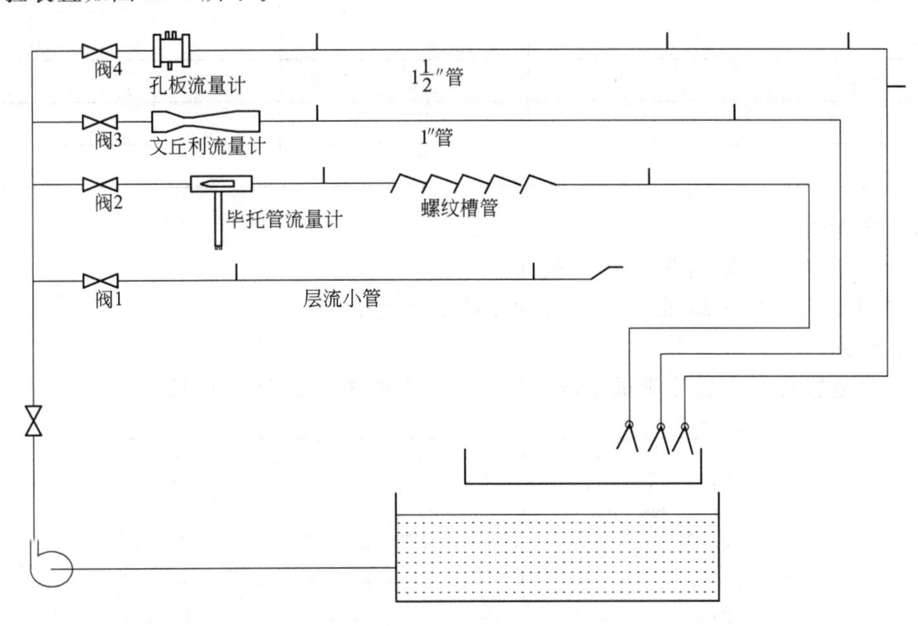

图 12-2 管路阻力测定装置示意图

四、实验步骤

(1) 熟悉实验装置及流程，观察倒 U 形压差计、孔板压差计的测压点的位置及与管道的连接状况，往水槽内加满水。

(2) 关闭泵出口阀，启动离心泵，逐渐打开泵出口阀，进行管路、压差计导管的排气，并调整倒 U 形压差计两端的液面相平。

(3) 从小到大改变流量，每改变一次流量，读取一组压差计数值。读取数据时，应注意稳定后再进行。共测取 6～8 组数据。

(4) 关闭泵出口阀，停泵，关闭测压考克，切断电源。

五、数据记录及处理

设备编号________；管径 d ________ m；水温________℃；大气压________ Pa。

项目 1：直管摩擦系数

直管材料________；管径 d ________ m；直管长度 l ________ m。

项目 \ 序号	1	2	3	4	5	6
孔板压差示值/mmHg						
直管压差示值/mmH_2O						
流量 q_V/(m^3/s)						
Re						
λ						

在双对数坐标系中绘出 λ 与 Re 的关系曲线。

项目 2：90°弯头阻力系数

名称＿＿＿＿＿＿；管径 d ＿＿＿＿＿＿ m。

项目＼次数	1	2	3	4	5	6
压差 R/mmH_2O						
流量 $q_V/(m^3/s)$						
ξ						

六、思考题

1. 本实验为什么采用倒 U 形压差计?
2. 本实验测得的 λ-Re 曲线，对其他流体是否适用?

七、附图

本实验装置孔板流量计流量系数与流量计压差的关系如图 12-3 所示。

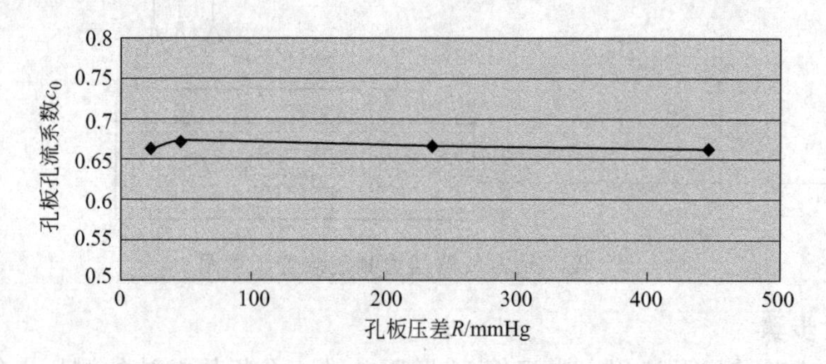

图 12-3　孔板流量计流量系数与流量计压差的关系

实验 49　离心泵性能测定实验

一、实验目的

1. 熟悉离心泵的构造与特性。
2. 学习离心泵操作方法和离心泵特性曲线的测定方法。
3. 了解离心泵特性曲线的应用。

二、实验原理

在一定转速下，离心泵的压头 H、轴功率 N 及效率η均随实际流量 Q 的大小而改变，通常用水做实验测出 H-Q、N-Q、及η-Q之间的关系，并以曲线表示，称为泵的特性曲线。

泵的特性曲线是确定泵的适宜操作条件和选用离心泵的重要依据。

如果在泵的操作中，测得其流量 Q，进、出口的压力和泵所消耗的功率（即轴功率），则可求得其特性曲线。

在离心泵进、出口管装设真空表和压力表，在相应的两截面列出机械能衡算方程式（以单位重量液体为衡算基准）：

$$z_1+\frac{p_1}{\rho g}+\frac{u_1^2}{2g}+H=z_2+\frac{p_2}{\rho g}+\frac{u_2^2}{2g}+H_f \tag{12-6}$$

由于在测试离心泵特性曲线时，两取压口尽量靠近离心泵的进、出口，因此两截面之间的管路较短，忽略两截面之间的压头损失，即 $H_f=0$，并令 $z_2-z_1=h_0$，整理式(12-6) 得：

$$H=h_0+\frac{p_2-p_1}{\rho g}+\frac{u_2^2-u_1^2}{2g} \tag{12-7}$$

式中，p_1 为泵入口真空表读数（Pa）；p_2 为泵出口压力表读数（Pa）；h_0 为压力表与真空表测压点之间的垂直高度（m）；u_1 为吸入管内水的流速（m/s）；u_2 为排出管内水的流速（m/s）。

由式(12-7) 计算出压头，此即为离心泵给单位重量流体提供的能量，由于体积流量可由涡轮流量计测得，因此流体获得的有效功率 N_e 为

$$N_e=QH\rho g \tag{12-8}$$

根据离心泵效率的定义及有效功率表达式(12-8)，有：

$$\eta=\frac{QH\rho g}{1000N} \tag{12-9}$$

式中，Q 为流量（m^3/s）；H 为压头（m）；ρ 为被输送液体密度（kg/m^3）；N 为泵的轴功率（kW）。

三、实验装置

离心泵性能测定实验装置如图 12-4 所示。

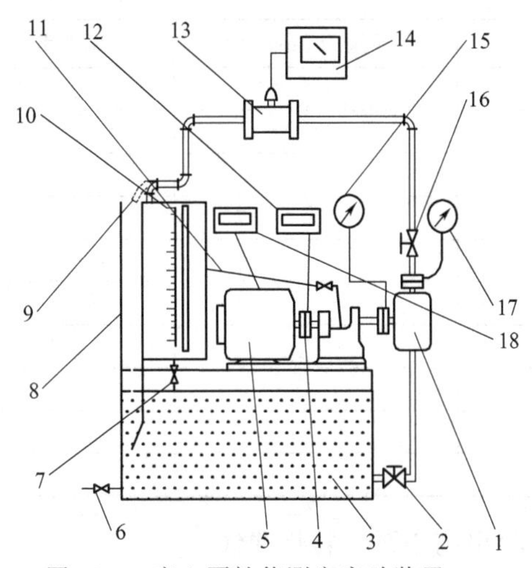

图 12-4 离心泵性能测定实验装置

1—离心泵；2—进口球阀；3—水槽；4—可拆式弹性联轴节；5—电机；6—排水阀；7—排水阀、落水管；8—落水管；9—摆头式出水管口；10—计量槽，水位计；11—加水管；12—转速表；13—透明涡轮流量计及变送器；14—涡轮流量计显示仪表；15—真空表；16—出口阀；17—压力表；18—功率表

四、实验步骤

（1）先熟悉实验设备的操作过程和掌握仪表的使用方法。

（2）检查泵轴承的润滑情况，用手转动联轴节，是否转动灵活。

（3）向水槽及计量槽内加足水，打开泵的灌水阀及出口阀，向泵内灌水至满，然后关闭阀门。

（4）启动离心泵，待泵运转正常后逐渐开大出口阀，在流量为零至最大之间合理测取8～10组数据。

（5）在某一流量下，同时记录流量计、转速表、真空表、压力表、功率表的示值。

(6) 测取数据结束后，关闭泵出口阀，停泵，切断电源。

五、数据记录

离心泵型号________；泵入口管径________ m；泵出口管径________ m；h_0 = ________ m；水温________℃。

序号	流量计示值/(L/s)	真空表示值/Pa	压力表示值/Pa	功率表示值/kW	转速 n/(r/min)
1					
2					
3					
4					
5					
6					
7					
8					
9					
10					

六、数据处理

1. 计算结果表

序号	流量 Q/(m^3/s)	压头 H/mH_2O	轴功率 N/kW	效率η
1				
2				
3				
4				
5				
6				
7				
8				
9				
10				

2. 在方格坐标纸上绘出离心泵的特性曲线。

3. 指出适宜工作区及最佳工作点。

七、思考题

1. 为什么开泵前要先灌满水？开泵和关泵前为什么要先关闭泵的出口阀门？

2. 为什么流量越大，入口处真空表的读数越大？

3. 离心泵的流量可以通过出口阀门调节，往复泵的流量是否也可以采用同样的方法调节？为什么？

实验 50 强制对流下对流传热系数的测定

一、实验目的

1. 掌握圆形光滑直管（或波纹管）外蒸汽、管内空气在强制对流条件下的对流传热系数的测定。

2. 根据实验数据整理出特征数关联式。

二、实验原理

1. 特征数关联

影响对流传热的因素很多，根据量纲分析得到的对流传热的特征数关联式的一般形式为：

$$Nu=CRe^{m}Pr^{n}Gr^{l} \tag{12-10}$$

式中，Nu 为努塞尔系数；Re 为雷诺系数；Pr 普朗特系数；Gr 为格拉尚夫数；C、m、n、l 为待定参数，参加传热的流体、流态及温度等不同，待定参数不同。

目前，只能通过实验来确定特定范围的参数，本实验是测定空气在圆管内做强制对流时的对流传热系数。因此，可以忽略自然对流对对流传热系数的影响，则 Gr 为常数。在温度变化不太大的情况下，空气的 Pr 可视为常数，所以式(12-10) 可写成：

$$Nu=CRe^{m} \tag{12-11}$$

或

$$\alpha=C\frac{\lambda}{d}Re^{m}$$

待定参数 C 和 m 可通过实验测定蒸汽、空气的有关数据后，根据原理计算、分析求得。

2. 传热量的计算

努塞尔数 Nu 和雷诺数 Re 都无法直接用试验测定，只能测定相关的参数并通过计算求得。当通过套管环隙的饱和蒸汽与冷凝壁面接触后，蒸汽将放出冷凝潜热，冷凝成水，热量通过管壁传递给管内的空气，使空气的温度升高，空气从管的末端排出管外，传递的热量由下式计算：

$$Q=q_{\mathrm{m}}c_{\mathrm{pc}}(t_2-t_1)=q_{V1}\rho_1c_{\mathrm{pc}}(t_2-t_1) \tag{12-12}$$

根据传热速率方程：

$$Q=KA\Delta t_{\mathrm{m}} \tag{12-13}$$

所以

$$KA\Delta t_{\mathrm{m}}=q_{V1}\rho_1c_{\mathrm{pc}}(t_2-t_1) \tag{12-14}$$

式中，Q 为换热器的热负荷（或传热速率，kJ/s）；q_{m} 为冷流体（空气）的质量流量（kg/s）；t_1 为空气的进口温度（℃）；t_2 为空气的出口温度（℃）；q_{V1} 为冷流体（空气）的体积流量（m^3/s）；ρ_1 为冷流体（空气）的密度（kg/m^3）；K 为换热器总传热系数 [$W/(m^2\cdot K)$]；c_{pc}为冷流体（空气）的平均定压比热容 [$kJ/(kg\cdot K)$]；A 为传热面积（m^2）；Δt_{m} 为蒸汽与空气的对数平均温度差（℃）。

$$\Delta t_{\mathrm{m}}=\frac{(T-t_1)-(T-t_2)}{\ln\dfrac{T-t_1}{T-t_2}}=\frac{t_2-t_1}{\ln\dfrac{T-t_1}{T-t_2}}$$

式中，T 为蒸汽温度（K）。

空气的体积流量及两种流体的温度等可以通过各种测量仪表测得，由式(12-14) 即可算出传热系数 K。

3. 对流传热系数的计算

当传热面为平壁，或者当管壁很薄时，总传热系数和各对流传热系数的关系可表示为：

$$\frac{1}{K}=\frac{1}{\alpha_1}+\frac{b}{\lambda}+\frac{1}{\alpha_2} \tag{12-15}$$

式中，α_1 为管内壁对空气的对流传热系数 [W/(m^2·℃)]；α_2 为蒸汽冷凝时对管外壁的对流传热系数 [W/(m^2·℃)]。

当管壁热阻可以忽略（内管为黄铜管，黄铜热导率 λ 比较大，而且壁厚 b 较小）时：

$$\frac{1}{K}=\frac{1}{\alpha_1}+\frac{1}{\alpha_2} \tag{12-16}$$

由于蒸汽冷凝时的对流传热系数远大于管内壁对空气的对流传热系数，即 $\alpha_2 \gg \alpha_1$，所以 $K \approx \alpha_1$。因此，只要在实验中测得冷、热流体的温度及空气的体积流量，即可通过热量衡算求出套管换热器的总传热系数 K，由此求得管内壁对空气的对流传热系数 α_1。

4. 努塞尔数和雷诺数的计算

$$Re=\frac{du\rho_1}{\mu}=\frac{dq_V\rho_1}{\frac{\pi}{4}d^2\mu}=\frac{q_V\rho_1}{\frac{\pi}{4}d\mu} \tag{12-17}$$

$$Nu=\frac{\alpha_1 d}{\lambda}=\frac{Kd}{\lambda}=\frac{q_{V1}\rho_1 c_{pc}(t_2-t_1)d}{\lambda A\Delta t_m} \tag{12-18}$$

式中，λ 为空气热导率 [W/(m·℃)]；μ 为空气的黏度（Pa·s）；d 为套管换热器的内管直径（内径，m）；ρ_1 为进口温度 t_1 时的空气密度（kg/m^3）。

由于热阻主要集中在空气一侧，本实验的传热面积 A 取管的内表面积较为合理，即：

$$A=\pi dL$$

本装置 $d=0.0178$m，$L=1.224$m。

5. 空气的体积流量和密度的计算

空气的流量由流量计测量，合并常数后，空气的体积流量可由下式计算：

$$q_{V1}=0.0003921\sqrt{\frac{\Delta p}{\rho_1}} \tag{12-19}$$

式中，q_{V1} 为空气的体积流量（m^3/s）；Δp 为流量计压差示值（Pa）。

空气的密度 ρ_1 可按理想气体计算：

$$\rho_1=1.293\frac{p_a+p}{1.013\times10^5}\frac{273}{273+t} \tag{12-20}$$

式中，p_a 为当地大气压（Pa）；t 为流量计前空气温度（℃），可取 $t=t_1$；p 为流量计前空气的表压（Pa）。

三、实验装置

传热实验装置见图 12-5。

四、实验步骤

(1) 将水装入电热蒸汽发生器，液位在液面计 2/3 高度处为宜，不能低于电加热棒的位置。

(2) 接通电源，按下加热按钮，加热产生蒸汽，当达到预设温度时，关闭加热按钮。

(3) 在旁路阀全开的情况下启动风机，然后关小旁路阀调节风量。

(4) 打开蒸汽阀，往套管换热器内通入蒸汽，并打开排气阀，排除不凝性气体，待有水蒸气喷出时即关闭。实验过程中要间歇排除不凝性气体。

(5) 用旁路阀调节风量由小到大变化，记录 7 组数据，注意在每次改变流量后需待传热稳定后再记录有关数据。

(6) 实验结束，关闭蒸汽、停运风机，拉下电闸并检查仪表是否完好。

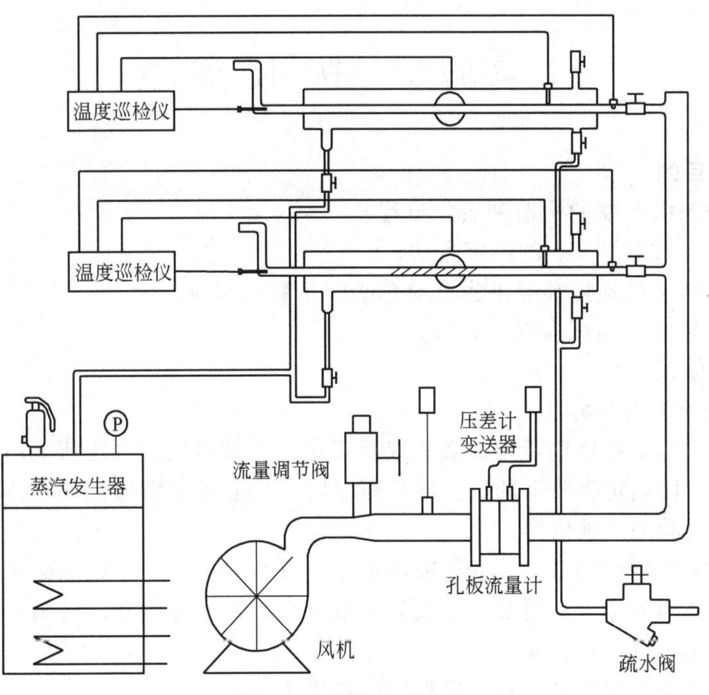

图 12-5 传热实验装置

五、数据记录及处理

1. 传热实验记录表

设备编号________；管型________；室温________℃；大气压________ Pa；加热蒸汽压________ Pa。

序号	流量计前表压 P/kPa	管压差/Pa	流量计压差示值 Δp/Pa	温度/℃			α_1	Re	Nu
				t_1	t_2	T			
1									
2									
3									
4									
5									
6									
7									

2. 在双对数坐标系中作出 Re-Nu 图。
3. 确定特征数关联式中的待定参数 C、m。
4. 写出特征数关联式。

六、思考题

1. 在蒸汽冷凝时，若存在不凝性气体，你认为将会有什么影响？应该采取什么措施？
2. 本实验中所测定的壁面温度是接近蒸汽侧的温度，还是接近空气侧的温度？为什么？
3. 有哪些因素影响实验的稳定性？
4. 影响对流传热系数的因素有哪些？

实验51 吸收实验

一、实验目的

1. 熟悉填料吸收塔的构造和吸收流程。

2. 掌握总吸收系数 K_Y 的测定方法。

3. 了解气体空塔速度和喷淋密度对总吸收系数的影响。

4. 了解气体流速与压强降的关系。

二、实验原理

1. 填料塔流体力学特性

填料塔流体力学特性包括压强降和液泛规律。在计算输送气体所需用动力时，必须知道压强降的大小。而确定吸收塔的气、液负载量时，则必须了解液泛的规律，所以测量流体力学性能是吸收实验的一项内容。

实验可用空气与水进行。在各种喷淋量下，逐步增大气速，记录必要的数据直至刚出现液泛时止。但必须注意，不要使气速过分超过泛点，避免冲跑和冲破填料。

2. 总吸收系数 K_Y 的测定

(1) 总吸收系数的计算公式　填料层的高度为：

$$Z=\int_0^Z \mathrm{d}Z=\frac{V}{K_Y a\Omega}\int_{Y_2}^{Y_1}\frac{\mathrm{d}Y}{Y-Y^*} \tag{12-21}$$

式中，Z 为填料层的高度（m）；V 为惰性气体流量（kmol/s）；K_Y 为以 ΔY 为推动力的气相总吸收系数 [kmol/(m^2·s)]；a 为每立方米填料的有效气液传质面积（m^2/m^3）；Ω 为塔的横截面积（m^2）；Y 为混合气体中溶质与惰性组分的物质的量比 [kmol（溶质）/kmol（惰性组分）]，其中 Y_1 表示浓端，Y_2 表示稀端，Y^* 表示平衡时气相中溶质与惰性组分的物质的量比。

气体逆流操作吸收时操作线方程为：

$$Y=\frac{L}{V}X+\left(Y_1-\frac{L}{V}X_1\right) \tag{12-22}$$

式中，L 为通过吸收塔的溶剂量（kmol/s）；X 为组分在液相中的物质的量比。

在稳定条件下，由于 L、V、X_1、Y_1 均为定值，故操作线是一条直线，它描述了塔的任意截面上气、液两相浓度之间的关系。

根据亨利定律，有：

$$Y^*=\frac{mX}{1+(1-m)X} \tag{12-23}$$

式中，m 为相平衡常数，无量纲。

当吸收为低浓度吸收时，溶液浓度很低，分母趋近于1，这时

$$Y^*=mX \tag{12-24}$$

相平衡线也是一条直线。

本实验为低浓度吸收，操作线和平衡线均可看作直线，浓端推动力 $\Delta Y_1=Y_1-Y_1^*$，稀端推动力 $\Delta Y_2=Y_2-Y_2^*$。

又：$\dfrac{\mathrm{d}(\Delta Y)}{\mathrm{d}Y}=\dfrac{\Delta Y_1-\Delta Y_2}{Y_1-Y_2}$　　　$\mathrm{d}Y=\dfrac{\mathrm{d}(\Delta Y)}{\dfrac{\Delta Y_1-\Delta Y_2}{Y_1-Y_2}}$

$$\int_{Y_2}^{Y_1}\frac{dY}{Y-Y^*}=\int_{\Delta Y_2}^{\Delta Y_1}\frac{(Y_1-Y_2)d(\Delta Y)}{(\Delta Y_1-\Delta Y_2)\Delta Y}=\frac{Y_1-Y_2}{\Delta Y_1-\Delta Y_2}\int_{\Delta Y_2}^{\Delta Y_1}\frac{d(\Delta Y)}{\Delta Y}=\frac{Y_1-Y_2}{\Delta Y_1-\Delta Y_2}=\ln\frac{\Delta Y_1}{\Delta Y_2}=\frac{Y_1-Y_2}{\Delta Y_m} \tag{12-25}$$

$$\Delta Y_m=\frac{\Delta Y_1-\Delta Y_2}{\ln\frac{\Delta Y_1}{\Delta Y_2}}=\frac{(Y_1-Y_1^*)-(Y_2-Y_2^*)}{\ln\frac{Y_1-Y_1^*}{Y_2-Y_2^*}}$$

式中，ΔY_m 为塔顶与塔底两截面上吸收推动力的对数平均值，称为对数平均推动力。

将式(12-25) 代入式(12-21)，得

$$Z=\frac{V}{K_Y a\Omega}\times\frac{Y_1-Y_2}{\Delta Y_m}$$

移项得：

$$K_Y=\frac{V}{Za\Omega}\times\frac{Y_1-Y_2}{\Delta Y_m} \tag{12-26}$$

式(12-26) 中的 a 一般不等于干填料的比表面积 a_t，而应乘以填料的表面效率 η。

$$a=\eta a_t$$

η 可根据最小润湿率分率由图 12-6 查出。

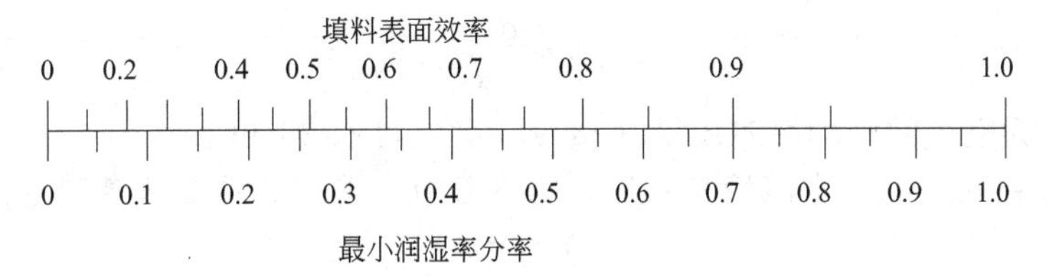

图 12-6 填料表面效率与最小润湿率分率的关系

一般填料规定的最小润湿率为 $0.08\text{m}^3/(\text{m}\cdot\text{h})$

$$\text{操作润湿率}=\frac{\text{液体喷淋密度}}{a_t}$$

$$\text{最小润湿率分率}=\frac{\text{操作的润湿率}}{\text{规定的最小润湿率}}$$

(2) 总吸收系数 K_Y 的求法 从式(12-26) 可见，要测定 K_Y 值，应把公式两边各项分别求出。在本实验中 Y_1 由测定进气中的氨气量和空气量求出，Y_2 由尾气分析器测出，a 值由上述方法求出，Y^* 由平衡关系求出。下面介绍整理数据的步骤。

① 求空气流量 标准状态的空气流量 q_{V0} 用下式计算：

$$q_{V0}=q_{V1}\frac{T_0}{P_0}\sqrt{\frac{P_1P_2}{T_1T_2}}\ (\text{m}^3/\text{h}) \tag{12-27}$$

式中，q_{V1} 为空气流量计示值（m^3/h）；T_0、T_1、T_2 分别为标准状态、标定状态和操作状态下空气的温度（K）；P_0、P_1、P_2 分别为标准状态、标定状态和操作状态下空气的压强（Pa）。

② 求氨气流量 标准状态下氨气流量 q'_{V0} 用下式计算：

$$q'_{V0}=q'_{V1}\frac{T_0}{P_0}\sqrt{\frac{\rho_{01}P_2P_1}{\rho_{02}T_2T_1}} \tag{12-28}$$

式中，q'_{V1} 为氨气流量计示值（m^3/h）；ρ_{01} 为标准状态下空气的密度（kg/m^3）；ρ_{02} 为标准状态下氨气的密度（kg/m^3）。

若氨气中含纯氨为98%，则纯氨在标准状态下的流量q''_{V0}可用下式计算：

$$q''_{V0}=0.98q'_{V0} \tag{12-29}$$

③ 计算混合气体通过塔截面的摩尔流速。

$$G=\frac{q_{V0}+q'_{V0}}{22.4\times\frac{\pi}{4}D^2} \tag{12-30}$$

式中，D为填料塔内径（m）。

④ 求进气浓度。

$$Y_1=\frac{n_1}{n_2} \tag{12-31}$$

式中，n_1为进塔混合气中氨气的物质的量；n_2为进塔混合气中空气的物质的量。

根据理想气体状态方程式：

$$n_1=\frac{P_0q''_{V0}}{RT_0} \qquad n_2=\frac{P_0q_{V0}}{RT_0}$$

所以，

$$Y_1=\frac{q''_{V0}}{q_{V0}} \tag{12-32}$$

⑤ 计算V。

$$V=\frac{q_{V0}}{M}\rho_{01}$$

式中，M为空气的平均摩尔质量（kg/kmol），可取28.96。

⑥ 平衡关系式　如果水溶液是<10%的稀溶液，平衡关系服从亨利定律。则：

$$Y^*=mX \tag{12-33}$$

式中，m为相平衡常数。

$$m=\frac{E}{P}$$

式中，E为亨利系数（Pa）；P为系统总压强（Pa），P=大气压+塔顶表压+1/2塔内压差。

$$E=\frac{P^*}{X} \tag{12-34}$$

式中，P^*为平衡时的氨气分压（mmHg或Pa）。

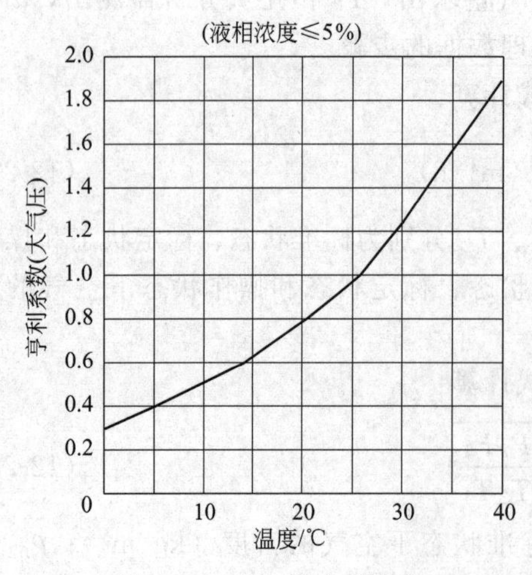

图12-7　NH_3的亨利系数

由式(12-34)可以计算出亨利系数。通常资料中记载的是较浓的氨液的亨利系数，本实验中的溶液较稀，氨的亨利系数有所变化。当液相浓度（物质的量分数）≤0.05时，可从图12-7查取。

⑦ 计算Y_2　计算式见式(12-37)。

⑧ 求出塔液相浓度X_1　根据物料衡算方程：

$$V(Y_1-Y_2)=L(X_1-X_2)$$

进塔液相为清水，即$X_2=0$，则：

$$X_1=\frac{V}{L}(Y_1-Y_2) \tag{12-35}$$

⑨ 计算ΔY_m　ΔY_m为对数平均推动力，注意：因为$X_2=0$，所以$Y_2^*=0$。

⑩ 计算$Za\Omega$　最后可求出K_Y。

3. 传质单元高度的确定

根据：

$$Z = H_{OG} H_{OL} \tag{12-36}$$

式中，H_{OG}为气相总传质单元高度（m）；H_{OL}为气相总传质单元。

Z已知，H_{OL}求出后，H_{OG}则可求。

三、实验装置

吸收实验装置如图 12-8 所示。

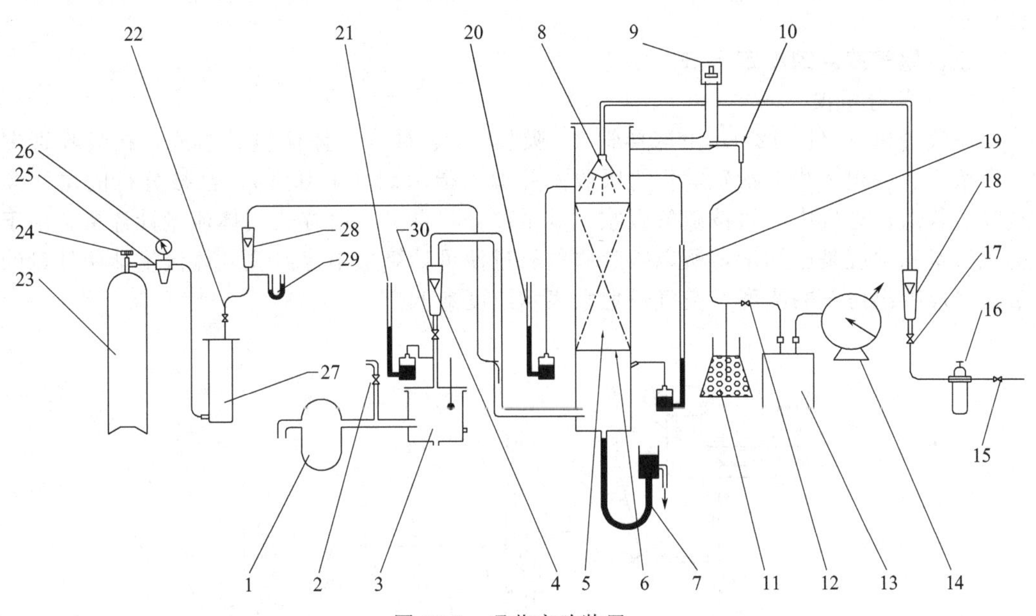

图 12-8 吸收实验装置

1—风机；2—空气调节阀；3—油分离器；4—空气流量计；5—填料塔；6—栅板；7—排液管；8—莲蓬头；9—尾气调压阀；10—尾气取样管；11—稳压瓶；12—考克；13—吸收盒；14—湿式气体流量计；15—总阀；16—水过滤减压阀；17—水调节阀；18—水流量计；19—压差计；20—塔顶表压计；21—表压计；22—温度计；23—氨瓶；24—氨瓶阀；25—氨自动减压阀；26—氨压力表；27—缓冲罐；28—转子流量计；29—表压计；30—闸阀

四、实验步骤

1. 填料塔流体力学测定操作

本项操作不要开动氨气系统，仅用水和空气进行操作便可。

（1）先开动供水系统，开动供水系统中的滤水器时，要注意首先打开出水端阀门，再慢慢打开进水阀，如果在出水端阀门关闭情况下开进水阀，则滤水器可能超压。

（2）开动空气系统，开动时要首先全开叶氏风机的旁通阀，然后再启动叶氏风机，否则风机一开动，系统内气速突然上升可能撞坏空气流量计的转子。风机启动后再通过关小旁通阀的方法调节空气流量。

同理，实验完毕要停机时，也要全开旁通阀，待转子降下来以后再停机。如果突然停机，气流突然停止，转子就会猛然摔下，撞坏流量计。

（3）一般总是慢慢加大气速到接近液泛，然后回复到预定气速再进行正式测定，目的是使填料全面润湿一次。

（4）正式测定时固定喷淋量，测定某一气速下填料的压降，按实验记录表格记录数据。

2. 传质系数测定的操作

（1）事先确定好操作条件（如氨气流量、空气流量、喷淋量），准备好尾气分析器，用前述方法开动供水系统，一切准备就绪后再开动氨气系统。实验完毕随即关闭氨气系统，以尽可能节约氨气。

(2) 氨气系统的开动方法：事先要了解氨气自动减压阀的构造。开动时首先将自动减压阀的弹簧放松，使自动减压阀处于关闭状态，然后稍开氨气瓶瓶顶阀，此时自动减压阀的高压压力表应有示值。接下来先关好氨气转子流量计前的调节阀，再缓缓压紧减压阀的弹簧，使阀门打开，同时注视低压氨气压力表，至压力表的示值达到 $5\times10^4\sim8\times10^4$ Pa 时即可停止。然后用转子流量计前的调节阀调节流量，便可正常使用。关闭氨气系统的步骤与打开相反。

五、尾气浓度的测定方法

1. 尾气分析仪

尾气分析仪（图 12-9）由取样管 3、吸收管 8、湿式气体流量计组成，在吸收管中装入一定浓度、一定体积的稀硫酸作为吸收液并加入指示剂（甲基红），当被分析的尾气样品通过吸收管后，尾气中的氨被硫酸吸收，其余部分（空气）由湿式气体流量计计量。由于加入的硫酸量和浓度是已知量，所以被吸收的氨量便可计算出来。湿式气体流量计所计量的空气量可以反映出尾气的浓度，空气量愈大表示浓度愈低。

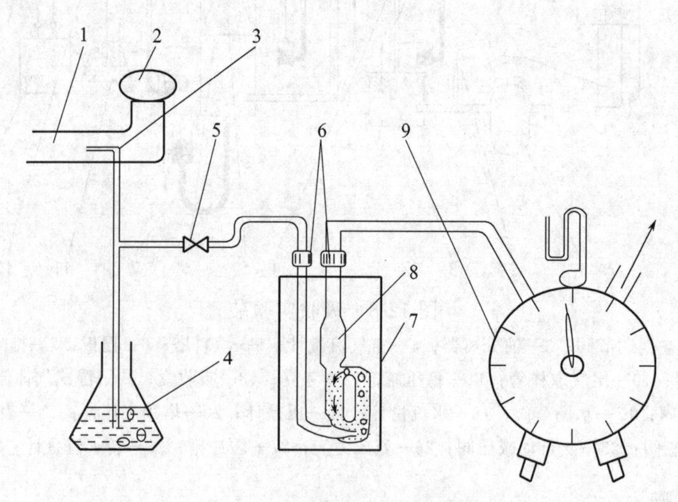

图 12-9 尾气分析仪流程图

1—尾气管；2—尾气调压阀；3—取样管（管口对正气流方向）；4—稳压瓶；5—玻璃旋塞；6—快装接头；7—吸收盒；8—吸收管；9—湿式气体流计

2. 操作方法

分析操作开始时先记录湿式气体流量计的初始值，然后开启玻璃旋塞让尾气通过取样管并观察吸收液的颜色（吸收管是透明的，可以看清吸收液的颜色），当吸收液刚改变颜色（由红变黄）时，表示吸收到达终点，应立即关闭玻璃旋塞，读取湿式气体流量计终示值。操作时要注意控制玻璃旋塞的开度，使尾气呈单个气泡连续不断的进入吸收管。如果开度过大，气泡呈大气团通过，则吸收不完全；开度过小，则拖延分析时间。

3. 尾气浓度的计算

尾气通过吸收器，当其中的硫酸被尾气中的氨刚好中和完全时，若所通过的空气体积为 V_0(mL)（标准状态），被吸收的氨的体积为 V_0''(mL)（标准状态），则尾气浓度 Y_2 为：

$$Y_2=\frac{V_0''}{V_0} \tag{12-37}$$

计算 Y_2 时，由湿式气体流量计测得的空气体积 V_1 换算为标准状态下的空气体积 V_0，换算公式为：

$$V_0=\frac{p_1 T_0}{p_0 T_1}V_1 \tag{12-38}$$

式中，V_1 为湿式气体流量计所测得的空气体积（mL）；p_1、T_1 为空气流经湿式气体流量计的压强和温度；p_0、T_0 为标准状态下空气的压强和温度。

氨的体积 V_0'' 可根据加入吸收管的硫酸溶液体积和浓度用下面公式求出：

$$V_0''=\frac{22.1V_s c_s r''}{r_s} \tag{12-39}$$

式中，c_s 为硫酸浓度（mol/L）；V_s 为硫酸体积（L）；r_s 为反应式中硫酸配平系数，对于本实验，$r_s=1$；r'' 为反应式中氨配平系数，对于本实验，$r''=2$。

因此，尾气的物质的量比可用下式求出：

$$Y_2=22.1\left(\frac{T_1 P_0}{T_0 P_1}\times\frac{V_s c_s r''}{V_1 r_s}\right) \tag{12-40}$$

六、实验记录

1. 填料塔流体阻力实验记录表

实验设备编号：__________实验日期______年______月______日

（1）基本数据

实验介质：空气、水；填料种类：拉西环；填料层高度：__________ m；塔内径：________ m；填料规格：12mm×12mm×1.3mm；大气压强________ Pa。

（2）操作记录

序号	空气流量（流量计标定状态 $T=$ K，$P=$ Pa）				水流量		填料层压强/Pa	塔内现象
	流量示值	流量计前压强/Pa	温度/℃	流量（标定状态）/(m³/h)	流量计示值流量/(L/min)	水温/℃		

注：塔内现象栏用以记录“塔顶积液、雾沫夹带严重”等现象。

2. 传质系数测定记录表

实验设备编号：__________实验日期______年______月______

（1）基本数据

气体种类：氨、空气混合气；吸收剂：水；填料种类：拉西环；填料装填高度：________ m；填料规格：____________（外径×高×壁厚）；比表面积：________ m^2/m^3；塔内径：________ m。

（2）操作记录

大气压强________ Pa。

项目		1	2	3	4
空气	流量计前表压强/Pa 流量计指示值/(m³/h) 温度/℃				
氨气	流量计前表压强/Pa 流量计指示值/(m³/h) 空气温度/℃				

续表

项目			1	2	3	4
水	流量计指示值/(L/h)					
	温度/℃					
尾气分析	吸收液	空气体积/L				
	吸收液浓度	空气温度/℃				
	吸收液体积	尾气浓度 Y_2				
压强	塔顶压强(表压)/Pa 塔顶塔底压强差/Pa 塔内平均压强(绝对压)/Pa					
备注						

七、数据处理

计算不同气速下的 K_Y，并进行比较。

八、注意事项

1. 调节流量应缓慢，以免损坏转子流量计的玻璃锥管和转子等元件。
2. 调节氨减压阀不可太猛，以免氨气冲出。
3. 应稳定一段时间后再读取数据，有关数据应同时读取。
4. 发现设备异常或操作不正常时，应及时报告指导教师。

九、思考题

1. 填料吸收塔塔底为什么必须有液封装置？液封装置是如何设计的？
2. 可否改变空气流量达到改变传质系数的目的？
3. 不改变进气浓度，要提高氨水浓度，有什么办法？又会带来什么问题？

实验 52 精馏实验

一、实验目的

1. 了解精馏装置的基本流程及操作方法。
2. 掌握精馏塔全塔效率的测定方法。
3. 了解回流比、蒸气速度等对精馏塔性能的影响。

二、实验原理

1. 理论塔板数 N_T

理论板是指离开该塔板的气液两相互成平衡的塔板。一座给定的精馏塔，实际板数是一定的，其理论塔板数与它的总板效率的关系如下：

$$E_0=\frac{N_T}{N_P}\times 100\% \tag{12-41}$$

式中，E_0 为总板效率；N_T 为理论塔板数；N_P 为实际塔板数。

影响 N_T 的因素很多，有操作因素、设备结构因素和物系因素三类。某塔在某回流比下测得的全塔效率，只能代表该次试验的全部条件同时存在时全塔效率的值，不能简单地说就是某塔的效率，或者是某塔在某一回流比下的全塔效率。尽管如此，如果塔的结构因素固定、物系相同，影响的因素主要就是操作因素，而回流比的大小是操作因素中最重要的因素。众所周知，全回流操作所需理论塔板数最少，而且在全回流下，塔不分精馏段和提馏段，如果在全回流下测定总板效率，实验控制更为方便。有时，实验的目的是为了能被推广应用或者为了进行模拟以测定数据，就应使应用条件和实验条件一致，就有可能是指定某一回流比测定全塔效率。

全回流时最少理论塔板数 $N_{\min}$ 的计算可用芬斯克方程：

$$N_{\min}=\frac{\lg\left[\left(\frac{x_D}{1-x_D}\right)\left(\frac{1-x_W}{x_W}\right)\right]}{\lg\alpha_m}-1 \tag{12-42}$$

式中，x_D 为塔顶馏出液中易挥发组分的物质的量分数；x_W 为塔釜液中易挥发组分的物质的量分数；α_m 为平均相对挥发度。

$$\alpha_m=\sqrt{\alpha_D\alpha_W}$$

式中，α_D、α_W 分别为塔顶和塔釜的相对挥发度。

在某一回流比下的理论塔板数的测定可用逐板计算法，一般用图解法。步骤如下：

（1）在直角坐标系中绘出待分离混合液的 x-y 平衡曲线。

（2）根据确定的回流比和塔顶产品浓度作精馏段操作线，方程式如下：

$$y_{n+1}=\frac{R}{R+1}x_n+\frac{x_D}{R+1} \tag{12-43}$$

式中，y_{n+1} 为精馏段内从第 $n+1$ 块塔板上升蒸气的组成（物质的量分数）；x_n 为精馏段内从第 n 块塔板下降的液体的组成（物质的量分数）；R 为回流比。

$$R=\frac{L}{D} \tag{12-44}$$

式中，L 为精馏段内液体回流量（kmol/h）；D 为塔顶馏出液量（kmol/h）。

（3）根据进料热状况参数，作 q 线，方程式为：

$$y=\frac{q}{q-1}x-\frac{x_F}{q-1} \tag{12-45}$$

式中，x_F 为进料料液组成（物质的量分数）；q 为进料热状况参数。

$$q=\frac{\text{每千摩尔进料变成饱和蒸气所需的热量}}{\text{每千摩尔进料的气化潜热}}$$

对于泡点进料，$q=1$。

（4）由塔底产品浓度 x_W 和精馏段操作线与 q 线交点作提馏段操作线。

（5）图解法求出理论塔板数。

如果使用填料塔，可根据等板高度的概念来进行计算，等板高度是与一层理论塔板的传质作用相当的填料层高度。等板高度的大小不仅取决于填料的类型与尺寸，而且受物系、操作条件及设备尺寸的影响。等板高度的计算，迄今尚无满意的方法，一般通过实验测定，或取生产设备的经验数据。

$$\text{填料层高度 } Z=(HETP)\times N_T \tag{12-46}$$

或

$$HEPT=\frac{Z}{N_T}$$

2. 操作因素对塔性能的影响

对精馏塔而言，所谓操作因素主要是指如何正确选择回流比、塔内蒸气速度、进料热状况等。

（1）回流比的影响　对于一座给定的塔，回流比的改变将会影响产品的浓度、产量、塔效率和加热蒸气消耗量等。

适宜的回流比 R 应该在小于全回流而大于最小回流比的范围内，通过经济衡算且满足产品质量要求来决定。

(2) 塔内蒸气速度　塔内蒸气速度通常用空塔速度来表示。

$$u=\frac{q_V}{\frac{1}{4}\pi D_T^2} \tag{12-47}$$

式中，u 为空塔气速（m/s）；q_V 为上升的蒸气体积流量（m^3/s）；D_T 为塔径（m）。

对于精馏段

$$V=(R+1)D \tag{12-48}$$

$$q_V=\frac{22.4(R+1)D}{3600}\times\frac{P_0T}{PT_0} \tag{12-49}$$

对于提馏段

$$V'=V+(q-1)F \tag{12-50}$$

式中，V'为提馏段上升蒸气量（kmol/s）。

$$q_V'=\frac{22.4V'}{3600}\times\frac{P_0T}{PT_0} \tag{12-51}$$

可见，即使塔径相同，精馏段和提馏段的蒸气速度也不一定相等。

塔内蒸气速度与精馏塔关系密切。适当地选用较高的蒸气速度，不仅可以提高塔板效率，而且可以增大塔的生产能力。但是，如果气速过大则会因为产生雾沫夹带减少气液两相接触时间而使塔板效率下降，甚至产生液泛而使塔被迫停止运行。因而要根据塔的结构及物料性质，选择适当的蒸气速度。

三、实验装置

板式塔精馏实验装置见图 12-10。

四、实验步骤

(1) 配制 20%～30%（体积）酒精水溶液，由加料口注入塔釜内至液位计规定的液面为止，并关好塔釜加料口阀门。

(2) 配制 20%～30%（体积）酒精水溶液，加入原料槽中。

(3) 再次确认塔釜液位在规定的标记处后，通电加热釜液。为加快预热速度，可将三组加热棒同时加热。

(4) 当塔釜温度达到 100℃时，依次进行如下操作：

① 关闭第一组加热棒。

② 马上打开冷凝器不凝气体的排出阀，以排除系统内的空气，排完空气后即关闭此阀。

③ 打开产品放液阀放尽冷凝器及中间槽中的液体（可回收利用配制作原料），然后关闭。

④ 打开冷却水阀往冷凝器内通冷却水。

(5) 把塔釜调节到 94～98℃左右，控制塔釜内的压力比大气压稍大一些。

(6) 关闭产品流量计前的阀门，同时全开回流流量计前的阀门，进行全回流操作7～10min。

(7) 全回流结束后，慢慢开启产品流量计前的阀门（同时保持全开回流流量计前的阀门），此操作将导致回流流量计的流量降低与产品转子流量计的流量增大。调整产品流量计前的阀门的开度，使回流比在 1.9～4。接着打开进料泵，并调节适当的进料流量。

蒸馏操作要调节的参数较多，对于初次使用本设备的学生来说，难度较大，为了学生实验顺利，给出以下参数供操作时参考。

塔釜：温度控制在 94～98℃左右，压力控制比大气压稍大一些。

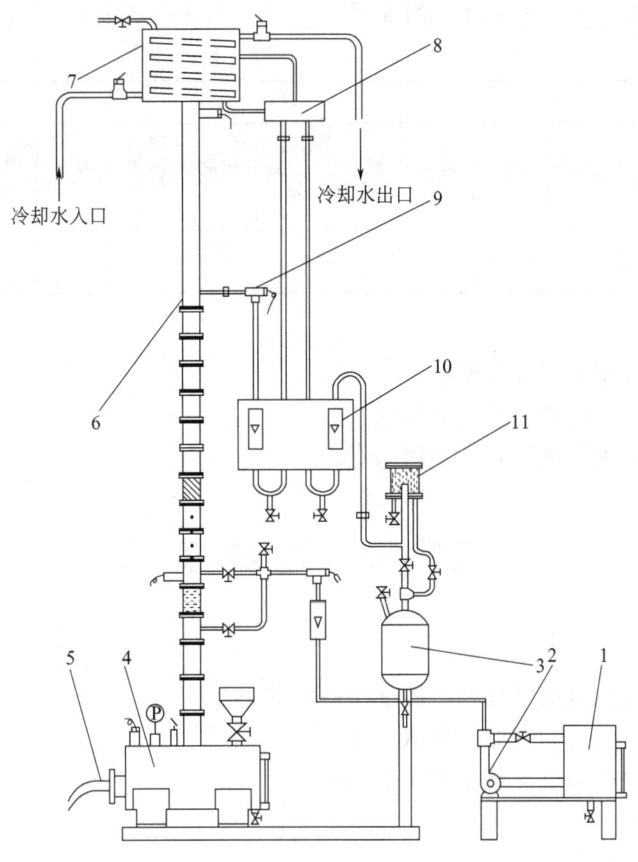

图 12-10 板式塔精馏实验装置

1—原料储罐；2—原料泵；3—产品罐；4—塔釜；5—电加热器；6—塔体；7—冷凝器；8—中间储罐；9—温度探头；10—转子流量计；11—气液分离器

中间塔板温度：控制在 80～82℃。

塔顶蒸气温度：控制在 78～79℃左右。

回流流量：控制在 3～5L/h。

产品流量：控制在 1～2L/h。

供料流量：控制在 6～10L/h。

(8) 控制塔釜的排液量，使塔釜液位基本保持不变，或隔 15min 排釜液，使釜液保持一定液位（一般为 2/3）。

(9) 稳定操作 15～30min 后，取样分析，用酒度计测产品和釜液浓度（釜液冷却至 30℃以下进行测量）。

(10) 当产品浓度达到 88%～95%（V），记录温度、压力、流量等全部数据，并填写下表，一个操作过程结束。

五、数据记录及处理

1. 实验记录表格

2. 用图解法求理论塔板数 N_T。

3. 求总板效率 E_0。

设备编号________；塔径________m；板间距________；塔板数________；精馏物系________；进料量________L/h；回流量________L/h；产品量________L/h；冷却水量________L/h。

进料		温度/℃				塔顶产品				塔釜产品				加热功率/kW
温度/℃	物质的量分数 x_F	回流	塔釜	塔板	塔顶	温度/℃	酒度计示值	质量分数	物质的量分数 x_D	温度/℃	酒度计示值	质量分数	物质的量分数	

六、思考题

1. 影响塔板效率的因素有哪些?
2. 回流液温度对塔的操作有何影响?
3. 实验中要加大回流比，应如何操作?

实验53 过滤实验

一、实验目的

1. 了解板框过滤机的结构，掌握过滤操作方法。
2. 测定恒压过滤时的过滤常数 K、q_e。
3. 测定洗涤速率与过滤终了时速率的关系。

二、实验原理

恒压过滤基本方程式为:

$$V^2+2V_eV=KA^2t \tag{12-52}$$

式中，t 为过滤时间（s）；V 为 t 内的滤液量（m^3）；V_e 为过滤介质的当量滤液体积（m^3）；A 为过滤面积（m^2）；K 为过滤常数（m^2/s）。

令 $q=V/Aq_e=V_e/A$，则上式变成:

$$q^2+2q_eq=Kt \tag{12-53}$$

式中，q 为单位过滤面积的滤液体积（m^3/m^2）；q_e 为单位过滤面积的过滤介质的当量滤液体积（m^3/m^2）。其中 K、q_e 均称为过滤常数，由实验确定。

微分上式并整理得:

$$\frac{dt}{dq}=\frac{2}{K}q+\frac{2}{K}q_e \tag{12-54}$$

上式表明，$\frac{dt}{dq}$与 q 成直线关系，为了便于实验测定，$\frac{dt}{dq}$可用$\frac{\Delta t}{\Delta q}$来代替，因此上式改写成:

$$\frac{\Delta t}{\Delta q}=\frac{2}{K}q+\frac{2}{K}q_e \tag{12-55}$$

用一定过滤面积的板框过滤机，对待测料浆进行恒压过滤，测取一系列的 Δt 和 Δq 值，在直角坐标系中以$\frac{\Delta t}{\Delta q}$为纵坐标，以 q 为横坐标作图，得一直线，其斜率$\frac{2}{K}$为，截距为$\frac{2}{K}q_e$，由此求得 K、q_e。

注意：与$\frac{\Delta t}{\Delta q}$对应的$q$值应取相邻两次的平均值$q_m$，即：

$$q_m=\frac{q_i+q_{i+1}}{2} \tag{12-56}$$

因为无法准确观察何时滤渣充满滤框，所以确定过滤终了时的速率较为困难，只能从滤液量的显著减少来估计过滤终端。维持与过滤相同的压力，通入洗涤水，记录洗涤水量和洗涤时间，便可算出洗涤速率。

三、实验装置

过滤实验装置由配料桶、搅拌捅、水槽、板框过滤机、计量筒、循环泵、压缩机等部分组成，其流程图如图 12-11 所示。

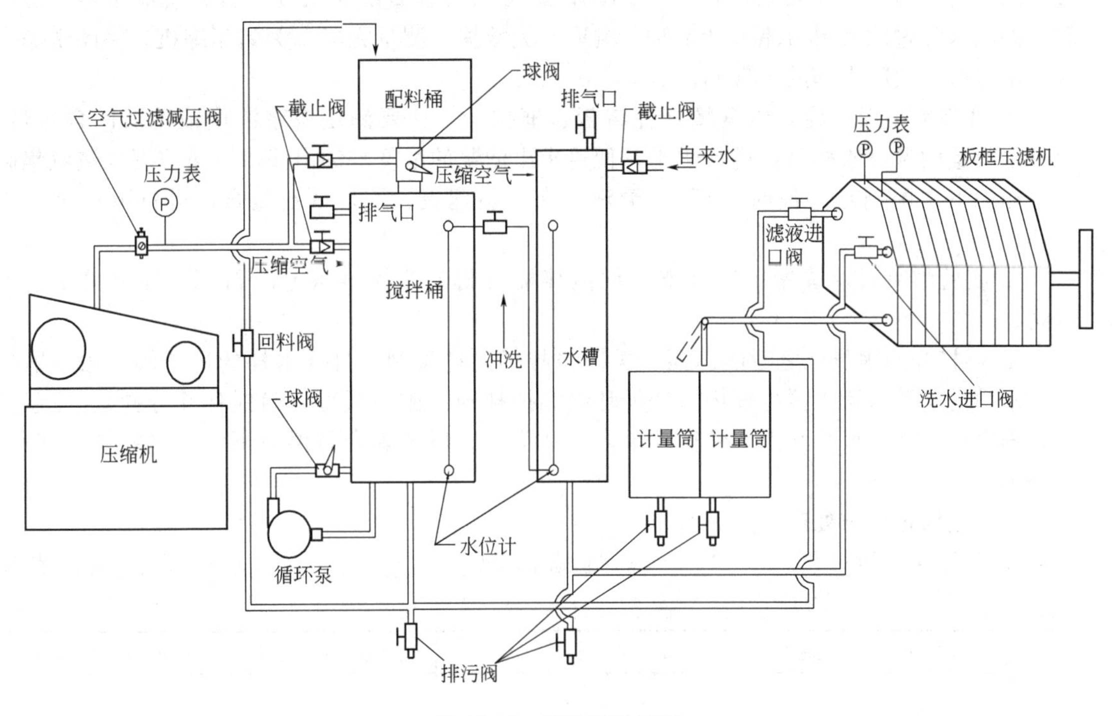

图 12-11 过滤实验装置

在配料桶内配制一定浓度的碳酸镁（$MgCO_3$）悬浮液，再放入搅拌桶内，用压缩空气将悬浮液送入板框过滤机过滤，调节阀门开度以维持恒压过滤时所需的恒定压力，滤液流入计量筒计量，洗涤水同样也用压缩空气从水槽送至板框过滤机进行洗涤，洗涤水也用计量筒计量。

四、实验步骤

(1) 实验前将固体粉末在配料桶内加水配制成一定浓度的悬浮液，如碳酸镁水悬浮液进行实验，建议料浆浓度配成 6%～9%（质量分数）。

(2) 先关闭所有阀门。

(3) 打开搅拌桶的排气阀，待没有气体排出后，再慢慢打开配料桶下的球阀，将配制好的碳酸镁滤浆放入搅拌桶内，关闭此球阀和排气阀。

(4) 按板、框的号数以 1～11 的顺序排列过滤机的板与框，把滤布用水浸透，再将湿滤布敷至滤框的两侧。安装时，滤布孔要对准过滤机的孔道，表面要平整，不起皱纹，以免漏液。然后用压紧螺杆压紧板与框。

(5) 两计量筒分别装入70cm高的水，准备两个秒表计时。

(6) 启动压缩机，调节空气过滤减压阀使压力表的读数稳定在0.15MPa，打开循环泵的进出两个球阀，启动循环泵，使滤浆充分搅拌几分钟，再开搅拌桶的进气阀，待压力表的读数稳定在0.15MPa，就可以准备做实验。

(7) 打开滤液进口阀，滤液出口阀（两个），滤液流入计量筒计量，测取有关数据。待滤渣充满全部滤框后（此时流量很小，但仍呈线状流出）。关闭循环泵停止搅拌，关闭压缩机，关闭滤液进、出口阀，关闭搅拌桶的进气阀。

接着可以测定洗涤速率。

① 首先打开水桶的进水阀和水桶的排气螺钉，将水放进水槽，关闭它们。打开水桶的进气阀，待压力表的读数稳定在0.15MPa，就可以准备做洗涤实验。打开洗涤水进、出口阀，洗涤水穿过滤渣层后流入计量筒，测取有关数据。测量完毕，关闭压缩机，关闭洗涤水进、出口阀，关闭水桶的进气阀。

② 洗涤完毕后，旋开压紧螺杆并将板、框拉开（如要测定滤浆浓度或滤渣的含水量，取一定数量的湿滤渣样品，进行烘干，便可求出滤浆的浓度）卸出滤渣（可将湿滤渣收集起来，作为下次配制悬浮液时之用），清洗滤布，整理板、框，重新装合，进行下一个操作循环。

③ 实验结束后，首先用压缩空气把搅拌桶内剩余的物料压上配料桶，马上关闭这个球阀。

④ 再打开两水位计之间的球阀，关闭搅拌桶的进气阀，打开水桶的进气阀，用压缩空气把水槽内的清水压入搅拌桶内清洗循环泵和搅拌桶（循环泵得开启搅拌几分钟），停泵关气，排出清洗液。反复几次，使循环泵内清洁为止。以免剩余悬浮液沉淀，堵塞泵、管道、阀门等。

五、数据记录与处理

设备编号码________；过滤面积________；料浆种类、浓度________；温度________℃。

序号	时间 t/s	滤液量 V/m^3	q/(m^3/m^2)	Δt/s	Δq/(m^3/m^2)	($\Delta t/\Delta q$)/(s/m)	q_m/(m^3/m^2)
1							
2							
3							
4							
5							
6							
7							
8							
9							

洗涤记录表与上表相似。

六、思考题

1. 过滤开始时，为什么滤液有些混浊？

2. 若操作压力增加一倍，K值是否也增加一倍？要得到同样的滤液量时，其过滤时间是否会缩短一半？

3. 如果滤液的黏度较大，用什么方法可改善过滤速率？

实验54 干燥实验

一、实验目的

1. 了解气流常压干燥设备的基本流程和工作原理。
2. 掌握物料干燥速率曲线的测定方法。
3. 测定物料在恒定干燥条件下的干燥速率曲线及传质系数 k_H。

二、实验原理

物料干燥速率 U 与物料含水量 X 的关系曲系线称为干燥速率曲线，其具体形状与物料性质及干燥条件有关，分析干燥速率曲线可知，如忽略预热阶段，物料的干燥过程基本上可分为等速干燥阶段和降速干燥阶段。

干燥速率是指单位时间内从被干燥物料的单位面积上所汽化的水分质量，可表示为：

$$U=\frac{\mathrm{d}W}{A\,\mathrm{d}\tau} \tag{12-57}$$

式中，U 为干燥速率 [kg/(m^2·s)]；A 为被干燥物料的干燥面积（m^2）；τ 为干燥时间（s）；W 为从被干燥物料中汽化的水分量（kg）。

为了方便处理实验数据，上式可改写为：

$$U=\frac{\Delta W}{A\,\Delta\tau} \tag{12-58}$$

$$\Delta W=G_{si}-G_{s(i-1)} \tag{12-59}$$

因为此时所得的干燥速率 U 是在时间间隔为 $\Delta\tau$ 的平均干燥速率，所以与之对应的物料干基含水量应为：

$$\overline{X}_{i,i+1}=\frac{X_i+X_{i+1}}{2}=\frac{W_i+W_{i+1}}{2G_C} \tag{12-60}$$

式中，G_{si}为第 i 秒时湿物料量；$G_{s(i-1)}$为第 $i-1$ 秒时湿物料质量；G_C 为绝干物料质量。

按实验数据，由干燥速率对物料的干基含水量进行标绘，即可得到干燥速率曲线。

当物料在恒定的干燥条件下进行干燥的时候，物体表面与空气之间的传热和传质过程分别用下面的式子表示：

$$\frac{\mathrm{d}Q}{A\,\mathrm{d}t}=\alpha(t-t_W) \tag{12-61}$$

$$\frac{\mathrm{d}W}{A\,\mathrm{d}\tau}=k_H(H_W-H) \tag{12-62}$$

式中，Q 为由空气传给物料的热量（kJ）；α 为由空气至物料表面的对流传热系数 [kW/(m^2·℃)]；t 为空气温度（℃）；k_H 为以湿度差为推动力的传质系数 [kg/(m^2·s)]；t_W 为湿物料的表面温度（即空气的湿球温度，℃）；H 为空气的湿度，水的质量/干空气的质量；H_W 为 t_W 时空气的饱和湿度，水的质量/干空气的质量。

恒定的干燥条件，是指空气的温度、湿度、流速及与物料的接触方式都保持不变，因此，随空气条件而定的 α 和 k_H 亦保持恒定值。只要水分由物料内部迁移至表面的速率大于或等于水分从表面汽化的速率，则物料的表面就能保持完全润湿。若不考虑辐射对物料温度的影响，湿物料表面的温度即为空气的湿球温度 t_W。当 t_W 值为一定时，H_W 值也保持不变，所以 $\alpha(t-t_W)$和 $k_H(H_W-H)$的值也保持不变，即$\frac{\mathrm{d}Q}{A\,\mathrm{d}\tau}$和$\frac{\mathrm{d}W}{A\,\mathrm{d}\tau}$均保持恒定。

因在恒速干燥阶段中，空气传给物料的显热等于水分汽化所需之潜热，即：

$$dQ = r_W dW \tag{12-63}$$

式中，r_W 为 t_W 时水的汽化潜热（kJ/kg）。

因此有：

$$\frac{dW}{A d\tau} = \frac{dQ}{r_W A d\tau} = k_H (H_W - H) = \frac{\alpha}{r_W}(t - t_W) \tag{12-64}$$

传质系数 k_H 可由式(12-64) 求取，式中对流传热系数 α[W/(m^2 · ℃)]可用下式求得。对于静止的物料层，当空气流动方向平行于物料表面、空气的质量流速 $G=0.7 \sim 8.5$kg/(m^2 · s) 时：

$$\alpha = 14.3 G^{0.8}$$

三、实验装置

参见图 12-12，空气由风机输送、经孔板流量计、再经电加热器后流过干燥室，然后回到风机循环使用。

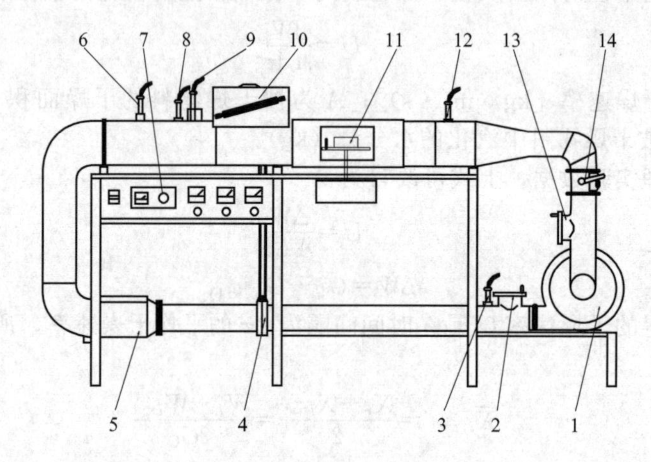

图 12-12 干燥实验装置

1—风机；2，13—片式阀门；3—热电阻探头；4—孔板流量计；5—电加热器；6—热电阻探头；7—电器板；8—热电阻探头；9—湿球温度探头；10—孔板压差计；11—电子秤；12—热电阻探头；14—风速调节阀

电加热器由 XTA-7000 型双三位智能数显调节仪设定操作温度，并使实验的空气温度恒定，本装置配备 XTG-7000 型双三位智能数显调节仪，可以直观地操作及显示实验过程中的空气温度，使之恒定，干燥室前方，装有干、湿球温度探头，干燥室也装有温度探头，用以测量干燥室内的空气状况。

装在风机出口端的热电阻探头用于测量流经孔板时的空气温度，此温度是计算流量的一个参数。空气流速由阀 14（蝶形阀）调节。任何时候此阀都不允许全关，否则电加热器就会因空气不流动而过热，引起损坏。当然，如果全开了两个片式阀门（2 和 13）则除外。风机进口端的片式阀用以控制系统所吸入的新鲜空气量，而出口端的片式阀则用于调节系统向外界排出的废气量。如试样数量较多，可适当打开这两个阀门，使系统内空气温度恒定，若试样数量不多，也可以不开启。

四、实验步骤

(1) 将试样加水约 90g（对 150mm×100mm×7mm 的纸板试样而言），稍候片刻，让水分均匀扩散至整个试样，然后称取湿试样质量。

(2) 检查天平是否灵活，并调整至平衡。往湿球温度计加水，开动风机，调节阀门至预定风速。打开电加热器，调节温度至预定值，待温度稳定后再将湿物料试样放入干燥箱。

（3）加砝码使天平接近平衡（但砝码应稍轻），待试样水分干燥至天平指针指平衡时启动第一个秒表记录干燥时间，同时记录试样的质量。

（4）减去砝码 3g，待水分再次干燥至天平指针指平衡时，停第一个秒表同时启动第二个秒表。以后再减 3g 砝码，如此往复进行，直至试样接近平衡水分时为止。

五、数据记录及处理

设备编号__________；纸板规格__________；绝干纸板质量__________；开始时湿纸板质量__________；干燥表面积__________；室温__________。

序号	湿试样质量 G_s/g	时间间隔 $\Delta\tau$/s	流量计示值 R/mm	风机出口温度 T/℃	干燥室前温度 t_1/℃	湿球温度 t_W/℃	干燥室后温度 t_2/℃	计算结果	
								干燥速率 U/[kg/(m^2·s)]	干基含水量 $\overline{X}$/(kg/kg 绝干料)
1									
2									
3									
4									
5									
6									
7									
8									
9									
10									
11									
12									
13									
14									
15									
16									
17									
18									
19									
20									
21									
22									
23									
24									
25									
26									

序号	计算结果	
	α/[W/(m^2·K)]	k_H/[kg/(m^2·s)]
1		
2		
3		
4		
5		
6		
7		
8		
9		
10		
11		
12		
13		
14		
15		
16		
17		
18		
19		
20		
21		
22		
23		
24		
25		
26		

根据所得数据作出干燥速率曲线。

六、思考题

1. 测定干燥速率曲线有何意义？它对设计干燥器及指导生产有什么帮助？
2. 使用废气循环对干燥作业有何意义？怎样调节新鲜空气和废气的比例？
3. 为什么在操作过程中要先开鼓风机送风后再开电热器？

附　　录

附录1　测量的不确定度

测量准确度$=x_i$（单次测量值）－真值，它反映测量结果与测量真值间的一致程度。由于真值不可知，因此，国际计量学界转而定义不确定度来表征测量数据的最终结果。

不确定度的定义是：不确定度是测量结果所含有的一个参数，它用以表征合理赋予被测量值的分散性。这个参数可以是标准偏差（或其倍数），也可以是测量结果可能出现的某一区间。

测量不确定度表示对测量结果可信性、有效性的怀疑程度或不肯定程度。实际上，由于测量不完善和人们认识的不足，所得的被测量值具有分散性，即每次测得的结果不是同一值，而是以一定的概率分散在某个区域内的多个值。虽然客观存在的误差是一个相对确定的值，但由于测量者无法完全认知或掌握它，而只能认为它是以某种概率分布于某区域内的，且这种概率分布本身也具有分散性。测量的不确定度正是一个说明被测量之值分散性的参数。

测量不确定度来源于多个方面：①对被测量的定义不完整或不完善；②取样的代表性不够，即被测量的样本不能代表所定义的被测量；③对测量过程受环境影响的认识不周全，或对环境条件的测量与控制不完善；④对模拟仪器的读数存在人为偏移；⑤测量仪器的分辨力或鉴别力不够；⑥赋予计量标准的值和参考物质（标准物质）的值不准；⑦引用于数据计算的常量和其他参量不准；⑧测量方法和测量程序的近似性和假定性；⑨在表面上看来完全相同的条件下，被测量重复观测值的变化等。

由此可见，测量不确定度一般来源于随机性和模糊性，前者归因于条件不充分，后者归因于事物本身概念不明确。这就使得测量不确定度一般由许多分量组成，其中一些分量可以用测量结果（观测值）的统计分布来进行估算，并且以实验标准（偏）差表征；而另一些分量可以用其他方法（根据经验或其他信息的假定概率分布）来进行估算，并且也以标准（偏）差表征。

以标准偏差表征不确定度称为标准不确定度，分为三类：A类标准不确定度u_A、B类标准不确定度u_B和合成标准不确定度u_C。A类标准不确定度是指用统计方法评定的不确定度，常用标准偏差表示，即$u_A=S$。B类标准不确定度是指用非统计方法评定出的“等价标准偏差”，非统计方法评定主要参考文献资料数据，如国家标准、技术指标、仪器鉴定数据和长期积累的技术数据等。例如，阿伏伽德罗（Avogadro）常数$L=(6.0221367\pm0.0000036)\times10^{23}\,mol^{-1}$，即可评定为$u_B=0.0000036\times10^{23}\,mol^{-1}$。合成标准不确定度系指$u_A$与$u_B$的合成。

本质上，不确定度理论是在误差理论基础上发展起来的，其基本分析和计算方法是共同的。但在概念上存在较大差异。测量不确定度表明赋予被测量之值的分散性，是通过对测量过程的分析和评定得出的一个区间。测量误差则是表明测量结果偏离真值的差值。测量误差与测量不确定度间的关系可简单理解为：测量误差为一个确定值，而不确定度是被测量真值所处一个范围的评定或由于测量误差致使测量结果不能肯定的程度，可以是一个数值，也可以是一个区间。

有关不确定度的表示和计算方法可参阅由全国法制计量委员会委托中国计量科学研究院起草制定的国家计量技术规范《测量不确定度评定与表示》（JJF 1059—1999）和有关专著。

u_A 计算示例：对某样品重复 10 次脉冲进样进行色谱测定，出峰时间列于下表中，计算测量的 A 类标准不确定度 u_A。

脉冲进样色谱出峰时间表

n	1	2	3	4	5	6	7	8	9	10
x_i/s	142.1	147.0	146.2	145.2	143.8	146.2	147.3	156.3	145.9	151.8

解：求出实验数据的 $\sum x_i = 1471.8$，$\bar{x} = \frac{1471.8}{10} = 147.2\text{s}$，$|x_i - \bar{x}|$、$\sum|x_i - \bar{x}|$、$(x_i - \bar{x})^2$ 和 $\sum(x_i - \bar{x})^2$ 列于下表中。

色谱出峰时间数据处理表

n	x_i/s	$\lvert x_i - \bar{x}\rvert$	$(x_i - \bar{x})^2$
1	142.1	5.1	26.01
2	147.0	0.2	0.04
3	146.2	1.0	1.00
4	145.2	2.0	4.00
5	143.8	3.4	11.56
6	146.2	1.0	1.00
7	147.3	0.1	0.01
8	156.3	9.1	82.81
9	145.9	1.3	1.69
10	151.8	4.6	21.16
	$\sum x_i = 1471.8$	$\sum\lvert x_i - \bar{x}\rvert = 27.8$	$\sum(x_i - \bar{x})^2 = 149.28$

计算标准偏差 $S = \sqrt{\frac{149.28}{10-1}} = 4.07\text{s}$，得 A 类标准不确定度 $u_A = 4.07\text{s}$。

附录 2 载气流速的校正

检测器出口测得的载气流速需按下式校正。

$$F_c = jF_0 \frac{T_c}{T_r}\left(1 - \frac{p_w}{p_0}\right)$$

式中，F_c 为校正后的载气流速（mL/min）；F_0 为室温下用皂膜流量计测得的检测器出口的载气流速（mL/min）；T_c为柱温（K）；T_r 为室温（K）；p_w 为室温下水的饱和蒸汽压（MPa）；p_0 为大气压强（MPa）；j 为压力梯度校正因子。

$$j = \frac{3}{2} \times \frac{(p_i/p_0)^2 - 1}{(p_i/p_0)^3 - 1}$$

式中，p_i 为注入口压强（MPa）。

附录 3 国际单位制的基本单位

量的名称	单位名称	单位符号	量的名称	单位名称	单位符号
长度	米	m	热力学温度	开[尔文]	K
质量	千克(公)	kg	物质的量	摩[尔]	mol
时间	秒	s	发光强度	坎[德拉]	cd
电流	安[培]	A			

附录 4 国际单位制的辅助单位

量的名称	单位名称	单位符号
平面角	弧度	rad
立体角	球面度	sr

附录 5 国际单位制的导出单位

物理量	名称	代号		用国际制基本单位表示的关系式
		国际	中文	
频率	赫兹	Hz	赫	s^{-1}
力	牛顿	N	牛	c
压力	帕斯卡	Pa	帕	$m^{-1}\cdot kg\cdot s^{-2}$
能、功、热	焦耳	J	焦	$m^{2}\cdot kg\cdot s^{-2}$
功率、辐射通量	瓦特	W	瓦	$m^{2}\cdot kg\cdot s^{-3}$
电量、电荷	库仑	C	库	$s\cdot A$
电位、电压、电动势	伏特	V	伏	$m^{2}\cdot kg\cdot s^{-3}\cdot A^{-1}$
电容	法拉	F	法	$m^{-2}\cdot kg^{-1}\cdot s^{4}\cdot A^{2}$
电阻	欧姆	Ω	欧	$m^{2}\cdot kg\cdot s^{-3}\cdot A^{-2}$
电导	西门子	s	西	$m^{-2}\cdot kg^{-1}\cdot s^{3}\cdot A^{2}$
磁通量	韦伯	Wb	韦	$m^{2}\cdot kg\cdot s^{-2}\cdot A^{-1}$
磁感应强度	特斯拉	T	特	$kg\cdot s^{-2}\cdot A^{-1}$
电感	亨利	H	亨	$m^{2}\cdot kg\cdot s^{-2}\cdot A^{-2}$
光通量	流明	lm	流	$cd\cdot sr$
光照度	勒克斯	lx	勒	$m^{-2}\cdot cd\cdot sr$
黏度	帕斯卡秒	Pa·s	帕·秒	$m^{-1}\cdot kg\cdot s^{-1}$
表面张力	牛顿每米	N/m	牛/米	$kg\cdot s^{-2}$
热容量、熵	焦耳每开	J/K	焦/开	$m^{2}\cdot kg\cdot s^{-2}\cdot K^{-1}$
比热容	焦耳每千克每开	J/(kg·K)	焦/(千克·开)	$m^{2}\cdot s^{-2}\cdot K^{-1}$
电场强度	伏特每米	V/m	伏/米	$m\cdot kg\cdot s^{-3}\cdot A^{-1}$
密度	千克每立方米	kg/m^{3}	千克/米^{3}	$kg\cdot m^{-3}$

附录 6 国际制词冠

因数	词冠	名称	词冠符号	因数	词冠	名称	词冠符号
10^{12}	tera	太	T	10^{-2}	centi	厘	c
10^{9}	giga	吉	G	10^{-3}	milli	毫	m
10^{6}	mega	兆	M	10^{-6}	micro	微	μ
10^{3}	kilo	千	k	10^{-9}	nano	纳	n
10^{2}	hecto	百	h	10^{-12}	pico	皮	p
10^{1}	deca	十	da	10^{-15}	femto	飞	f
10^{-1}	deci	分	d	10^{-18}	atto	阿	a

附录 7 常用单位换算表

长度单位换算

1 千米(km)=0.621 英里(mile)	1 米(m)=3.281 英尺(ft)=1.094 码(yd)	1 厘米(cm)=0.394 英寸(in)
1 英里(mile)=1.609 千米(km)	1 英尺(ft)=0.3048 米(m)	1 英寸(in)=2.54 厘米(cm)
1 海里(n mile)=1.852 千米(km)	1 码(yd)=0.9144 米(m)	1 英尺(ft)=12 英寸(in)
1 码(yd)=3 英尺(ft)	1 英里(mile)=5280 英尺(ft)	1 海里(n mile)=1.1516 英里

力单位换算

牛顿/N	千克力/kgf	达因/dyn
1	0.102	10^{5}
9.80665	1	9.80665×10^{5}
10^{-5}	1.02×10^{-6}	1

压力单位换算

帕斯卡(Pa)	工程大气压(kgf/cm^2)	毫米水柱(mmH_2O)	标准大气压(atm)	毫米汞柱(mmHg)
1	1.02×10^{-5}	0.102	0.99×10^{-5}	0.0075
98067	1	10^{4}	0.9678	735.6
9.807	0.0001	1	0.9678×10^{-4}	0.0736
101325	1.033	10332	1	760
133.32	0.00136	13.6	0.00132	1

注：$1Pa=1N\cdot m^{-2}$，1 工程大气压$=1kgf/cm^2$；1mmHg=1Torr，标准大气压即物理大气压；$1bar=10^5N\cdot m^{-2}$。

能量单位换算

尔格(erg)	焦耳(J)	千克力米(kgf·m)	千瓦小时(kW·h)	千卡(kcal)	升大气压(L·atm)
1	10^{-7}	0.102×10^{-7}	27.78×10^{-15}	23.9×10^{-12}	9.869×10^{-10}
10^{7}	1	0.102	277.8×10^{-9}	239×10^{-6}	9.869×10^{-3}
9.807×10^{7}	9.807	1	2.724×10^{-6}	2.342×10^{-3}	9.679×10^{-2}
36×10^{12}	3.6×10^{6}	367.1×10^{3}	1	859.845	3.553×10^{4}
41.87×10^{9}	4186.8	426.935	1.163×10^{-3}	1	41.29
1.013×10^{9}	101.3	10.33	2.814×10^{-5}	0.024218	1

注：$1erg=1dyn\cdot cm$，$1J=1N\cdot m=1W\cdot s$，$1eV=1.602\times10^{-19}J$。

附录8　基本物理常数表

物理量	符号	1986年CODATA推荐值		1998年CODATA推荐值	
		量值	$U_r/10^{-6}$	量值	$U_r/10^{-6}$
真空中的光速	c	$299792458 m \cdot s^{-1}$	0	$299792458 m \cdot s^{-1}$	0
真空磁导率	μ_0	$12.566370614\cdots \times 10^{-7} N \cdot A^{-2}$	0	$12.566370614\cdots \times 10^{-7} N \cdot A^{-2}$	0
真空电容率	ε_0	$8.854187817\cdots \times 10^{-12} F \cdot m^{-1}$	0	$8.854187817\cdots \times 10^{-12} F \cdot m^{-1}$	0
普朗克常数	h	$6.6260755(40) \times 10^{-34} J \cdot s$	0.60	$6.62606876(52) \times 10^{-34} J \cdot s$	0.078
元电荷	e	1.60217733(49)C	0.30	1.602176462(63)C	0.039
波尔磁子	μ_B	$9.2740154(31) \times 10^{-24} J \cdot T^{-1}$	0.34	$9.27400899(37) \times 10^{-24} J \cdot T^{-1}$	0.040
核磁子	μ_N	$5.0507866(17) \times 10^{-27} J \cdot T^{-1}$	0.34	$5.05078317(20) \times 10^{-27} J \cdot T^{-1}$	0.040
里德堡常数	R_∞	$10973731.534(13) m^{-1}$	0.0012	$10973731.568549(83) m^{-1}$	7.6×10^{-6}
波尔半径	a_0	$0.529177249(24) \times 10^{-19} m$	0.045	$0.5291772083(19) \times 10^{-19} m$	3.7×10^{-3}
电子质量	m_e	$9.1093897(54) \times 10^{-31} kg$	0.59	$9.10938188(72) \times 10^{-31} kg$	0.079
质子质量	m_p	$1.6726231(10) \times 10^{-27} kg$	0.59	$1.67262458(13) \times 10^{-27} kg$	0.079
中子质量	m_n	$1.6749286(10) \times 10^{-27} kg$	0.59	$1.67492716(13) \times 10^{-27} kg$	0.079
阿伏伽德罗常数	L	$6.0221367(36) \times 10^{23} mol^{-1}$	0.59	$6.02214199(47) \times 10^{23} mol^{-1}$	0.079
法拉第常数	F	$96485.309(29) C \cdot mol^{-1}$	0.3	$96485.3415(39) C \cdot mol^{-1}$	0.040
摩尔气体常数	R	$8.314510(70) J \cdot K^{-1} \cdot mol^{-1}$	8.4	$8.314472(15) J \cdot K^{-1} \cdot mol^{-1}$	1.7
玻尔兹曼常数	k	$1.380658(12) \times 10^{-23} J \cdot K^{-1}$	8.5	$1.3806503(24) \times 10^{-23} J \cdot K^{-1}$	1.7

注：以上给出的是科学技术数据委员会CODATA（The Committee on Data for Science and Technology）1986年和1998年的基本物理常数推荐值，括号内数字是量值最后两位数字的标准偏差不确定度U。U_r为相对标准偏差不确定度。

附录9　t分布表

f	$P(2)$	0.5	0.2	0.1	0.05	0.02	0.01	0.005	0.002	0.001
	$P(1)$	0.25	0.1	0.05	0.025	0.01	0.005	0.0025	0.001	0.0005
1		1	3.078	6.314	12.706	31.821	63.657	127.321	318.309	636.619
2		0.816	1.886	2.92	4.303	6.965	9.925	14.089	22.327	31.599
3		0.765	1.638	2.353	3.182	4.541	5.841	7.453	10.215	12.924
4		0.741	1.533	2.132	2.776	3.747	4.604	5.598	7.173	8.61
5		0.727	1.476	2.015	2.571	3.365	4.032	4.773	5.893	6.869
6		0.718	1.44	1.943	2.447	3.143	3.707	4.317	5.208	5.959
7		0.711	1.415	1.895	2.365	2.998	3.499	4.029	4.785	5.408
8		0.706	1.397	1.86	2.306	2.896	3.355	3.833	4.501	5.041
9		0.703	1.383	1.833	2.262	2.821	3.25	3.69	4.297	4.781
10		0.7	1.372	1.812	2.228	2.764	3.169	3.581	4.144	4.587

续表

f	P(2)	0.5	0.2	0.1	0.05	0.02	0.01	0.005	0.002	0.001
	P(1)	0.25	0.1	0.05	0.025	0.01	0.005	0.0025	0.001	0.0005
11		0.697	1.363	1.796	2.201	2.718	3.106	3.497	4.025	4.437
12		0.695	1.356	1.782	2.179	2.681	3.055	3.428	3.93	4.318
13		0.694	1.35	1.771	2.16	2.65	3.012	3.372	3.852	4.221
14		0.692	1.345	1.761	2.145	2.624	2.977	3.326	3.787	4.14
15		0.691	1.341	1.753	2.131	2.602	2.947	3.286	3.733	4.073
16		0.69	1.337	1.746	2.12	2.583	2.921	3.252	3.686	4.015
17		0.689	1.333	1.74	2.11	2.567	2.898	3.222	3.646	3.965
18		0.688	1.33	1.734	2.101	2.552	2.878	3.197	3.61	3.922
19		0.688	1.328	1.729	2.093	2.539	2.861	3.174	3.579	3.883
20		0.687	1.325	1.725	2.086	2.528	2.845	3.153	3.552	3.85
21		0.686	1.323	1.721	2.08	2.518	2.831	3.135	3.527	3.819
22		0.686	1.321	1.717	2.074	2.508	2.819	3.119	3.505	3.792
23		0.685	1.319	1.714	2.069	2.5	2.807	3.104	3.485	3.768
24		0.685	1.318	1.711	2.064	2.492	2.797	3.091	3.467	3.745
25		0.684	1.316	1.708	2.06	2.485	2.787	3.078	3.45	3.725
26		0.684	1.315	1.706	2.056	2.479	2.779	3.067	3.435	3.707
27		0.684	1.314	1.703	2.052	2.473	2.771	3.057	3.421	3.69
28		0.683	1.313	1.701	2.048	2.467	2.763	3.047	3.408	3.674
29		0.683	1.311	1.699	2.045	2.462	2.756	3.038	3.396	3.659
30		0.683	1.31	1.697	2.042	2.457	2.75	3.03	3.385	3.646
31		0.682	1.309	1.696	2.04	2.453	2.744	3.022	3.375	3.633
32		0.682	1.309	1.694	2.037	2.449	2.738	3.015	3.365	3.622
33		0.682	1.308	1.692	2.035	2.445	2.733	3.008	3.356	3.611
34		0.682	1.307	1.091	2.032	2.441	2.728	3.002	3.348	3.601
35		0.682	1.306	1.69	2.03	2.438	2.724	2.996	3.34	3.591
36		0.681	1.306	1.688	2.028	2.434	2.719	2.99	3.333	3.582
37		0.681	1.305	1.687	2.026	2.431	2.715	2.985	3.326	3.574
38		0.681	1.304	1.686	2.024	2.429	2.712	2.98	3.319	3.566
39		0.681	1.304	1.685	2.023	2.426	2.708	2.976	3.313	3.558
40		0.681	1.303	1.684	2.021	2.423	2.704	2.971	3.307	3.551
50		0.679	1.299	1.676	2.009	2.403	2.678	2.937	3.261	3.496
60		0.679	1.296	1.671	2	2.39	2.66	2.915	3.232	3.46
70		0.678	1.294	1.667	1.994	2.381	2.648	2.899	3.211	3.436
80		0.678	1.292	1.664	1.99	2.374	2.639	2.887	3.195	3.416
90		0.677	1.291	1.662	1.987	2.368	2.632	2.878	3.183	3.402
100		0.677	1.29	1.66	1.984	2.364	2.626	2.871	3.174	3.39
200		0.676	1.286	1.653	1.972	2.345	2.601	2.839	3.131	3.34
500		0.675	1.283	1.648	1.965	2.334	2.586	2.82	3.107	3.31
1000		0.675	1.282	1.646	1.962	2.33	2.581	2.813	3.098	3.3
∞		0.6745	1.2816	1.6449	1.96	2.3263	2.5758	2.807	3.0902	3.2905

附录10 不同温度下水的部分物理性质

温度 t/℃	密度 ρ/(kg·m^{-3})	表面张力 σ/(N·m^{-1})	黏度 η/(Pa·s)	饱和蒸汽压 p/kPa
0	999.8425	0.07564	0.001787	0.6105
1	999.9015		0.001728	0.6567
2	999.9429		0.001671	0.7058
3	999.9672		0.001618	0.7579
4	999.9750		0.001567	0.8134
5	999.9668	0.07492	0.001519	0.8723
6	999.9432		0.001472	0.9350
7	999.9045		0.001428	1.0016
8	999.8512		0.001386	1.0726
9	999.7838		0.001346	1.1477
10	999.7026	0.07422	0.001307	1.2278
11	999.6081	0.07407	0.001271	1.3124
12	999.5004	0.07393	0.001235	1.4023
13	999.3801	0.07378	0.001202	1.4973
14	999.2474	0.07364	0.001169	1.5981
15	999.1026	0.07349	0.001139	1.7049
16	998.9460	0.07334	0.001109	1.8177
17	998.7779	0.07319	0.001081	1.9372
18	998.5986	0.07305	0.001053	2.0634
19	998.4082	0.07290	0.001027	2.1967
20	998.2071	0.07275	0.001002	2.3378
21	997.9955	0.07259	0.0009779	2.4865
22	997.7735	0.07244	0.0009548	2.6434
23	997.5415	0.07228	0.0009325	2.8088
24	997.2995	0.07213	0.0009111	2.9833
25	997.0479	0.07197	0.0008904	3.1672
26	996.7867	0.07182	0.0008705	3.3609
27	996.5162	0.07166	0.0008513	3.5649
28	996.2365	0.07150	0.0008327	3.7795
29	995.9478	0.07135	0.0008148	4.0054
30	995.6502	0.07118	0.0007975	4.2428
31	995.3440		0.0007808	4.4923
32	995.0292		0.0007647	4.7547
33	994.7060		0.0007491	5.0312
34	994.3745		0.0007340	5.3193
35	994.0349	0.07038	0.0007194	5.6195
36	993.6872		0.0007052	5.9412
37	993.3316		0.0006915	6.2751
38	992.9683		0.0006783	6.6250
39	992.5973		0.0006654	6.9917
40	992.2400	0.06955	0.0006527	7.3749
45	990.2500	0.06874	0.0005961	9.5832
50	988.0700	0.06791	0.0005471	12.335
55	985.7300		0.0005044	15.740
60	983.2400	0.06617	0.0004670	19.919

附录 11 一些溶剂的凝固点降低常数

溶剂	凝固点 t/℃	凝固点降低常数 k_f/($K\cdot kg\cdot mol^{-1}$)
醋酸($C_2H_4O_2$)	16.66	3.90
四氯化碳(CCl_4)	－22.95	29.8
1,4-二噁烷($C_4H_8O_2$)	11.8	4.63
1,4-二溴代苯($C_6H_4Br_2$)	87.3	12.5
苯(C_6H_6)	5.533	5.12
环己烷(C_6H_{12})	6.54	20.0
萘($C_{10}H_8$)	80.290	6.94
樟脑($C_{10}H_{16}O$)	178.75	37.7
水(H_2O)	0	1.86
二硫化碳(CS_2)	－111.6	3.8
苯酚(C_6H_6O)	40.8	7.27

附录 12 298K、标准压力下，水溶液中一些电极的标准电极电势（氢标还原）

(1) 在酸性溶液中

电极还原反应	φ/V	电极还原反应	φ/V
$Li^+ + e^- = Li$	－3.0401	$TiO_2 + 4H^+ + 4e^- = Ti + 2H_2O$	－0.86
$Cs^+ + e^- = Cs$	－3.026	$Te + 2H^+ + 2e^- = H_2Te$	－0.793
$Rb^+ + e^- = Rb$	－2.98	$Zn^{2+} + 2e^- = Zn$	－0.7618
$K^+ + e^- = K$	－2.931	$Ta_2O_5 + 10H^+ + 10e^- = 2Ta + 5H_2O$	－0.750
$Ba^{2+} + 2e^- = Ba$	－2.912	$Cr^{3+} + 3e^- = Cr$	－0.744
$Sr^{2+} + 2e^- = Sr$	－2.89	$Nb_2O_5 + 10H^+ + 10e^- = 2Nb + 5H_2O$	－0.644
$Ca^{2+} + 2e^- = Ca$	－2.868	$As + 3H^+ + 3e^- = AsH_3$	－0.608
$Na^+ + e^- = Na$	－2.71	$U^{4+} + e^- = U^{3+}$	－0.607
$La^{3+} + 3e^- = La$	－2.379	$Ga^{3+} + 3e^- = Ga$	－0.549
$Mg^{2+} + 2e^- = Mg$	－2.372	$H_3PO_2 + H^+ + e^- = P + 2H_2O$	－0.508
$Ce^{3+} + 3e^- = Ce$	－2.336	$H_3PO_3 + 2H^+ + 2e^- = H_3PO_2 + H_2O$	－0.499
$H_2(g) + 2e^- = 2H^-$	－2.23	$2CO_2 + 2H^+ + 2e^- = H_2C_2O_4$	－0.49
$AlF_6^{3-} + 3e^- = Al + 6F^-$	－2.069	$Fe^{2+} + 2e^- = Fe$	－0.447
$Th^{4+} + 4e^- = Th$	－1.899	$Cr^{3+} + e^- = Cr^{2+}$	－0.407
$Be^{2+} + 2e^- = Be$	－1.847	$Cd^{2+} + 2e^- = Cd$	－0.403
$U^{3+} + 3e^- = U$	－1.798	$Se + 2H^+ + 2e^- = H_2Se(aq)$	－0.399
$HfO^{2+} + 2H^+ + 4e^- = Hf + H_2O$	－1.724	$PbI_2 + 2e^- = Pb + 2I^-$	－0.365
$Al^{3+} + 3e^- = Al$	－1.662	$Eu^{3+} + e^- = Eu^{2+}$	－0.36
$Ti^{2+} + 2e^- = Ti$	－1.630	$PbSO_4 + 2e^- = Pb + SO_4^{2-}$	－0.3588
$ZrO_2 + 4H^+ + 4e^- = Zr + 2H_2O$	－1.553	$In^{3+} + 3e^- = In$	－0.3382
$[SiF_6]^{2-} + 4e^- = Si + 6F^-$	－1.24	$Tl^+ + e^- = Tl$	－0.336
$Mn^{2+} + 2e^- = Mn$	－1.185	$Co^{2+} + 2e^- = Co$	－0.28
$Cr^{2+} + 2e^- = Cr$	－0.913	$H_3PO_4 + 2H^+ + 2e^- = H_3PO_3 + H_2O$	0.276
$Ti^{3+} + e^- = Ti^{2+}$	－0.9	$PbCl_2 + 2e^- = Pb + 2Cl^-$	－0.2675
$H_3BO_3 + 3H^+ + 3e^- = B + 3H_2O$	－0.8698	$Ni^{2+} + 2e^- = Ni$	－0.257

续表

电极还原反应	φ/V	电极还原反应	φ/V
$V^{3+}+e^{-}=V^{2+}$	−0.255	$2HNO_2+4H^{+}+4e^{-}=H_2N_2O_2+2H_2O$	0.86
$H_2GeO_3+4H^{+}+4e^{-}=Ge+3H_2O$	0.182	$2Hg^{2+}+2e^{-}=Hg_2^{2+}$	0.920
$AgI+e^{-}=Ag+I^{-}$	−0.1522	$NO_3^{-}+3H^{+}+2e^{-}=HNO_2+H_2O$	0.934
$Sn^{2+}+2e^{-}=Sn$	−0.1375	$Pd^{2+}+2e^{-}=Pd$	0.951
$Pb^{2+}+2e^{-}=Pb$	−0.1262	$NO_3^{-}+4H^{+}+3e^{-}=NO+2H_2O$	0.957
$CO_2(g)+2H^{+}+2e^{-}=CO+H_2O$	−0.12	$HNO_2+H^{+}+e^{-}=NO+H_2O$	0.983
P(白磷)$+3H^{+}+3e^{-}=PH_3(g)$	−0.063	$HIO+H^{+}+2e^{-}=I^{-}+H_2O$	0.987
$Hg_2I_2+2e^{-}=2Hg+2I^{-}$	−0.0405	$VO_2^{+}+2H^{+}+e^{-}=VO^{2+}+H_2O$	0.991
$Fe^{3+}+3e^{-}=Fe$	−0.037	$V(OH)_4^{+}+2H^{+}+e^{-}=VO^{2+}+3H_2O$	1.00
$2H^{+}+2e^{-}=H_2$	0.0000	$[AuCl_4]^{-}+3e^{-}=Au+4Cl^{-}$	1.002
$AgBr+e^{-}=Ag+Br^{-}$	0.0713	$H_6TeO_6+2H^{+}+2e^{-}=TeO_2+4H_2O$	1.02
$S_4O_6^{2-}+2e^{-}=2S_2O_3^{2-}$	0.08	$N_2O_4+4H^{+}+4e^{-}=2NO+2H_2O$	1.035
$TiO^{2+}+2H^{+}+e^{-}=Ti^{3+}+H_2O$	0.1	$N_2O_4+2H^{+}+2e^{-}=2HNO_2$	1.065
$S+2H^{+}+2e^{-}=H_2S(aq)$	0.142	$IO_3^{-}+6H^{+}+6e^{-}=I^{-}+3H_2O$	1.085
$Sn^{4+}+2e^{-}=Sn^{2+}$	0.151	$Br_2(aq)+2e^{-}=2Br^{-}$	1.0873
$Sb_2O_3+6H^{+}+6e^{-}=2Sb+3H_2O$	0.152	$SeO_4^{2-}+4H^{+}+2e^{-}=H_2SeO_3+H_2O$	1.151
$Cu^{2+}+e^{-}=Cu^{+}$	0.153	$ClO_3^{-}+2H^{+}+e^{-}=ClO_2+H_2O$	1.152
$BiOCl+2H^{+}+3e^{-}=Bi+Cl^{-}+H_2O$	0.1583	$Pt^{2+}+2e^{-}=Pt$	1.18
$SO_4^{2-}+4H^{+}+2e^{-}=H_2SO_3+H_2O$	0.172	$ClO_4^{-}+2H^{+}+2e^{-}=ClO_3^{-}+H_2O$	1.189
$SbO^{+}+2H^{+}+3e^{-}=Sb+H_2O$	0.212	$2IO_3^{-}+12H^{+}+10e^{-}=I_2+6H_2O$	1.195
$AgCl+e^{-}=Ag+Cl^{-}$	0.2223	$ClO_3^{-}+3H^{+}+2e^{-}=HClO_2+H_2O$	1.214
$HAsO_2+3H^{+}+3e^{-}=As+2H_2O$	0.248	$MnO_2+4H^{+}+2e^{-}=Mn^{2+}+2H_2O$	1.224
$Hg_2Cl_2+2e^{-}=2Hg+2Cl^{-}$(饱和 KCl)	0.2681	$O_2+4H^{+}+4e^{-}=2H_2O$	1.229
$BiO^{+}+2H^{+}+3e^{-}=Bi+H_2O$	0.320	$Tl^{3+}+2e^{-}=Tl^{+}$	1.252
$UO_2^{2+}+4H^{+}+2e^{-}=U^{4+}+2H_2O$	0.327	$ClO_2+H^{+}+e^{-}=HClO_2$	1.277
$2HCNO+2H^{+}+2e^{-}=(CN)_2+2H_2O$	0.330	$2HNO_2+4H^{+}+4e^{-}=N_2O+3H_2O$	1.297
$VO^{2+}+2H^{+}+e^{-}=V^{3+}+H_2O$	0.337	$Cr_2O_7^{2-}+14H^{+}+6e^{-}=2Cr^{3+}+7H_2O$	1.33
$Cu^{2+}+2e^{-}=Cu$	0.3419	$HBrO+H^{+}+2e^{-}=Br^{-}+H_2O$	1.331
$ReO_4^{-}+8H^{+}+7e^{-}=Re+4H_2O$	0.368	$HCrO_4^{-}+7H^{+}+3e^{-}=Cr^{3+}+4H_2O$	1.350
$Ag_2CrO_4+2e^{-}=2Ag+CrO_4^{2-}$	0.447	$Cl_2(g)+2e^{-}=2Cl^{-}$	1.3583
$H_2SO_3+4H^{+}+4e^{-}=S+3H_2O$	0.449	$ClO_4^{-}+8H^{+}+8e^{-}=Cl^{-}+4H_2O$	1.389
$Cu^{+}+e^{-}=Cu$	0.521	$ClO_4^{-}+8H^{+}+7e^{-}=1/2Cl_2+4H_2O$	1.39
$I_2+2e^{-}=2I^{-}$	0.5355	$Au^{3+}+2e^{-}=Au^{+}$	1.401
$I_3^{-}+2e^{-}=3I^{-}$	0.536	$BrO_3^{-}+6H^{+}+6e^{-}=Br^{-}+3H_2O$	1.423
$H_3AsO_4+2H^{+}+2e^{-}=HAsO_2+2H_2O$	0.560	$2HIO+2H^{+}+2e^{-}=I_2+2H_2O$	1.439
$Sb_2O_5+6H^{+}+4e^{-}=2SbO^{+}+3H_2O$	0.581	$ClO_3^{-}+6H^{+}+6e^{-}=Cl^{-}+3H_2O$	1.451
$TeO_2+4H^{+}+4e^{-}=Te+2H_2O$	0.593	$PbO_2+4H^{+}+2e^{-}=Pb^{2+}+2H_2O$	1.455
$UO_2^{+}+4H^{+}+e^{-}=U^{4+}+2H_2O$	0.612	$ClO_3^{-}+6H^{+}+5e^{-}=1/2Cl_2+3H_2O$	1.47
$2HgCl_2+2e^{-}=Hg_2Cl_2+2Cl^{-}$	0.63	$HClO+H^{+}+2e^{-}=Cl^{-}+H_2O$	1.482
$[PtCl_6]^{2-}+2e^{-}=[PtCl_4]^{2-}+2Cl^{-}$	0.68	$BrO_3^{-}+6H^{+}+5e^{-}=1/2Br_2+3H_2O$	1.482
$O_2+2H^{+}+2e^{-}=H_2O_2$	0.695	$Au^{3+}+3e^{-}=Au$	1.498
$H_2SeO_3+4H^{+}+4e^{-}=Se+3H_2O$	0.74	$MnO_4^{-}+8H^{+}+5e^{-}=Mn^{2+}+4H_2O$	1.507
$[PtCl_4]^{2-}+2e^{-}=Pt+4Cl^{-}$	0.755	$Mn^{3+}+e^{-}=Mn^{2+}$	1.5415
$Fe^{3+}+e^{-}=Fe^{2+}$	0.771	$HClO_2+3H^{+}+4e^{-}=Cl^{-}+2H_2O$	1.57
$Hg_2^{2+}+2e^{-}=2Hg$	0.7973	$HBrO+H^{+}+e^{-}=1/2Br_2(aq)+H_2O$	1.574
$Ag^{+}+e^{-}=Ag$	0.7996	$2NO+2H^{+}+2e^{-}=N_2O+H_2O$	1.591
$OsO_4+8H^{+}+8e^{-}=Os+4H_2O$	0.8	$H_5IO_6+H^{+}+2e^{-}=IO_3^{-}+3H_2O$	1.601
$2NO_3^{-}+4H^{+}+2e^{-}=N_2O_4+2H_2O$	0.803	$HClO+H^{+}+e^{-}=1/2Cl_2+H_2O$	1.611
$Hg^{2+}+2e^{-}=Hg$	0.851	$HClO_2+2H^{+}+2e^{-}=HClO+H_2O$	1.645
SiO_2(石英)$+4H^{+}+4e^{-}=Si+2H_2O$	0.857	$NiO_2+4H^{+}+2e^{-}=Ni^{2+}+2H_2O$	1.678
$Cu^{2+}+I^{-}+e^{-}=CuI$	0.86		

续表

电极还原反应	φ/V	电极还原反应	φ/V
$MnO_4^- + 4H^+ + 3e^- = MnO_2 + 2H_2O$	1.679	$S_2O_8^{2-} + 2e^- = 2SO_4^{2-}$	2.010
$PbO_2 + SO_4^{2-} + 4H^+ + 2e^- = PbSO_4 + 2H_2O$	1.6913	$O_3 + 2H^+ + 2e^- = O_2 + H_2O$	2.076
$Au^+ + e^- = Au$	1.692	$F_2O + 2H^+ + 4e^- = H_2O + 2F^-$	2.153
$Ce^{4+} + e^- = Ce^{3+}$	1.72	$FeO_4^{2-} + 8H^+ + 3e^- = Fe^{3+} + 4H_2O$	2.20
$N_2O + 2H^+ + 2e^- = N_2 + H_2O$	1.766	$O(g) + 2H^+ + 2e^- = H_2O$	2.421
$H_2O_2 + 2H^+ + 2e^- = 2H_2O$	1.776	$F_2 + 2e^- = 2F^-$	2.866
$Co^{3+} + e^- = Co^{2+}$ (2mol·L^{-1} H_2SO_4)	1.83	$F_2 + 2H^+ + 2e^- = 2HF$	3.053
$Ag^{2+} + e^- = Ag^+$	1.980		

(2) 在碱性溶液中

电极还原反应	φ/V	电极还原反应	φ/V
$Ca(OH)_2 + 2e^- = Ca + 2OH^-$	−3.02	$AsO_2^- + 2H_2O + 3e^- = As + 4OH^-$	−0.68
$Ba(OH)_2 + 2e^- = Ba + 2OH^-$	−2.99	$SbO_2^- + 2H_2O + 3e^- = Sb + 4OH^-$	−0.66
$La(OH)_3 + 3e^- = La + 3OH^-$	−2.90	$ReO_4^- + 2H_2O + 3e^- = ReO_2 + 4OH^-$	−0.59
$Sr(OH)_2 \cdot 8H_2O + 2e^- = Sr + 2OH^- + 8H_2O$	−2.88	$SbO_3^- + H_2O + 2e^- = SbO_2^- + 2OH^-$	−0.59
$Mg(OH)_2 + 2e^- = Mg + 2OH^-$	−2.69	$ReO_4^- + 4H_2O + 7e^- = Re + 8OH^-$	−0.584
$Be_2O_3^{2-} + 3H_2O + 4e^- = 2Be + 6OH^-$	−2.63	$2SO_3^{2-} + 3H_2O + 4e^- = S_2O_3^{2-} + 6OH^-$	−0.58
$HfO(OH)_2 + H_2O + 4e^- = Hf + 4OH^-$	−2.50	$TeO_3^{2-} + 3H_2O + 4e^- = Te + 6OH^-$	−0.57
$H_2ZrO_3 + H_2O + 4e^- = Zr + 4OH^-$	−2.36	$Fe(OH)_3 + e^- = Fe(OH)_2 + OH^-$	−0.56
$H_2AlO_3^- + H_2O + 3e^- = Al + OH^-$	−2.33	$S + 2e^- = S^{2-}$	−0.4763
$H_2PO_2^- + e^- = P + 2OH^-$	−1.82	$Bi_2O_3 + 3H_2O + 6e^- = 2Bi + 6OH^-$	−0.46
$H_2BO_3^- + H_2O + 3e^- = B + 4OH^-$	−1.79	$NO_2^- + H_2O + e^- = NO + 2OH^-$	−0.46
$HPO_3^{2-} + 2H_2O + 3e^- = P + 5OH^-$	−1.71	$[Co(NH_3)_6]^{2+} + 2e^- = Co + 6NH_3$	−0.422
$SiO_3^{2-} + 3H_2O + 4e^- = Si + 6OH^-$	−1.697	$SeO_3^{2-} + 3H_2O + 4e^- = Se + 6OH^-$	−0.366
$HPO_3^{2-} + 2H_2O + 2e^- = H_2PO_2^- + 3OH^-$	−1.65	$Cu_2O + H_2O + 2e^- = 2Cu + 2OH^-$	−0.360
$Mn(OH)_2 + 2e^- = Mn + 2OH^-$	−1.56	$Tl(OH) + e^- = Tl + OH^-$	−0.34
$Cr(OH)_3 + 3e^- = Cr + 3OH^-$	−1.48	$[Ag(CN)_2]^- + e^- = Ag + 2CN^-$	−0.31
$[Zn(CN)_4]^{2-} + 2e^- = Zn + 4CN^-$	−1.26	$Cu(OH)_2 + 2e^- = Cu + 2OH^-$	−0.222
$Zn(OH)_2 + 2e^- = Zn + 2OH^-$	−1.249	$CrO_4^{2-} + 4H_2O + 3e^- = Cr(OH)_3 + 5OH^-$	0.13
$H_2GaO_3^- + H_2O + 2e^- = Ga + 4OH^-$	−1.219	$[Cu(NH_3)_2]^+ + e^- = Cu + 2NH_3$	−0.12
$ZnO_2^{2-} + 2H_2O + 2e^- = Zn + 4OH^-$	−1.215	$O_2 + H_2O + 2e^- = HO_2^- + OH^-$	−0.076
$CrO_2^- + 2H_2O + 3e^- = Cr + 4OH^-$	−1.2	$AgCN + e^- = Ag + CN^-$	−0.017
$Te + 2e^- = Te^{2-}$	−1.143	$NO_3^- + H_2O + 2e^- = NO_2^- + 2OH^-$	0.01
$PO_4^{3-} + 2H_2O + 2e^- = HPO_3^{2-} + 3OH^-$	−1.05	$SeO_4^{2-} + H_2O + 2e^- = SeO_3^{2-} + 2OH^-$	0.05
$[Zn(NH_3)_4]^{2+} + 2e^- = Zn + 4NH_3$	−1.04	$Pd(OH)_2 + 2e^- = Pd + 2OH^-$	0.07
$WO_4^{2-} + 4H_2O + 6e^- = W + 8OH^-$	−1.01	$S_4O_6^{2-} + 2e^- = 2S_2O_3^{2-}$	0.08
$HGeO_3^- + 2H_2O + 4e^- = Ge + 5OH^-$	−1.0	$HgO + H_2O + 2e^- = Hg + 2OH^-$	0.0977
$[Sn(OH)_6]^{2-} + 2e^- = HSnO_2^- + H_2O + 3OH^-$	−0.93	$[Co(NH_3)_6]^{3+} + e^- = [Co(NH_3)_6]^{2+}$	0.108
$SO_4^{2-} + H_2O + 2e^- = SO_3^{2-} + 2OH^-$	−0.93	$Pt(OH)_2 + 2e^- = Pt + 2OH^-$	0.14
$Se + 2e^- = Se^{2-}$	−0.924	$Co(OH)_3 + e^- = Co(OH)_2 + OH^-$	0.17
$HSnO_2^- + H_2O + 2e^- = Sn + 3OH^-$	−0.909	$PbO_2 + H_2O + 2e^- = PbO + 2OH^-$	0.247
$P + 3H_2O + 3e^- = PH_3(g) + 3OH^-$	−0.87	$IO_3^- + 3H_2O + 6e^- = I^- + 6OH^-$	0.26
$2NO_3^- + 2H_2O + 2e^- = N_2O_4 + 4OH^-$	−0.85	$ClO_3^- + H_2O + 2e^- = ClO_2^- + 2OH^-$	0.33
$2H_2O + 2e^- = H_2 + 2OH^-$	−0.8277	$Ag_2O + H_2O + 2e^- = 2Ag + 2OH^-$	0.342
$Cd(OH)_2 + 2e^- = Cd(Hg) + 2OH^-$	−0.809	$[Fe(CN)_6]^{3-} + e^- = [Fe(CN)_6]^{4-}$	0.358
$Co(OH)_2 + 2e^- = Co + 2OH^-$	−0.73	$ClO_4^- + H_2O + 2e^- = ClO_3^- + 2OH^-$	0.36
$Ni(OH)_2 + 2e^- = Ni + 2OH^-$	−0.72	$[Ag(NH_3)_2]^+ + e^- = Ag + 2NH_3$	0.373
$AsO_4^{3-} + 2H_2O + 2e^- = AsO_2^- + 4OH^-$	−0.71	$O_2 + 2H_2O + 4e^- = 4OH^-$	0.401
$Ag_2S + 2e^- = 2Ag + S^{2-}$	−0.691	$IO^- + H_2O + 2e^- = I^- + 2OH^-$	0.485

续表

电极还原反应	φ/V	电极还原反应	φ/V
$NiO_2+2H_2O+2e^- \longrightarrow Ni(OH)_2+2OH^-$	0.490	$ClO_2^-+H_2O+2e^- \longrightarrow ClO^-+2OH^-$	0.66
$MnO_4^-+e^- \longrightarrow MnO_4^{2-}$	0.558	$H_3IO_6^{2-}+2e^- \longrightarrow IO_3^-+3OH^-$	0.7
$MnO_4^-+2H_2O+3e^- \longrightarrow MnO_2+4OH^-$	0.595	$ClO_2^-+2H_2O+4e^- \longrightarrow Cl^-+4OH^-$	0.76
$MnO_4^{2-}+2H_2O+2e^- \longrightarrow MnO_2+4OH^-$	0.60	$BrO^-+H_2O+2e^- \longrightarrow Br^-+2OH^-$	0.761
$2AgO+H_2O+2e^- \longrightarrow Ag_2O+2OH^-$	0.607	$ClO^-+H_2O+2e^- \longrightarrow Cl^-+2OH^-$	0.841
$BrO_3^-+3H_2O+6e^- \longrightarrow Br^-+6OH^-$	0.61	$ClO_2(g)+e^- \longrightarrow ClO_2^-$	0.95
$ClO_3^-+3H_2O+6e^- \longrightarrow Cl^-+6OH^-$	0.62	$O_3+H_2O+2e^- \longrightarrow O_2+2OH^-$	1.24

附录 13　不同温度下饱和甘汞电极（SCE）的电极电势

t/℃	φ/V	t/℃	φ/V	t/℃	φ/V
0	0.2568	25	0.2412	50	0.2233
10	0.2507	30	0.2378	60	0.2154
20	0.2444	40	0.2307	70	0.2071

注：φ 相对于标准氢电极。

附录 14　甘汞电极的电极电势与温度的关系

甘汞电极	φ/V
SCE	$0.2412-6.16\times10^{-4}(t-25)-1.75\times10^{-6}(t-25)^2-9\times10^{-10}(t-25)^3$
NCE	$0.2801-2.75\times10^{-4}(t-25)-2.5\times10^{-6}(t-25)^2-4\times10^{-9}(t-25)^3$
0.1NCE	$0.3337-8.75\times10^{-5}(t-25)-3\times10^{-6}(t-25)^2$

注：SCE 为饱和甘汞电极；NCE 为标准甘汞电极；0.1NCE 为 0.1mol/L 甘汞电极。

附录 15　常用参比电极的电极电势及温度系数

名称	体系	E^*/V	(dE/dT)/(mV/K)
氢电极	$Pt,H_2 \mid H^+(a_{H^+}=1)$	0.0000	—
饱和甘汞电极	Hg,Hg_2Cl_2 | 饱和 KCl	0.2412	−0.761
标准甘汞电极	Hg,Hg_2Cl_2 | 1mol/L KCl	0.2800	−0.275
0.1mol/L 甘汞电极	Hg,Hg_2Cl_2 | 0.1mol/L KCl	0.3337	−0.875
银-氯化银电极	Ag,AgCl | 0.1mol/L KCl	0.290	−0.3
氧化汞电极	Hg,HgO | 0.1mol/L KOH	0.165	—
硫酸亚汞电极	Hg,Hg_2SO_4 | 1mol/L H_2SO_4	0.6758	—
硫酸铜电极	Cu | 饱和 $CuSO_4$	0.316	−0.7

注：* 表示在 20℃时，相对于标准氢电极。

附录 16 干空气的物理性质（101.325kPa）

温度 t/℃	密度ρ/($kg \cdot m^{-3}$)	比热容 c_p /($kJ \cdot kg^{-1} \cdot K^{-1}$)	热导率 $\lambda \times 10^2$ /($W \cdot m^{-1} \cdot K^{-1}$)	黏度 $\mu \times 10^5$ /($Pa \cdot s$)	普朗特数 Pr
−50	1.584	1.013	2.035	1.46	0.728
−40	1.515	1.013	2.117	1.52	0.728
−30	1.453	1.013	2.198	1.57	0.723
−20	1.395	1.009	2.279	1.62	0.716
−10	1.342	1.009	2.360	1.67	0.712
0	1.293	1.009	2.442	1.72	0.707
10	1.247	1.009	2.512	1.77	0.705
20	1.205	1.013	2.593	1.81	0.703
30	1.165	1.013	2.675	1.86	0.701
40	1.128	1.013	2.756	1.91	0.699
50	1.093	1.017	2.826	1.96	0.698
60	1.060	1.017	2.896	2.01	0.696
70	1.029	1.017	2.966	2.06	0.694
80	1.000	1.022	3.047	2.11	0.692
90	0.972	1.022	3.128	2.15	0.690
100	0.946	1.022	3.210	2.19	0.688
120	0.898	1.026	3.338	2.29	0.686
140	0.854	1.026	3.489	2.37	0.684
160	0.815	1.026	3.640	2.45	0.682
180	0.779	1.034	3.780	2.53	0.681
200	0.746	1.034	3.931	2.60	0.680
250	0.674	1.043	4.268	2.74	0.677
300	0.615	1.047	4.605	2.97	0.674
350	0.566	1.055	4.908	3.14	0.676
400	0.524	1.068	5.210	3.31	0.678
500	0.456	1.072	5.745	3.62	0.687
600	0.404	1.089	6.222	3.91	0.699
700	0.362	1.102	6.711	4.18	0.706
800	0.329	1.114	7.176	4.43	0.713
900	0.301	1.127	7.630	4.67	0.717
1000	0.277	1.139	8.071	4.90	0.719
1100	0.257	1.152	8.502	5.12	0.722
1200	0.239	1.164	9.153	5.35	0.724

参 考 文 献

[1] 何金兰，杨克让，李小戈. 仪器分析原理. 北京：科学出版社，2002.

[2] 复旦大学等. 物理化学实验. 第 3 版. 北京：高等教育出版社，2004.

[3] 孙尔康，徐维清，邱金恒. 物理化学实验. 南京：南京大学出版社，1998.

[4] 雷群芳等. 中级化学实验. 北京：科学出版社，2005.

[5] 古风才，肖衍繁，张明杰，刘炳泗等. 基础化学实验教程. 第 2 版. 北京：科学出版社，2005.

[6] 陈六平，邹世春等. 现代化学实验与技术. 北京：科学出版社，2007.

[7] 罗士平，袁爱华等. 基础化学实验（下册）. 北京：化学工业出版社，2005.

[8] 徐家宁，朱万春，张忆华，张寒琦等. 基础化学实验（下册）：物理化学和仪器分析实验. 北京：高等教育出版社，2006.

[9] 张成孝等. 化学测量实验. 北京：科学出版社，2001.

[10] 金丽萍，邬时清，陈大勇. 物理化学实验. 上海：华东理工大学出版社，2005.

[11] 武汉大学化学与分子科学学院实验中心. 物理化学实验. 武汉：武汉大学出版社，2004.

[12] 夏海涛等. 物理化学实验（修订版）. 哈尔滨：哈尔滨工业大学出版社，2004.

[13] 陈培榕，李景虹，邓勃等. 现代仪器分析实验与技术. 第 2 版. 北京：清华大学出版社，2006.

[14] 徐国想等. 化工原理实验. 南京：南京大学出版社，2006.

[15] 俞英等. 仪器分析实验. 北京：化学工业出版社，2008.

[16] 方能虎等. 实验化学（下册）. 北京：科学出版社，2005.

[17] 东北师范大学等. 物理化学实验. 第 2 版. 北京：高等教育出版社，1989.

[18] 北京大学化学学院物理化学实验教学组. 物理化学实验. 第 4 版. 北京：北京大学出版社，2002.

[19] 彭智，陈悦. 化学化工常用软件教程. 北京：化学工业出版社，2006.

[20] 吕维忠，刘波，韦少惠. 化学化工常用软件与应用技术. 北京：化学工业出版社，2007.

[21] 广西师范大学等. 基础物理化学实验. 桂林：广西师范大学出版社，1991.

[22] 罗澄源等. 物理化学实验. 第 3 版. 北京：高等教育出版社，1991.

[23] 巴德（Bard A J），福克纳（Faulkner L R）. 电化学方法——原理和应用. 第 2 版. 邵元华等译. 北京：化学工业出版社，2005.

[24] JJG 768—2005. 发射光谱仪.

[25] JJG 694—2009. 原子吸收分光光度计.

[26] JJG 537—2006. 荧光分光光度计.

[27] JJG 178—2007. 紫外、可见、近红外分光光度计.

[28] GB/T 21186—2007. 傅里叶变换红外光谱仪.

[29] JJG 1055—2009. 气相色谱仪.

[30] JJG 705—2002. 液相色谱仪.

[31] 中山大学数学力学系编写小组. 概率论及数理统计. 北京：高等教育出版社，1985.

[32] Danieis F，Alberty R A，Williams J W，et al. Experimental Physical Chemistry. 7th ed. McGraw-Hill Inc，1970.

[33] Каретников Г С，Козырева Н А，Кудряшов И В，идр. Практикум по фитической химии，Москва：Химия，1986.

[34] Salzberg Hugh W，Morrow Jack I，Cohen Stephen R. Physical Chemistry Laboratory：Principles and Experiments. Macmillan Publishing Co. Inc. 1978.

[35] David R Lide. CRC Handbook of Chemistry and Physics. 90th ed，Boca Raton：CRC Press，2010.

参考文献

[illegible]

[illegible] Experimental Physical Chemistry [illegible]

[illegible]

[illegible] Physical Chemistry Laboratory [illegible] Macmillan Publishing Co. Inc. [illegible]

[illegible] Handbook of Chemistry and Physics [illegible]